高等职业教育计算机系列教材

网络服务器配置与管理

（微课版）

张 靓 陈良维 主 编
申巧俐 张 婷 凌 伟 副主编

U0281367

電子工業出版社
Publishing House of Electronics Industry
北京 · BEIJING

内容简介

本书基于项目导向、任务驱动，以熟练掌握网络服务器的配置与管理为目标，介绍网络服务器的基础知识和技术应用，力求体现“以企业需求为导向，注重学生技能的培养”。本书的主要内容包括认识服务器、虚拟化技术和 VMware Workstation、Windows Server 2012 系统的基本配置、用户与组的管理、文件系统的管理、磁盘管理、配置与管理各种服务器（包括域控制器、DHCP 服务器、DNS 服务器、Web 服务器、FTP 服务器、邮件服务器、VPN 服务器、CA 服务器）。

本书将理论与实践相结合，实用性强，不仅可以作为职教本科、高职院校、中职院校计算机类专业学生的教材，也可以作为网络管理员及网络爱好者的培训教材和参考书籍。

未经许可，不得以任何方式复制或抄袭本书之部分或全部内容。
版权所有，侵权必究。

图书在版编目（CIP）数据

网络服务器配置与管理 ： 微课版 / 张靓, 陈良维主编. -- 北京 ： 电子工业出版社, 2025. 1. -- ISBN 978-7-121-49096-5

Ⅰ. TP368.5

中国国家版本馆 CIP 数据核字第 2024T83J25 号

责任编辑：徐建军
印　　刷：三河市兴达印务有限公司
装　　订：三河市兴达印务有限公司
出版发行：电子工业出版社
　　　　　北京市海淀区万寿路 173 信箱　　　邮编：100036
开　　本：787×1092　1/16　印张：18.75　字数：492 千字
版　　次：2025 年 1 月第 1 版
印　　次：2025 年 1 月第 1 次印刷
印　　数：1 200 册　　定价：59.00 元

凡所购买电子工业出版社图书有缺损问题，请向购买书店调换。若书店售缺，请与本社发行部联系，联系及邮购电话：（010）88254888，88258888。

质量投诉请发邮件至 zlts@phei.com.cn，盗版侵权举报请发邮件至 dbqq@phei.com.cn。

本书咨询联系方式：（010）88254570，xujj@phei.com.cn。

前　言

网络操作系统（Network Operating System，NOS）是网络的“心脏”和“灵魂”，是能够控制和管理网络资源的特殊操作系统。熟练使用一种网络操作系统已成为计算机网络技术、云计算技术与应用、大数据技术与应用、信息安全与管理、物联网应用技术、计算机应用技术、计算机信息管理和电子商务技术等专业学生的核心技能。本书以流行的网络操作系统 Windows Server 2012 为例，通过 14 个教学项目全面地介绍 Windows Server 2012 系统的应用。

本书从中小企业网络服务器的配置与管理角度出发，按照高等职业教育的“理论够用、注重实践”原则，根据计算机网络专业的教学标准和专业人才培养方案，遵循“教学做合一”教学模式的要求，采用“任务驱动”的编写方式，以培养高端技能型专门人才为目的进行编写。本书编写的特点如下：

（1）本书基于项目导向、任务驱动，将理论知识与实际操作融为一体，以 14 个实际工程项目、40 个典型工作任务为内容载体，按照“项目背景”→“项目知识”→“项目实施”（项目 1 中没有这部分内容）→“项目实训”→“项目习题”进行编写，充分体现了“教学做合一”的教学模式。

（2）本书力求语言精练、浅显易懂，采用图文并茂的方式来完整、清晰地介绍操作过程，配以大量演示图例，使学生对照正文内容即可上机实践。

（3）本书在智慧职教 MOOC 平台上（课程名为“Windows 服务器配置与管理”）有配套丰富的教学资源，为师生双方提供了丰富的数字化教学资源和随时可互动的平台。

本书由成都航空职业技术学院和四川财经职业学院组织编写，由成都航空职业技术学院的张靓和陈良维担任主编，由成都航空职业技术学院的申巧俐和张婷、四川财经职业学院的凌伟担任副主编，其中，陈良维负责编写项目 1 和项目 2，申巧俐负责编写项目 3 和项目 4，张婷负责编写项目 5 和项目 6，张靓负责编写项目 7～项目 13，凌伟负责编写项目 14，全书由张靓统稿。

为了方便教师教学，本书配有课程标准、教案、PPT 课件、教学视频、工作任务单、实训指导书、项目习题集等，请对此有需要的读者登录华信教育资源网注册后免费下载，如果有问题，则可以在网站留言板留言或与电子工业出版社联系（E-mail：hxedu@phei.com.cn）。

由于编者水平有限，书中难免存在疏漏与不足之处，敬请广大读者批评指正，以便在以后的修订中不断改进。

编　者

目 录

项目 1

认识服务器

学习目标

中华有为，国之荣耀——服务器国外厂商占据八成以上的市场份额，华为服务器经历了12年的历史，在2013年上半年第一次超越了IBM和HP，在世界上排名第六。华为之所以能够在它成长的30年里不断前进，是因为华为在创业初期就极为重视对科技创新的投资。创新是企业发展的根本，用优秀的人去培养更优秀的人，创造价值是青年的责任与义务。

知识目标

- 了解服务器与PC的区别、服务器的设计思想
- 熟悉服务器的分类
- 掌握服务器的概念、服务器的关键组件及技术

能力目标

- 具备认识服务器硬件和软件的能力
- 具备根据各种应用而选择不同的服务器的能力

素养目标

- 增强学生的文化自信和民族自豪感，培养学生的政治认同素养
- 培养学生的网络安全意识
- 通过小组讨论，培养学生的交流沟通能力及团队协作能力

1.1 项目背景

成都航空职业技术学院（简称“成都航院”）由于未来发展需求，即将建立新都航空产教新园区，在新园区中要进行智慧校园的建设，最核心的地方是服务器的建设。了解和熟悉各种服务器的知识，可以为我们更好地管理和维护服务器奠定基础。

1.2 项目知识

1.2.1 服务器的基本概念

服务器的英文为“Server”。从广义上讲，服务器是网络中的一个计算机系统，它可以向其他机器提供一些服务。从狭义上讲，服务器是网络中为客户端计算机提供各种服务的高性能的计算机。服务器在网络操作系统的控制下，不仅可以将与其相连的硬盘、磁带、打印机及昂贵的专用通信设备提供给网络上的客户站点共享，还可以为网络用户提供集中计算、信息发布及数据管理等服务。这里的“客户端”指安装 DOS、Windows 等普通用户使用的操作系统的计算机。

服务器具有高速的 CPU 运算能力、长时间的可靠运行、强大的 I/O 外部数据吞吐能力及更好的扩展性等特点。根据服务器所提供的服务，一般来说，服务器都具备承担响应服务请求、承担服务、保障服务的能力。服务器作为电子设备，其内部的结构十分复杂，但与普通的计算机内部结构相差不大，如包含 CPU、硬盘、内存、系统总线等。

服务器的处理速度和系统可靠性要比普通 PC 高得多，因为服务器一般是在网络中连续不断工作的。普通 PC 宕机了大不了重启，因数据丢失造成的损失一般仅限于单台计算机。而服务器则完全不同，许多重要的数据都保存在服务器上，许多网络服务也都在服务器上运行，一旦服务器发生故障，将会丢失大量的数据，造成的损失是难以估计的，而且服务器提供的功能（如代理上网、安全验证、电子邮件服务等）都将失效，从而造成网络的瘫痪，对服务器可靠性的要求可见一斑。

服务器作为网络的节点，存储和处理网络上 80%的数据和信息，因此也被称为网络的“灵魂”。做一个形象的比喻：服务器就像邮局的交换机，而微型计算机、笔记本电脑、PDA、手机等固定或移动的网络终端，就像散落在家、各种办公场所、公共场所等地方的电话。在日常生活和工作中，我们与外界的电话沟通和交流必须经过交换机才能实现。同样地，网络终端设备（如家庭和企业中的微型计算机等）接入互联网、获取信息、与外界通信、娱乐等，也必须经过服务器，所以也可以说服务器是这些设备的组织者。

1.2.2 服务器的分类

服务器发展到了今天，其种类是多种多样的，具有不同功能、适用于不同应用环境的特定服务器不断涌现，服务器的分类没有一个统一的标准。从多个维度来看，服务器的分类可以加深我们对各种服务器的认识，因此可以按照多种标准来划分服务器的类型。

1. 按照服务器的处理器架构划分

按照服务器的处理器架构（也就是服务器 CPU 所采用的指令系统）划分，可以把服务器分为 CISC 架构服务器、RISC 架构服务器和 VLIW 架构服务器。

（1）CISC 架构服务器：又称 x86 架构服务器。CISC 的英文全称为“Complex Instruction Set Computer”，中文意思是“复杂指令系统计算机”。从计算机诞生以来，人们一直沿用 CISC 指令集方式。早期的桌面软件是按照 CISC 设计的，并一直延续到现在，所以，微处理器（CPU）厂商一直在走 CISC 的发展道路，包括 Intel、AMD，还有其他一些现在已经更名的厂商，如 TI（德州仪器）、Cyrix 及 VIA（威盛）等。在 CISC 微处理器中，程序的各条指令是按照顺序串行执行的，每条指令中的各个操作也是按照顺序串行执行的。顺序执行的优点是控制简单，但计算机各部分的利用率不高，执行速度慢。CISC 架构服务器主要以 IA-32 架构（Intel Architecture，英特尔架构）为主，是基于 PC 体系结构，使用 Intel 或其他兼容 x86 指令集的处理器芯片和 Windows 系统的服务器，价格便宜、兼容性好，但稳定性较差、安全性不算太高，主要用在中小企业和非关键业务中，多数为中低档服务器所采用。

（2）RISC 架构服务器：又称非 x86 架构服务器。RISC 的英文全称为“Reduced Instruction Set Computer”，中文意思是“精简指令集计算机”。它的指令系统相对简单，只要求硬件执行很有限且最常用的那部分指令，大部分复杂的操作则使用成熟的编译技术，由简单指令合成。RISC 架构服务器主要采用 UNIX 系统和其他专用操作系统，这种服务器价格昂贵、体系封闭，但是稳定性好、性能强，主要用在金融、电信等大型企业的核心系统中。目前，在中高档服务器中普遍采用 RISC 指令系统的 CPU，特别是高档服务器全都采用 RISC 指令系统的 CPU。在中高档服务器中采用 RISC 指令系统的 CPU 主要有 Compaq（康柏，即新惠普）公司的 Alpha、HP 公司的 PA-RISC、IBM 公司的 Power PC、MIPS 公司的 MIPS 和 SUN 公司的 Spare 等。

（3）VLIW 架构服务器：VLIW 的英文全称是“Very Long Instruction Word”，中文意思是“超长指令字”，VLIW 架构采用了先进的 EPIC（Explicitly Parallel Instruction Computing，显式并行指令计算）设计，我们也把这种架构叫作 IA-64 架构。每时钟周期，采用 IA-64 架构的处理器可运行 20 条指令，而采用 CISC 架构的处理器通常只能运行 1～3 条指令，采用 RISC 架构的处理器能运行 4 条指令，可见 VLIW 架构要比 CISC 架构和 RISC 架构强大得多。VLIW 架构的最大优点是简化了处理器的结构，删除了处理器内部许多复杂的控制电路，这些电路通常是超标量芯片（一般采用 CISC 架构或 RISC 架构）协调并行工作时必须使用的，VLIW 架构的结构简单，也能够使其芯片制造成本降低，价格低廉，能耗少，而且性能也要比超标量芯片高得多。目前，基于这种指令架构的微处理器主要有 Intel 公司的 IA-64 和 AMD 公司的 x86-64。

2. 按照服务器的处理器数量划分

按照服务器的处理器数量划分，可以把服务器分为单路服务器、双路服务器和多路服务器。其中“路”是指服务器物理 CPU 的数量，也就是服务器主板上 CPU 插槽的数量。

（1）单路服务器（UP-Unit Processor）：指服务器支持 1 个 CPU。

（2）双路服务器（DP-Dual Processor）：指服务器支持 2 个 CPU。目前主流的服务器就是双路服务器。

（3）多路服务器（MP-Multi Processor）：指服务器支持多个 CPU。多路服务器用到了对称多处理技术（Symmetrical Multi-Processing，SMP），即在一台服务器上，多个 CPU 共享内存子系统及总线结构。在这种架构中，同时由多个 CPU 运行操作系统的单一复本，并共享内存和一台计算机的其他资源，系统将任务队列对称地分布于多个 CPU 之上，所有的 CPU 都可以平等地访问内存、I/O 和外部终端，从而极大地提高了整个系统的数据处理能力。

另外，小型企业一般选择 1～2 路服务器，中型企业一般选择 2～4 路服务器，大型企业一般选择 4～8 路服务器。

3．按照服务器的用途划分

按照服务器的用途划分，可以把服务器分为通用型服务器和专用型服务器两类。

（1）通用型服务器：指没有为某种特殊服务专门设计的、可以提供各种服务功能的服务器，当前大多数服务器是通用型服务器。这类服务器因为不是专门为某个功能而设计的，所以在设计时就要兼顾多方面的应用需要，服务器的结构就相对较为复杂，而且对性能的要求较高，当然在价格上也更高一些。

（2）专用型服务器：又称功能型服务器。专用型服务器是专门为某一种或某几种功能专门设计的服务器，在某些方面与通用型服务器不同。例如，光盘镜像服务器主要是用来存放光盘镜像文件的，在服务器性能上就需要具有相应的功能与之相适应，因此光盘镜像服务器需要配备大容量、高速的硬盘及光盘镜像软件；FTP 服务器主要用于在网上（包括 Intranet 和 Internet）进行文件传输，这就要求服务器在硬盘稳定性、存取速度、I/O（输入/输出）带宽等方面具有明显的优势；E-mail 服务器主要要求服务器配置高速宽带上网工具、硬盘容量要大等。专用型服务器对性能的要求比较低，因为其只要满足某些需要的功能即可，所以结构比较简单，采用单 CPU 结构即可；在稳定性、扩展性等方面要求不高，价格也更低一些，相当于两台左右的高性能计算机的价格。

4．按照服务器的应用功能划分

按照服务器的应用功能划分，可以把服务器分为域控制器、文件服务器、数据库服务器、DHCP 服务器、DNS 服务器、Web 服务器、FTP 服务器、邮件服务器等。为了让服务器提供各种不同的服务，实现各种不同的用途，通常需要在服务器上安装各种软件，这时就可以按照功能划分为不同的服务器。不同的服务器角色，其性能配置需求不同。

（1）域控制器：域控制器（Domain Controller）是指在“域”模式下负责每台接入网络的计算机和用户验证工作的服务器，它相当于一个单位的门卫。

（2）文件服务器：文件服务器又称档案伺服器，是指以文件数据共享为目标的服务器，它的特点是将供多台计算机共享的文件存放于一台计算机中，所有用户都可以进行访问。

（3）数据库服务器：数据库服务器是指安装了不同的数据库软件，提供不同的数据库服务的服务器，如 Oracle 数据库服务器、MySQL 数据库服务器、Microsoft SQL Server 数据库服务器等。

（4）DHCP 服务器：DHCP 服务器是指自动为局域网中的每台计算机分配 IP 地址，并完成每台计算机的 TCP/IP 参数配置的服务器。担任 DHCP 服务器的计算机需要安装 TCP/IP 协议，并为其设置静态 IP 地址、子网掩码、默认网关等内容。

（5）DNS 服务器：DNS 服务器又称域名服务器，是指进行域名（Domain Name）和与之相对应的 IP 地址（IP Address）转换的服务器，通过 DNS 服务器可以实现域名服务的查询、应答。

（6）Web 服务器：Web 服务器一般指网站服务器，是指驻留于 Internet 上某种类型计算机的程序，既可以处理浏览器等 Web 客户端的请求并返回相应响应，也可以放置网站文件让全世界浏览，还可以放置数据文件让全世界下载。

（7）FTP 服务器：FTP 服务器是指在互联网上提供文件存储和访问服务的服务器，它依照 FTP 协议提供服务。Windows 系统中使用最广泛的 FTP 服务器软件是 Serv-U，Linux 系统中使用最广泛的 FTP 服务器软件是 VSFTP。

（8）邮件服务器：邮件服务器是指用来负责电子邮件收发管理的服务器。它比网络上的免费邮箱更安全和高效，因此一直是企业的必备设备。它通常安装的软件包括 WebEasyMail、Sendmail、Postfix、Qmail、Microsoft Exchange 等。

5. 按照服务器的应用层次划分

按照服务器的应用层次划分，可以把服务器分为入门级服务器、工作组级服务器、部门级服务器、企业级服务器。这里所指的服务器应用层次并不是按照服务器 CPU 主频高低来划分的，而是依据整个服务器的综合性能，特别是所采用的一些服务器专用技术来衡量的。

（1）入门级服务器：入门级服务器通常只使用一块 CPU，并根据需要配置相应的内存（如 256MB）和大容量 IDE 硬盘，必要时也会采用 IDE RAID（一种磁盘阵列技术，主要目的是保证数据的可靠性和可恢复性）进行数据保护。入门级服务器主要针对基于 Windows NT、NetWare 等网络操作系统的用户，不仅可以满足办公室型的中小型网络用户的文件共享、打印服务、数据处理、Internet 接入及简单数据库应用的需求，也可以在小范围内完成诸如 E-mail、Proxy、DNS 等服务。

对一个小部门的办公需要而言，服务器的主要作用是完成文件共享和打印服务，文件共享和打印服务是服务器的最基本应用之一，对硬件的要求较低，一般采用一个或两个 CPU 的入门级服务器即可。为了给打印机提供足够的打印缓冲区，服务器需要有较大的内存；为了应对频繁和大量的文件存取，要求服务器有快速的硬盘子系统，而好的管理性能则可以提高服务器的使用效率。

（2）工作组级服务器：工作组级服务器一般支持 1～2 个 PIII处理器或 1 个 P4（奔腾 4）处理器，可以支持大容量的 ECC（一种内存技术，多用于服务器上）内存，功能全面，可管理性强且易于维护，具备小型服务器所必备的各种特性，如采用 SCSI（一种总线接口技术）总线的 I/O（输入/输出）系统、SMP 对称多处理器结构、可选装 RAID、热插拔硬盘、热插拔电源等，具有高可用性特性。其不仅能够用于为中小型企业提供 Web、E-mail 等服务，还能够用于学校等教育部门的数字校园网、多媒体教室的建设等。

在通常情况下，如果应用不复杂（如没有大型的数据库需要管理），则采用工作组级服务器就可以满足要求。目前，国产服务器的质量已与国外著名品牌的服务器相差无几，特别是在中低端产品上，国产服务器的性价比具有更大的优势，中小型企业可以考虑选择一些国内品牌的服务器产品。例如，华为、联想、浪潮等都是较不错的品牌。

（3）部门级服务器：部门级服务器通常可以支持 2～4 个 PIII Xeon（至强）处理器，具有较高的可靠性、可用性、可扩展性和可管理性。首先，部门级服务器集成了大量的监测及管理电路，具有全面的服务器管理能力，可监测温度、电压、风扇、机箱等状态参数。此外，结合服务器管理软件，可以使管理人员及时了解服务器的工作状况。同时，大多数部门级服务器具有优良的系统扩展性，当用户在业务量迅速增大时能够及时在线升级系统，可保护用户的投资。目前，部门级服务器是企业网络中分散的各基层数据采集单位与最高层数据中心保持顺利连通的必要环节，适合中型企业（如金融、邮电等行业）作为数据中心、Web 站点等应用。

（4）企业级服务器：企业级服务器属于高档服务器，普遍可支持 4～8 个 PⅢ Xeon 或 P4 Xeon 处理器，拥有独立的双 PCI 通道和内存扩展板设计，具有高内存带宽、大容量热插拔硬盘和热插拔电源，以及超强的数据处理能力。这类产品具有高度的容错能力、优异的扩展性能和系统性能、极长的系统连续运行时间，能在很大程度上保护用户的投资，可以作为大型企业级网络的数据库服务器。

企业级服务器主要适用于需要处理大量数据、高处理速度和对可靠性要求极高的大型企业和重要行业（如金融、证券、交通、邮电、通信等行业），可用于提供 ERP（Enterprise Resource Planning，企业资源计划）、电子商务、OA（办公自动化）等服务。

6. 按照服务器的外形划分

按照服务器的外形划分，可以把服务器分为塔式服务器、机架式服务器、刀片式服务器。

（1）塔式服务器：塔式服务器（见图 1.1）一般是大家见得最多的服务器，它的外形及结构都与普通 PC 差不多，只是体积稍大一些，其外形尺寸并没有统一的标准，原则上塔式服务器不需要和机柜搭配使用，但是如果出于某种原因，也可以将它放到机柜中保管，但是存在一些问题，是否连接显示器，要综合考虑机柜空间的安排、服务器的数量、服务器直接操作的频繁程度、监控的要求、机柜管理的要求等因素。

塔式服务器尤其适合常见的入门级和工作组级服务器应用，而且成本比较低，性能也能满足大部分中小型企业用户的要求，因此其目前的市场需求空间还是很大的。但塔式服务器也有不少局限性，在需要采用多台服务器同时工作以满足较高的服务器应用需求时，由于其体积比较大，占用空间多，也不方便管理，便显得很不适合。

（2）机架式服务器：机架式服务器（见图 1.2）的外形不像计算机，而像交换机，有 1U（1U=1.75 英寸=4.45cm）、2U、4U 等规格。机架式服务器安装在标准的 19 英寸机柜里面。这种类型的服务器多为功能型服务器，对信息服务企业（如 ISP、ICP、ISV、IDC）而言，在选择服务器时首先要考虑服务器的体积、功耗、发热量等物理参数，因为信息服务企业通常使用大型专用机房统一部署和管理大量的服务器资源，机房通常设有严密的保安措施、良好的冷却系统、多重备份的供电系统，其机房的造价相当昂贵。

通常规格为 1U 的机架式服务器最节省空间，但性能和可扩展性较差，适合一些业务相对固定的使用领域。规格为 4U 以上的机架式服务器的性能较高，可扩展性好，一般支持 4 个以上的高性能处理器和大量的标准热插拔部件，在管理上也十分方便，厂商通常提供相应的管理和监控工具，适合访问量大的关键应用。机架式服务器的优点是占用空间小，而且便于统一管理，但由于内部空间限制，扩充性较受限制，在扩展性和散热问题上受到限制，因而单机性能比较有限，应用范围也受到一定限制，往往只专注于某些方面的应用，如远程存储和网络服务等。在价格方面，机架式服务器一般比同等配置的塔式服务器高 2～3 成。

（3）刀片式服务器：刀片式服务器（见图 1.3）是指在标准高度的机架式机箱内可插装多个卡式的服务器单元，实现高可用和高密度的服务器。其中每块刀片实际上就是一块系统母板，类似于一个个独立的服务器，它们可以通过本地硬盘启动自己的操作系统。每块刀片可以运行自己的系统，服务于指定的不同用户群，相互之间没有关联。而且，也可以用系统软件将这些主板集合成一个服务器集群。在集群模式下，所有的刀片可以连接起来提供高速的网络环境，共享资源，为相同的用户群服务。在集群中插入新的刀片，就可以提高整体性能。而由于每块刀片都是热插拔的，因此系统可以轻松地进行替换，并且将维护时间缩减到最短。

图 1.1　塔式服务器

图 1.2　机架式服务器

图 1.3　刀片式服务器

刀片式服务器比机架式服务器更节省空间，同时，散热问题也更突出，往往要在机箱内装上大型强力风扇来散热。这种类型的服务器虽然较节省空间，但是其机柜与刀片的价格都不低，一般应用于大型数据中心或需要大规模计算的领域，如银行、电信、金融等行业；以及互联网数据中心等。目前，节约空间、便于集中管理、易于扩展和提供不间断的服务，成为对下一代服务器的新要求，而刀片式服务器正好能够满足这些要求，因此刀片式服务器的市场需求正在不断扩大，具有良好的市场前景。

1.2.3　服务器与 PC 的区别

服务器归根结底还是一台计算机，其硬件结构也是从 PC 发展而来的，服务器的一些基本特性和 PC 有很大的相似之处。服务器的硬件包括处理器、芯片组、内存、存储系统及 I/O 设备等部分，但是和普通 PC 相比，服务器的硬件中包含着专门的服务器技术，这些专门的技术保证了服务器能够承担更高的负载，具有更高的稳定性和扩展能力。

1．稳定性要求不同

服务器是用来承担企业应用中的关键任务的，需要长时间的无故障稳定运行。在某些需要不间断服务的领域，如银行、医疗、电信等领域，需要服务器全年不间断地运行，一旦服务器出现宕机等情况，后果是非常严重的。为了实现如此高的稳定性，服务器的硬件结构需要进行专门的设计。比如，机箱、电源、风扇等在 PC 上要求并不苛刻的部件在服务器上就需要进行专门的设计，并且提供冗余。服务器处理器的主频、前端总线等关键参数一般低于主流消费级处理器，这样也是为了降低处理器的发热量，提高服务器工作的稳定性。服务器内存技术（如内存镜像、在线备份等）提高了数据的可靠性和稳定性。服务器硬盘的热插拔技术、磁盘阵列技术等也是为了保证服务器稳定运行和数据的安全保障而设计的。

2．性能要求不同

除稳定性以外，服务器对性能的要求同样很高。服务器是在网络计算环境中提供服务的计算机，承载着网络中的关键任务，维系着网络服务的正常运行，所以为了实现提供服务所需的高处理能力，服务器的硬件采用与 PC 不同的专门设计。

服务器处理器相对 PC 处理器具有更大的二级缓存，高端的服务器处理器甚至集成了远远大于 PC 处理器的三级缓存，并且服务器一般采用双路甚至多路处理器来提供强大的运算能力。服务器芯片组也不同于 PC 芯片组，服务器芯片组提供了对双路处理器、多路处理器的支持，可以显著提升数据传输带宽。服务器芯片组对于内存容量和内存数据带宽的支持都远高于 PC 芯片组。

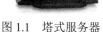

服务器内存和 PC 内存也有不同。为了实现更高的数据可靠性和稳定性，服务器内存集成了 ECC、Chipkill 等内存检错纠错功能，近年来内存全缓冲技术的出现，使数据可以通过类似 PCI-E 的串行方式进行传输，显著提升了数据传输速度，提高了内存性能。

在存储系统方面，主流 PC 硬盘一般采用 IDE、SATA 接口。而服务器硬盘为了能够提供更快的数据读取速度，一般采用 SCSI 接口，转速一般在 10 000 转以上，近年来 SAS 接口逐渐取代了 SCSI 接口，使用 SAS 接口的硬盘的转速一般为 10 000 转或 15 000 转。此外，服务器上一般会应用 RAID 技术来提高磁盘性能并提供数据冗余和容错能力，而 PC 上一般不会应用 RAID 技术。

3. 扩展性能要求不同

服务器在成本上远高于 PC，并且承担企业的关键任务，一旦更新换代，则需要投入很大的资金和很高的维护成本，所以相对来说，服务器更新换代的速度比较慢。企业信息化的要求也不是一成不变的，所以服务器要留有一定的扩展空间。相对于 PC，服务器上一般提供了更多的扩展插槽，如 PCI-E、PCI-X 等，并且内存、硬盘的扩展能力也高于 PC，如主流服务器上一般会提供 8 个或 12 个内存插槽，提供 6 个或 8 个硬盘托架。

4. 操作系统和软件要求不同

服务器和 PC 采用的操作系统也是有区别的。服务器的操作系统可以支持强大的服务器平台，如多 CPU、日志型文件系统、服务器群集软件等，而 PC 的操作系统则不能满足上述要求。服务器上安装的应用软件通常是 Internet/Intranet 服务器端应用、企业或商业关键应用等，而 PC 上安装的软件则通常针对个人应用。两者的定位是完全不一样的。

综上所述，服务器和 PC 有着本质的区别，如果采用 PC 充当服务器，则会造成很多问题，甚至形成系统安全隐患，如系统性能下降、宕机、重启、崩溃等。

1.2.4 服务器的设计思想

对于一台服务器来讲，服务器的性能设计目标是如何平衡各部分的性能，使整个系统的性能达到最优。所以，设计一台好服务器的最终目的就是通过平衡各部分的性能，使得各部分配合得当，并能够充分发挥能力。我们可以通过服务器的 RASUM 衡量标准，即 R（Reliability，可靠性）、A（Availability，可用性）、S（Scalability，可扩展性）、U（Usability，可易用性）、M（Manageability，可管理性）这几个方面来衡量服务器是否达到了其设计目的。

1. 可靠性

可靠性指一个部件或系统能不间断地使用多长时间。服务器在网络中的工作都是不间断的，所以它对系统的可靠性要求非常高。一般的计算机在出现故障以后最多就是重启，如果出现数据丢失等问题，则造成的损失一般仅限于单台计算机。而服务器就不一样了，服务器中存储的都是非常重要且机密的数据，很多网络服务也要依靠服务器才能正常运行，所以服务器如果出现故障、数据丢失等问题，则造成的损失是非常大的，因此我们对服务器的可靠性要求会越来越高。

2. 可用性

可用性是从服务器的处理能力方面来说的，因为服务器的负荷都比较重，所以其必须具有高的可靠性和稳定性，尽量少出现停机待修情况。一般来说，专门的服务器都要 7×24 小时不间断地工作，对于这些服务器来说，也许真正工作开机的次数只有一次，那就是它刚被买回全面安装与配置好后投入正式使用的那一次，此后，它不间断地工作，直到彻底报废。如果服务器经常出现问题，则网络不可能保持长久正常地运作。为了确保服务器具有较高的可用性，除了要求各配件的质量过关，还可以采取必要的技术和配置措施，如硬件冗余、在线诊断等。

3．可扩展性

可扩展性指服务器的硬件配置可以根据需要灵活配置，如内存、适配器、硬盘等，可以在原有的基础上很方便地根据需要来扩展。服务器必须具有一定的可扩展性，这是因为企业网络不可能长久不变，特别是在当今信息时代。如果服务器没有一定的可扩展性，当用户增多时就无法继续工作，则一台价值几万元甚至几十万元的服务器在短时间内就要遭到淘汰，这是任何企业都无法承受的。为了保持可扩展性，通常需要服务器上具备一定的可扩展空间和冗余组件。

4．可易用性

服务器的功能相对于 PC 来说复杂许多，不仅指其硬件配置，还指其软件系统配置。许多服务器厂商在进行服务器的设计时，除了要在服务器的可用性、稳定性等方面进行充分考虑，还必须在服务器的可易用性方面下足功夫。服务器的可易用性主要体现在服务器是否容易操作、用户导航系统是否完善、机箱设计是否人性化、是否具有关键恢复功能、是否具有操作系统备份、是否具有足够的培训支持等方面。

5．可管理性

服务器通常要求具有很好的可管理性。虽然服务器需要不间断地工作，但是再好的产品也有可能出现故障，因此我们需要采取必要的措施避免出现故障，或者即使出现故障，也能及时得到维护，而这是通过服务器的硬件和软件的特殊实现来保证的。通过服务器管理软件，系统管理员可以方便地在线查看服务器的当前工作状态、服务器重要部件的健康状况，以及远程进行重启/开机/关机、服务器的维护、BIOS 重定向等。

1.2.5　服务器的关键组件及技术

服务器的关键组件包含 CPU、内存、硬盘、网卡、电源等，如图 1.4 所示。这些组件的参数也成了我们选购一台服务器时所主要关注的指标。

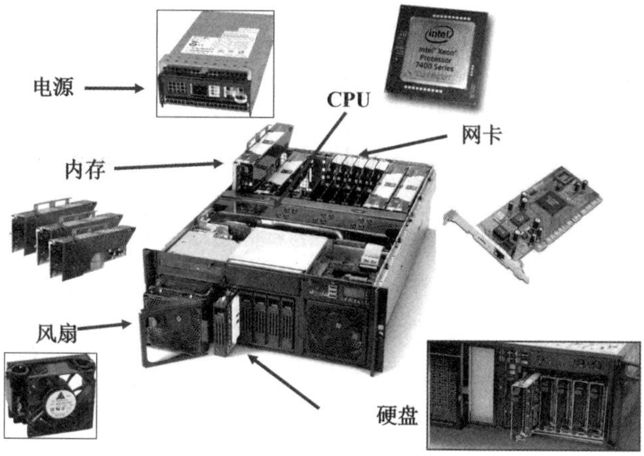

图 1.4　服务器的关键组件

1．服务器 CPU

服务器 CPU 就是中央处理器（Center Process Unit）。我们知道，服务器是网络中的重要设备，要接受少至几十个用户、多至成千上万个用户的访问，因此对服务器具有大数据量的快速吞吐、超强的稳定性、长时间运行等严格要求。所以说 CPU 是服务器的“大脑”，是衡量服务器性能的首要指标，而 CPU 的性能指标主要包括 CPU 的工作频率、Cache 容量、指令系统和逻辑结构等参数。

需要注意的是，每台服务器中不是只能容纳一个 CPU，而是可以容纳多个 CPU，各个 CPU 之间通过高效的互联互通来提升计算力。企业级常见的物理服务器配置包括以下两种。

① 一般企业里的服务器：CPU 的个数为 2～4，单个 CPU 是四核，内存总量一般是 16～256GB（32GB、64GB 比较常见）。

② 用于虚拟化的宿主机（如应用 VMware Workstation、KVM 的主机）：CPU 的个数可达 4～8，内存总量一般是 48～128GB，常规企业可以同时启动 6～10 个虚拟机，甚至更多，主要根据业务需求决定虚拟机的配置大小。

在企业级系统运维中，选择 CPU 硬件配置，以及监测和优化服务器系统的 CPU 性能，不仅是一项复杂且需要长期实践和反复观察的工作，也是运维人员的常规工作之一。

2．服务器内存

服务器内存与普通 PC 内存在外观和结构上没有明显实质性的区别，其主要是在内存上引入了一些新的特有的技术，如 ECC、Chipkill、内存镜像、内存热备等，具有极高的稳定性和纠错性能。

① ECC：ECC（Error Checking and Correcting，错误检查和纠正）既不是一种内存型号，也不是一种内存专用技术，而是一种被广泛应用于各种领域的计算机指令中的指令纠错技术。它比奇偶校正技术更先进的方面主要在于它不仅能发现错误，还能纠正这些错误，只有纠正这些错误之后，计算机才能正确执行下面的任务，确保服务器的正常运行。

ECC 技术通过数据位多一些位数对数据进行校验，所以内存颗粒一般会多一颗。ECC 技术可发现 2bit 错误，并纠正 1bit 错误，可靠性更高。在一般情况下，服务器内存都具有 ECC 技术，只有较低端的服务器采用普通台式机内存时不具有该技术。

② Chipkill：Chipkill 技术是 IBM 公司为了解决服务器内存中 ECC 技术的不足而开发的，是一种新的 ECC 内存保护标准。我们知道 ECC 技术只能同时检测和纠正单一比特错误，但如果同时检测出两个以上比特的数据有错误，则无能为力。ECC 技术之所以在服务器内存中被广泛应用，一是因为在这以前其他新的内存技术还不成熟，二是因为在服务器中系统速度很高，在这种频率上，一般很少发生同时出现多比特错误的情况，正是因为这两个原因，ECC 技术得到了充分的认可和应用，并成为几乎所有服务器上的内存标准。

③ 内存镜像：内存镜像（Memory Mirroring）是 IBM 公司的另一种高级内存技术，该技术是将内存数据做两个拷贝，分别放在主内存和镜像内存中。系统工作时会向两个内存中同时写入数据，因此使得内存数据有完整的备份。当一个内存中有足以引起系统报警的软故障时，系统会自动提醒管理员这个内存将要出现故障，同时服务器会自动切换到镜像内存，直到故障内存被更换，这极大地提升了服务器的可靠性。

④ 内存热备：在进行内存热备时，做热备份的内存在正常情况下是不使用的，也就是说，系统是看不到这部分内存容量的。当工作内存的故障次数达到一定值时，系统开始进行双重

写动作，一个写入主内存，一个写入热备内存，当系统检测到两个内存数据一致后，热备内存就代替主内存工作，故障内存被禁用，这样就完成了热备内存接替故障内存工作的任务，有效地避免了系统由于内存故障而导致数据丢失或系统宕机的问题。

3．服务器硬盘

如果说服务器是网络数据的核心，则服务器硬盘就是这个核心的数据仓库，所有的软件和用户数据都存储在这里。如今常用的硬盘都是 3.5 英寸的，并且生产的单块硬盘的容量越来越大，体积越来越小，速度也越来越快，其中常见的硬盘有 300GB、600GB、1TB、3TB、4TB 等规格。根据实际场景的需要，硬盘的接口有 IDE、SCSI、SAS、SATA 等几类，硬盘的类型也分为机械硬盘和 SSD（固态硬盘）两种。

与普通 PC 的硬盘相比，服务器上使用的硬盘具有以下 3 个特点。

① 速度快：服务器使用的硬盘转速快，可以达到每分钟 7 200 转或 10 000 转，甚至更高；它还配置了较大（一般为 2MB 或 4MB）的回写式缓存；平均访问时间比较短；外部传输率和内部传输率更高。

② 可靠性高：服务器硬盘几乎是 24 小时不停地运转，承受着巨大的工作量，可以说，硬盘如果出现问题，则后果不堪设想。所以，现在的硬盘都采用了 S.M.A.R.T 技术（自我监测、分析和报告技术），同时硬盘厂商都采用了各自独有的先进技术来保证数据的安全。为了避免意外的损失，服务器硬盘一般都能承受 300～1000G 的冲击力。

③ 可支持热插拔：热插拔（Hot Swap）是一些服务器支持的硬盘安装方式，可以在服务器不停机的情况下拔出或插入一块硬盘，操作系统自动识别硬盘的改动。这种技术对于 24 小时不间断运行的服务器来说是非常必要的。

4．RAID

RAID（Redundant Array of Independent Disks，独立磁盘冗余阵列）有时也简称为“磁盘阵列”（Disk Array）。简单地说，RAID 是一种把多块独立的硬盘（物理硬盘）按照不同的方式组合起来形成一个硬盘组（逻辑硬盘），从而提供比单个硬盘更高的存储性能和提供数据备份的技术。组成磁盘阵列的不同方式称为 RAID 级别。数据备份的功能是在用户数据发生损坏后，利用备份信息可以使损坏数据得以恢复，从而保障用户数据的安全性。总之，对磁盘阵列的操作与单个硬盘相同。不同的是，磁盘阵列的存储速度要比单个硬盘快很多，而且可以提供自动数据备份。

经过不断的发展，RAID 技术现在已拥有了 RAID 0～RAID 6 七种基本的 RAID 级别，但是常用的是 RAID 0、RAID 1、RAID 3、RAID 5 这 4 种 RAID 级别。另外，还有一些基本 RAID 级别的组合形式，如 RAID 10（RAID 0 与 RAID 1 的组合）、RAID 50（RAID 0 与 RAID 5 的组合）等。不同 RAID 级别代表不同的存储性能、数据安全性和存储成本。常用 RAID 级别的比较如表 1.1 所示。

表 1.1　常用 RAID 级别的比较

比较项目	RAID 0	RAID 1	RAID 3	RAID 5	RAID 10
容错性	无	有	有	有	有
冗余类型	无	镜像冗余	校验冗余	校验冗余	镜像冗余
可用空间	100%	50%	$(N-1)/N$	$(N-1)/N$	50%

续表

比较项目	RAID 0	RAID 1	RAID 3	RAID 5	RAID 10
读性能	高	低	高	高	普通
随机写性能	高	低	低	低	普通
连续写性能	高	低	低	低	普通
最少磁盘数	2 个	2 个	3 个	3 个	4 个
应用场景	传输宽带需求大的应用	安全性要求较高的应用	大文件类型且安全性要求较高的应用	读/写比率较高的应用	安全性要求较高的应用

5．服务器网卡

网络接口卡（Network Interface Card，NIC）简称“网卡”。在网络中，如果有一台计算机没有网卡，则这台计算机将不能和其他计算机通信，它将得不到服务器所提供的任何服务。当然如果服务器没有网卡，就称不上服务器了，所以说网卡是服务器必备的设备。

服务器网卡一般具备以下几个特点。

① 多网卡技术：当普通 PC 接入局域网或 Internet 时，一般情况下只要一块网卡就足够了。而为了满足服务器在网络方面的需要，服务器一般需要两块或两块以上的网卡。

② 数据传输速度快：对于大数据流量网络来说，服务器应该采用千兆以太网网卡，这样才能提供更好的网络连接能力。

③ CPU 占用率低 ：如果一台服务器的 CPU 的大部分时间都在为网卡提供数据响应，则势必会影响服务器对其他任务的处理速度。所以，较低的 CPU 占用率对于服务器网卡来说是非常重要的。服务器专用网卡具有特殊的网络控制芯片，它可以从主 CPU 中接管许多网络任务，使主 CPU 集中“精力”运行网络操作系统和应用程序，当然服务器的服务性能也就不会再受影响了。

④ 安全性能高：许多网络硬件厂商都推出了各自的具有容错功能的服务器网卡。例如，Intel 公司推出了 3 种容错服务器网卡，它们分别采用 AFT（Adapter Fault Tolerance，网卡出错冗余）、ALB（Adapter Load Balancing，网卡负载平衡）、FEC（Fast Ether Channel，快速以太网通道）技术。AFT 技术是在服务器和交换机之间建立冗余连接，即在服务器上安装两块网卡，其中一块网卡作为主网卡，另一块网卡作为备用网卡，然后用两根网线将两块网卡都连到交换机上。在服务器和交换机之间建立主连接和备用连接。如果主连接因为数据线损坏或网络传输中断连接失败，则备用连接会在几秒内自动顶替主连接的工作，通常网络用户不会觉察到任何变化。这样一来就避免了因一条线路发生故障而造成整个网络瘫痪的问题，可以极大地提高网络的安全性和可靠性。

6．服务器电源

服务器电源就是指使用在服务器上的电源（Power），按照标准可以分为 ATX 电源和 SSI 电源两种。ATX 标准使用较为普遍，主要用于台式机、工作站和低端服务器；SSI 标准是随着服务器技术的发展而产生的，适用于各种档次的服务器。

目前高端服务器多采用冗余电源技术，它具有均流、故障切换等功能，可以有效地避免电源故障对系统的影响，实现 7×24 小时不停顿地运行。冗余电源较为常见的是 N+1 冗余，可以保证在一个电源出现故障的情况下系统不会瘫痪（两个以上电源同时出现故障的概率非常小）。冗余电源通常和热插拔技术配合，即热插拔冗余电源，它可以在系统运行时拔下出现故障的电源并换上一个完好的电源，从而大大提高了服务器系统的稳定性和可靠性。

7. 服务器风扇

服务器是发热大户，因此也就少不了强劲的散热器支持，这就不得不提到风扇。说到风扇，就得先了解散热片。作为散热器的重要组成，散热片的设计是影响一个散热器散热效果好坏的最重要的因素。目前，散热片多采用 Extruded（挤压）技术、Skiving（切割）技术、Fold FIN（折叶）技术、Forge（锻造）技术，主流工艺是 Extruded 技术。

① 多风扇设计：在一般情况下，机箱的两侧都有两个排风口，其中一个排风口设计在硬盘盒的侧面，在机箱内部硬盘盒的另一侧有一个预留的大尺寸风扇位，另一个排风口设计在系统扩展插槽位置的顶部，同样在这个位置，厂家预留了一个风扇位，这个排风口主要是对系统的扩展卡进行散热。

② 风扇冗余设计：为了保证服务器不间断地工作，冗余技术被应用于机箱内的绝大部分配件上，风扇当然也不例外。为了确保机箱内良好的散热系统不因为某一个或几个风扇损坏而被破坏，现在很多的服务器机箱都采用了可以自动切换的冗余风扇设计。当系统工作正常时，主风扇工作，备用风扇不工作，当主风扇出现故障或转速低于规定转速时，自动启动备用风扇。备用风扇平时处于停转状态，以保证在工作风扇损坏时马上接替服务，不会造成由于系统风扇损坏而使系统内部温度升高产生工作不稳定或停机的情况。

8. 热插拔技术

热插拔（Hot Plug 或 Hot Swap）技术允许用户在不关闭系统、不切断电源的情况下取出和更换损坏的硬盘、电源或板卡等部件，从而提高了系统对灾难的及时恢复能力、扩展性和灵活性等。

热插拔技术最早出现在服务器领域，是为了提高服务器的可易用性而提出的，在我们平时使用的计算机中一般都有 USB 接口，这种接口就能够实现热插拔。如果没有热插拔技术，即使磁盘损坏不会造成数据的丢失，则用户仍然需要暂时关闭系统，以便能够对硬盘进行更换，而使用热插拔技术，则只要简单地打开连接开关或转动手柄就可以直接取出硬盘，而系统仍然可以不间断地正常运行。

通常来说，一个完整的热插拔系统包括热插拔系统的硬件、支持热插拔的软件和操作系统、支持热插拔的设备驱动程序和用户接口。服务器中可实现热插拔的部件主要有硬盘、CPU、内存、电源、风扇、PCI 适配器、网卡等。在购买服务器时一定要注意哪些部件能够实现热插拔，这对以后的工作至关重要。

1.3 项目实训 1 制作介绍服务器品牌的 PPT 报告

【实训目的】

了解和熟悉当前市场上的各种品牌的服务器。

【实训内容】

制作介绍服务器品牌的报告，并以 PPT 的形式完成报告内容，要求如下：

（1）请查阅各种品牌的服务器产品，每组选定一个品牌。

（2）说明：报告中含有该品牌至少 5 种以上的服务器，报告内容为该品牌服务器的介绍、种类、参数设置、对比区分、总结等相关内容，在报告的封面中注明组长、解说员、其他成员的名字及工作量。

（3）评分标准：PPT 制作美观、内容充实、总结较好、讲解通俗易懂等。

1.4 项目习题

一、填空题

1．按照服务器的应用层次划分，可以把服务器分为入门级服务器、工作组级服务器、部门级服务器和________________。

2．服务器中的“路”其实指的是服务器的______________。

3．按照服务器的外形划分，可以把服务器分为塔式服务器、机架式服务器和________________。

4．服务器内存的 ECC 技术是指________________。

5．CISC 架构服务器又称________________。

二、单选题

1．按照服务器的处理器架构划分，以下哪一项不属于服务器的分类？（　　）

A．CISC 架构服务器　　B．RISC 架构服务器

C．VLIW 架构服务器　　D．DHCP 架构服务器

2．大型企业一般选择（　　）服务器。

A．1～2 路　　B．2～4 路　　C．4～6 路　　D．4～8 路

3．以下哪一项不属于服务器内存技术？（　　）

A．磁盘阵列　　B．ECC 技术　　C．Chipkill 技术　　D．内存镜像

4．冗余电源常见的是（　　）冗余，可以保证在一个电源出现故障的情况下系统不会瘫痪。

A．$N+M$　　B．$N+1$　　C．$N+2$　　D．$N+3$

5．RAID 50 指的是 RAID 0 和（　　）的组合。

A．RAID 50　　B．RAID 0　　C．RAID 5　　D．RAID 1

三、问答题

1．什么是服务器？

2．简述服务器的 RASUM 衡量标准。

3．什么是 RAID 技术？

4．什么是热插拔技术？

项目 2

虚拟化技术和 VMware Workstation

学习目标

资源整合——蒙牛集团的创立者牛根生当年在创业时，跟很多人一样，几乎什么都没有，可是他通过整合工厂、政府农村扶贫工程、农村信用社资金等资源，使得蒙牛集团飞速发展。从蒙牛集团的案例中可以看出：任何企业家都不可能拥有世界上所有的资源，想要实现自己的发展目标，就必须利用自己手中可占用和支配的资源与他人交换自己所需要的资源，同时让对方也能得到其想要的资源，这就是资源整合的一个重要法则。

知识目标

- 了解主流的虚拟化厂商
- 熟悉虚拟化技术和虚拟机的概念
- 掌握虚拟机网络工作模式，以及创建和设置虚拟机的方法

能力目标

- 具备安装 VMware Workstation 的能力
- 具备创建虚拟机的能力
- 具备设置和管理虚拟机的能力

素养目标

- 增强学生的文化自信和民族自豪感，培养学生的共享发展理念
- 培养学生的网络强国意识

2.1 项目背景

成都航院由于业务发展需要，将要增加很多台服务器，现在准备在服务器上搭建网络服务所需要的基础服务环境。Linux 和 Windows Server 是当今两大主流的网络操作系统平台，成都航院的新增业务的服务器操作系统将选用 Windows Server 2012。在现代网络技术中，虚拟化技术已经得到了广泛应用，因此成都航院的服务器首先需要部署在 VMware Workstation 虚拟环境中。

2.2 项目知识

2.2.1 虚拟化技术

1. 虚拟化技术的概念

虚拟化（Virtualization）是一种资源管理技术，用于将计算机的各种实体资源（如服务器、网络、内存及存储等）予以抽象、转换后呈现出来，从而打破实体结构间不可切割的障碍，使用户可以通过比原本的组态更好的方式来应用这些资源。这些资源的新虚拟部分不受现有资源的架设方式、地域或物理组态所限制。一般所指的虚拟化资源包括计算能力和资料存储。在实际的生产环境中，虚拟化技术主要用来解决高性能的物理硬件产能过剩和老旧硬件产能过低的问题，通过透明化底层物理硬件，从而最大化地利用物理硬件。

2. 主流虚拟化技术

随着虚拟化技术的发展，打着它的旗号的“衍生品”层出不穷。虽然目前各种虚拟化技术还没能泾渭分明，但是随着时间发展，5 种主流的虚拟化技术逐步展露。这 5 种虚拟化技术分别是存储虚拟化、网络虚拟化、桌面虚拟化、应用虚拟化和服务器虚拟化。

（1）存储虚拟化：存储虚拟化就是对存储硬件资源进行抽象化表现，通过将一个（或多个）目标（Target）服务或功能与其他附加的功能集成，统一提供有用的全面功能服务。存储虚拟化可以将异构的存储资源组成一个巨大的“存储池”，对于用户来说，不会看到具体的磁盘、磁带，也不必关心自己的数据经过哪一条路径，通往哪一个具体的存储设备，只需要使用存储池中的资源即可。从管理的角度来看，虚拟存储池可以采取集中化的管理，可以由管理员根据具体的需求把存储资源动态地分配给各个应用程序。

（2）网络虚拟化：网络虚拟化一般认为是让一个物理网络能够支持多个逻辑网络，虚拟化保留了网络设计中原有的层次结构、数据通道和所能提供的服务，使得最终用户的体验和独享物理网络一样，同时网络虚拟化技术还可以高效地利用网络资源（如空间、能源、设备容量等）。

（3）桌面虚拟化：桌面虚拟化是指将计算机的终端系统（也称桌面）进行虚拟化，以达到桌面使用的安全性和灵活性。通过桌面虚拟化技术，用户可以通过任意设备，在任意地点、任意时间通过网络访问属于其个人的桌面系统。

（4）应用虚拟化：应用虚拟化是指将应用程序与操作系统解耦合，为应用程序提供一个虚拟的运行环境。在这个环境中，不仅包括应用程序的可执行文件，还包括它所需要的运行时环境。从本质上说，应用虚拟化技术是把应用程序对底层的系统和硬件的依赖抽象出来，可以解决版本不兼容的问题。和桌面虚拟化技术一样，应用程序不是存储在本地计算机中，而是存储在后台的数据中心里，只是桌面虚拟化技术推送的是整个桌面，而应用虚拟化技术推送的则是某个应用程序，用户只能看到应用程序。

（5）服务器虚拟化：服务器虚拟化是指将服务器物理资源抽象成逻辑资源，让一台服务器变成几台甚至上百台相互隔离的虚拟服务器，使用户不再受限于物理上的界限，而是让CPU、内存、磁盘、I/O 设备等硬件变成可以动态管理的“资源池”，从而提高资源的利用率，简化系统管理，实现服务器整合。

3. 虚拟化技术的优势

虚拟化技术的优势有以下几点：

（1）更高的资源利用率。虚拟化技术可支持实现物理资源和资源池的动态共享，提高资源利用率，特别是针对那些平均需求远低于需要为其提供专用资源的不同负载。

（2）降低管理成本。虚拟化技术可以通过以下途径提高工作人员的效率：

① 减少必须进行管理的物理资源的数量。

② 隐藏物理资源的部分复杂性。

③ 通过实现自动化、获得更好的信息和实现中央管理来简化公共管理任务。

④ 实现负载管理自动化。

（3）提高使用灵活性。通过虚拟化技术可实现动态的资源部署，满足不断变化的业务需求。

（4）提高安全性。虚拟化技术可实现较简单的共享机制无法实现的隔离和划分，这些特性可实现对数据和服务可控与安全的访问。

（5）更高的可用性。虚拟化技术可在不影响用户的情况下对物理资源进行删除、升级或改变。

（6）更高的可扩展性。根据不同产品的特性，虚拟化技术对资源进行分区和汇聚，能实现比物理资源更少或更多的虚拟资源，这意味着可以在不改变物理资源配置的情况下进行规模调整，从而提高其可扩展性。

（7）互操作性和投资保护。虚拟化技术可提供底层物理资源无法提供的与各种接口和协议的兼容性。

（8）改进资源供应。与个体物理资源单位相比，虚拟化技术能够以更小的单位进行资源分配。

2.2.2 虚拟机

1. 虚拟机的概念

虚拟机（Virtual Machine，VM）指通过软件模拟的具有完整硬件系统功能的、运行在一个完全隔离环境中的完整计算机系统。在实体计算机中能够完成的工作在虚拟机中都能够完成。在计算机中创建虚拟机时，需要将实体机的部分硬盘和内存容量作为虚拟机的硬盘和内存容量。每个虚拟机都有独立的 CMOS、硬盘和操作系统，可以像使用实体机一样对虚拟机进行操作。

虚拟机在现实中的作用还是相当大的。比如，计算机中没有光驱，如果要安装系统，就可以使用虚拟机来完成，虚拟机内部拥有虚拟光驱，支持直接打开系统镜像文件安装系统。另外，虚拟机技术在游戏爱好者眼中也相当实用。比如，一般很多游戏不支持在同一台计算机上同时多开，但我们可以在计算机中多创建几个虚拟机，每个虚拟机中可单独运行该款游戏，这样即可实现在一台计算机上同时多开同一款游戏了。

2. 虚拟机的工作原理

虚拟化是创建基于软件的或计算机的“虚拟”版本的过程，其中包含从物理主机（如个人计算机）和/或远程服务器（如云提供商的数据中心的服务器）“借用”的专用 CPU 和内存。虚拟机是指行为方式类似于实际计算机的计算机文件（通常称为映像）。它可以作为独立的计算环境在窗口中运行，通常用于运行不同的操作系统。虚拟机与系统的其余部分相互隔离，这意味着虚拟机中的软件不会干扰主机的主要操作系统。

3. 虚拟机的用途

虚拟机主要用于以下几个方面：

（1）构建应用并将其部署到云。

（2）尝试新的操作系统，包括测试（Beta）版本。

（3）创建一个新环境，使开发人员能够更简单、更快地运行开发测试方案。

（4）备份现有操作系统。

（5）通过安装旧版操作系统访问受病毒感染的数据或运行旧版应用程序。

（6）在操作系统上运行软件或应用程序（操作系统最初并未设计用于此目的）。

4. 虚拟机的优势

虽然虚拟机的运行方式与单个操作系统和应用程序的运行方式相同，但它们彼此之间及与物理主机之间仍然完全独立。而且，虚拟机彼此独立，因此也非常易于移植，几乎可以立即将某个虚拟机监控程序中的虚拟机移动到完全不同的计算机上的另一个虚拟机监控程序中。由于虚拟机很灵活且可移植，因此它们提供的好处也比较多，示例如下：

（1）节约成本：通过一个基础结构即可运行多个虚拟环境，这意味着可以大幅度减少物理基础设施的占用，并节省维护成本和电力。

（2）灵活性和速度：虚拟机相对简单且快速，比为开发人员预配全新环境简单得多，虚拟化使运行开发测试方案的过程更快。

（3）减少了停机时间：虚拟机可移植程度非常高，可以在不同的计算机上轻松从一个虚拟机监控程序迁移到另一个虚拟机监控程序。

（4）可伸缩性：可以添加更多物理服务器或虚拟服务器，将工作负载分发到多个虚拟机。

（5）安全优势：由于在虚拟机中可以运行多个操作系统，因此在虚拟机上使用操作系统可以运行不安全的应用程序，并保护主操作系统。

2.2.3 主流的虚拟化厂商

从国际市场来看，VMware、Microsoft（微软）和 Citrix（思杰）公司是目前在 x86 平台上主流的虚拟化厂商，占 96%的市场份额，其中 VMware 公司在服务器虚拟化领域占据主导地位。据 IDC 公司统计，VMware 公司在虚拟化市场中的占有额为 85%以上。在应用虚拟化领域，Citrix 公司是绝对的领导者，在远程桌面访问的效率和外设广泛支持性上，占有绝对的领先优势。相对于前两家公司，Microsoft 公司显得稍微弱势一些，但是其有强大的技术实力做后盾，在虚拟化市场中逐渐确立了市场地位，并迅速占有了市场的一部分份额，Microsoft 公司固有的优势使其在虚拟化方面具有很大的发展空间。

1. VMware 公司

VMware 公司成立于 1998 年，它将虚拟机技术引入工业标准计算机系统。VMware 公司在 1999 年首次交付了第一套产品——VMware Workstation；在 2001 年，VMware 公司通过发布 VMware GSX 服务器和 VMware ESX 服务器而进入了企业服务器的市场领域。

2003 年，随着具有开创意义的 VMware VirtualCenter 和 VMware VMotion 技术的推出，VMware 公司通过引入一系列数据中心级的新功能，确立了其在虚拟化技术领域中的领导地位。2004 年，VMware 公司又通过发布 VMware ACE 产品进一步将这种虚拟架构的能力延伸到企业级的桌面系统中。2005 年发布的 VMware Player，以及 2006 年早期发布的 VMware Server 产品，使 VMware 公司第一个将免费的具有商业级可用性的虚拟化产品引入那些新进入虚拟化世界的用户。2006 年 6 月，VMware 公司发布的最新的 VMware Infrastructure 3 成为行业里第一套完整的虚拟架构套件，在一个集成的软件包中，包含了最全面的虚拟化技术、管理、资源优化、应用可用性及自动化的操作能力。

当前，全球有超过 2 万个公司用户，以及 400 万个最终用户（涵盖各行各业、大中小型企业等）正在应用着 VMware 公司的软件，包括 99%的 Fortune 100 公司。通过部署 VMware 公司的软件以应对复杂的商业挑战，如资源的利用率和可用性，用户已经明显体验到它所带来的巨大效益，包括降低整体拥有成本、提高投资回报率和增强对用户的服务水准等。

2. Microsoft 公司

2008 年，随着微软虚拟化技术的正式推出，Microsoft 公司已经拥有了从桌面虚拟化、服务器虚拟化到应用虚拟化、展现层虚拟化的完备的产品线。至此，其全面出击的虚拟化战略已经完全浮出水面。Microsoft 公司认为虚拟化绝非简单地加固服务器和降低数据中心的成本，它还意味着帮助更多的 IT 部门最大化 ROI（Return On Investment，投资回报率），并在整个企业范围内降低成本，同时强化业务持续性。这也是 Microsoft 公司研发了一系列的产品用来支持整个物理和虚拟基础架构的原因。

并且，近两年随着虚拟化技术的快速发展，虚拟化技术已经走出了局域网，从而延伸到了整个广域网。随着网络、通信等各种技术的日趋成熟，这也正符合 Microsoft 公司提出的物理和虚拟基础架构理念——服务器、网络、应用程序、桌面等跨多个管理程序的基础架构应用微软虚拟化技术，将可以通过单一的集中式控制台方便地实现对整个基础架构的管理。

3. Citrix 公司

Citrix 公司是一家从事云计算虚拟化、虚拟桌面和远程接入技术领域研究的高科技企业。现在流行的 BYOD（Bring Your Own Device，自带设备办公）就是 Citrix 公司提出的。Citrix 公司在 1997 年确立的发展愿景“让信息的获取就像打电话一样简洁方便，让所有人在任意时间、任意地点都可以随时获取信息”就是今天移动办公的雏形，随着互联网技术的快速发展，通过基于云计算技术的虚拟桌面，人们可以在任意时间、任意地点使用任意设备接入自己的工作环境，在各种不同的场景间无缝切换，使办公无处不在，轻松易行。

在桌面虚拟化领域，Citrix 公司的 XenApp 和 XenDesktop 处于绝对领导者地位。但在服务器虚拟化领域，Citrix 公司的 XenServer 的口碑明显低于 VMware 公司的 vSphere 和 Microsoft 公司的 Hyper-V。

2.2.4 虚拟机网络工作模式

本书主要选用 VMware Workstation（简称“VMware”）创建虚拟机，因此后面默认介绍的内容都是在 VMware Workstation 环境下进行的。VMware Workstation 一共提供了 3 种工作模式，分别是 Bridged（桥接）模式、NAT（网络地址转换）模式和 Host-only（主机）模式。下面介绍这 3 种工作模式的工作原理及特点。注意，在 VMware Workstation 中安装了虚拟机后，会在【网络连接】窗口中多出两个虚拟网卡，分别是 VMnet1 和 VMnet8，如图 2.1 所示，它们将在 VMware Workstation 的不同工作模式中被使用到。虚拟机的 VMnet0 网卡是桥接到本地网卡的，所以在【网络连接】窗口中是看不到的。

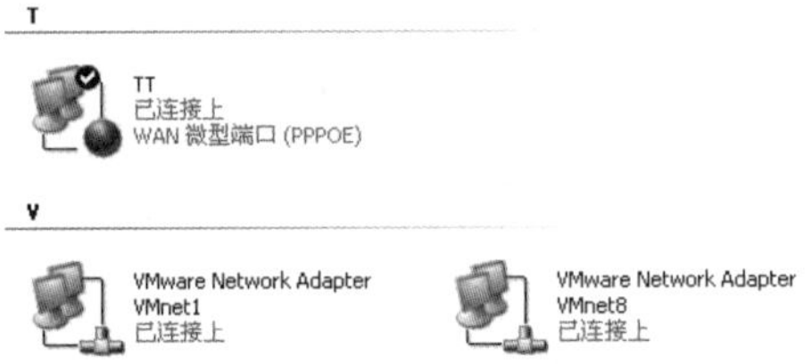

图 2.1 安装 VMware Workstation 后的虚拟网卡

1. Bridged（桥接）模式

在 Bridged 模式下，虚拟机的 IP 地址可设置成与真实主机在同一个网段，虚拟机相当于网络内的一台独立的机器，与真实主机共同插在一台交换机上，如图 2.2 所示。网络内的其他机器可以访问虚拟机，虚拟机也可以访问网络内的其他机器，当然与真实主机的双向访问也不成问题。虚拟机一定要跟真实主机配置一个网段的 IP 地址，并且要求与真实主机连接在一台交换机上。

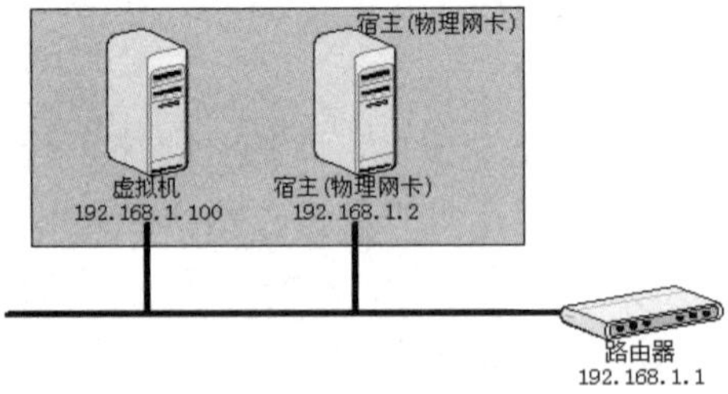

图 2.2 Bridged 模式

在 Bridged 模式下，虚拟机中的操作系统就像是局域网中的一台独立主机，它可以访问网内的任意一台机器。在这种模式下，不仅需要手动为虚拟机配置 IP 地址、子网掩码，还要使虚拟机和宿主机器处于同一个网段，这样虚拟机才能和宿主机器进行通信。同时，由于这个虚拟机是局域网中的一个独立主机，因此可以手动配置它的 TCP/IP 配置信息，以实现通过局域网的网关或路由器访问互联网。

如果想利用 VMware Workstation 在局域网内新建一个虚拟服务器，为局域网中的用户提供网络服务，就应该选择 Bridged 模式。

2．NAT（网络地址转换）模式

NAT（Network Address Translation，网络地址转换）模式也可以实现真实主机与虚拟机的双向访问，但网络内的其他机器不能访问虚拟机，可以理解成方便地使虚拟机连接到公网。在 NAT 模式下，IP 地址的配置方法：真实主机有自己的 IP 地址，虚拟机通过 VMware Workstation 提供的 DHCP 服务器自动获得 IP 地址，这个 IP 地址跟真实主机使用的 VMnet8 的 IP 地址处于同一个网段，虚拟机利用 VMnet8 通过真实主机连接到公网，如图 2.3 所示。

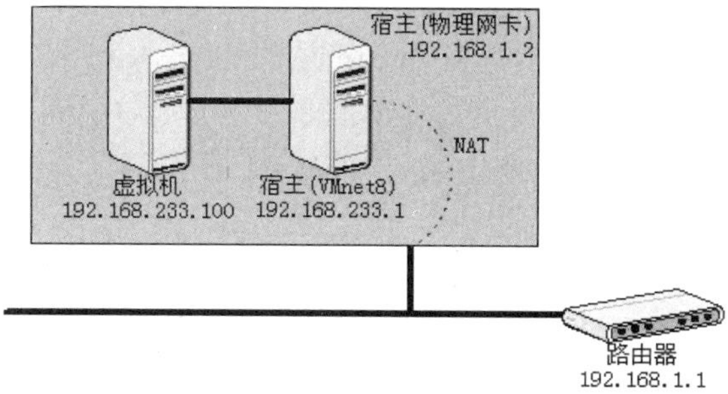

图 2.3　NAT 模式

使用 NAT 模式，就是让虚拟机借助 NAT（网络地址转换）功能，通过宿主机器所在的网络来访问公网。也就是说，使用 NAT 模式可以实现在虚拟机中访问互联网。NAT 模式下的虚拟机的 TCP/IP 配置信息是由 VMnet8（NAT）虚拟网络的 DHCP 服务器提供的，无法进行手动修改，因此虚拟机也就无法和本局域网中的其他真实主机进行通信。采用 NAT 模式最大的优势是虚拟机接入互联网非常简单，不需要进行任何其他的配置，只需要宿主机器能访问互联网即可。

如果想在 VMware Workstation 中创建一个新的虚拟机，对虚拟机不用进行任何手动配置就能直接访问互联网，则建议采用 NAT 模式。

3．Host-only（主机）模式

在 Host-only 模式下，只能进行虚拟机和真实主机之间的网络通信，即网络内的其他机器不能访问虚拟机，虚拟机也不能访问网络内的其他机器。在这种模式下，虚拟机与真实主机通过虚拟私有网络进行连接，这个私有网络不与外部网络直接连接，如图 2.4 所示。

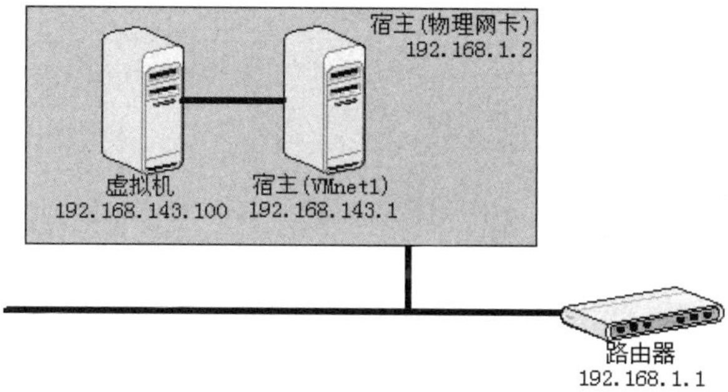

图 2.4　Host-only 模式

在某些特殊的网络调试环境中，要求将真实环境和虚拟环境隔离开，这时就可以采用 Host-only 模式。在 Host-only 模式中，所有的虚拟机是可以相互通信的，但虚拟机和真实的网

络是被隔离开的。在 Host-only 模式下，虚拟机和宿主机器是可以相互通信的，相当于这两台机器通过双绞线互连。

在 Host-only 模式下，虚拟机的 TCP/IP 配置信息（如 IP 地址、网关地址、DNS 服务器地址等）都是由 VMnet1（Host-only）虚拟网络的 DHCP 服务器来动态分配的。

如果想利用 VMware Workstation 创建一个与网络内的其他机器相隔离的虚拟机，进行某些特殊的网络调试工作，则可以选择 Host-only 模式。

总结：在 VMware Workstation 提供的 3 种工作模式中，Bridged 模式需要分配额外的 IP 地址，所以在内网中容易实现，使用的是 VMnet0 虚拟网卡；NAT 模式最简单，一般不需要手动配置 IP 地址等相关参数即可连接外网，使用的是 VMnet8 虚拟网卡；Host-only 模式则在希望隐匿服务器的情况下使用较多，使用的是 VMnet1 虚拟网卡。3 种工作模式的比较如表 2.1 所示。

表 2.1　3 种工作模式的比较

工作模式	网络适配器名	说明
Bridged 模式	VMnet0	用于虚拟 Bridged 模式下的虚拟交换机
NAT 模式	VMnet8	用于虚拟 NAT 模式下的虚拟交换机
Host-only 模式	VMnet1	用于虚拟 Host-only 模式下的虚拟交换机

2.3 项目实施

2.3.1　任务 2-1 安装 VMware Workstation

VMware Workstation 是一款功能强大的桌面虚拟计算机软件，可以为每个虚拟机创建一套模拟的计算机硬件环境，用户可在单一的桌面上同时运行不同的操作系统。VMware Workstation 可在一台实体计算机上模拟完整的网络环境。VMware Workstation 完全按照默认值安装，输入获得的注册码即可完成安装。

步骤 1：双击 VMware Workstation 安装文件，出现启动界面，如图 2.5 所示；等待几秒后，打开【VMware Workstation Pro 安装】窗口，进入【欢迎使用 VMware Workstation Pro 安装向导】界面，如图 2.6 所示，单击【下一步】按钮。

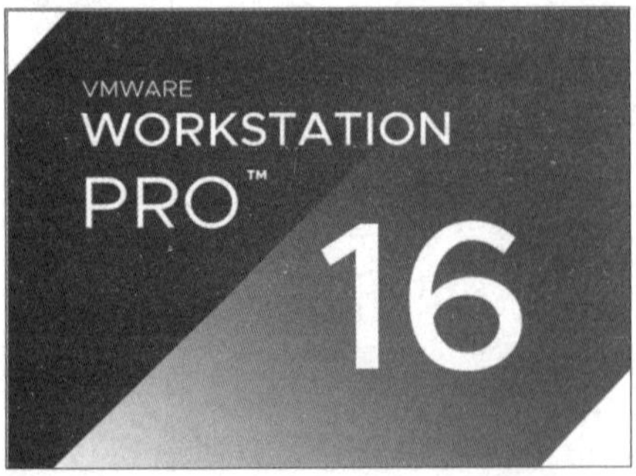

图 2.5　VMware Workstation 的启动界面

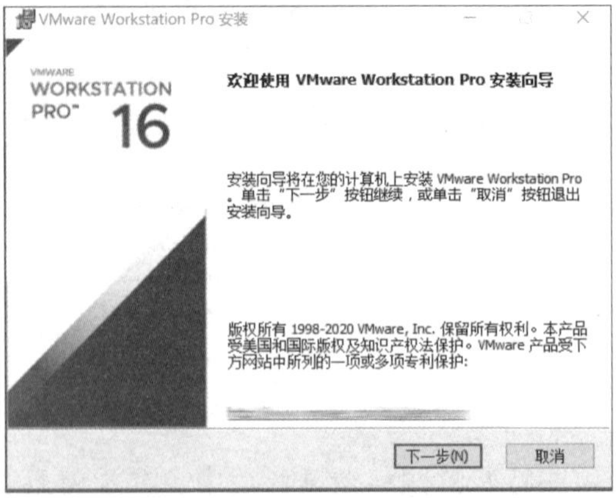

图 2.6　【欢迎使用 VMware Workstation Pro 安装向导】界面

步骤 2：进入【最终用户许可协议】界面，如图 2.7 所示，勾选【我接受许可协议中的条款】复选框，单击【下一步】按钮；进入【自定义安装】界面，如图 2.8 所示，设置安装位置，一般采用默认设置即可，如果要更改安装位置，则可以单击【更改...】按钮，在弹出的窗口中选择要安装的位置，设置完成后，单击【下一步】按钮。

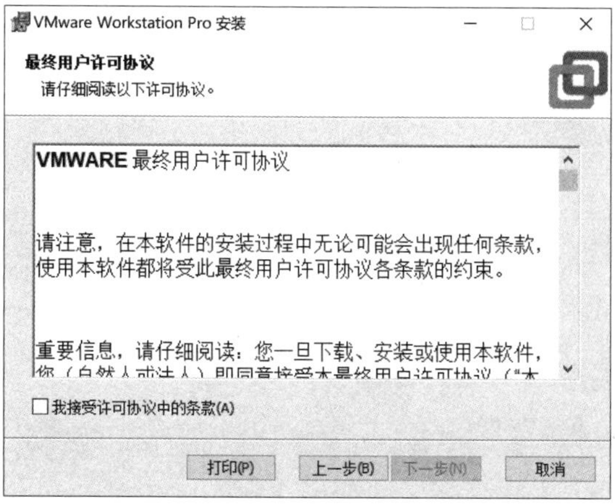

图 2.7　【最终用户许可协议】界面

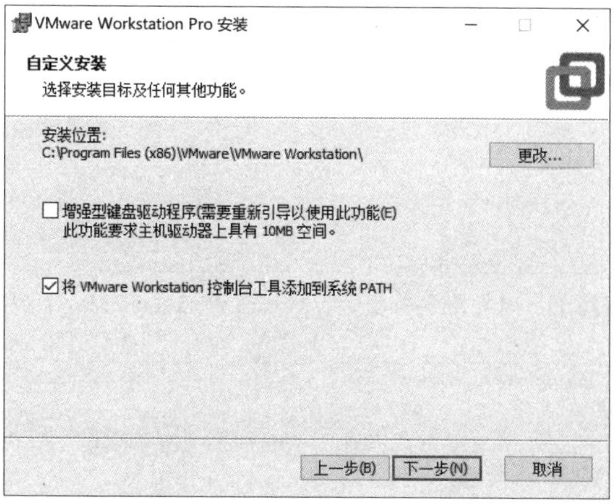

图 2.8　【自定义安装】界面

步骤 3：进入【用户体验设置】界面，如图 2.9 所示，设置完成后，单击【下一步】按钮，进入【快捷方式】界面，单击【下一步】按钮，也可以通过勾选该界面中的复选框，选择创建 VMware Workstation 的快捷方式的位置，如图 2.10 所示。

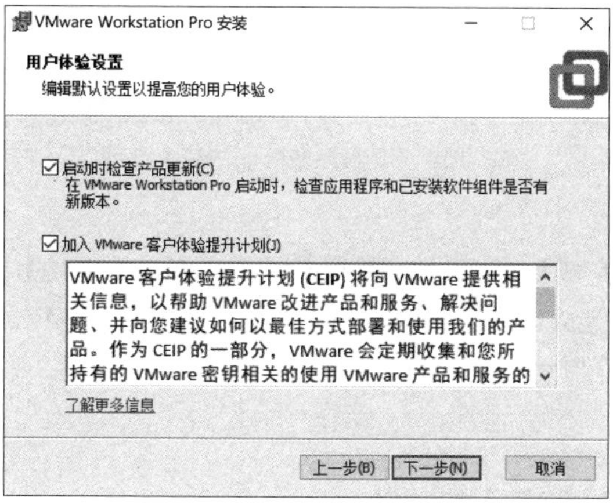

图 2.9　【用户体验设置】界面

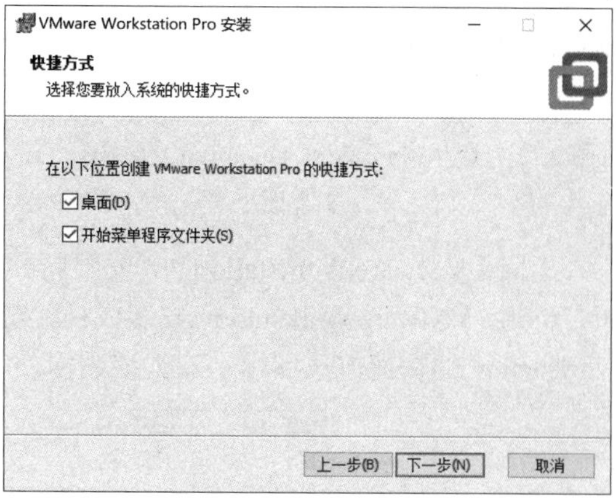

图 2.10　【快捷方式】界面

步骤 4：进入【已准备好安装 VMware Workstation Pro】界面，如图 2.11 所示，单击【安装】按钮；进入【正在安装 VMware Workstation Pro】界面，在该界面中会显示 VMware Workstation 的安装进度，如图 2.12 所示。

步骤 5：安装完成后，进入【VMware Workstation Pro 安装向导已完成】界面，如图 2.13 所示，单击【许可证】按钮；进入【输入许可证密钥】界面，如图 2.14 所示，在文本框中输入相应的激活密钥，单击【输入】按钮。

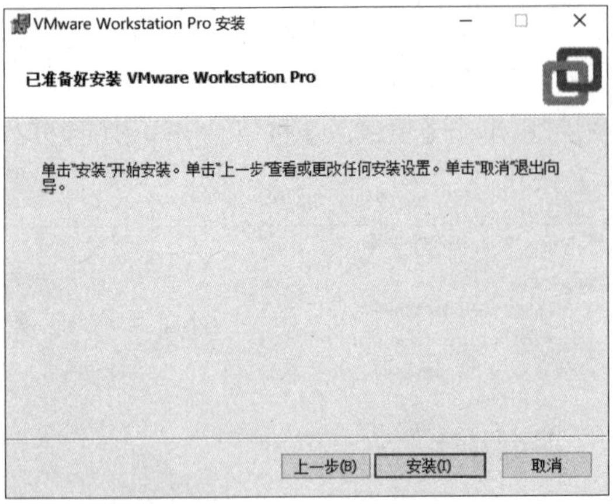

图 2.11 【已准备好安装 VMware Workstation Pro】界面

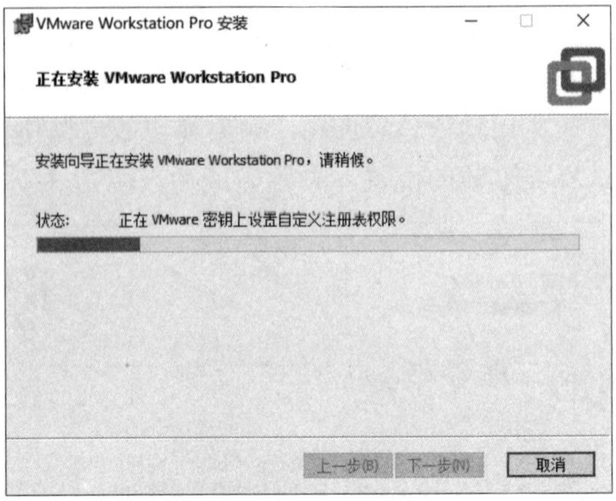

图 2.12 【正在安装 VMware Workstation Pro】界面

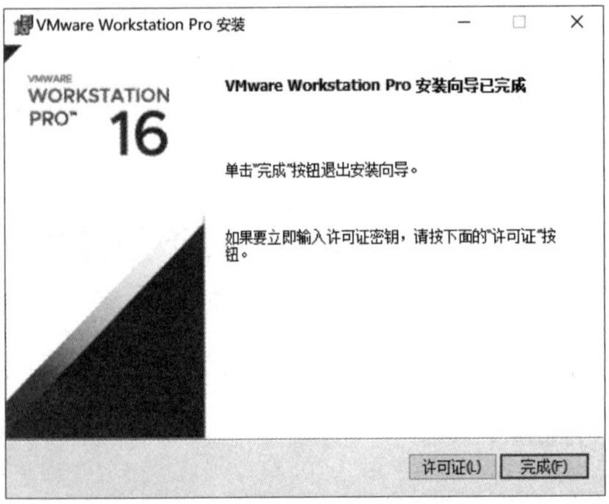

图 2.13 【VMware Workstation Pro 安装向导已完成】界面 1

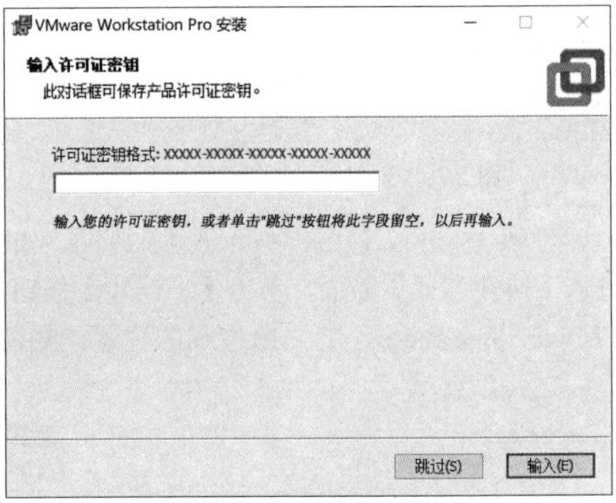

图 2.14 【输入许可证密钥】界面

返回【VMware Workstation Pro 安装向导已完成】界面，如图 2.15 所示，单击【完成】按钮。至此，VMware Workstation 安装成功。安装完成后，在计算机系统桌面上会显示 VMware Workstation 的快捷方式图标，双击该图标，即可启动 VMware Workstation。

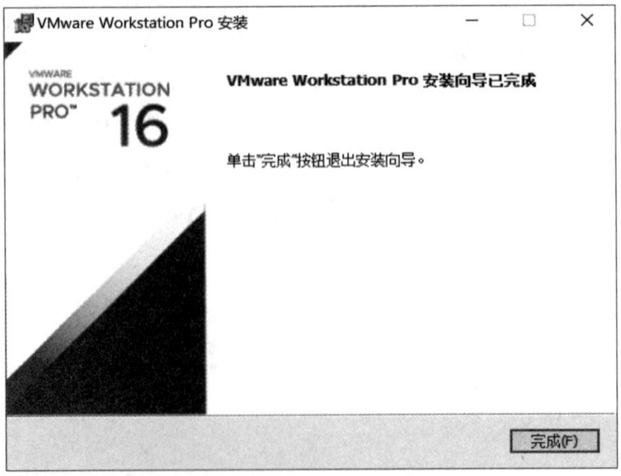

图 2.15 【VMware Workstation Pro 安装向导已完成】界面 2

2.3.2　任务 2-2 在 VMware Workstation 中创建虚拟机

安装好 VMware Workstation 后，接下来就可以在 VMware Workstation 中创建虚拟机。在 VMware Workstation 中创建虚拟机的步骤如下所述。

步骤 1：启动 VMware Workstation 后，会弹出 VMware Workstation 的主界面，如图 2.16 所示；在主界面中单击【创建新的虚拟机】按钮，或者在菜单栏中选择【文件】菜单中的【新建虚拟机】命令，在打开的【新建虚拟机向导】对话框的【欢迎使用新建虚拟机向导】界面内，选中【自定义(高级)】单选按钮，如图 2.17 所示，单击【下一步】按钮。

图 2.16　VMware Workstation 的主界面

图 2.17　【欢迎使用新建虚拟机向导】界面

步骤 2：进入【选择虚拟机硬件兼容性】界面，如图 2.18 所示，一般采用默认设置即可，单击【下一步】按钮；进入【安装客户机操作系统】界面，选中【稍后安装操作系统】单选按钮，如图 2.19 所示，单击【下一步】按钮。

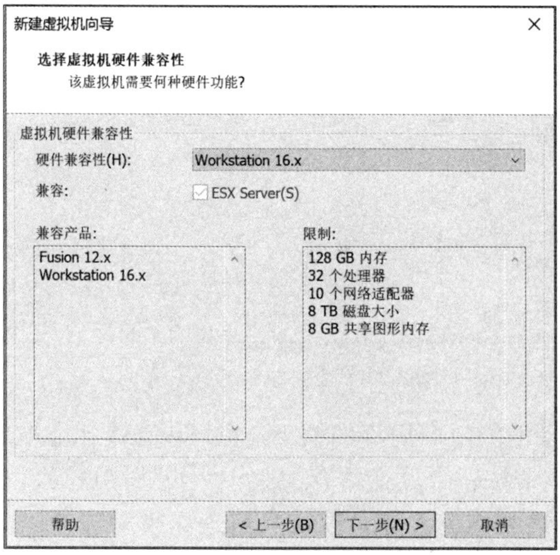

图 2.18　【选择虚拟机硬件兼容性】界面

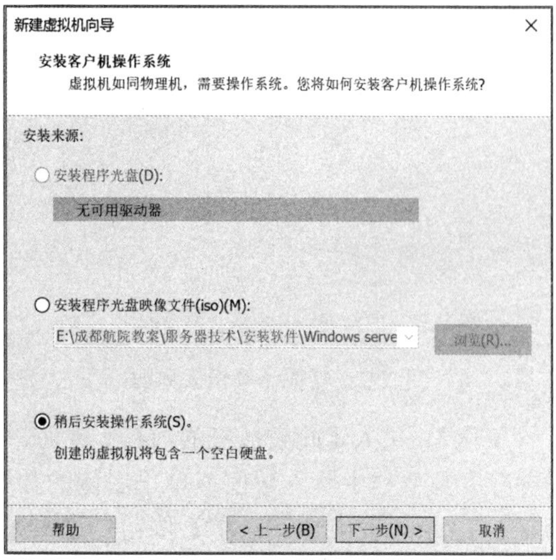

图 2.19　【安装客户机操作系统】界面

步骤 3：进入【选择客户机操作系统】界面，在【客户机操作系统】选区内选中【Microsoft Windows】单选按钮，在【版本】下拉列表中选择【Windows Server 2012】选项，如图 2.20 所示，单击【下一步】按钮；进入【命名虚拟机】界面，设置虚拟机名称和文件的存放位置，如图 2.21 所示，单击【下一步】按钮。

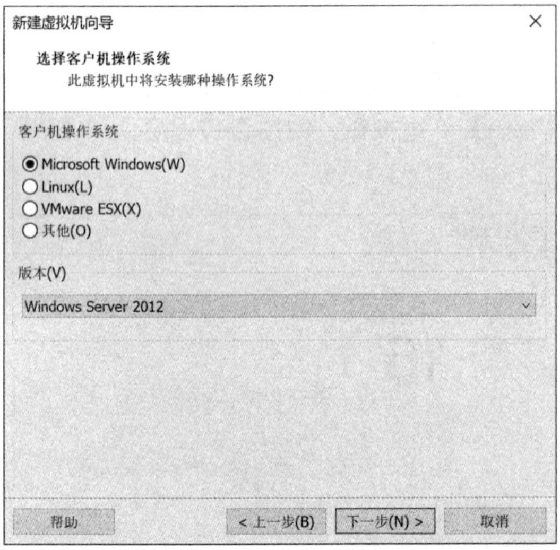

图 2.20　【选择客户机操作系统】界面

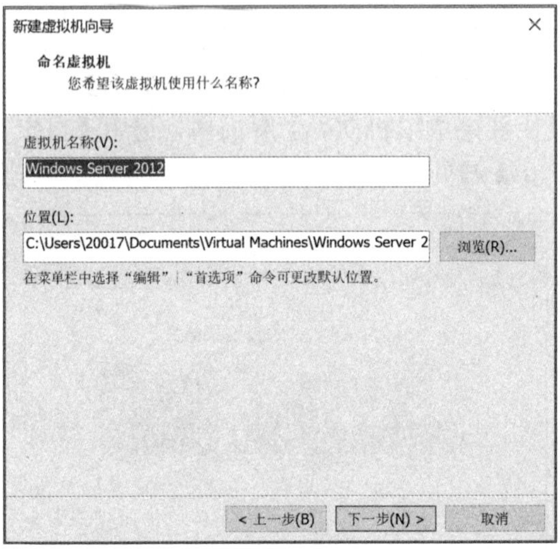

图 2.21　【命名虚拟机】界面

步骤 4：进入【固件类型】界面，选中【BIOS】单选按钮，如图 2.22 所示，单击【下一步】按钮；进入【处理器配置】界面，设置处理器数量和每个处理器的内核数量，如图 2.23 所示，单击【下一步】按钮。

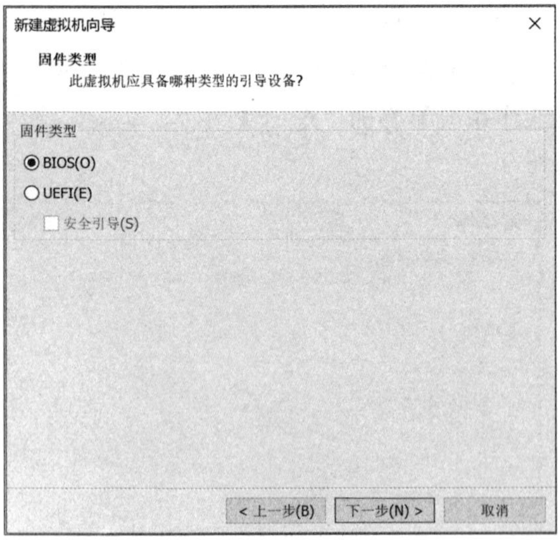

图 2.22　【固件类型】界面

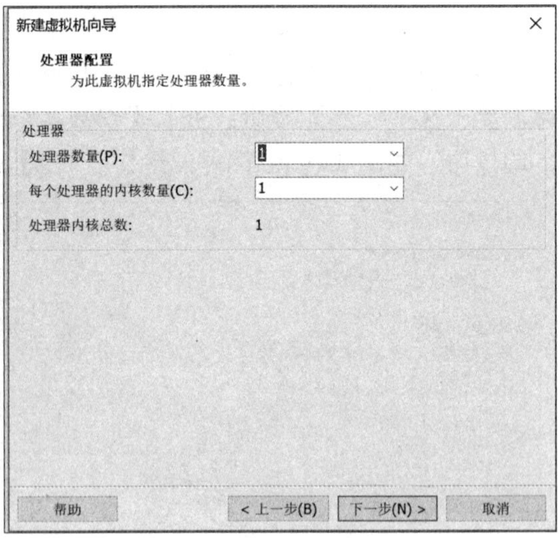

图 2.23　【处理器配置】界面

步骤 5：进入【此虚拟机的内存】界面，移动滑块改变内存的大小，也可以在【此虚拟机的内存】数值框中输入数值或单击右侧的数值调节按钮来改变内存的大小，设置完成后，如图 2.24 所示，单击【下一步】按钮；进入【网络类型】界面，默认网络连接类型设置，如图 2.25 所示，单击【下一步】按钮。

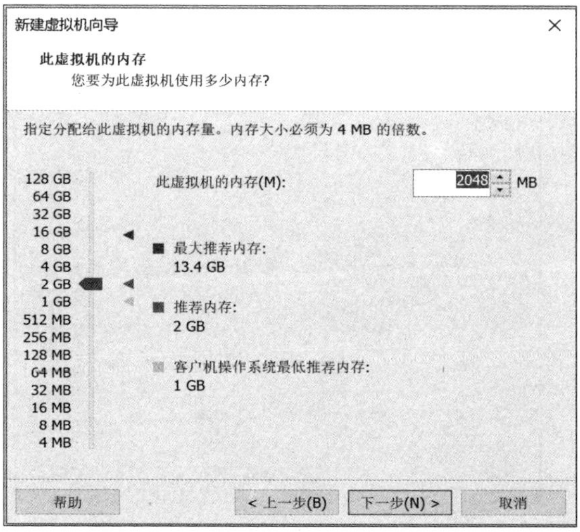

图 2.24 【此虚拟机的内存】界面

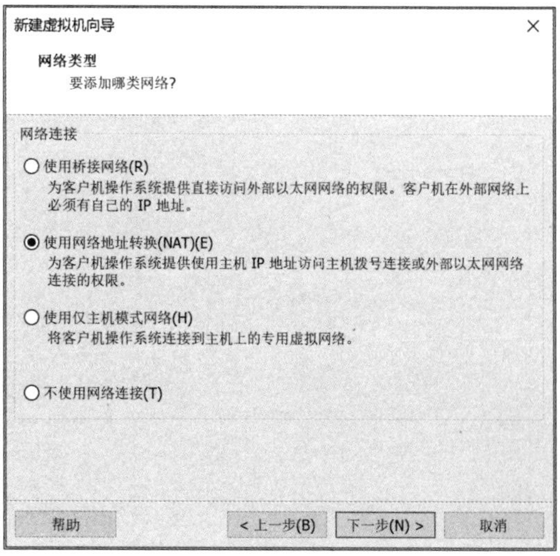

图 2.25 【网络类型】界面

步骤 6：进入【选择 I/O 控制器类型】界面，设置虚拟机的 I/O 控制器类型，如图 2.26 所示，单击【下一步】按钮；进入【选择磁盘类型】界面，选中【SCSI】单选按钮，如图 2.27 所示，单击【下一步】按钮。

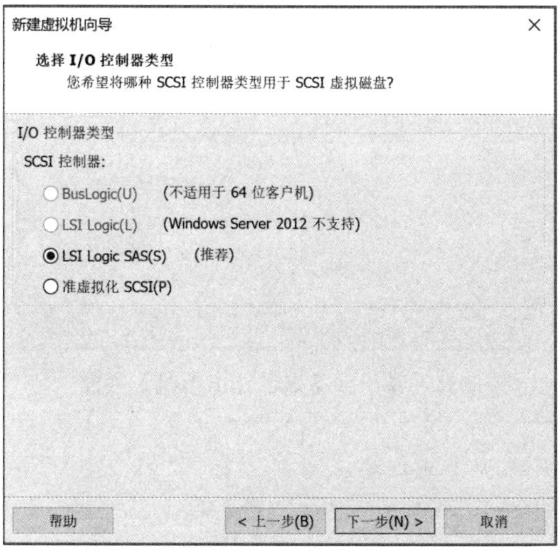

图 2.26 【选择 I/O 控制器类型】界面

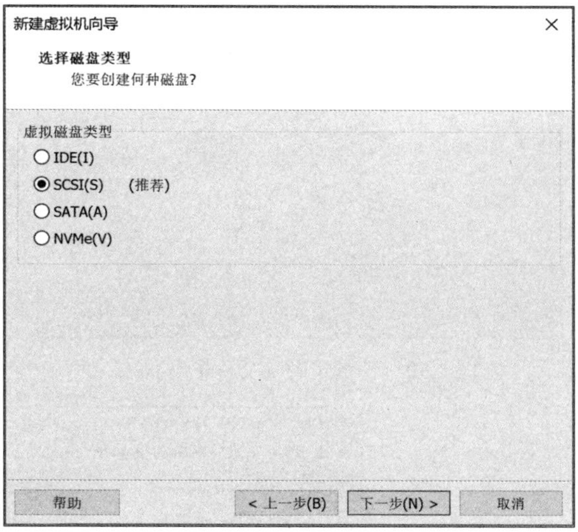

图 2.27 【选择磁盘类型】界面

步骤 7：进入【选择磁盘】界面，选中【创建新虚拟磁盘】单选按钮，如图 2.28 所示，单击【下一步】按钮；进入【指定磁盘容量】界面，为虚拟机指定最大可使用的磁盘大小，如图 2.29 所示，单击【下一步】按钮。

步骤 8：进入【指定磁盘文件】界面，设置磁盘文件的名称，如图 2.30 所示，单击【下一步】按钮；进入【已准备好创建虚拟机】界面，如图 2.31 所示，检查各项设置，在确认无误后，单击【完成】按钮。

步骤 9：至此，虚拟机创建完成。创建完成后的虚拟机的主界面如图 2.32 所示。

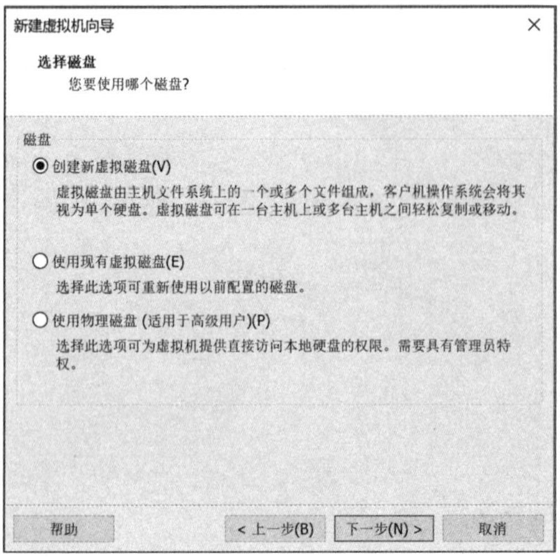

图 2.28 【选择磁盘】界面

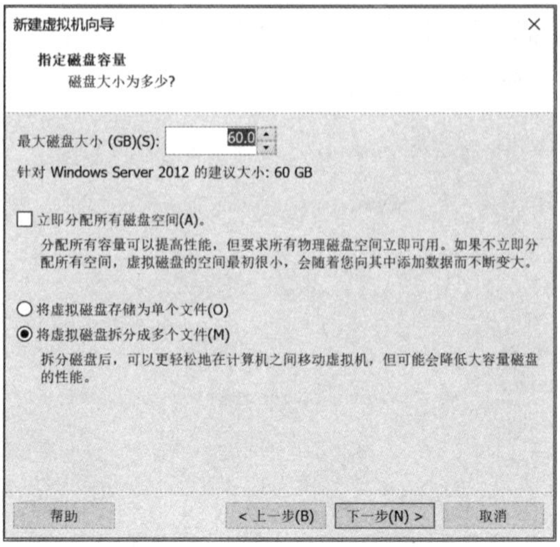

图 2.29 【指定磁盘容量】界面

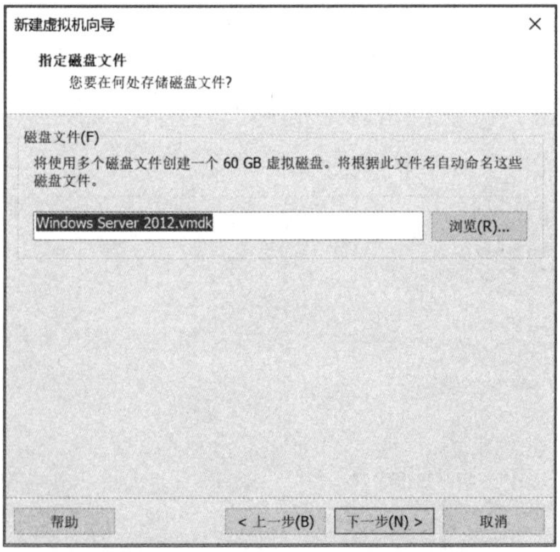

图 2.30 【指定磁盘文件】界面

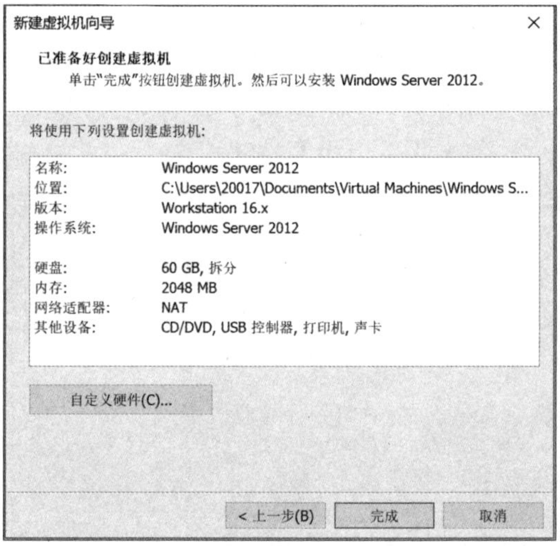

图 2.31 【已准备好创建虚拟机】界面

图 2.32 创建完成后的虚拟机的主界面

2.3.3 任务 2-3 设置虚拟机

1. 设置虚拟网络

运行 VMware Workstation，在菜单栏里选择【编辑】菜单中的【虚拟网络编辑器】命令，打开【虚拟网络编辑器】对话框，如图 2.33 所示。在该对话框中默认显示 3 块网卡，分别是 VMnet0、VMnet1 和 VMnet8。其中，VMnet0 是自动桥接到物理主机的网卡，VMnet1 是仅主机模式类型的网卡，VMnet8 是 NAT 模式类型的网卡。VMnet1～VMnet19 可以使用 DHCP 服务。选中 VMnet1 网卡，单击右下方的【DHCP 设置】按钮，在弹出的【DHCP 设置】对话框中可以设置网络的 DHCP 参数，如图 2.34 所示。

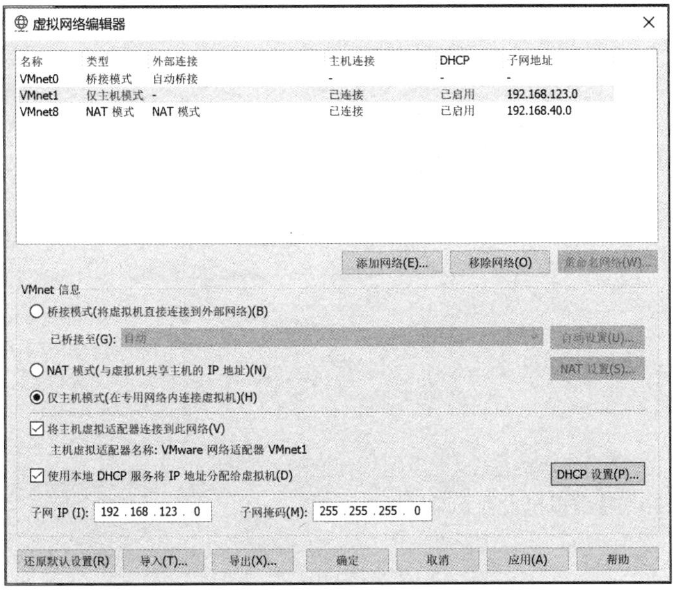

图 2.33 【虚拟网络编辑器】对话框

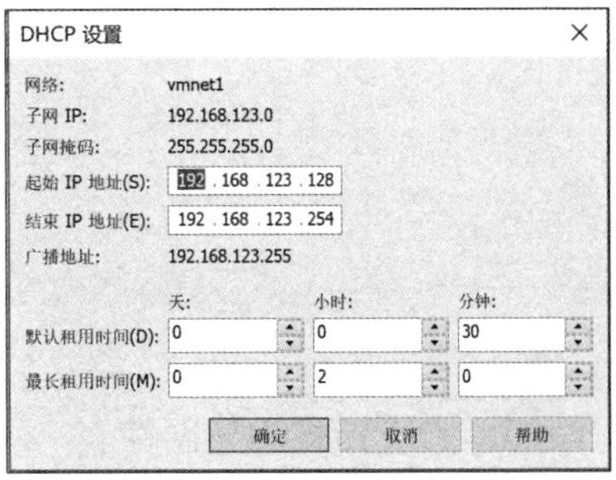

图 2.34 【DHCP 设置】对话框

如果需要添加和删除其他网卡，则可以分别单击【添加网络】和【移除网络】按钮。例如，单击【添加网络】按钮，在弹出的【添加虚拟网络】对话框中，选择相应的网卡进行添加，如图 2.35 所示。

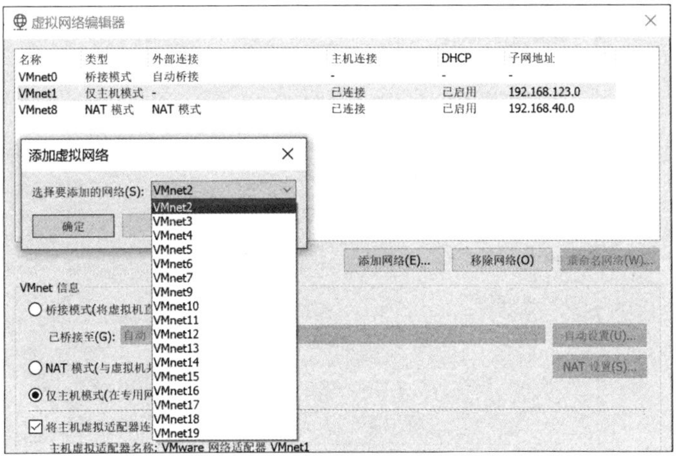

图 2.35 【添加虚拟网络】对话框

2．设置虚拟机光驱

如果要在虚拟机中安装操作系统，则需要设置虚拟机光驱。在虚拟机的主界面中单击【编辑虚拟机设置】按钮，或者在 VMware Workstation 的菜单栏里选择【虚拟机】菜单中的【设置】命令，均可以打开【虚拟机设置】对话框，如图 2.36 所示。在【硬件】选项卡左侧列表框内选择【CD/DVD】选项，在右侧的【连接】选区内选中【使用 ISO 映像文件】单选按钮，设置操作系统的安装镜像文件。如果要使用物理光驱，则在选中【使用物理驱动器】单选按钮后，单击【确定】按钮。

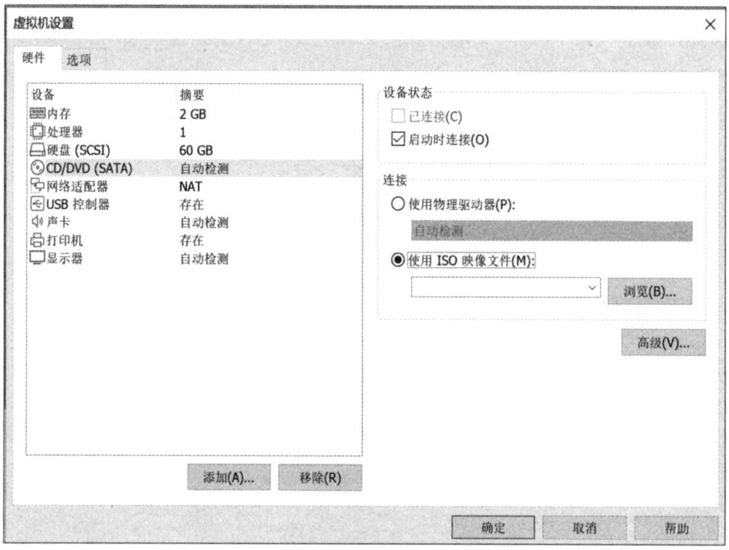

图 2.36　【虚拟机设置】对话框

3．为虚拟机添加硬件

虚拟机在使用过程中可能需要增加其他硬件，如磁盘、网卡、光驱等。可单击【虚拟机设置】对话框的【硬件】选项卡中的【添加】按钮（见图 2.36），打开【添加硬件向导】对话框，在【硬件类型】列表框中选择要添加硬件的类型，比如【硬盘】，如图 2.37 所示，然后单击【下一步】按钮，按照提示操作即可。

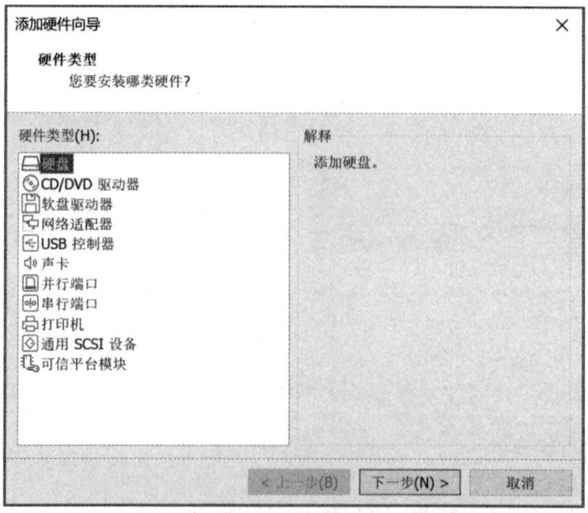

图 2.37　【添加硬件向导】对话框

2.4 项目实训 2 安装 VMware Workstation 与创建虚拟机

【实训目的】

掌握 VMware Workstation 的安装方法；掌握 VMware Workstation 中虚拟机的创建方法；掌握 VMware Workstation 中网络的设置方法；掌握 VMware Workstation 中硬件的更改方法。

【实训环境】

每人 1 台 Windows 10 物理机，VMware Workstation 16 及以上版本的虚拟机软件。

【实训内容】

（1）安装 VMware Workstation 16。

（2）在 VMware Workstation 中创建名称为自己姓名首字母的虚拟机。

（3）将虚拟机的网络连接方式设置为 Bridged 模式。

（4）将虚拟机的内存设置为 1024MB。

（5）将虚拟机的硬盘设置为 SCSI 类型，容量为 20GB。

（6）结束虚拟机的创建。

（7）将虚拟机的网络连接方式更改为 NAT 模式。

（8）添加一块虚拟网卡 VMnet5。

（9）为虚拟机添加一块 10GB 的 SCSI 硬盘。

（10）完成实训报告。

2.5 项目习题

一、填空题

1．主流虚拟化技术包含存储虚拟化、网络虚拟化、桌面虚拟化、应用虚拟化和__________________。

2．主流的虚拟化厂商主要有 Microsoft（微软）、Citrix（思杰）和________________。

3．VMware Workstation 提供的 3 种工作模式分别是 Bridged（桥接）模式、Host-only（主机）模式和__________________。

4．【虚拟网络编辑器】对话框中默认显示 3 块网卡，分别是 VMnet0、VMnet1 和________________。

5．__________________是一种资源管理技术，用于将计算机的各种实体资源（如服务器、网络、内存及存储等）予以抽象、转换后呈现出来，从而打破实体结构间不可切割的障碍，使用户可以通过比原本的组态更好的方式来应用这些资源。

二、单选题

1．在 NAT 模式下，虚拟机的 IP 地址可按（　　）设置。

A．与 VMnet0 在一个网段、网关为 VMnet0 的 IP 地址

B．与 VMnet1 在一个网段、网关为 VMnet1 的 IP 地址

C．与 VMnet8 在一个网段、网关为 VMnet8 的 IP 地址

D．以上都不对

2．在 Bridged 模式下，虚拟机的 IP 地址可按（　　）设置。

A．与 VMnet0 在一个网段　　B．与 VMnet1 在一个网段

C．与 VMnet8 在一个网段　　D．与物理主机网卡的 IP 地址在一个网段

3．如果想利用 VMware Workstation 在局域网内新建一个虚拟服务器，为局域网中的用户提供网络服务，则应该选择（　　）。

A．Bridged 模式　B．NAT 模式　C．Host-only 模式D．虚拟化模式

4．如果想在 VMware Workstation 中创建一个新的虚拟机，对虚拟机不用进行任何手动配置就能直接访问互联网，则应该选择（　　）。

A．Bridged 模式　B．NAT 模式　C．Host-only 模式D．虚拟化模式

5．如果想利用 VMware Workstation 创建一个与网络内的其他机器相隔离的虚拟机，进行某些特殊的网络调试工作，则应该选择（　　）。

A．Bridged 模式　B．NAT 模式　C．Host-only 模式D．虚拟化模式

三、问答题

1．什么是虚拟化技术？

2．什么是虚拟机？

3．虚拟化技术的优势有哪些方面？请列举 5 点。

项目 3

Windows Server 2012 系统的基本配置

学习目标

非法远程入侵服务器——广州警方接报，广东 X 教育科技有限公司的 IP 地址疑似频繁主动发起网络攻击。经查，使用该 IP 地址的相关系统未启用杀毒软件和防火墙，导致服务器被黑客控制后发起网络攻击，网络安全系统日志留存时间不足 6 个月。依照《互联网安全保护技术措施规定》相关规定，警方对该公司处以警告，并责令限期改正。在本案中，涉事公司“重应用、轻安全”，自认为业务量小，租用的带宽不大，网络安全设施能免则免，并且不落实法律法规要求的安全防护和日志留存措施。我们一定要树立正确的网络安全观，切实落实网络安全技术措施。一旦发生网络安全事件，将极大地破坏正常的经营秩序，导致经营成果灭失。因此，切实落实网络安全技术措施能规避安全风险，并非无端增加经营负担。法律法规要求的日志留存等安全保护技术措施是底线、红线，不容忽视。

知识目标

- 了解网络操作系统的概念、模式分类，以及常见的网络操作系统
- 熟悉 Windows Server 2012 系统的版本和安装准备工作
- 掌握 Windows Server 2012 系统的安装过程和基本配置方法与步骤，以及远程登录服务器的方法

能力目标

- 具备安装 Windows Server 2012 系统的能力
- 具备对 Windows Server 2012 系统进行基本的网络配置的能力
- 具备使用远程桌面连接方式实现远程登录的能力

素养目标

- 培养学生具有严谨、求实的科学态度
- 培养学生树立正确的网络安全观
- 培养学生的道德约束感，提高学生的法治意识

3.1 项目背景

成都航院要搭建网络服务器，需要先搭建操作系统平台。考虑到 Windows Server 系统是基于图形化界面的操作系统，便于管理和维护，因此信息中心决定在网络服务器上安装 Windows Server 2012 企业版操作系统，设置好 TCP/IP 参数，并把经常要使用的一些 Windows Server 2012 系统的管理工具放置到系统桌面，以便今后使用。由于服务器通常放置在专用的机房中，当网络管理员要管理服务器时，需要频繁进出机房，不是很方便，因此还需要提供远程控制功能，使网络管理员在自己的计算机上就能管理服务器。

3.2 项目知识

3.2.1 网络操作系统的概念

网络操作系统（Network Operating System，NOS）是使网络上的计算机能方便、有效地共享网络资源，为网络用户提供所需服务的软件及通信协议的集合。网络操作系统运行在称为“服务器”的计算机上，人们常常称之为服务器操作系统。

网络操作系统是网络的“心脏”和“灵魂”，其主要功能是进行服务器和整个网络范围内的任务管理、资源管理、安全管理与任务分配。它帮助用户通过各自主机的界面，对网络中的资源进行有效的开发和利用，对网络中的设备进行存取访问，并支持各用户间的通信。除此之外，它还必须兼顾网络协议，为协议的实现创造条件和提供支持。目前，在局域网上采用的传输协议主要有 TCP/IP 协议和 IPX/SPX 协议。当通过网络传递数据与各种消息时，分为服务器（Server）和客户机（Client）。服务器的主要功能是管理服务器和网络上的各种资源与网络设备，加以整合并管控流量，避免系统瘫痪。客户机的功能是协调管理本地的硬件资源，让用户能够方便地使用本地资源，控制与处理本地的命令和应用程序，以及实现客户机与服务器的通信。

NOS 与运行在工作站上的单用户操作系统（如 Windows 系列）或多用户操作系统（如 UNIX、Linux 等系统）由于提供的服务类型不同而有所差别。在一般情况下，NOS 是以使网络相关特性达到最佳为目的，如共享数据文件、软件应用，以及共享硬盘、打印机、调制解调器、扫描仪和传真机等。一般的操作系统（如 DOS 和 OS/2 等）的目的是让用户与系统及在此操作系统上运行的各种应用程序之间的交互作用最佳。

由于网络计算的出现和发展，现代操作系统的主要特征之一就是具有上网功能，因此，除在 20 世纪 90 年代初期，Novell 公司的 Netware 等系统被称为网络操作系统之外，人们一般不再特指某个操作系统为网络操作系统。

3.2.2 模式分类

1. 集中模式

采用集中模式的网络操作系统是由分时操作系统加上网络功能演变而来的。系统的基本单元由一台主机和若干台与主机相连的终端构成，信息的处理和控制是集中的。UNIX 系统就是这类系统的典型代表。

2. 客户机/服务器模式

客户机/服务器模式是非常流行的网络工作模式。服务器是网络的控制中心，用于向客户机提供服务。客户机是用于本地处理和访问服务器的站点。

3. 对等模式

采用对等模式的站点都是对等的，这些站点既可以作为客户机访问其他站点，也可以作为服务器向其他站点提供服务。这种模式具有分布处理和分布控制的功能。

3.2.3 常见的网络操作系统

目前，常见的网络操作系统有 Windows、UNIX 和 Linux 等。

1. Windows 系统

Windows 系统是由 Microsoft（微软）公司开发的一种界面友好、操作简便的操作系统。Windows 系统不仅在个人操作系统中占有很大优势，在网络操作系统中也具有强劲的实力，绝大多数传统企业都使用 Windows 系统作为自己的工作业务平台。Windows 网络操作系统在中小型局域网配置中最为常见，但因为其对服务器的硬件要求较高，所以一般用在中低档服务器中。Windows 系统中的客户端操作系统有 Windows 7、Windows 8、Windows 10 等，服务器端操作系统有 Windows Server 2008、Windows Server 2012、Windows Server 2016 等。

2. UNIX 系统

UNIX 系统是由美国麻省理工学院在一种分时操作系统的基础上开发并发展起来的网络操作系统。UNIX 系统是一个集中式分时多用户多任务操作系统，这种网络操作系统的稳定性和安全性能非常好，但由于它多数是以命令行方式进行操作的，不容易掌握（特别是初级用户），因此小型局域网基本不使用 UNIX 系统作为网络操作系统。UNIX 系统通常与硬件服务器产品一起捆绑销售。目前，常用的 UNIX 系统产品主要有 IBM 公司的 AIX、惠普公司的 HP-UX、SUN 公司的 Solaris，以及基于 x86 平台的 SCO UNIX/UNIXWare 等。UNIX 系统一般用于大型网站或大型的企事业局域网中。由于体系结构不够合理，因此其市场占有率呈下降趋势。

3. Linux 系统

Linux 系统是由芬兰赫尔辛基大学的学生 Linus Torvalds 开发的具有 UNIX 系统特征的新一代网络操作系统。Linux 系统的最大特点是其源代码向用户完全公开，任何用户都可以根据需要来修改 Linux 系统的内核。目前它已经进入成熟阶段，越来越多的人认识到它的价值，并将其广泛应用到从 Internet 服务器到用户桌面、从图形工作站到掌上电脑（个人数码助理）的各个领域。Linux 下有大量的免费应用软件，包括系统工具、开发工具、网络应用、休闲娱乐等。更重要的是，它是计算机可安装的比较可靠的操作系统，这类操作系统主要应用于中高档服务器。Linux 系统已可与各种传统的商业操作系统相竞争，占据了相当大的市场份额。在互联网企业中几乎都使用 Linux 系统。

每种操作系统都有适合自己的工作场合，这就是系统对特定计算环境的支持。例如，Windows 2000 Professional 系统适用于桌面计算机，Linux 系统目前较适用于小型网络，而 Windows Server 2012 和 UNIX 系统适用于大型服务器应用程序。因此，对于不同的网络应用，需要选择合适的网络操作系统。

3.2.4 Windows Server 2012 系统

1．Windows Server 2012 系统简介

Windows Server 2012 是由 Microsoft 公司设计与开发的新一代服务器专属操作系统，其核心版本号为 Windows NT 6.3。它提供企业级数据中心与混合云的解决方案，直观且易于部署，具有成本效益，以应用程序为重点，以用户体验为中心，深受广大 IDC 运营商青睐。

在 Microsoft 云操作系统版图的中心地带，Windows Server 2012 系统能够提供全球规模云服务的体验，在虚拟化、管理、存储、网络、虚拟桌面基础结构、访问和信息保护、Web 和应用程序平台等方面具备多种新功能和增强功能。

2013 年 10 月 18 日，Microsoft 公司面向全球发布正式版 Windows Server 2012 64 位版本。2014 年 12 月 15 日，该版本同 Windows 8.1 一样获得了大量的重要更新，并推送了 Windows Server 2012 With Update3 安装版镜像文件。

2．Windows Server 2012 系统的版本

Windows Server 2012 系统有 4 个版本，分别是 Foundation（基础版）、Essentials（精华版）、Standard（标准版）和 Datacenter（数据中心版）。

（1）Windows Server 2012 Foundation 仅提供给 OEM 厂商，限定用户 15 位，提供通用服务器功能，仅支持一个处理器，不支持虚拟化。

（2）Windows Server 2012 Essentials 面向中小型企业，用户限定在 25 位以内，该版本简化了界面，预先配置云服务连接，仅支持两个处理器，不支持虚拟化。

（3）Windows Server 2012 Standard 提供完整的 Windows Server 系统功能，限制使用两台虚拟主机，支持的客户端数量根据购买的客户端访问授权数量而定。

（4）Windows Server 2012 Datacenter 是针对要求最高级别的可伸缩性、可用性和可靠性的企业或国家机构等而设计的产品，提供完整的 Windows Server 系统功能，不限制虚拟主机的数量，支持的客户端数量根据购买的客户端访问授权数量而定。

3．Windows Server 2012 系统的硬件需求

在安装之前，要确保服务器硬件满足 Windows Server 2012 系统的最低配置要求，如果服务器硬件未满足最低配置要求，则将无法正确安装该系统。安装 Windows Server 2012 系统的硬件需求的最低配置是：1.4GHz 的 64 位处理器、512MB 的内存、32GB 硬盘空间（如使用 16GB 或更多的 RAM，需要更多空间）、标准的以太网（10/100 Mbps 或更快）网络连接、光驱，以及键盘、显示器和鼠标等。安装 Windows Server 2012 系统的硬件需求的最低配置和建议配置如表 3.1 所示。

表 3.1　安装 Windows Server 2012 系统的硬件需求的最低配置和建议配置

硬件需求	最低配置	建议配置
处理器	1GHz（x86）或 1.4GHz（x64）	2GHz 或更快
内存	512MB RAM	2GB RAM 或更多 最大内存（32bit）：4GB RAM 或 64GB RAM 最大内存（64bit）：32GB RAM 或 2TB RAM
显卡和显示器	Super VGA（800 像素×600 像素）	Super VGA（800 像素×600 像素）或更高分辨率

续表

硬件需求	最低配置	建议配置
磁盘可用空间	10GB	40GB 或更多
驱动器	DVD-ROM	DVD-ROM 或更快
其他设备	键盘和鼠标	键盘和鼠标

3.2.5 Windows Server 2012 系统的安装方式

根据不同的安装环境，用户可以在 Windows Server 2012 系统的以下安装方式中进行选择。

1．本地安装

这种安装方式是最常见的，当计算机上未安装 Windows Server 2012 之前的版本（如 Windows Server 2008），或者需要把原有的操作系统删除时，这种安装方式很合适。根据不同的安装介质，用户需要选择不同的引导方式（如光盘、U 盘和硬盘等）。

2．升级安装

当计算机上已安装了 Windows Server 2012 之前的版本时，可以在不破坏以前的各种设置和已经安装的各种应用程序的前提下对系统进行升级。

3．服务器核心（Server Core）安装

这种安装方式只安装必要的服务和应用程序，没有 Windows 图形化界面，需要使用命令行方式配置和管理服务器，虽然会增加管理难度，但是可以提高运行效率、安全性和稳定性。

3.3 项目实施

3.3.1 任务 3-1 安装 Windows Server 2012 系统

在安装 Windows Server 2012 系统前需要搭建相应的学习环境，有以下 3 种方式。

（1）安装独立的 Windows Server 2012 系统，即在一台计算机上只安装 Windows Server 2012 系统，不再安装 Windows 系统的其他版本或 Linux 等系统。

（2）安装 Windows 与 Linux 并存的多操作系统，即在一台计算机上同时安装 Windows 与 Linux 系统，在系统启动时通过菜单选择本次要启动的操作系统。

（3）在虚拟机中安装 Windows Server 2012 系统。虚拟机通过虚拟机软件在一台计算机（宿主机或物理机）上模拟出若干台虚拟的计算机，这些虚拟机就像真正的计算机那样进行工作，可以安装和运行各自独立的操作系统且互不干扰，可将多台虚拟机连成一个网络。这些虚拟机各自拥有独立的 CMOS 和硬盘等设备，可以像使用物理机一样进行分区、格式化、安装系统和应用软件等操作，在某个虚拟机崩溃之后可直接将其删除而不影响宿主机系统。

本任务采用第 3 种方式，即在虚拟机中安装 Windows Server 2012 系统（创建虚拟机的步骤可参考 2.3.2 节中的内容），具体步骤如下所述。

步骤 1：在虚拟机的主界面中单击【编辑虚拟机设置】按钮，打开【虚拟机设置】对话框，在【硬件】选项卡左侧列表框内选择【CD/DVD】选项，在右侧的【连接】选区内选中【使用 ISO 映像文件】单选按钮，设置 Windows Server 2012 系统的安装镜像文件，如图 3.1 所示，单击【确定】按钮。

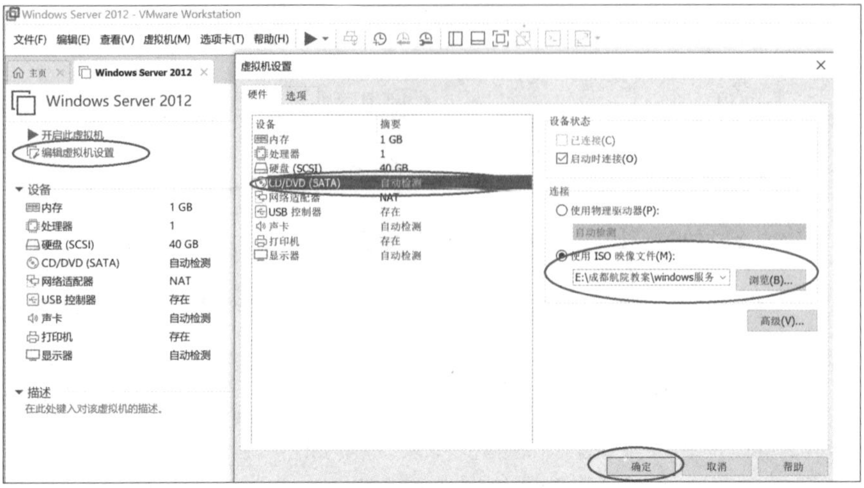

图 3.1　选择操作系统的安装镜像文件

步骤 2：在虚拟机的主界面中单击【开启此虚拟机】按钮，系统启动安装后，打开【Windows 安装程序】窗口，在【要安装的语言】、【时间和货币格式】和【键盘和输入方法】下拉列表中分别进行设置后，如图 3.2 所示，单击【下一步】按钮。

步骤 3：安装向导会询问是否现在安装，如图 3.3 所示，单击【现在安装】按钮。

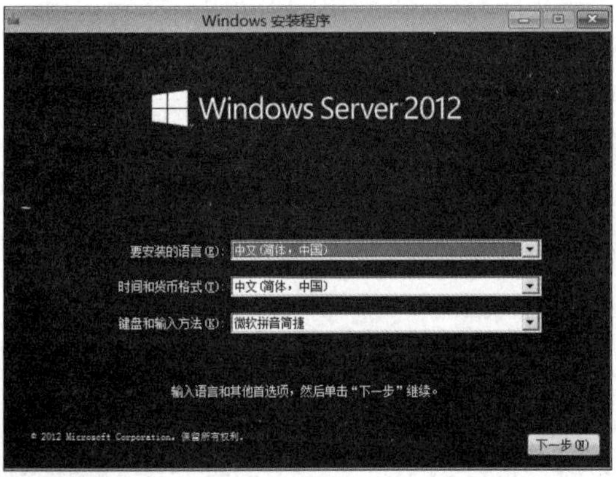

图 3.2　【Windows 安装程序】窗口

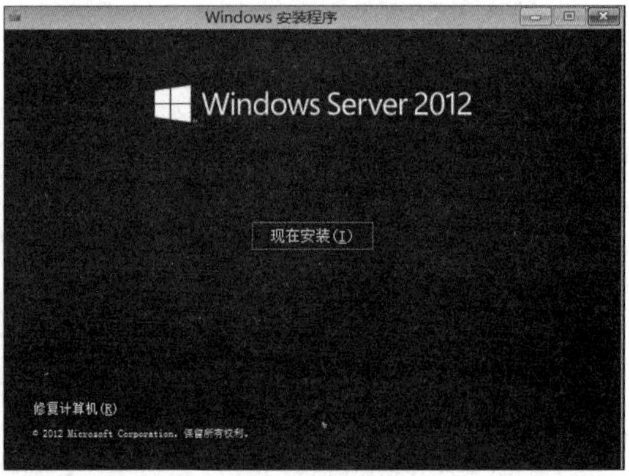

图 3.3　询问是否现在安装

步骤 4：进入【选择要安装的操作系统】界面，在列表框的【操作系统】列中选择合适的版本选项，这里选择【Windows Server 2012 Standard（带有 GUI 的服务器）】选项，如图 3.4 所示，单击【下一步】按钮。

步骤 5：进入【许可条款】界面，勾选【我接受许可条款】复选框，如图 3.5 所示，单击【下一步】按钮。

步骤 6：进入【你想执行哪种类型的安装？】界面，如图 3.6 所示，选择【自定义：仅安装 Windows（高级）】选项开始全新安装。其中【升级：安装 Windows 并保留文件、设置和应用程序】用于将 Windows Server 系统从旧版升级到 Windows Server 2012。

步骤 7：进入【你想将 Windows 安装在哪里？】界面，在该界面中可以编辑计算机上的硬盘分区信息（如果计算机安装了多块硬盘，则依次显示【驱动器 0】和【驱动器 1】等），这里在列表框的【名称】列中选择【驱动器 0 未分配的空间】选项，如图 3.7 所示，单击【下一步】按钮。

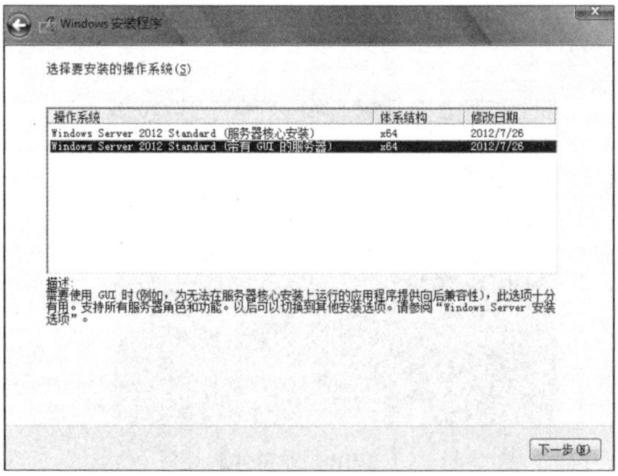

图 3.4　【选择要安装的操作系统】界面

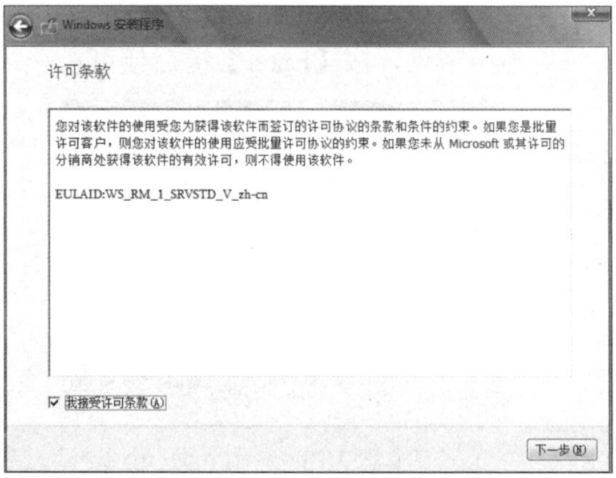

图 3.5　【许可条款】界面

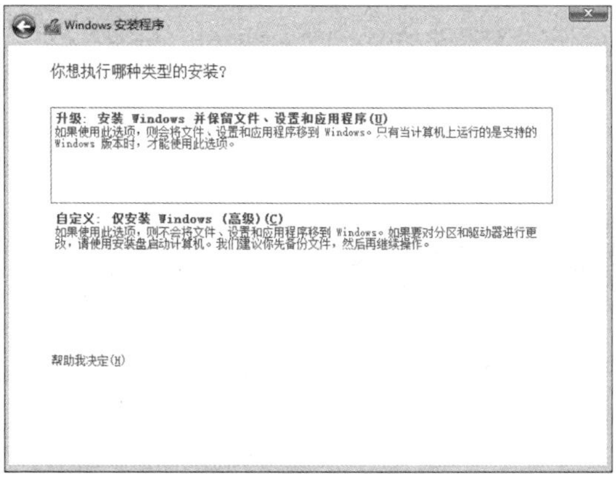

图 3.6　【你想执行哪种类型的安装？】界面

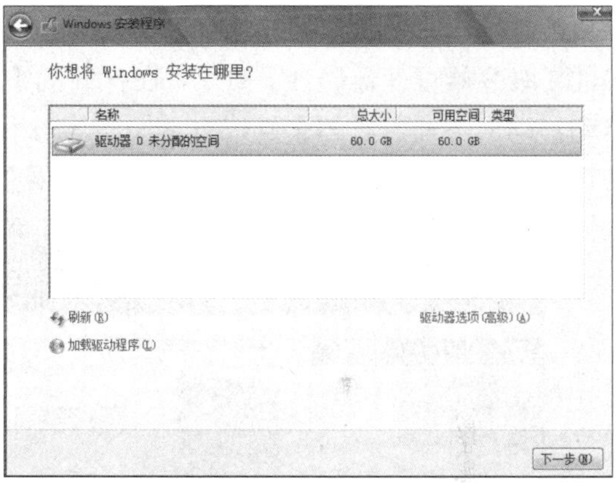

图 3.7　【你想将 Windows 安装在哪里？】界面

步骤 8：进入【正在安装 Windows】界面，系统开始复制文件并将 Windows Server 2012 系统安装到选定的磁盘分区中，如图 3.8 所示。

步骤 9：安装完成后，系统重启后进入首次登录界面，在首次登录前系统要求为系统管理员（Administrator）设置密码，密码需要满足至少 6 个字符长度和 3 类字符复杂度的要求，在【密码】和【重新输入密码】文本框中输入相同的密码，如图 3.9 所示，单击【完成】按钮。

图 3.8　【正在安装 Windows】界面

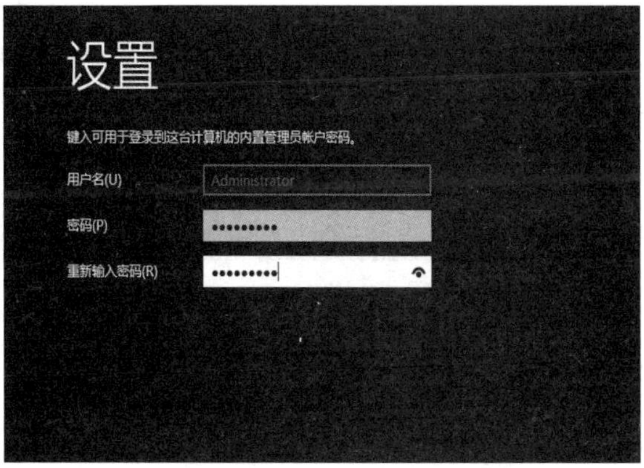

图 3.9　为系统管理员设置密码

步骤 10：系统进入登录界面，如图 3.10 所示，按 Ctrl+Alt+Delete 组合键。

步骤 11：进入【Administrator】界面，如图 3.11 所示，在密码输入框中输入刚才设置的系统管理员密码，按【Enter】键后便可以登录系统。

图 3.10　登录界面

图 3.11　【Administrator】界面

步骤 12：用户首次登录系统时会自动打开【服务器管理器】窗口，为节省启动时间，可以设置系统启动时不打开【服务器管理器】窗口，选择【服务器管理器】窗口的【管理】菜单中的【服务器管理器属性】命令，在打开的【服务器管理器属性】窗口中，勾选【在登录时不自动启动服务器管理器】复选框，如图 3.12 所示，单击【确定】按钮，单击【服务器管理器】窗口右上角的【关闭】按钮，关闭【服务器管理器】窗口。

图 3.12　设置系统启动时不打开【服务器管理器】窗口

步骤 13：在登录 Windows Server 2012 系统后，会显示如图 3.13 所示的传统界面。按键盘上的 Windows 图标键⊞（或 Win 键），可以切换到如图 3.14 所示的【开始】界面；再按键盘上的 Windows 图标键⊞或 Esc 键，就又可以切换回传统界面。

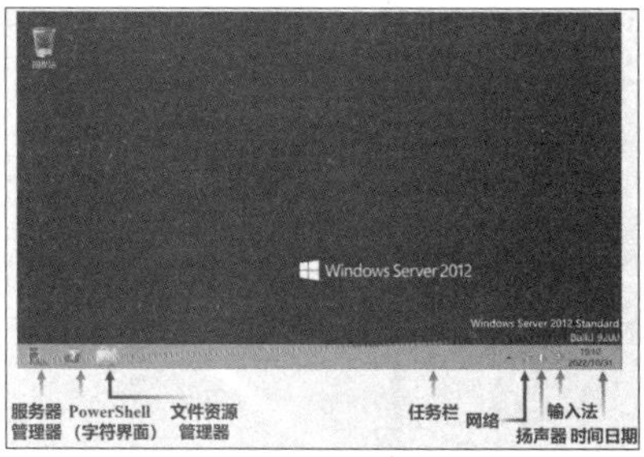

图 3.13　传统界面

图 3.14　【开始】界面

3.3.2　任务 3-2　Windows Server 2012 系统的桌面管理与网络配置

Windows Server 2012 系统在虚拟化方面的强势表现有助于云计算的进一步发展。在安装完 Windows Server 2012 系统后，必须对系统的基本管理有一定的了解。

1．将【计算机】等图标添加到桌面

Windows Server 2012 系统安装完成后，计算机系统桌面上默认只有【回收站】图标，为了方便用户使用，需要将一些常用的图标（如【计算机】和【网络】等图标）添加到桌面，步骤如下所述。

步骤 1：按 Windows 图标键（或 Win 键）切换到【开始】界面，单击【控制面板】图标，打开【控制面板】窗口，在【搜索控制面板】文本框中输入“桌面图标”进行搜索，在显示的搜索结果中单击【显示或隐藏桌面上的通用图标】链接（此时窗口标题栏中显示的标题为“桌面图标-控制面板”），如图 3.15 所示。

步骤 2：在打开的【桌面图标设置】对话框中，勾选需要在桌面上显示的桌面图标对应的复选框，如图 3.16 所示，单击【确定】按钮。

图 3.15　【控制面板】窗口

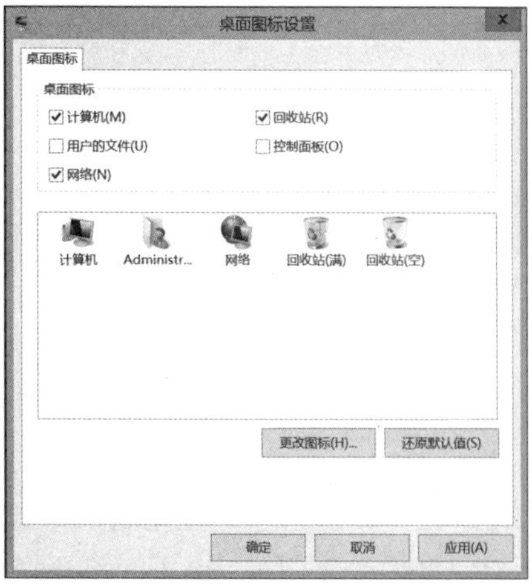

图 3.16　【桌面图标设置】对话框

2. 更改计算机名

在安装 Windows Server 2012 系统时，系统会随机生成一个冗长且不便记忆的计算机名，为了便于标识，需要用户对该计算机名进行更改，步骤如下所述。

步骤 1：在传统桌面的左下角单击【服务器管理器】图标，打开【服务器管理器】窗口，在左窗格中选择【本地服务器】选项，在右窗格的列表框中单击【计算机名】的名称链接，如图 3.17 所示。

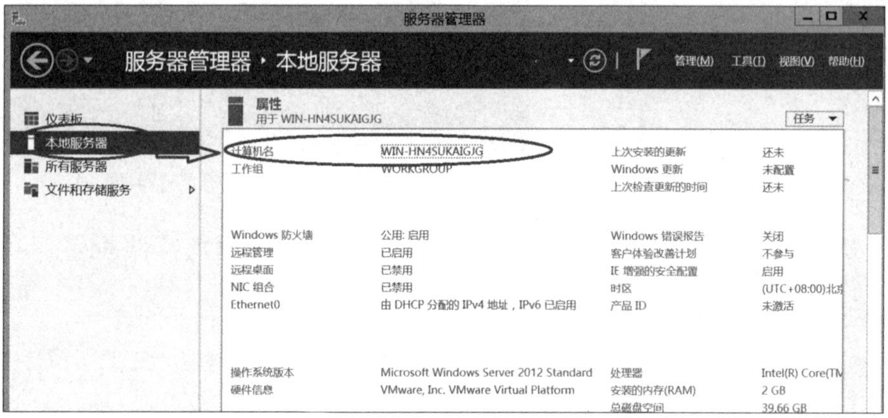

图 3.17 【服务器管理器】窗口

步骤 2：打开【系统属性】对话框，选择【计算机名】选项卡，单击【更改】按钮，打开【计算机名/域更改】对话框，在【计算机名】文本框中输入计算机的名称（如 cdavtc），单击【确定】按钮，会弹出【必须重新启动计算机才能应用这些更改】提示框，如图 3.18 所示，单击【确定】按钮，立即重新启动系统。

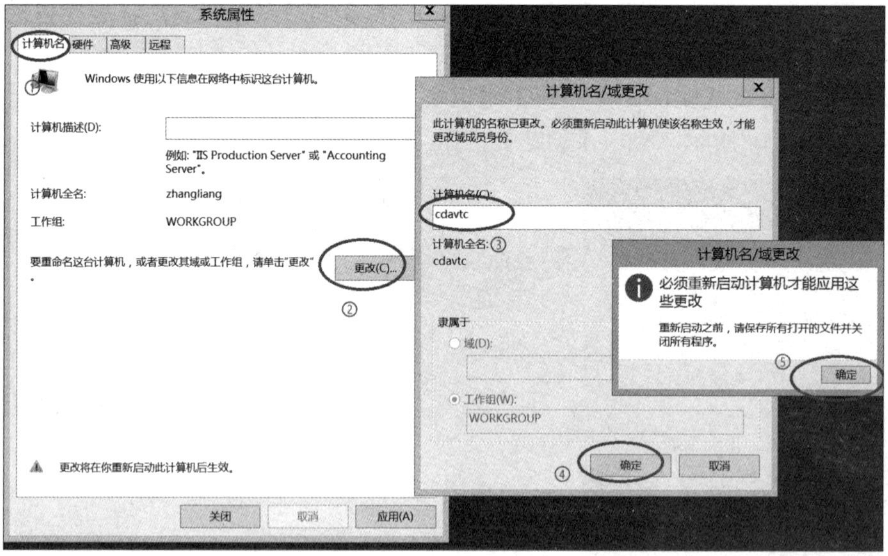

图 3.18 更改计算机名

提示：计算机名中允许使用的字符包括 0～9、A～Z 大小写字母和连字符【-】。计算机名既不能完全由数字组成，也不能包含空格，并且不能与用户名完全相同，还不能包含<、>、;、:、"、*、+、=、|、?、,等特殊字符。

3．启用/关闭防火墙

要使 Windows Server 2012 系统的防火墙发挥作用，必须使防火墙处于启用状态（默认已启用）。启用/关闭防火墙的步骤如下所述。

步骤 1：双击计算机系统桌面上的【控制面板】图标，打开【控制面板】窗口，单击【系统和安全】链接，打开【系统和安全】窗口，单击右侧的【Windows 防火墙】链接，如图 3.19 所示。

图 3.19　单击【Windows 防火墙】链接①

步骤 2：打开【Windows 防火墙】窗口，单击左侧的【启用或关闭 Windows 防火墙】链接，如图 3.20 所示。

步骤 3：打开【自定义设置】窗口，根据当前已连接的网络位置类型，选中相应的【启用 Windows 防火墙】或【关闭 Windows 防火墙(不推荐)】单选按钮，如图 3.21 所示，单击【确定】按钮完成 Windows 防火墙的设置。

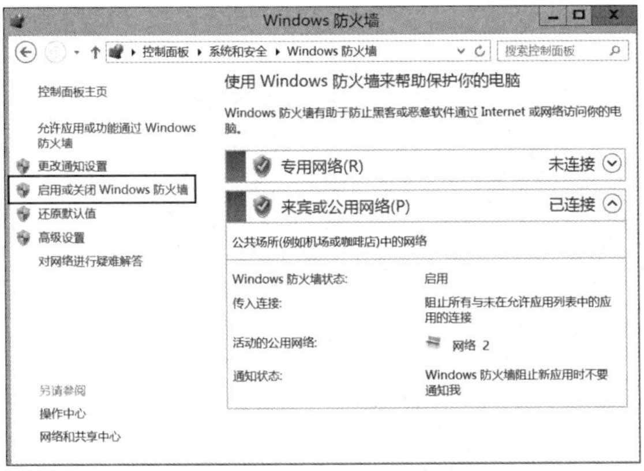

图 3.20　【Windows 防火墙】窗口

图 3.21　【自定义设置】窗口

4．关机方法

方法一：将鼠标指针在计算机系统桌面的右下角稍微停留一会儿，系统将会弹出隐藏的功能窗口，单击【设置】图标，进入系统设置窗口（此窗口也可以通过按

① 本书图片中的“帐户”为错误写法，正确写法应为“账户”。后文同。

Win+I 组合键来打开），单击下方的【电源】按钮，在弹出的菜单中选择【关机】命令，如图 3.22 所示，即可关闭计算机。

方法二：当计算机系统桌面上没有活动窗口时，按 Alt+ F4 组合键可以直接打开关机界面，如图 3.23 所示，在【希望计算机做什么？】下拉列表中选择【关机】选项，在下方的【注释】文本框中输入关机的理由，单击【确定】按钮，即可关闭计算机。

图 3.22　系统设置窗口

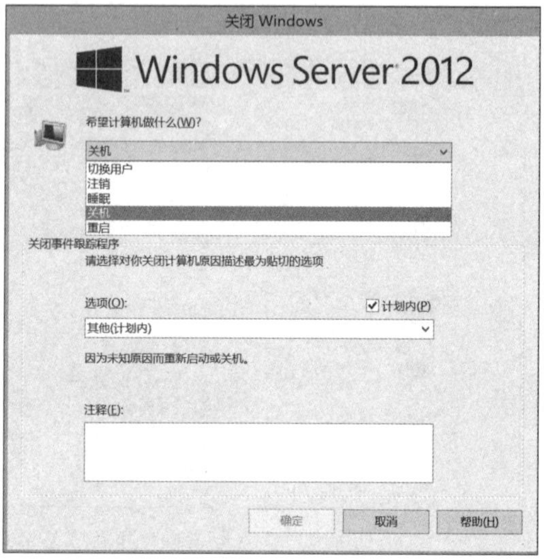

图 3.23　关机界面

方法三：按 Win+R 组合键，在打开的【运行】对话框的【打开】文本框中输入“cmd”，单击【确定】按钮，在打开的命令提示符窗口中输入“shutdown”命令，按 Enter 键后可以看到 shutdown 命令的语法，其中，关机是“/s”，强制关机是“/f”，定时关机是“/d 时间”。如果想让计算机每天下午六点自动关机，则输入的命令可以为“shutdown/s/f/d 18：00”，如图 3.24 所示。

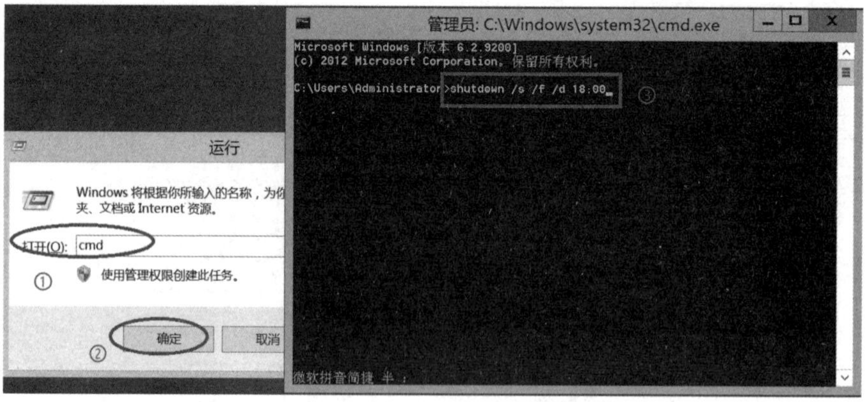

图 3.24　打开命令提示符窗口并输入关机命令

5．网络的设置与测试

网络的设置包括网络位置、网络发现和网络连接的设置。

1）网络位置的设置

当计算机接入网络时，需要根据不同的网络环境和连通要求选择一种网络位置。不同的网络位置会使计算机处于不同的网络发现状态，不同的网络发现状态会有不同的 Windows 防火墙设置，进而使计算机处于不同的安全级别。网络位置的类型有以下 3 种。

① 专用：是指为在办公室、家庭等专用场所的计算机所设置的网络位置。在默认情况下，网络发现处于启用状态，它允许本机与网络上的其他计算机和设备相互查看。

② 公用：是针对位于机场、咖啡厅等公共场合的计算机所设置的网络位置。在这种网络位置下，系统会自动关闭网络发现，即本机对周围的计算机不可见，从而保护计算机免受来自 Internet 的任何恶意软件的攻击。位于公用网络的计算机的防火墙的设置较为严格。

③域：是指为加入并登录到域网络的计算机所设置的网络位置。此时，本机用户将无法更改网络位置类型，而由域管理员账号控制，本书将在后面专门介绍域的管理。

更改网络位置类型的步骤如下：

按键盘上的 Win 键切换到【开始】界面，单击【管理工具】图标，在弹出的【管理工具】窗口中双击【本地安全策略】选项，在打开的【本地安全策略】窗口中，单击左窗格中的【网络列表管理器策略】节点，双击右窗格内的【网络名称】列中的【网络】选项，打开【网络 属性】对话框，选择【网络位置】选项卡，如图 3.25 所示，在【位置类型】选区中，可以根据网络的不同连接范围和使用要求选中【公用】或【专用】单选按钮（“域”网络位置类型必须将本机加入域后才能提供该选项），设置完成后，单击【确定】按钮。

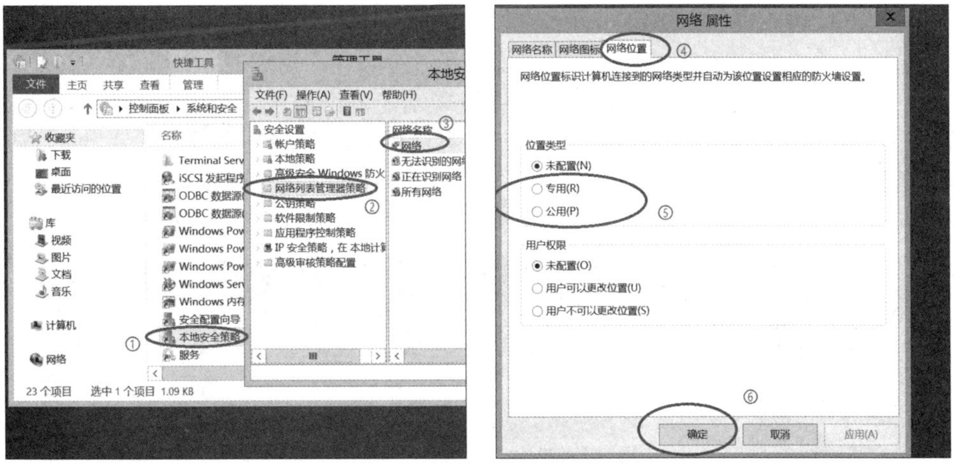

图 3.25　更改网络位置类型

2）网络发现的设置

网络发现是一组协议或功能，能使网络中的计算机之间通过“网上邻居”窗口相互发现或查看到对方。不过，当关闭网络发现功能时，其他计算机仍可以通过搜索或指定计算机名或 IP 地址的方式访问到该计算机。网络发现通常是计算机之间文件共享的基础，只有能发现对方才能方便地使用对方的共享文件。网络发现具有以下 3 种状态：

① 启用：该状态下允许本机与其他计算机和网络设备实现双向查看。

② 关闭：该状态下阻止本机查看其他计算机和网络设备，并阻止其他计算机上的用户查看本机。

③自定义：这是一种混合状态，在该状态下与网络发现有关的部分设置已启用，但不是所有设置都启用。

用户可以单独改变网络发现的状态，更改步骤如下：

在计算机系统桌面上右击【网络】图标，在弹出的快捷菜单中选择【属性】命令，打开【网络和共享中心】窗口，如图 3.26 所示，单击左侧的【更改高级共享设置】链接，打开【高级共享设置】窗口，在【来宾或公用（当前配置文件）】组下的【网络发现】选区内选中【启用网络发现】或【关闭网络发现】单选按钮，如图 3.27 所示，单击【保存更改】按钮。

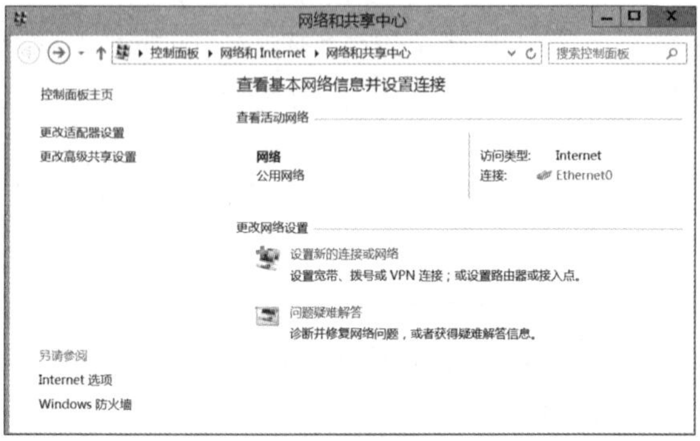

图 3.26　【网络和共享中心】窗口

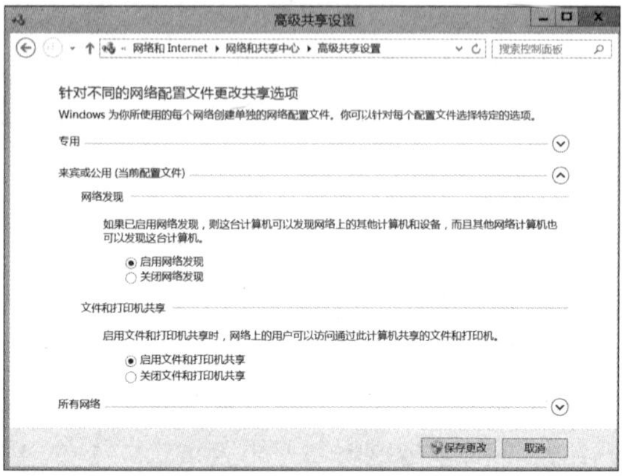

图 3.27　【高级共享设置】窗口

提示：在默认情况下，不能保存对网络发现的状态更改，也就是说，每次选中【启用网络发现】单选按钮并保存修改后，当重新打开【高级共享设置】窗口时，该窗口中仍然显示为选中【关闭网络发现】单选按钮，而实际上网络发现功能已经启用。为了能保留修改后的状态，需要按 Win+R 组合键，打开【运行】对话框，在该对话框的【打开】文本框中输入“services.msc”，单击【确定】按钮，在弹出的【服务】窗口中，将“Function Discovery Resource Publication”、“SSDP Discovery”和“UPnP Device Host”3 个服务设置为自动启动，如图 3.28 所示。

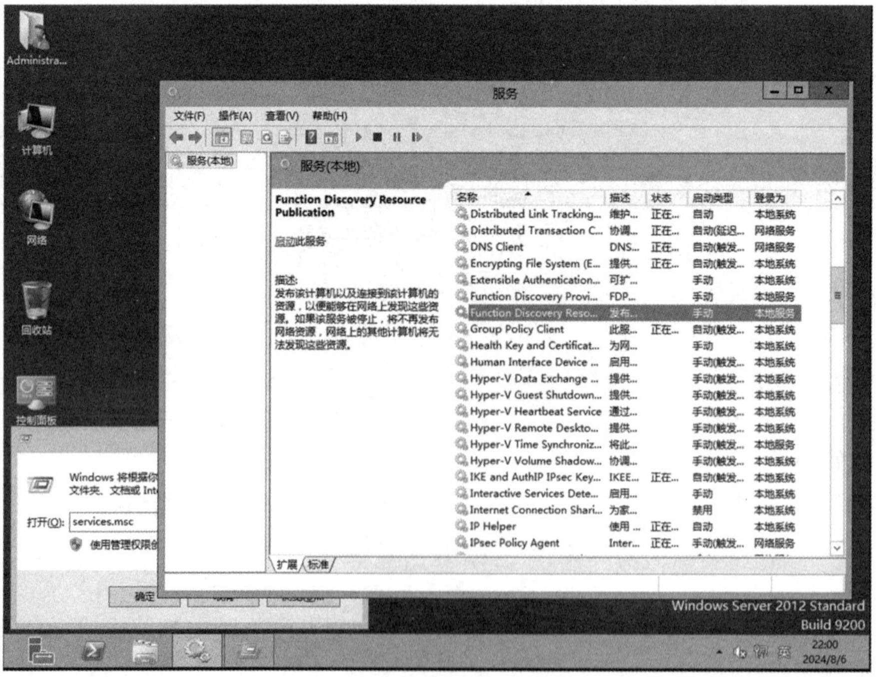

图 3.28　【服务】窗口

3）网络连接的设置

网络连接的设置就是 TCP/IP 协议及参数的设置。TCP/IP 协议是网络中使用的标准通信协议，可使不同环境下的计算机之间进行通信，是接入 Internet 的所有计算机在网络上进行信息交换和传输所必须采用的协议。在安装 Windows Server 2012 系统时默认已安装该协议，在此只要针对该协议的相关参数进行设置即可使用。网络连接的设置步骤如下所述。

步骤 1：打开【网络和共享中心】窗口，单击左窗格中的【更改适配器设置】链接，在打开的【网络连接】窗口中右击网络连接设备的名称（如 Ethernet0），在弹出的快捷菜单中选择【属性】命令，如图 3.29 所示。

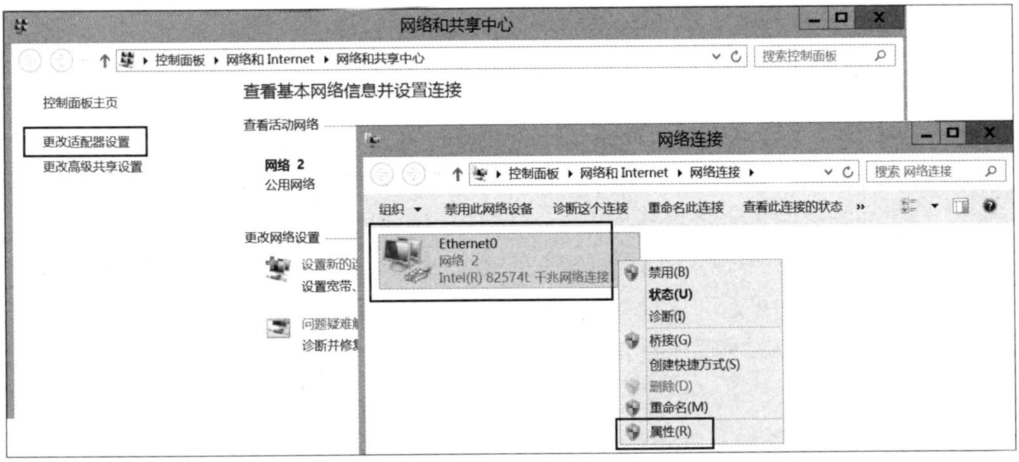

图 3.29　【网络连接】窗口

步骤 2：在打开的【Ethernet0 属性】对话框中，勾选【此连接使用下列项目】列表框中的【Internet 协议版本 4 (TCP/IPv4)】复选框，如图 3.30 所示，单击【属性】按钮。

步骤 3：在打开的【Internet 协议版本 4 (TCP/IPv4)属性】对话框中，选中【使用下面的 IP 地址】单选按钮，设置相应的网络参数，如图 3.31 所示。

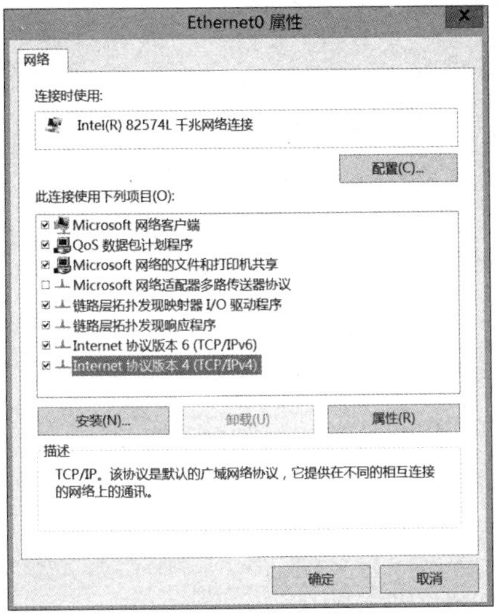

图 3.30　【Ethernet0 属性】对话框

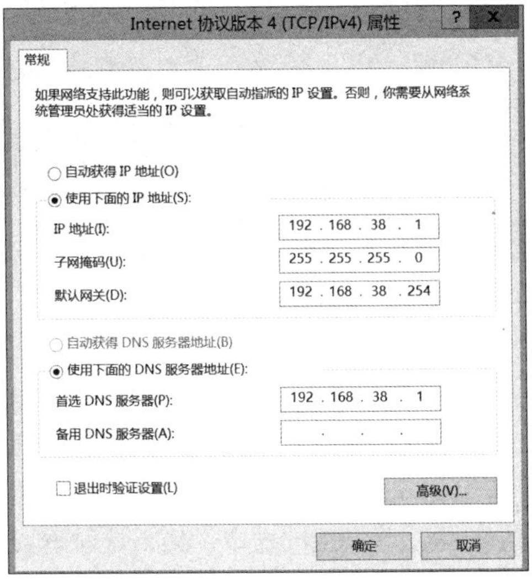

图 3.31　【Internet 协议版本 4 (TCP/IPv4)属性】对话框

- 【IP 地址】：该计算机所在的网络中一个未被其他计算机使用的静态 IP 地址。

- 【子网掩码】：与 IP 地址相配套，用于判断 IP 地址所属的网段（子网）。
- 【默认网关】：当该计算机要与其他网段的计算机通信时需要设置该参数，它是从本网段到其他网段的出口 IP 地址，通常为本网段路由器的 IP 地址。
- 【首选 DNS 服务器】和【备用 DNS 服务器】：域名解析服务器的 IP 地址。

4）使用 ipconfig 命令查看 TCP/IP 配置

使用 ipconfig 命令可以查看当前 TCP/IP 配置的设置值。这些信息一般用来检验手动设置的 TCP/IP 配置是否正确。按 Win+R 组合键，在弹出的【运行】对话框中输入“cmd”，单击【确定】按钮，打开命令提示符窗口，输入不带任何参数的 ipconfig 时，会显示每个已经配置且处于活动状态的连接的有关信息；当输入“ipconfig /all”命令并按 Enter 键时，会显示更为详细的信息，如图 3.32 所示。

5）使用 ping 命令检测网络连通性

ping 命令的功能是检测网络的连通情况和分析网速，可用于对网卡、TCP/IP 配置、通信线路的网络故障进行检测，它是一个使用频率极高的网络实用命令。其功能如下所述。

功能 1：验证网卡的工作状态是否正常。这是计算机出现不能上网等故障时最简单的判断手段。在命令提示符窗口中输入“ping 127.0.0.1”命令或“ping 本地计算机的 IP 地址”格式的命令后按 Enter 键，如果返回 4 行“来自 127.0.0.1 的回复：字节=32 时间<1ms TTL=128”，如图 3.33 所示，则说明该网卡的工作状态正常；如果返回“传输失败”，则说明该网卡的工作状态不正常。

图 3.32 使用 ipconfig 命令查看 TCP/IP 配置

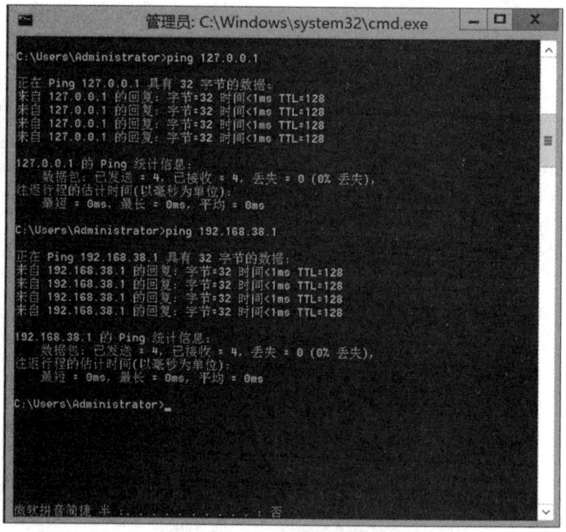

图 3.33 使用 ping 命令验证网卡的工作状态是否正常

功能 2：判断网络连接状态。通常的做法就是执行“ping 网关地址或远程主机地址”格式的命令，以此判断出网络故障的发生位置。如果执行“ping 网关地址”格式的命令返回的信息是“目标主机无法访问”，就说明本地网卡发出的数据包不能到达网关，是内部网络出现了问题；如果执行“ping 网关地址”格式的命令返回的信息表示连接正常，则可以执行“ping 远程主机地址”格式的命令，如果这时返回的信息是“目标主机无法访问”，则可能是外部连接出现了问题。

功能 3：验证 DNS 服务器。DNS 服务器负责将域名转换为 IP 地址，可以使用 ping 命令判断其配置是否正确及工作状态是否正常，方法是在命令提示符窗口中输入“ping 域名”格式的命令后按 Enter 键，如“ping www.baidu.com”命令。如果返回的信息是“ping 请求找不到主机”,则表明无法发送数据包到达目标主机。如果返回类似图 3.33 中所示的“来自 127.0.0.1 的回复：字节=32 时间<1ms TTL=128”格式的信息，则表明 DNS 服务器能够成功将域名转换为 IP 地址。

3.3.3　任务 3-3　远程登录服务器

网络管理员可以使用本地和远程两种方式登录服务器。所谓远程登录，就是允许用户通过网络中的另一台计算机登录服务器。一旦登录服务器，用户就像在现场操作一样，可以进行服务器允许的任何操作，如读文件、编辑和删除文件等。实现远程登录的方式有远程桌面连接、终端服务等。下面以远程桌面连接方式为例，介绍其配置和使用的过程。

1．在服务器端开启远程桌面和选择登录用户

步骤 1：在传统桌面中右击【计算机】图标，在弹出的快捷菜单中选择【属性】命令，打开【系统】窗口，单击左侧的【远程设置】链接，在打开的【系统属性】对话框中，选择【远程】选项卡，选中【远程桌面】选区内的【允许远程连接到此计算机】单选按钮，在弹出的【远程桌面连接】对话框中单击【确定】按钮，勾选【仅允许运行使用网络级别身份验证的远程桌面的计算机连接(建议)】复选框，单击【选择用户】按钮，如图 3.34 所示。

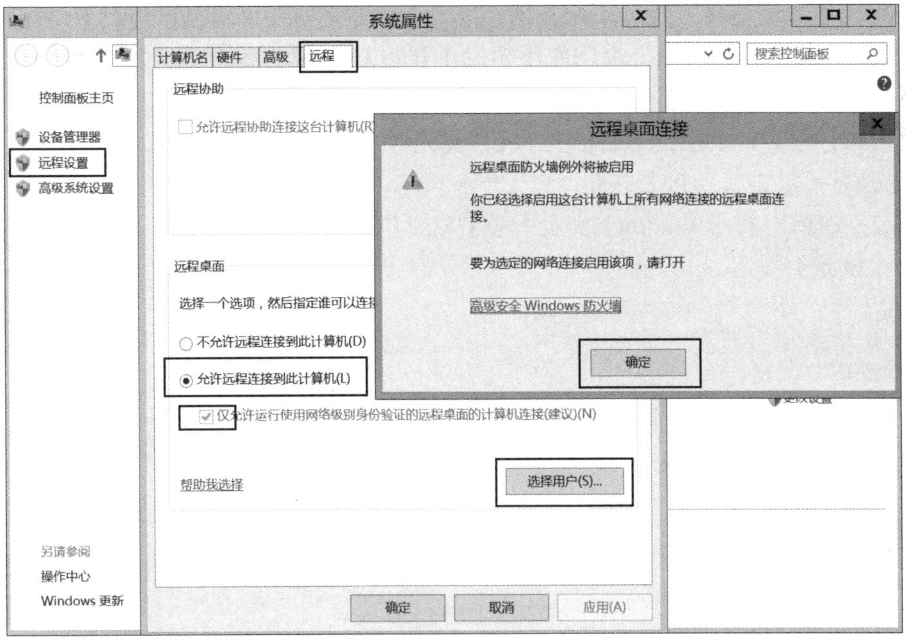

图 3.34　进行远程桌面连接

步骤 2：在打开的【远程桌面用户】对话框中单击【添加】按钮，在打开的【选择用户】对话框中单击【高级】按钮，在打开的【选择用户】对话框中单击【立即查找】按钮，在【搜索结果】列表框中选择进行远程登录的用户，如图 3.35 所示，连续单击【确定】按钮直至返回【系统】窗口。

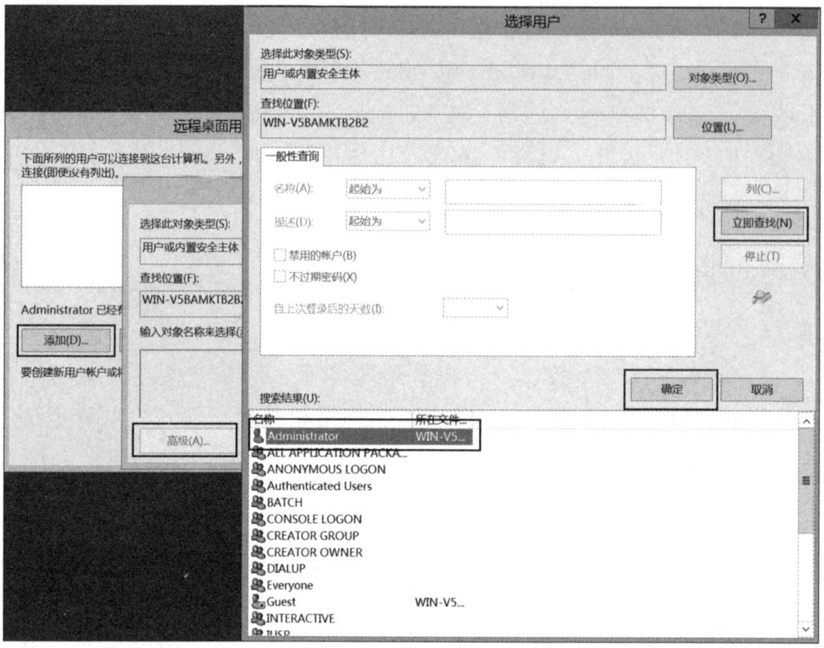

图 3.35　选择进行远程登录的用户

2．在客户机上远程登录服务器

如果客户机安装的是 Windows 7、Windows 8、Windows 10 系统，则用户不用安装任何程序便可使用远程桌面连接方式登录服务器。登录步骤如下所述（以 Windows 10 客户机为例）。

步骤 1：在客户机的桌面上单击左下角的【开始】按钮，在弹出的菜单中选择【Windows 附件】下的【远程桌面连接】，打开【远程桌面连接】窗口，单击该窗口左下角的【显示选项】按钮（单击该按钮后，该按钮的名称变为【隐藏选项】），在【计算机】文本框中输入如图 3.36 所示的 IP 地址，单击【连接】按钮。

步骤 2：在弹出的【Windows 安全中心】对话框的密码输入框中输入密码，如图 3.37 所示，单击【确定】按钮。

图 3.36　【远程桌面连接】窗口

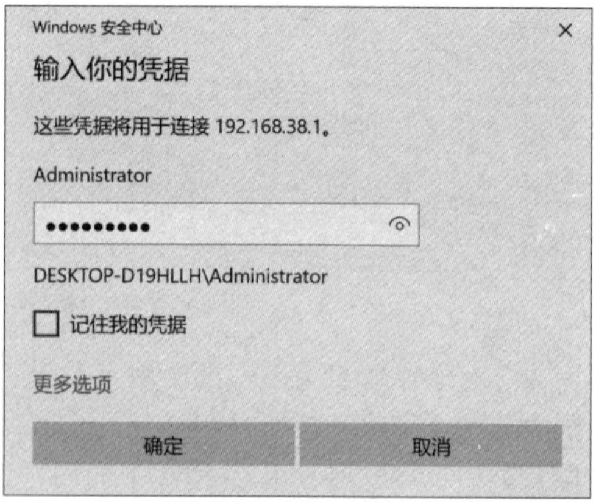

图 3.37　输入密码

步骤 3：弹出【远程桌面连接】对话框，如图 3.38 所示，单击【是】按钮。

步骤 4：如果远程桌面连接成功，则会打开如图 3.39 所示的【192.168.38.1-远程桌面连接】窗口，进入服务器桌面，此时即可在客户机上对服务器进行相关的操作。

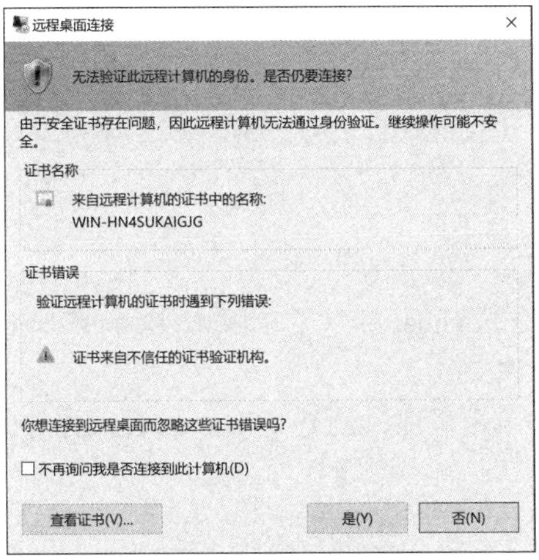

图 3.38 【远程桌面连接】对话框

图 3.39 远程桌面连接成功

3.4 项目实训 3 安装与配置 Windows Server 2012 系统

【实训目的】

掌握 Windows Server 2012 系统的安装与配置方法；掌握远程登录服务器的方法。

【实训环境】

每人 1 台 Windows 10 物理机，Windows Server 2012 系统的 ISO 映像文件，VMware Workstation 16 及以上版本的虚拟机软件，虚拟机网卡连接至 VMnet8 虚拟交换机。

【实训拓扑】

实训拓扑图如图 3.40 所示。

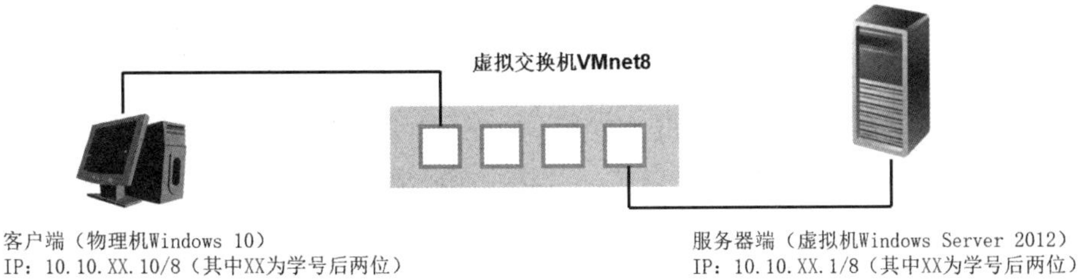

图 3.40 实训拓扑图

【实训内容】

（1）在虚拟机中安装 Windows Server 2012 系统（通过 ISO 映像文件方式）。

① 在 Windows 10 物理机上启动虚拟机软件 VMware Workstation，创建虚拟机。

② 在创建的虚拟机中安装 Windows Server 2012 系统。

（2）配置 Windows Server 2012 虚拟机。

① 将常用图标添加到传统桌面上。

② 更改计算机名为自己姓名的全拼。

③ 将网络位置设置为专用，将网络发现设置为启用状态。

④ 设置虚拟机的 TCP/IP 参数，使用 ipconfig 命令查看本机网卡的信息，使用 ping 命令测试本地回环、网关和外网地址的连通性。

（3）在客户机上通过远程桌面连接方式登录服务器。

3.5 项目习题

一、填空题

1．Windows Server 2012 系统有 4 个版本，分别是 Foundation（基础版）、Essentials（精华版）、Standard（标准版）和________________。

2．______________安装方式只安装必要的服务和应用程序，没有 Windows 图形化界面，需要使用命令行方式配置和管理服务器。

3．网络位置的类型有 3 种，分别是________________、公用和域。

4．网络发现具有______________、关闭和自定义 3 种状态。

5．网络管理员可以使用本地和______________两种方式登录服务器。

二、单选题

1．网络操作系统是一种（　　）。

A．系统软件　　B．系统硬件　　C．应用软件　　D．工具软件

2．在下列选项中，哪一项不属于网络操作系统的基本功能？（　　）

A．数据共享　　B．设备共享　　C．文字处理　　D．网络管理

3．在下列选项中，哪一项列出的完全是网络操作系统？（　　）

A．Windows Server 2012、Windows 7、Linux

B．Windows Server 2016、macOS、Linux

C．Windows Server 2012、UNIX、Linux

D．Active Directory、Windows Server 2016、Windows Server 2012

4．数据中心版的 Windows Server 2012 最多支持（　　）个 CPU。

A．2　　B.4　　C.32　　D.64

5．你在局域网中设置某台机器的 TCP/IP 参数，该局域网中的所有机器都属于同一个网段，如果想让该机器和其他机器进行通信，则至少应该设置哪个 TCP/IP 参数？（　　）

A．IP 地址和子网掩码　　B．IP 地址和默认网关

C．默认网关和子网掩码　　D．IP 地址和首选 DNS 服务器

6．使用（　　）命令可以查看本机所有网络适配器的详细信息。

A．ipconfig　　B．ping　　C．ipconfig /all　　D．showip

7．下列关于计算机名的说法正确的是（　　）。

A．计算机名最长只能输入 6 个字符

B．计算机名的字符可以全部是数字字符

C．计算机名在同一个网段内不能重复

D．计算机名修改后马上可以生效

8．网络管理员要远程管理服务器，当登录时如果出现“由于用户限制，您无法登录”的提示信息时，则最可能的原因是（　　）。

A．用户名和密码错误

B．该用户没有加入远程桌面用户

C．该用户密码为空

D．该用户不是远程计算机的管理员用户

9．以下不适合做服务器操作系统的是（　　）。

A．UNIX　　B．Linux　　C．Windows Server　　D．DOS

10．Windows Server 2012 系统中默认的管理员账号是（　　）。

A．Admin　　B．Root　　C．Supervisor　　D．Administrator

三、问答题

1．什么是网络操作系统？目前有哪些网络操作系统？

2．Windows Server 2012 系统的版本有哪些？

3．什么是远程登录？

4．安装 Windows Server 2012 系统的方式有哪些？

项目 4

用户与组的管理

学习目标

推行垃圾分类，践行绿色发展——习近平总书记曾指出，垃圾分类工作就是新时尚。我们要培养垃圾分类的好习惯，全社会人人动手，一起来为改善生活环境努力，一起来为绿色发展、可持续发展作贡献。一枝一叶总关情，一点一滴见初心。垃圾分类与人们的生活息息相关，既关系到广大人民群众的生活环境，又关系到节约使用资源。我们要坚决按照习近平总书记的重要指示精神，全面动员、全员参与、齐心协力，加速推进垃圾分类工作取得新进展、迈上新台阶，让生态文明思想在中华大地开花结果！

知识目标

- 了解工作组、本地用户账户和本地组账户的概念
- 熟悉工作组网络结构的特点，以及本地用户账户和本地组的特征与用途
- 掌握本地用户账户和本地组账户的创建与管理方法，以及设置本地安全策略的方法

能力目标

- 具备创建本地用户账户并设置其属性、更改密码等的能力
- 具备创建与管理本地组账户的能力
- 具备设置本地安全策略的能力

素养目标

- 培养学生的创新精神
- 培养学生的网络安全意识

4.1 项目背景

成都航院新购买的服务器中安装的是 Windows Server 2012 系统，只有管理员账户可以登录。因为管理员账户的访问权限太大，所以不宜交给其他人使用，否则会威胁到系统的安全。为了满足不同部门对该服务器的访问，网络管理员要为其他师生创建各自的访问用户并配置相应的访问权限。如果创建的用户较多，则逐一地为每个用户设置权限较为烦琐。为了简化管理操作，网络管理员可以通过创建组，并将不同部门具有不同访问权限的用户归类到不同的组中，然后针对组指派权限，这样，组中的用户成员的访问权限也就自动被设置好了。另外，网络管理员还可以通过本地安全策略对本地安全进行设置，从而达到提高系统安全性的目的。

4.2 项目知识

4.2.1 工作组的概念及特点

1. 工作组的概念

在 Windows 环境中，系统提供了两种不同的组网模式：工作组和域。工作组属于分布式的管理模式，每台计算机的管理员都分别管理各自的计算机，安全级别低（只具备访问权限的安全机制）；域属于集中式的管理模式，域管理员可以集中管理整个域的所有资源，安全级别高（关于域的知识在后面的项目里会进行专门的介绍）。工作组由多台通过网络连接在一起的计算机组成，计算机之间直接通信，既不需要专门的服务器来管理网络资源，也不需要其他组件来提高网络的性能。

2. 工作组的特点

工作组具有以下特点：

（1）资源和账户（用户和组）的管理是分散的。每台计算机的管理员都能够完全实现对自己计算机的资源与账户的管理。

（2）工作组中的每台计算机的地位都是平等的，既没有管理与被管理之分，也没有主从之别。在网络应用中，每台计算机既可以作为服务器为其他计算机提供访问服务，也可以作为客户机访问其他计算机。因此，工作组网络也被称为“对等网”。

（3）网络安全并不是它最看重的问题。

（4）不需要特定的操作系统，也就是说，任意安装了 Windows 系列操作系统的计算机都能构建工作组。

工作组的主要优点是组网成本低、网络配置和维护简单。它的缺点也相当明显，主要是网络安全性较低、资源管理分散、数据保密性差。

工作组是根据用户自定义的分组标准（如不同的部门、爱好等）把网络中的许多计算机分门别类地纳入不同的组中。划分工作组的主要目的是便于浏览、查找。试想一下，如果网络中有上百台计算机，在进行资源共享时，如果不分组，要通过“网上邻居”来查找某台计算机上的共享资源，就需要在上百台计算机中查看。如果事先按照某种标准划分了不同的工作组，就可以先找到该计算机所在的工作组，再到该工作组内查找，显然，这样分层级地查找就会容易很多。

4.2.2 用户账户

用户账户是计算机操作系统实现安全机制的基本且重要的技术手段，操作系统通过用户账户来辨别用户身份，让具有一定使用权限的用户登录计算机，访问本地计算机资源或从网络访问这台计算机的共享资源。为不同的用户指派不同的权限，可以让用户执行不同的计算机管理任务。所以，要登录每台运行 Windows Server 2012 系统的计算机，都需要有用户账户。

本地系统验证用户账户的基本原理是：如果一个用户希望能够访问某台计算机的资源，则首先需要在该计算机的 SAM（Security Accounts Management，安全账户管理）数据库中为该用户创建一个用户账户，然后用户使用该用户账户登录创建该用户账户的计算机，由这台计算机通过查询本机的 SAM 数据库进行身份验证。身份验证成功后，该用户账户只能访问本机中的资源而不能访问其他计算机中的资源。这样的用户账户被称为“本地用户账户”，简称“本地用户”或“用户”。需要注意的是，每台 Windows 计算机都有一个本地 SAM 数据库。

Windows Server 2012 系统支持两种用户账户：本地用户账户和域用户账户。在以默认设置安装 Windows Server 2012 系统后，系统会自动建立具有特殊用途和权限的两个内置用户账户。

1. 本地用户账户

本地用户账户是指安装了 Windows Server 2012 系统的计算机在本地 SAM 数据库中创建的账户。用户使用本地用户账户只能登录创建该账户的计算机，并访问该计算机上的系统资源。这类账户通常在工作组网络中使用。

本地用户账户仅允许用户登录并访问创建该账户的计算机。当创建本地用户账户时，Windows Server 2012 系统仅在计算机位于%systemroot%\system32\config（“%systemroot%”表示系统根目录，例如，如果 Windows Server 2012 系统安装在“C:\”，则“%systemroot%”为“C:\Windows”）文件夹下的 SAM 数据库中创建该账户。

2. 域用户账户

域用户账户是建立在域控制器的活动目录数据中的账户。这类账户具有全局性，可以登录域网络环境模式中的任意一台计算机，并获得访问该网络的权限。这需要系统管理员在域控制器上为每个登录域的用户创建一个用户账户。对于域环境的域用户账户，将在本书的项目 5 中进行介绍。本项目主要介绍本地计算机的用户和组的创建与管理。

3. 内置用户账户

Windows Server 2012 系统中还有一种账户，称为内置用户账户，它们与服务器的工作模式无关。当 Windows Server 2012 系统安装完成后，系统会在服务器上自动创建一些内置用户账户，其中最重要的两个内置用户账户分别是 Administrator 和 Guest。

① Administrator（系统管理员）：该账户具有管理本台计算机的所有权限，能执行本台计算机的所有工作，拥有最高的使用资源权限。该账户可以对该计算机或域配置进行管理，如创建与修改用户账户和组、管理安全策略、创建打印机、分配允许用户访问资源的权限等。系统管理员的默认名称是 Administrator，可以更改名称，但是不能删除该账户。该账户无法被禁止，永远不会到期，不受登录时间和只能使用指定计算机登录的限制。

② Guest（来宾）：该账户是为临时访问计算机的用户提供的账户。该账户拥有很低的权限，不需要密码。Guest 账户同样可以更改名称，但是不能删除该账户。在默认情况下，为了

保证系统的安全，该账户是禁用的，当需要时才可以启用。例如，当希望局域网中的用户都可以登录自己的计算机，但又不愿意为每个用户都建立一个账户时，就可以启用 Guest 账户。

综上所述，Windows Server 2012 系统为每个账户提供了名称，如 Administrator、Guest 等，这些名称是为了方便用户记忆、输入和使用的。本地计算机中的用户账户的名称是不允许相同的。系统内部使用安全标识符（Security Identifiers，SID）来识别用户身份，每个用户账户都对应一个唯一的安全标识符，这个安全标识符在用户账户创建时由系统自动产生。系统指派权利、赋予资源访问权限等都需要使用安全标识符。在删除一个用户账户后，重新创建名称相同的账户并不能获得先前账户的权限。

4.2.3 组

1. 组的概念

在创建用户账户以后，就要为其分配相应的权利和权限，从而限制用户账户执行某些操作。权利可授权用户账户在计算机上执行某些操作，如备份文件（夹）或关机。权限是与对象（通常是文件、文件夹或打印机）相关联的一种规则，它规定哪些用户账户可以访问该对象，以及以何种方式访问。为了减轻权限分配工作的负担，简化对用户账户的管理工作，Windows Server 2012 系统中引入了组的概念。例如，需要对 50 个用户设置相同的权限，如果没有建立组，就需要手动对每个用户账户进行相同设置，这样将耗费大量的时间和精力。如果建立组，就可以先将 50 个用户账户加入同一个组，再对这个组设置权限，这样将极大地减轻管理员的负担。

组不仅是多个用户账户、计算机账户、联系人和其他组的集合，也是操作系统实现其安全管理机制的重要技术手段。属于特定组的用户账户或计算机账户称为组的成员。使用组可以同时为多个用户账户或计算机账户指派一组公共的资源访问权限和系统管理权利，而不必单独为每个账户指派权限和权利，从而简化管理，提高效率。

在一个工作组中，每台计算机的管理员可以在本地计算机的 SAM 数据库中创建组账户。组账户可以对本地计算机上的本地用户账户进行组织，拥有本地计算机内的资源访问权限和权利。因此，这种组账户被称为“本地组账户”，简称“本地组”或“组”。

需要注意的是，组账户并不是用于登录计算机操作系统的账户，用户在登录系统时均使用用户账户，同一个用户账户可以同时为多个组中的成员，这样该用户账户的权限就是所有组权限的合并。

2. 组的特征

组具有以下特征：

（1）组是用户账户的集合。组的概念相当于公司中部门的概念，各个部门相当于各个组。每个部门中员工的工作都由部门统一分配。组是用来管理一组对特定资源具有同一访问权限的用户账户的集合。

（2）方便管理（如赋予权限）。

（3）当一个用户账户加入一个组后，该用户账户会继承该组所拥有的权限。

（4）一个用户账户可以同时加入多个组。

3. 内置组

在以默认设置安装 Windows Server 2012 系统后，系统会自动创建一些具有各种用途的内置组。这些组本身已被赋予了不同的权限，用户账户只要加入这些组，就会拥有这些组的权限。

下面介绍 Windows Server 2012 系统中一些常用的内置组。

（1）Administrators 组：该组在系统内拥有最高权限，如拥有赋予权限、添加系统组件、升级系统、配置系统参数、配置安全信息等权限。属于该组的用户账户都具备系统管理员的权限，拥有对这台计算机完全控制的权限，可以执行所有的管理任务。内置的系统管理员账户 Administrator 就是本组的成员，而且无法将它从该组内删除。

（2）Guests 组：该组是提供给没有用户账户但是需要访问本地计算机内资源的用户使用的，该组中的成员无法永久地改变其桌面的工作环境。该组最常见的默认成员为用户账户 Guest。

（3）Users 组：该组是一般用户账户所在的组，所有创建的本地用户账户都自动属于该组。该组中用户账户的权限受到很大的限制，对系统具有基本的权利，可以执行一些常见的任务，如运行应用程序、使用本地和网络打印机，以及锁定计算机等，但不能修改操作系统的设置，无法设置共享目录或创建本地打印机，不能将计算机关机等。

（4）IIS_IUSRS 组：该组是 Internet 信息服务（IIS）使用的内置组。

（5）Backup Operators 组：该组内的用户账户不论是否具有权限访问该组所在的计算机中的文件，都可以通过 Windows Server Backup 工具来备份与还原计算机内的文件。该组不能被删除。

（6）Network Configuration Operators 组：该组内的用户账户可以执行常规的网络配置工作（如更改 TCP/IP 配置等），但不可执行与网络服务器配置有关的工作。

（7）Performance Monitor Users 组：该组内的用户账户可以监视本地计算机的运行性能。

（8）Remote Desktop Users 组：该组内的用户账户可以通过远程桌面服务登录到计算机。

（9）Network 组：任何通过网络来登录该组所在的计算机的用户账户都会自动属于该组。

（10）Everyone 组：任意一个用户账户都会自动属于该组。

4.3 项目实施

4.3.1 任务 4-1 创建与管理本地用户

1. 创建本地用户

在创建新本地用户之前，需要先制定用户账户创建所遵循的规则或约定（包括用户账户命名规则和用户账户密码规则），这样可以方便和统一账户的日后管理工作，提供高效、稳定的系统应用环境。

（1）用户账户命名规则如下：

① 账户名必须在本地计算机系统中是唯一的。

② 账户名不能包含?、+、*、/、\、[、]、=等字符。

③ 账户名最长不能超过 20 个字符。

④ 账户名不区分大小写。

⑤ 账户名建议用有意义的字符来命名，便于其他人识别。

（2）用户账户密码规则如下：

① 一定要给 Administrator 账户指定一个密码，以防止其他人随便使用该账户。

② 确定是管理员还是用户拥有密码的控制权。用户可以给每个用户账户指定一个唯一的密码，并防止其他用户对其进行更改，也可以允许用户在第一次登录系统时输入自己的密码。在一般情况下，用户应该可以控制自己的密码。

③ 密码不能太简单，应该不容易让其他人猜出。

④ 密码最多可由 127 个字符组成，推荐最小长度为 8 个字符。

⑤ 密码应由大小写字母、数字及特殊字符混合组成。用户密码一般不要包含用户的账户名，至少包含英文大写字母（A～Z）、英文小写字母（a～z）、阿拉伯数字（0～9）、非字母字符（如!、@、#、$、%等）这 4 类字符中的 3 类。

系统内置的用户是不能满足日常使用和管理需要的，系统管理员应根据不同的使用者为其创建相应的用户。创建用户的步骤如下所述。

步骤 1：以 Administrator 账户登录 Windows Server 2012 系统，打开【服务器管理器】窗口，选择【工具】菜单中的【计算机管理】命令，如图 4.1 所示。

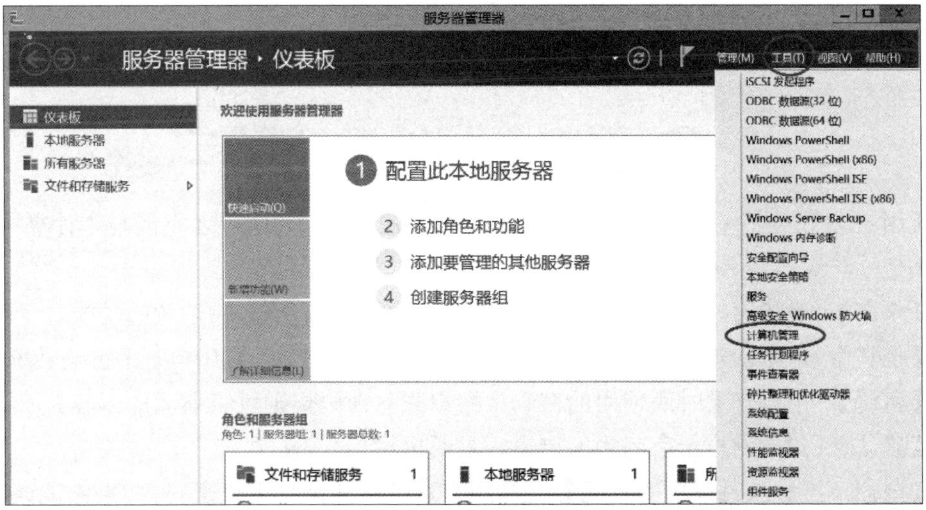

图 4.1　选择【工具】菜单中的【计算机管理】命令

步骤 2：打开【计算机管理】窗口，在左窗格中依次展开【系统工具】→【本地用户和组】节点，右击【用户】节点，在弹出的快捷菜单中选择【新用户】命令，如图 4.2 所示。

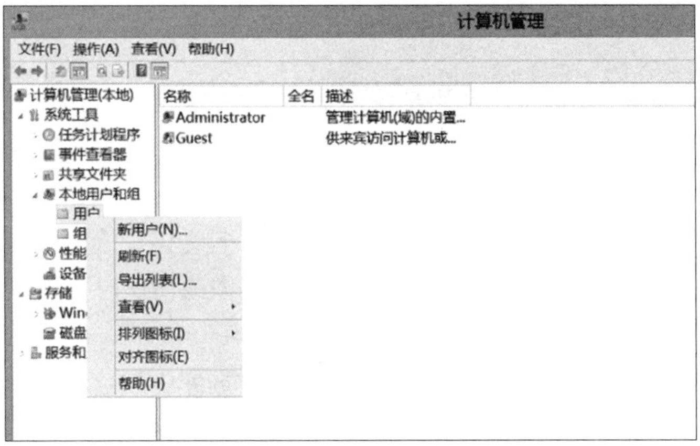

图 4.2　选择【新用户】命令

步骤 3：在打开的【新用户】对话框中输入如图 4.3 所示的信息。

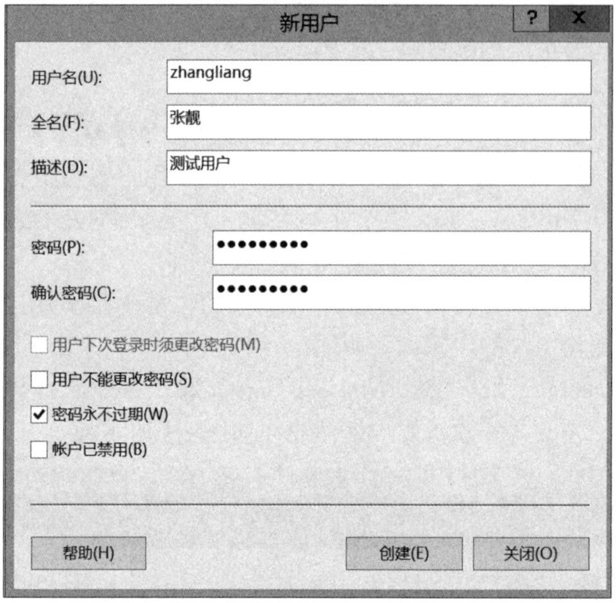

图 4.3　输入新用户的信息

- 【用户名】：用户登录操作系统时需要输入的账户名称。用户名不能与本计算机上任何其他用户名或组名相同。用户账户命名规则可见前面的内容。
- 【全名】：登录用户的全名，属于辅助性的描述信息，不影响系统的功能。
- 【描述】：对所创建的用户进行简要的说明，方便管理员识别用户，不影响系统的功能。
- 【密码】：用户登录时所使用的密码。用户账户密码规则可见前面的内容。
- 【确认密码】：为防止密码输入错误，需要再输入一遍。
- 【用户下次登录时须更改密码】：强制用户在下次登录时更改密码。如果勾选该复选框，则用户在使用该账户首次登录时，系统将提示用户更改密码。在取消勾选【用户下次登录时须更改密码】复选框后，【用户不能更改密码】和【密码永不过期】这两个复选框将由灰变黑。
- 【用户不能更改密码】：勾选该复选框表示只允许用户使用管理员分配的密码，用户不能自己更改。
- 【密码永不过期】：设置用户密码是否可以长久使用。密码默认的有效期为 42 天，如果超过 42 天，则系统会提示用户更改密码，勾选该复选框表示系统永远不会提示用户更改密码。
- 【账户已禁用】：设置是否暂时停用该用户账户，勾选该复选框表示任何人都无法使用该用户账户登录。例如，该用户账户的使用者出差或请假时，可以利用该功能暂时停用该用户账户，防止他人冒用该用户账户登录。

步骤 4：单击【创建】按钮，便在计算机的 SAM 数据库中创建了一个新用户。在新用户创建成功后，将返回【新用户】对话框，单击【关闭】按钮，关闭该对话框，然后在【计算机管理】窗口中就可以看到新创建的用户的信息了，如图 4.4 所示。

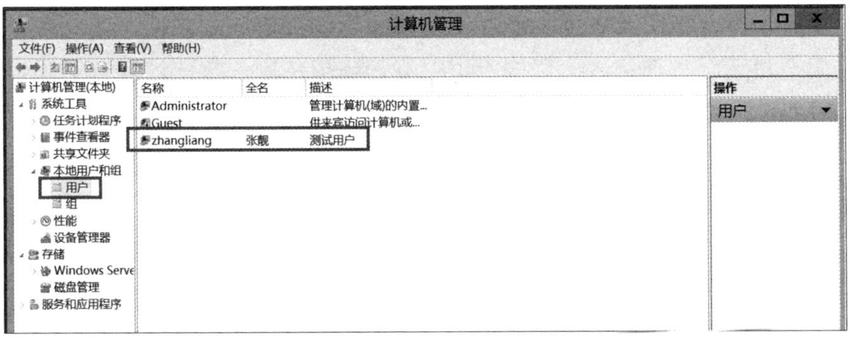

图 4.4　新用户创建成功

2. 设置本地用户的属性

为了满足用户的个性化功能需求，在新用户创建成功后，可以为该用户设置多方面的属性。用户的属性不仅包括用户名和密码等信息，为了方便管理和使用，还包括其他属性，如用户隶属的用户组、用户配置文件、用户的拨入权限、终端用户设置等。设置用户属性的方法是：在图 4.4 所示的【计算机管理】窗口中，右击需要设置属性的用户的名称（如“zhangliang”），在弹出的快捷菜单中选择【属性】命令，打开用户属性对话框，这里是【zhangliang 属性】对话框。

（1）【常规】选项卡：用于设置与账户有关的一些描述信息，包括全名、描述、账户选项等，如图 4.5 所示。管理员可以设置密码选项或禁用账户，如果账户已经被系统锁定，则管理员可以解除锁定。

（2）【隶属于】选项卡：用于设置该账户和组之间的隶属关系，把账户加入合适的本地组，或者将用户账户从组中删除，如图 4.6 所示。

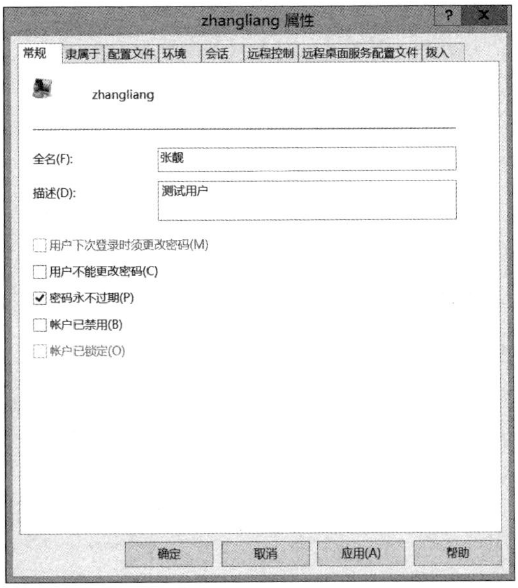

图 4.5　【常规】选项卡

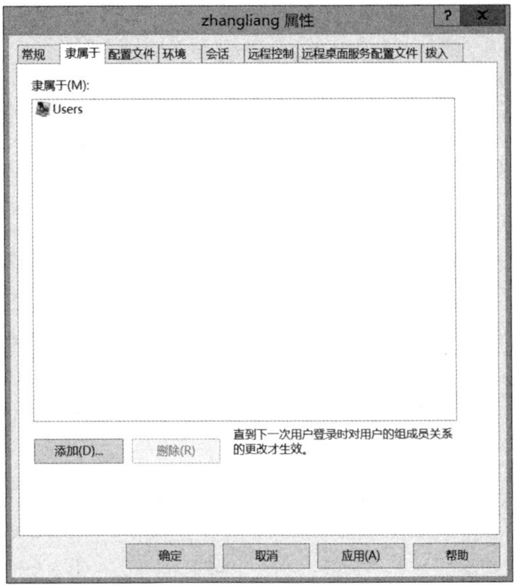

图 4.6　【隶属于】选项卡

（3）【配置文件】选项卡：用于设置用户账户的配置文件路径、登录脚本和主文件夹本地路径等，如图 4.7 所示。用户配置文件是存储当前桌面环境、应用程序设置及个人数据的文件夹和数据的集合，还包括所有登录某台计算机所建立的网络连接。由于用户配置文件提供的桌面环境与用户最近一次登录该计算机所用的桌面环境相同，因此就保持了用户桌面环境及其他设置的一致性。当用户第一次登录某台计算机时，Windows Server 2012 系统自动创建一个用户配置文件并将其保存在该计算机上。本地用户账户的配置文件都保存在本地磁盘%userprofile%文件夹中。

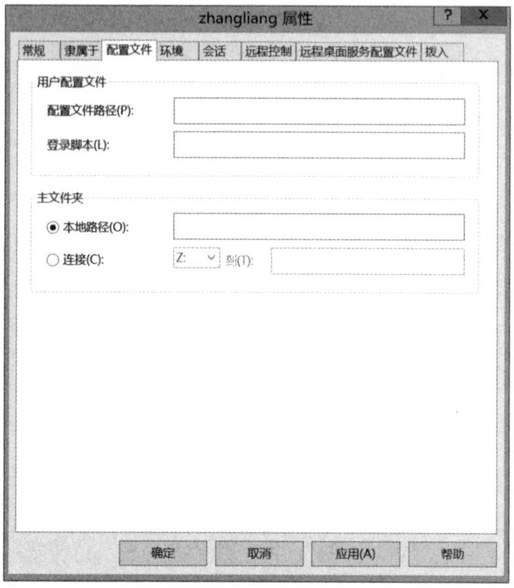

图 4.7 【配置文件】选项卡

3. 更改用户密码

出于安全性的考虑，需要不定期更改用户的密码，以防密码被破解。更改密码的方法有两种：以管理员身份重设用户的密码和用户在使用过程中更改自己的密码。

1）以管理员身份重设用户的密码

具体操作步骤如下所述。

步骤 1：在图 4.4 所示的【计算机管理】窗口中，右击需要重新设置密码的用户的名称（这里是“zhangliang”），在弹出的快捷菜单中选择【设置密码】命令，如图 4.8 所示。

步骤 2：弹出警告信息对话框，单击【继续】按钮，打开【为 zhangliang 设置密码】对话框，在【新密码】和【确认密码】文本框中输入新密码，单击【确定】按钮，在弹出的【本地用户和组】对话框中单击【确定】按钮，如图 4.9 所示。

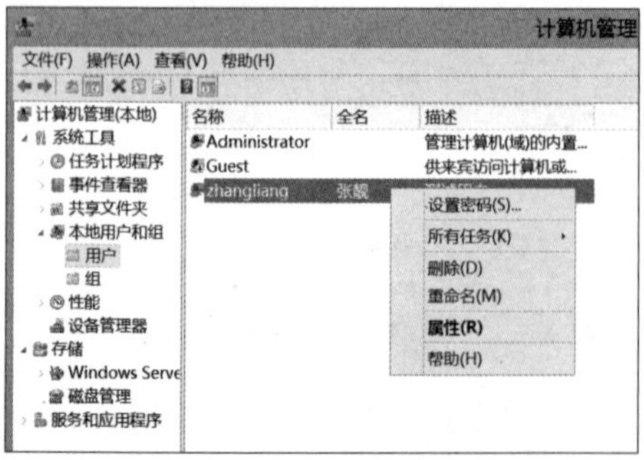

图 4.8 选择【设置密码】命令

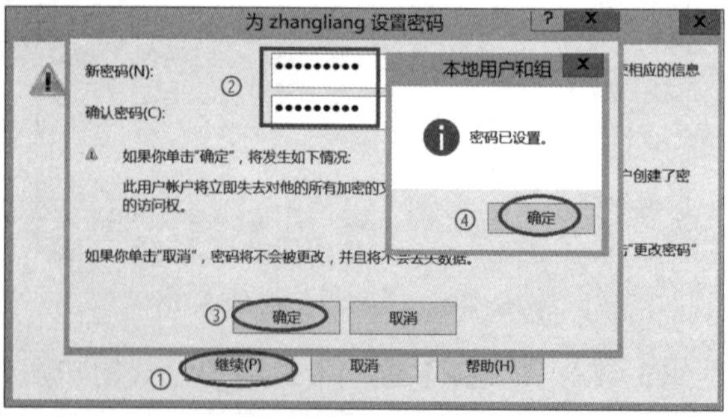

图 4.9 管理员更改密码

2）用户在使用过程中更改自己的密码

具体操作步骤如下所述。

步骤 1：在用户已登录的状态下按 Ctrl+Alt+Delete 组合键，打开如图 4.10 所示的界面，选择【更改密码】命令。

步骤 2：弹出如图 4.11 所示的界面，在【旧密码】文本框中输入原来的用户密码，在【新密码】和【确认密码】文本框中输入新的用户密码，按 Enter 键后，在弹出的界面中单击【确定】按钮。

图 4.10　选择【更改密码】命令

图 4.11　用户自己更改密码

4．禁用、重命名和删除用户

1）禁用用户

当用户的使用者因出差或休假等原因而在较长一段时间内不需要使用该用户时，管理员可以禁用该用户以保证其安全。为此，只要在图 4.5 所示的【常规】选项卡中勾选【账户已禁用】复选框即可，被禁用的用户将无法登录使用。禁用用户只是暂时行为，该用户并没有被删除，如果想重新启用，则只需取消勾选【账户已禁用】复选框即可。重新启用后，用户的属性和权限都保持不变。

2）重命名用户

当一名员工离开公司，由另一名员工接手其工作时，可以将离开员工使用的用户的名称更改为新员工的名字，并重设密码。想要重命名用户，只需在图 4.4 所示的【计算机管理】窗口中右击需要重命名的用户的名称，在弹出的快捷菜单中选择【重命名】命令，该用户的名称便处于可编辑状态，输入新的用户名，然后按 Enter 键或单击其他空白处。

3）删除用户

当一名员工因离职等原因不再需要使用某个用户时，管理员可以删除该用户。在图 4.4 所示的【计算机管理】窗口中，右击待删除的用户的名称，然后在弹出的快捷菜单中选择【删除】命令即可。

4.3.2　任务 4-2 创建与管理本地组

1．创建本地组

打开【计算机管理】窗口，在左窗格中依次展开【系统工具】→【本地用户和组】节点，单击【组】节点，在右窗格中可以查看本地内置的所有组，如图 4.12 所示。

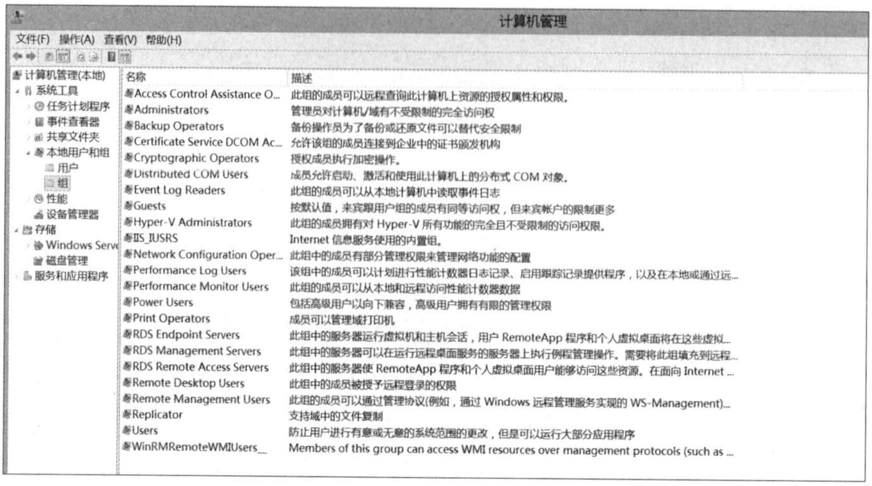

图 4.12　查看本地内置的所有组

在通常情况下，系统默认的用户组已经能够满足需要，但是因为这些组常常不能满足特殊安全和灵活性的需要，所以管理员必须根据需要新增一些组。这些组创建之后，就可以像内置组一样赋予其权限和添加组成员。创建新组的步骤如下所述。

步骤 1：打开【计算机管理】窗口，在左窗格中依次展开【系统工具】→【本地用户和组】节点，右击【组】节点，在弹出的快捷菜单中选择【新建组】命令，如图 4.13 所示。

步骤 2：打开【新建组】对话框，在【组名】文本框中输入组名，在【描述】文本框中输入描述信息，如图 4.14 所示，单击【创建】按钮，组创建成功后，将返回【新建组】对话框，然后单击【关闭】按钮，关闭该对话框，如此反复可创建多个组。

图 4.13　选择【新建组】命令

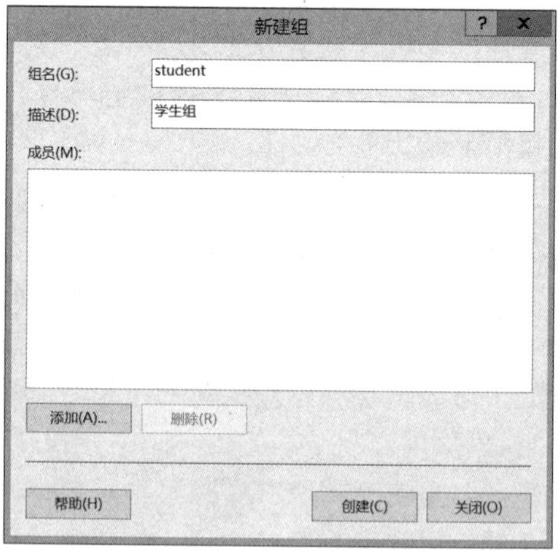

图 4.14　输入组名和描述信息

提示：系统默认只有 Administrators 组内的用户才具有创建、管理用户和组的权限。

2. 添加本地组成员

组的成员可以是用户或其他组。将用户或其他组添加到组中的操作步骤如下所述。

步骤 1：打开【计算机管理】窗口，在左窗格中依次展开【系统工具】→【本地用户和组】节点，单击【组】节点，在右窗格中右击要添加成员的组的名称（如 student），在弹出的快捷菜单中选择【添加到组】命令，如图 4.15 所示。

图 4.15 选择【添加到组】命令

步骤 2：在打开的【student 属性】对话框中单击【添加】按钮，在打开的对话框中单击【高级】按钮，在打开的【选择用户】对话框中单击【立即查找】按钮，在【搜索结果】列表框中选择要添加的用户的名称（如 zhangliang）；如果要选择多个添加的成员，则可以在按住 Ctrl 键的同时选择多个用户的名称，连续单击【确定】按钮；最后返回【student 属性】对话框，可以看到用户 zhangliang 已经被添加到 student 组中了，如图 4.16 所示。

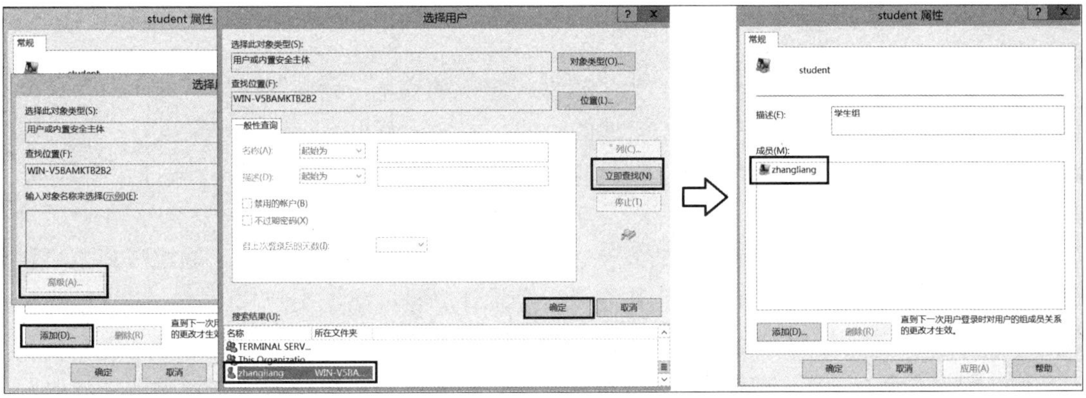

图 4.16 添加本地组成员

3. 移除本地组成员

如果不希望用户具有其所在的某个组拥有的权限，则可以将这个用户从该组中移除。操作步骤是：打开【计算机管理】窗口，在左窗格中依次展开【系统工具】→【本地用户和组】节点，单击【组】节点，在右窗格中右击要移除成员的组的名称（如 student），在弹出的快捷菜单中选择【属性】命令，在打开的【student 属性】对话框中选择要移除的成员（如 zhangliang），如图 4.17 所示，单击【删除】按钮，然后单击【确定】按钮。

4. 删除和重命名本地组

对于不再使用的本地组，可以将其删除。操作步骤是：打开【计算机管理】窗口，在左窗格中依次展开【系统工具】→【本地用户和组】节点，单击【组】节点，在右窗格中右击要删除的组的名称（如 student），在弹出的快捷菜单中选择【删除】命令，在弹出的警告对话框中单击【是】按钮即可。重命名本地组的操作步骤和删除本地组的操作步骤类似，只需要在弹出的快捷菜单中选择【重命名】命令即可，如图 4.18 所示。

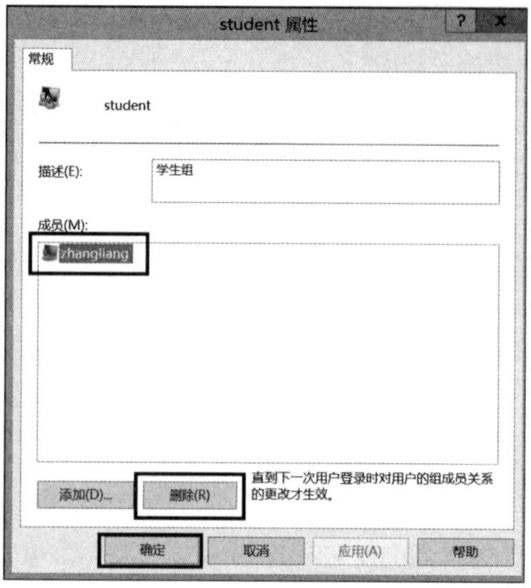

图 4.17　移除本地组成员

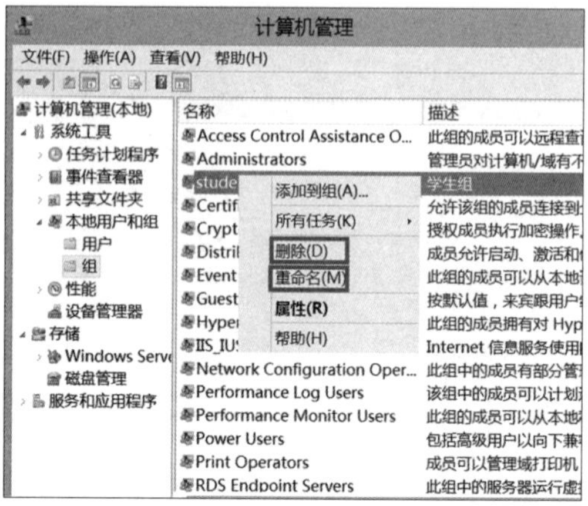

图 4.18　【删除】和【重命名】命令

注意：管理员只能删除新增的组，不能删除系统内置组，当管理员删除系统内置组时，系统将拒绝执行删除操作。

4.3.3　任务 4-3 设置本地安全策略

在 Windows Server 2012 系统中，为了确保计算机的安全，允许管理员对本地安全进行设置，从而达到提高系统安全性的目的。本地计算机是指用户登录执行 Windows Server 2012 系统的计算机，在没有活动目录集中管理的情况下，本地管理员必须对计算机进行设置以确保其安全。系统管理员可以通过本地安全策略确保执行 Windows Server 2012 系统的计算机的安全，例如限制用户如何设置密码、通过账户策略设置账户安全性、通过锁定账户策略避免其他用户登录计算机、指派用户权限等。将这些安全设置分组管理，就组成了 Windows Server 2012 系统的本地安全策略。

Windows Server 2012 系统提供了【本地安全策略】窗口，可以集中管理本地计算机的安全设置原则。以 Administrator 身份登录 Windows Server 2012 系统，在传统桌面的左下角单击【服务器管理器】图标，打开【服务器管理器】窗口，选择【工具】菜单中的【本地安全策略】命令，即可打开【本地安全策略】窗口，如图 4.19 所示。

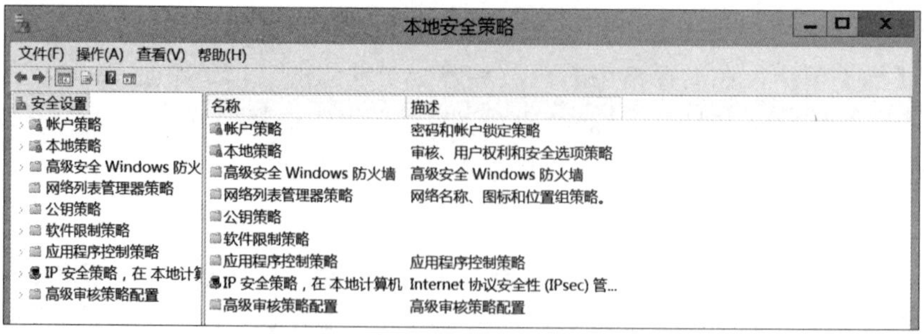

图 4.19　【本地安全策略】窗口

1. 密码策略

用户密码是保证计算机安全的第一道屏障，是计算机安全的基础。如果没有为用户账户

（特别是管理员账户）设置密码，或者设置的密码非常简单，则计算机将很容易被非授权用户登录，进而访问计算机资源或更改系统配置。目前，互联网上的很多攻击都是由密码设置过于简单或根本没有设置密码造成的。因此，应该设置合适的密码和密码设置原则，从而保证系统的安全。

Windows Server 2012 系统的密码策略主要包括 4 项：密码必须符合复杂性要求、密码长度最小值、密码最长使用期限和强制密码历史，如图 4.20 所示。

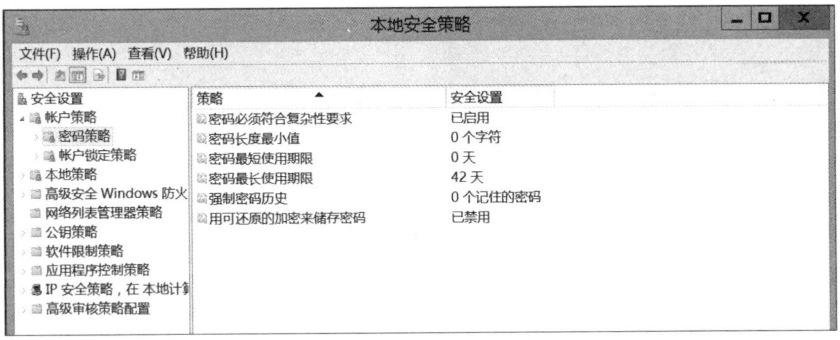

图 4.20　密码策略

1）密码必须符合复杂性要求

对于工作组环境的 Windows 系统，默认密码没有设置复杂性要求，用户可以使用空密码或简单密码，如“123”和“abc”等，这样黑客很容易通过一些扫描工具得到系统管理员的密码。但是对于域环境的 Windows Server 2012 系统，默认启用了密码复杂性要求。要使本地计算机启用密码复杂性要求，只要在【本地安全策略】窗口的左窗格中选择【账户策略】节点下的【密码策略】节点，双击右窗格中的【密码必须符合复杂性要求】，在弹出的【密码必须符合复杂性要求 属性】对话框的【本地安全设置】选项卡中，选中【已启用】单选按钮即可，如图 4.21 所示。在启用密码复杂性要求后，则所有用户设置的密码必须包含字母、数字和标点符号等才能符合要求。例如，密码“ab%&3D59”符合要求，而密码“abcdef”则不符合要求。

2）密码长度最小值

默认密码长度最小值为 0 个字符，如图 4.22 所示。在设置密码复杂性要求之前，系统允许用户不设置密码。但为了系统的安全，最好设置密码长度最小值为 6 个或更多的字符。

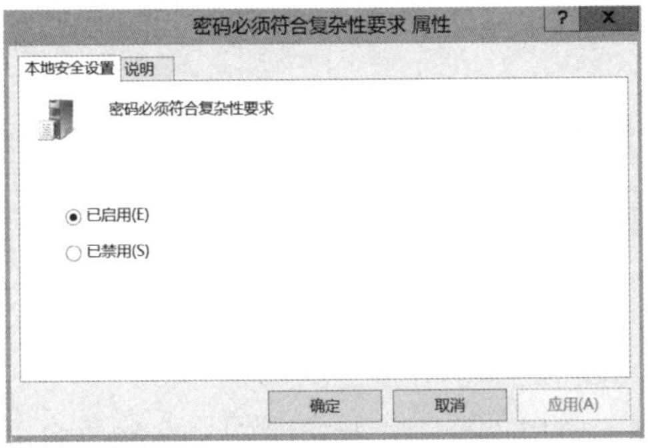

图 4.21　密码必须符合复杂性要求

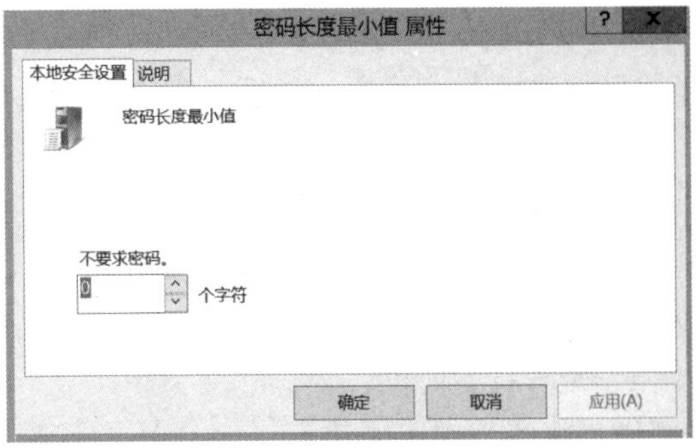

图 4.22　密码长度最小值

3）密码最长使用期限

默认密码最长使用期限为 42 天，如图 4.23 所示，即用户账户的密码必须在 42 天之后修改，也就是说，密码在 42 天之后会过期。默认密码最短使用期限为 0 天，即用户账户的密码可以立即修改。

4）强制密码历史

默认强制密码历史为 0 个。如果将“保留密码历史”设置为“3”个记住的密码，如图 4.24 所示，则系统会记住最后 3 个用户设置过的密码，当用户修改密码时，如果为最后 3 个密码之一，则系统将拒绝用户的要求，这样可以防止用户重复使用相同字符来组成密码。

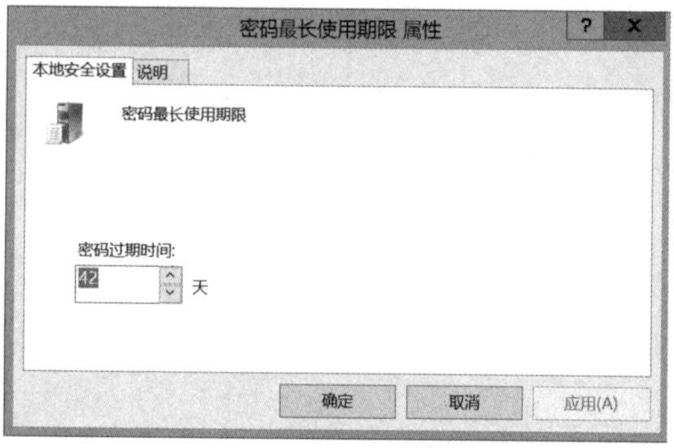

图 4.23　密码最长使用期限

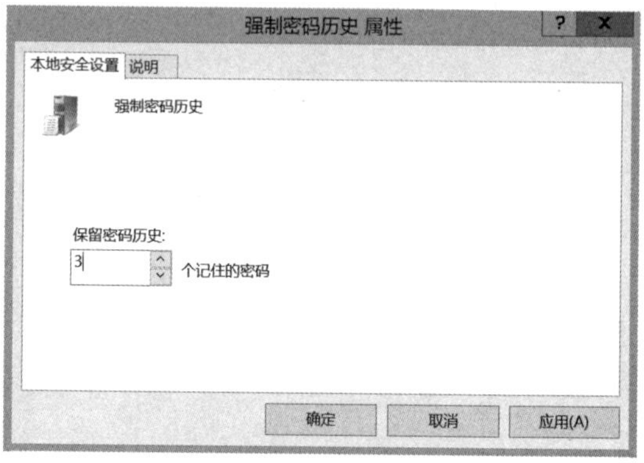

图 4.24　强制密码历史

2．账户锁定策略

在默认情况下，Windows Server 2012 系统没有对账户锁定策略进行设置，此时，对黑客的攻击没有任何抵抗。这样，黑客可以通过自动登录工具和密码猜解字典进行攻击，甚至可以进行暴力模式的攻击。因此，为了保证系统的安全，最好设置账户锁定策略。账户锁定策略包括账户锁定时间、账户锁定阈值和重置账户锁定计数器，如图 4.25 所示。

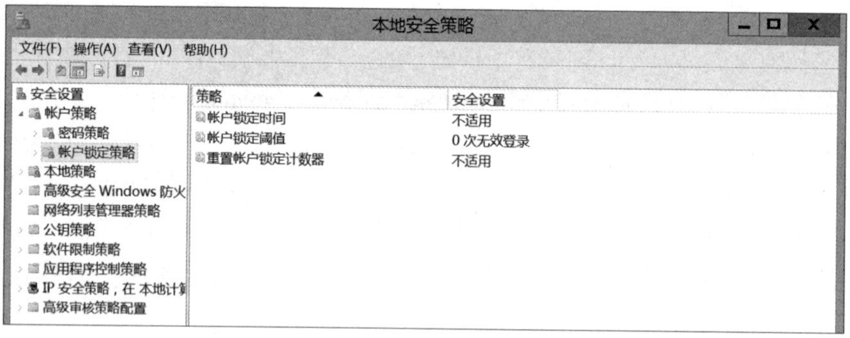

图 4.25　账户锁定策略

1）账户锁定阈值

默认账户锁定阈值为 0 次无效登录，可以设置为 5 次或更多的次数以确保系统安全，如图 4.26 所示。

2）账户锁定时间

如果将账户锁定阈值设置为 0 次无效登录，则不可以设置账户锁定时间。在修改账户锁定阈值后，可以将账户锁定时间设置为 30 分钟，如图 4.27 所示，表示当账户被系统锁定后，在 30 分钟之后会自动解锁。这个值的设置可以延迟用户使用该账户继续尝试登录系统。如果将账户锁定时间设置为 0 分钟，则表示账户将被自动锁定，直到系统管理员解除锁定。

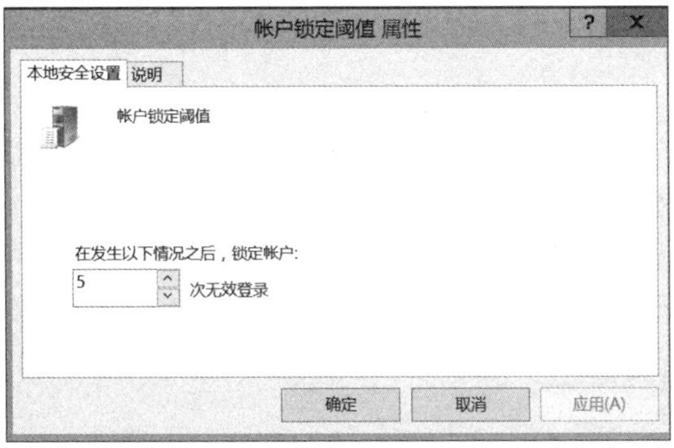

图 4.26 账户锁定阈值

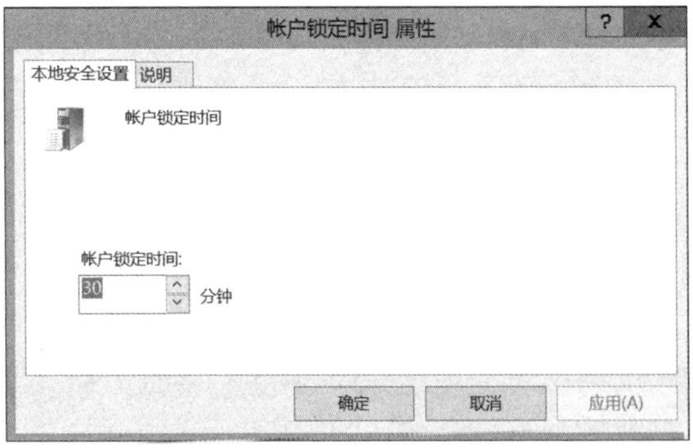

图 4.27 账户锁定时间

3）重置账户锁定计数器

重置账户锁定计数器用于设置在登录尝试失败计数器被复位为 0（0 次失败登录尝试）之前，尝试登录失败之后所需的分钟数，有效范围为 1～99999 分钟。如果设置了账户锁定阈值，则该重置时间必须小于或等于账户锁定时间，如图 4.28 所示。

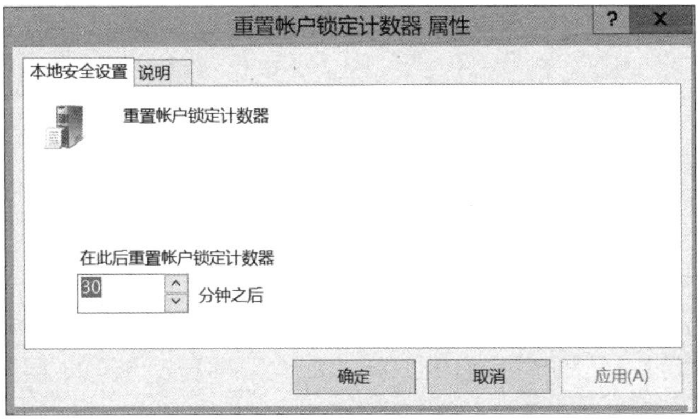

图 4.28 重置账户锁定计数器

3. 用户权限分配

在 Windows Server 2012 系统中，将计算机管理的各项任务设置为默认的权限，如允许在本地登录系统、更改系统时间、关闭系统等。系统管理员在新增用户账户和组账户后，如果需要指派这些账户管理计算机的某项任务，则可以将这些账户加入内置组，但这种方式不够灵活。系统管理员可以单独为用户或组指派权限，这种方式提供了更好的灵活性。

用户权限的分配在【本地安全策略】窗口的【本地策略】节点下设置，如图 4.29 所示。下面举几个例子来说明如何配置用户权限。

1）从网络访问此计算机

在【本地安全策略】窗口的左窗格中选择【本地策略】节点下的【用户权限分配】节点，双击右窗格中的【从网络访问此计算机】，打开【从网络访问此计算机 属性】对话框，如图 4.30 所示。“从网络访问此计算机”设置决定哪些用户及组可以通过网络连接到该计算机，默认为 Administrators、Backup Operators、Everyone 和 Users 组。由于 Everyone 组允许通过网络连接到此计算机，因此网络中的所有用户默认都可以访问这台计算机。从安全角度考虑，建议将 Everyone 组删除，这样，当网络中的用户访问这台计算机时，系统就会提示输入用户名和密码，而不是直接连接并访问此计算机。

图 4.29 用户权限分配

图 4.30 从网络访问此计算机

与“从网络访问此计算机”设置相反的设置是“拒绝从网络访问这台计算机”，默认用户或组为空。该安全设置决定哪些用户被明确禁止通过网络访问计算机。如果某个用户同时符合“拒绝从网络访问这台计算机”设置和“从网络访问此计算机”设置，则禁止访问优先于允许访问。

2）允许本地登录

在【本地安全策略】窗口的左窗格中选择【本地策略】节点下的【用户权限分配】节点，双击右窗格中的【允许本地登录】，打开【允许本地登录 属性】对话框，如图 4.31 所示。“允许本地登录”设置决定哪些用户可以交互式地登录此计算机，默认为 Administrators、Backup Operators 和 Users 组。

另一个安全设置是“拒绝本地登录”，默认用户或组为空。同样地，如果某个用户同时符合“允许本地登录”设置和“拒绝本地登录”设置，则该用户将无法在本地登录计算机。

3）关闭系统

在【本地安全策略】窗口的左窗格中选择【本地策略】节点下的【用户权限分配】节点，双击右窗格中的【关闭系统】，打开【关闭系统 属性】对话框，如图 4.32 所示。“关闭系统”设置决定哪些在本地登录计算机的用户可以关闭操作系统，默认为 Administrators 和 Backup Operators 组。

默认 Users 组的用户可以在本地登录计算机，但是在“关闭系统”成员列表中没有 Users 组，所以 Users 组的用户能在本地登录计算机，但是登录后无法关闭计算机。这样可以避免因为拥有普通权限的用户误操作导致关闭计算机而影响关键业务系统的正常运行。例如，属于 Users 组的 user1 用户在本地登录系统，当用户执行【开始】菜单中的【关机】命令时，只能使用【注销】功能，而不能使用【关机】和【重新启动】等功能，也不能通过执行“shutdown.exe”命令来关闭计算机。

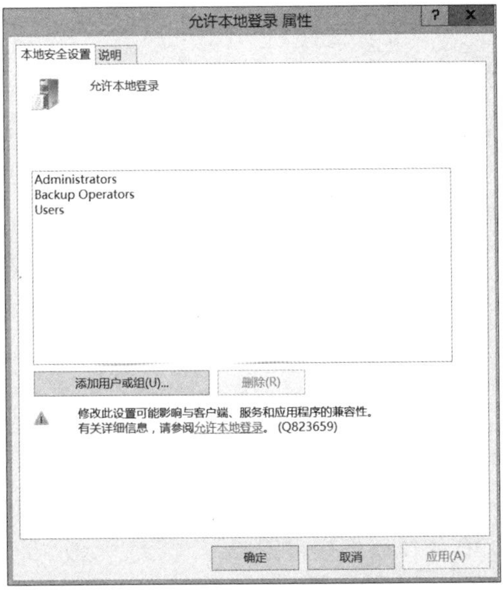

图 4.31 允许本地登录

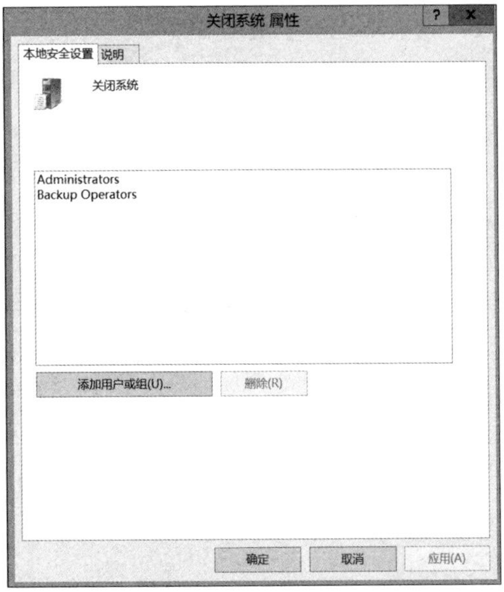

图 4.32 关闭系统

4.4 项目实训 4 用户与组的管理

【实训目的】

创建和管理本地用户和本地组；设置本地安全策略。

【实训环境】

每人 1 台 Windows Server 2012 虚拟机，VMware Workstation 16 及以上版本的虚拟机软件，虚拟机网卡连接至 VMnet8 虚拟交换机。

【实训内容】

1. 创建和管理本地用户

（1）在服务器端创建 YY1、YY2、YY3 和 YY4 这 4 个用户，其中，要求 YY1 用户在第一次登录时更改密码。（其中 YY 为自己姓名的首字母。）

（2）注销用户，以 YY1 用户登录并修改其密码。

（3）再次注销用户，以 Administrator 用户登录。

（4）YY2 用户的使用者忘记了用户密码，为 YY2 用户重设用户密码。

（5）YY3 用户的使用者由于个人原因休假一段时间，请禁用 YY3 用户。

（6）注销当前用户，以 YY3 用户登录，测试 YY3 用户是否能成功登录。如果不能登录，则请列出提示结果。

（7）YY4 用户的使用者辞职离开了公司，请删除 YY4 用户。

2. 创建和管理本地组

（1）创建组名为 Z 的本地组。（其中 Z 为自己姓名的全拼。）

（2）把 YY1 用户加入 Z 组。

（3）把 YY2 用户加入内置组 Administrators。

3．设置本地安全策略

（1）创建密码策略：启用密码复杂性要求、设置密码长度最小值为 8 个字符等。

（2）设置账户锁定策略：设置账户锁定阈值为 8 次无效登录、账户锁定时间为 1 小时。

（3）为 YY2 用户设置登录后无法关闭系统。

4.5 项目习题

一、填空题

1．Windows Server 2012 系统支持两种用户账户，分别是________________和域用户账户。

2．当创建本地用户账户时，Windows Server 2012 系统仅在计算机位于%systemroot%\system32\config 文件夹下的_______________数据库中创建该账户。

3．Windows Server 2012 系统的内置用户账户中的_______________具有管理本台计算机的所有权利，能执行本台计算机的所有工作，拥有最高的使用资源权限。

4．_________________不仅是多个用户账户、计算机账户、联系人和其他组的集合，也是操作系统实现其安全管理机制的重要技术手段。

5．Windows Server 2012 系统在创建用户时默认密码的最长使用期限为________________。

二、单选题

1．在工作组中，默认每台 Windows 计算机的（　　）能够在本地计算机的 SAM 数据库中创建并管理本地用户。

A．Guest 用户　　B．Guest 组　　C．普通用户　　D．Administrator 用户

2．基于 Windows 系统的网络有工作组和域两种，下列关于工作组的叙述中正确的是（　　）。

A．工作组中的计算机的数量不宜太少

B．工作组中的每台计算机都在本地存储账户

C．工作组中的操作系统必须一样

D．本计算机的用户可以到其他计算机上登录

3．下列对 Windows Server 2012 系统中用户名的描述正确的是（　　）。

A．用户名最长可以达到 25 个字符　　B．用户名可以与组名相同

C．用户名不能包含“<”字符　　D．用户名只能包含字母和数字

4．关于账户删除的描述正确的是（　　）。

A．Administrator 用户不可以被删除

B．普通用户可以被删除

C．对于被删除的用户，可以建立同名用户，并具有原来用户的权限

D．删除用户只能通过系统备份来恢复

5．计算机的管理员有禁用用户的权限，当某个用户的使用者在一段时间内未使用该用户时，管理员可以禁用该用户。下列关于禁用用户的叙述正确的是（　　）。

A．如果重新启用用户，则用户的属性和权限都会改变

B．普通用户可以被禁用

C．Administrator 用户不可以被禁用

D．被禁用的用户过一段时间会自动启用

6．下列关于组的叙述正确的是（　　）。

A．组中的所有成员一定具有相同的网络访问权限

B．组只是为了简化系统管理员的管理，与访问权限没有任何关系

C．创建组后才可以创建该组中的用户

D．组的权限会自动应用于组内的每个用户

7．Windows Server 2012 系统中的内置组不包括（　　）。

A．Administrators 组　　B．Everybody 组

C．IIS_IUSRS 组　　D．Users 组

8．一个用户可以加入（　　）个组。

A．1　　B．2　　C．3　　D．多

三、问答题

1．简述工作组的特点。

2．组具有哪些特征？

3．工作组和组有什么区别？

项目 5

文件系统的管理

学习目标

共享经济——共享在网络生活中非常普遍，从文字、图片到视频、软件，共享行为无处不在。随着社交网络的日益成熟，当前共享内容已不再局限于虚拟资源，而是扩展到房子、车等消费实体，形成了新一代的商业模式——共享经济。共享经济是指以获得一定报酬为主要目的，基于陌生人且存在物品使用权暂时转移的一种新的经济模式，其本质是整合线下的闲散物品、劳动力、教育和医疗资源等，各自以不同的方式付出和受益，共同获得经济红利。这种共享更多的是通过互联网作为媒介来实现的。共享经济通过所有权与使用权的相对分离，强调供给侧与需求侧的弹性匹配和精准高效，促进消费使用与生产服务的深度融合。共享经济既是充分体现以人为本和可持续发展的新型经济形态，也是崇尚最佳体验与物尽其用的现代消费观和发展观。

知识目标

- 了解 FAT 文件系统的概念和优缺点
- 熟悉 NTFS 文件系统的概念和优缺点、NTFS 权限的类型、NTFS 权限的应用规则
- 掌握创建与管理共享文件夹的方法、在 NTFS 分区上压缩和加密数据的方法、设置卷影副本的方法

能力目标

- 具备创建与管理共享文件夹的能力
- 具备在 NTFS 分区上压缩和加密数据的能力
- 具备设置卷影副本的能力

素养目标

- 使学生树立“五大发展理念”
- 培养学生的网络安全意识

5.1 项目背景

成都航院近期建设了校园内部的局域网络，覆盖了学校的各个二级学院和行政部门，涉及几百台计算机。由于学校没有架设专用的文件服务器，因此学校的各种信息数据管理非常不方便，经常出现文件访问权限设置不当与文件误删除、需要数据的共享与加密、无关文件占用服务器的存储空间等问题。

如果想解决上述问题，就需要利用 Windows Server 2012 系统的文件系统来安全、有效地管理学校的各种信息数据。通过搭建文件服务器，可以共享网络中的文件资源，将分散的网络资源逻辑地整合到一台计算机中，简化访问者的访问过程。

5.2 项目知识

5.2.1 FAT 文件系统

文件和文件夹是计算机系统组织数据的基本单位。Windows Server 2012 系统提供了强大的文件管理功能，用户可以十分方便地在计算机或网络上处理、使用、组织、共享和保护文件及文件夹。文件系统就是操作系统用于明确存储设备（常见的是磁盘，也有基于 NAND Flash 的固态硬盘）或分区上的文件的方法和数据结构，即在存储设备上组织文件的方法。操作系统中负责管理和存储文件信息的软件机构称为文件管理系统，简称“文件系统”。例如，生活中常用的 U 盘作为一种存储设备，在初始状态下，如果不设置分区并且格式化，U 盘作为一个存储设备是无法直接存储各种资源（如图片、文档、音频、视频等资源）的。究其原因，是因为设备缺少了对文件进行管理的方式，文件系统就是用来提供文件管理方式的。

和 Windows Server 2003 系统不同的是，运行 Windows Server 2012 系统的计算机的磁盘分区只能使用 NTFS 文件系统。下面将对 FAT（包括 FAT16 和 FAT32）和 NTFS 这两类常用的文件系统进行比较，以便读者能够更加了解 NTFS 文件系统的诸多优点和特性。

1. FAT 文件系统简介

FAT（File Allocation Table，文件分配表）包括 FAT16 和 FAT32 两种。FAT 是一种适合小卷集、对系统安全性要求不高、需要双重引导的用户使用的文件系统。

在推出 FAT32 文件系统之前，通常 PC 使用的文件系统是 FAT16，如 MS-DOS、Windows 95 等系统。FAT16 文件系统支持的最大分区是 2^{16}（即 65 536）个簇，每簇为 64 个扇区，每个扇区为 512B，所以 FAT16 文件系统支持的最大分区为 2.147GB。FAT16 文件系统最大的缺点就是簇的大小是和分区有关的，这样当外存中存放较多小文件时，会浪费大量的空间。FAT32 文件系统是 FAT16 文件系统的派生文件系统，支持大到 2TB（2048GB）的磁盘分区，它使用的簇会比 FAT16 文件系统小，从而有效地节约了磁盘空间。

FAT 文件系统是一种最初用于小型磁盘和简单文件夹结构的简单文件系统，它向后兼容，最大的优点是适用于所有的 Windows 系统。另外，FAT 文件系统在容量较小的卷上使用比较好，这是因为 FAT 文件系统启动只使用非常少的开销。

2. FAT 文件系统的优缺点

FAT 文件系统的优点主要是所占容量与计算机的开销很少、支持各种操作系统、在多种操作系统之间可移植。这虽然便于 FAT 文件系统传送数据，但是也带来了较大的安全隐患：从一台计算机上拆下 FAT 格式的硬盘，几乎可以把它装到任何其他计算机上，而不需要任何专用软件即可直接读写。

FAT 文件系统的缺点有以下几个方面。

- 容易受损害：由于缺少恢复技术，易受损害，每当 FAT 文件系统损坏时，计算机就会瘫痪或不正常关机，因此需要经常使用磁盘一致性检查软件。
- 单用户：FAT 文件系统是为类似于 MS-DOS 的单用户操作系统开发的，它不保存文件的权限信息。因此，除隐藏、只读之类的少数几个公共属性以外，无法实施任何安全防护措施。
- 非最佳更新策略：FAT 文件系统在磁盘的第一个扇区中保存其目录信息，当文件改变时，FAT 文件系统必须随之更新，这样磁盘驱动器就要不断地在磁盘表中寻找，当复制多个小文件时，这种开销就变得很大。
- 没有防止碎片的最佳措施：FAT 文件系统只是简单地以第一个可用扇区为基础来分配空间，这会增加碎片，因而也就加长了增加与删除文件的访问时间。
- 文件名的长度受限：FAT 文件系统限制文件名不能超过 8 个字符，扩展名不能超过 3 个字符，这样短的文件名通常不足以用来提供有意义的文件名。

Windows 系统在很大程度上依赖于文件系统的安全性来实现自身的安全性。没有文件系统的安全防范，就没办法阻止其他用户不适当地删除文件或访问某些敏感信息。从根本上来说，没有文件系统的安全，操作系统就没有安全保障。因此，对于安全性要求较高的用户，FAT 文件系统就不太合适了。

5.2.2 NTFS 文件系统

1. NTFS 文件系统简介

NTFS（New Technology File System）是 Windows Server 2012 系统使用的高性能文件系统，它支持许多新的文件安全、存储和容错功能，这些功能也正是 FAT 文件系统所缺少的。

NTFS 是从 Windows NT 系统开始使用的文件系统，它是一个特别为网络和磁盘配额、文件加密等管理安全特性设计的磁盘格式。NTFS 文件系统包括文件服务器和高端个人计算机所需的安全特性，它还支持对于关键数据完整性十分重要的数据访问控制和私有权限。除可以赋予计算机中的共享文件夹特定权限以外，NTFS 文件系统中的文件和文件夹无论共享与否都可以被赋予权限，NTFS 是唯一允许为单个文件指定权限的文件系统。但是，当用户从 NTFS 卷移动或复制文件到 FAT 卷时，NTFS 文件系统的权限和其他特有属性都将会丢失。

NTFS 文件系统设计简单但功能强大，从本质上讲，卷中的一切都是文件，文件中的一切都是属性，从数据属性到安全属性，再到文件名属性，NTFS 卷中的每个扇区都分配给了某个文件，甚至文件系统的元数据（描述文件系统自身的信息）也是文件的一部分。

2. NTFS 文件系统的优点

NTFS 是 Windows Server 2012 系统默认使用的文件系统，它不仅具有 FAT 文件系统的所有基本功能，还具有 FAT 文件系统所没有的优点。

NTFS 文件系统的优点主要有以下几个方面：

- 更安全的文件保障，提供文件加密，能够大大提高信息的安全性。
- 更好的磁盘压缩功能。
- 支持最大容量为 2TB 的大硬盘，并且随着磁盘容量的增大，NTFS 文件系统的性能不会像 FAT 文件系统那样随之降低。
- 可以赋予单个文件和文件夹权限：对同一个文件或文件夹为不同用户可以指定不同的权限，在 NTFS 文件系统中，可以为单个用户设置权限。
- NTFS 文件系统中设计的恢复能力，无须用户在 NTFS 卷中运行磁盘修复程序。在系统崩溃事件中，NTFS 文件系统使用日志文件和复查点信息自动恢复文件系统，使其保持一致性。
- NTFS 文件夹的 B-Tree 结构使得用户在访问较大文件夹中的文件时，速度甚至比访问卷中较小文件夹中的文件还快。
- 可以在 NTFS 卷中压缩单个文件和文件夹：NTFS 文件系统的压缩机制可以让用户直接读写压缩文件，而不需要使用解压缩软件将这些文件解压缩。
- 支持活动目录和域：该特性可以帮助用户方便、灵活地查看和控制网络资源。
- 支持稀疏文件：稀疏文件是应用程序生成的一种特殊文件，文件尺寸非常大，但实际上只需要很少的磁盘空间。也就是说，NTFS 文件系统只需要给这种文件实际写入的数据分配磁盘存储空间。
- 支持磁盘配额：磁盘配额可以管理和控制每个用户所能使用的最大磁盘空间。

注意：Windows Server 2012 系统在安装过程中会检测现有的文件系统格式，如果是 NTFS，则继续进行安装；如果是 FAT，则会将其转换为 NTFS。可以使用 convert.exe 命令把 FAT 分区转换为 NTFS 分区。

5.2.3 NTFS 权限

网络中最重要的是安全，安全中最重要的是权限。在网络中，网络管理员首先面对的是权限，日常解决的问题是权限问题，最终出现漏洞还是由于权限设置。权限不仅决定着用户可以访问的数据和资源，也决定着用户享受的服务，更甚者，权限决定着用户拥有什么样的桌面。理解 NTFS 权限，对于如何高效和安全地在 Windows Server 2012 系统中管理数据来说是非常重要的。

对于 NTFS 磁盘分区上的每个文件和文件夹，NTFS 文件系统都存储一个远程访问控制列表（Access Control List，ACL）。ACL 中包含那些被授权访问该文件或文件夹的所有用户账户、组和计算机，包含它们被授予的访问类型。为了让用户访问某个文件或文件夹，针对用户账户、组或该用户所属的计算机，ACL 中必须包含一个相对应的元素，这样的元素叫作访问控制元素（ACE）。为了让用户能够访问文件或文件夹，访问控制元素必须具有用户所请求的控制类型。如果 ACL 中没有相应的访问控制元素存在，则 Windows Server 2012 系统就会拒绝该用户访问相应的资源。

1. NTFS 权限的类型

通过设置文件和文件夹的 NTFS 权限，可以限制用户对数据的访问。NTFS 权限就是为用户或用户组提供的管理权限，用来保护文件和文件夹资源。NTFS 权限可以分为 NTFS 文件夹权限和 NTFS 文件权限。

（1）NTFS 文件夹权限：可以通过授予文件夹权限来控制对文件夹和包含在这些文件夹中的文件与子文件夹的访问。表 5.1 所示为标准 NTFS 文件夹权限和各个权限允许的访问类型。

表 5.1　标准 NTFS 文件夹权限和各个权限允许的访问类型

标准 NTFS 文件夹权限	权限允许的访问类型
完全控制	拥有所有权限
修改	删除文件夹，执行由“写入”权限和“读取和执行”权限进行的动作
读取和执行	遍历文件夹，执行由“读取”权限和“列出文件夹内容”权限进行的动作
列出文件夹内容	查看文件夹中的文件和子文件夹的名称
读取	查看文件夹中的文件和子文件夹，查看文件夹属性、拥有人和权限
写入	在文件夹内创建新文件和子文件夹，修改文件夹属性，查看文件夹的拥有人和权限
特殊权限	其他不常用的权限，如“删除”权限

（2）NTFS 文件权限：可以通过授予文件权限来控制对文件的访问。表 5.2 所示为标准 NTFS 文件权限和各个权限允许的访问类型。

表 5.2　标准 NTFS 文件权限和各个权限允许的访问类型

标准 NTFS 文件权限	权限允许的访问类型
完全控制	拥有所有权限
修改	删除文件，执行由“写入”权限和“读取和执行”权限进行的动作
读取和执行	运行应用程序，执行由“读取”权限进行的动作
读取	读文件，查看文件属性、拥有人和权限
写入	覆盖写入文件，修改文件属性，查看文件的拥有人和权限
特殊权限	其他不常用的权限，如“删除”权限

注意：无论用什么权限保护文件，被准许对文件夹进行“完全控制”的组或用户都可以删除该文件夹内的任何文件。尽管“列出文件夹内容”和“读取和执行”权限看起来有相同的特殊权限，但这些权限在继承时却有所不同。“列出文件夹内容”权限可以被文件夹继承而不能被文件继承，并且它只在查看文件夹权限时才会显示。“读取和执行”权限可以被文件和文件夹继承，并且在查看文件和文件夹权限时始终出现。在默认情况下，Windows Server 2012 系统会赋予每个用户对 NTFS 文件和文件夹的完全控制权限。

2. NTFS 权限的应用规则

NTFS 权限可以实现高度的本地安全性，通过对用户赋予 NTFS 权限，可以有效地控制用户对文件和文件夹的访问，NTFS 是通过 ACL 来记录每个用户和组对该资源的访问权限的。如果将针对某个文件或文件夹的权限授予了个别用户，又授予了某个组，而该用户是该组的一个成员，则该用户就对同样的资源有了多个权限。NTFS 文件系统组合多个权限的一些规则和优先权如下所述。

- 权限是累加的：一个用户对某个资源的有效权限是授予这个用户的 NTFS 权限与授予该用户所属组的 NTFS 权限的组合。例如，如果用户 Zhangliang 对 cdavtc 文件夹拥有“读取”权限，同时用户 Zhangliang 是 Student 组的成员，而 Student 组对 cdavtc 文件夹拥有“写入”权限，则用户 Zhangliang 对 cdavtc 文件夹就拥有“读取”和“写入”两种权限。
- 文件权限超越文件夹权限：NTFS 文件权限超越 NTFS 文件夹权限。例如，某个用户对某个文件拥有“修改”权限，那么即使该用户对包含该文件的文件夹只拥有“读取”权限，但仍然能够修改该文件。

- 权限的继承：新建的文件或文件夹会自动继承上一级目录或驱动器的 NTFS 权限，但是从上一级继续下来的权限是不能直接修改的，只能在此基础上添加其他权限。当然这并不是绝对的，只要拥有足够的权限，如系统管理员，也可以修改这个继承下来的权限，或者让文件不再继承上一级目录或驱动器的 NTFS 权限。
- “拒绝”权限超越其他权限：可以拒绝某个用户或组对特定文件或文件夹的访问，为此，将“拒绝”权限授予该用户或组即可。这样，即使某个用户作为某个组的成员具有访问该文件或文件夹的权限，但是因为将“拒绝”权限授予该用户，所以该用户具有的任何其他权限也被阻止了。因此，对于权限的累加规则来说，“拒绝”权限是一个例外，应该避免使用“拒绝”权限，因为允许用户和组进行某种访问，比明确拒绝它们进行某种访问更容易做到。应该巧妙地构造和组织文件夹中的资源，使用各种各样的“允许”权限来满足需求，从而避免使用“拒绝”权限。例如，用户 Zhangliang 同时属于 Student 组和 Teacher 组，cdavtc1 和 cdavtc2 文件是 cdavtc 文件夹下的两个文件。其中，用户 Zhangliang 拥有对 cdavtc 文件夹的“读取”权限，Student 组拥有对 cdavtc 文件夹的“读取”和“写入”权限，Teacher 组则被禁止对 cdavtc2 文件进行“写”操作。由于使用了“拒绝”权限，用户 Zhangliang 拥有对 cdavtc 文件夹和 cdavtc1 文件的“读取”和“写入”权限，但对 cdavtc2 文件只拥有“读取”权限。

提示：用户不具有某种访问权限和明确地拒绝用户的访问权限，这二者之间是有区别的。“拒绝”权限是通过在 ACL 中添加一个针对特定文件或文件夹的拒绝元素而实现的。这就意味着，管理员还有另一种拒绝访问的手段，而不只是不允许某个用户访问文件或文件夹。

- 移动和复制操作对权限的影响：在 NTFS 分区内、分区间复制文件夹或在 NTFS 分区间移动文件夹时，文件或文件夹将继承目标文件夹的权限。如果在同一个 NTFS 分区内移动文件或文件夹，则权限将被保留；如果将文件或文件夹复制或者移动到 FAT 分区内，则被复制或者移动的文件或文件夹的所有权限信息将丢失。

5.3 项目实施

5.3.1 任务 5-1 创建与管理共享文件夹

计算机网络最主要的基本功能就是共享资源，可以通过共享文件夹将文件资源共享给网络上的其他用户，使用户能够通过网络远程访问到该资源。共享文件夹是网络资源共享的一种主要方式，也是其他一些资源共享方式的基础。为了满足网络访问的目标，必须对共享资源进行相应的管理与设置。

1. 创建共享文件夹

步骤 1：以 Administrator 身份登录系统，双击计算机系统桌面上的【计算机】图标，打开【计算机】窗口，在左窗格中选择磁盘，在右窗格中找到需要设置共享的文件夹（如“成都航院”文件夹）并右击，在弹出的快捷菜单中选择【属性】命令，如图 5.1 所示。

步骤 2：在打开的【成都航院 属性】对话框中选择【共享】选项卡，如图 5.2 所示，单击【共享】按钮。

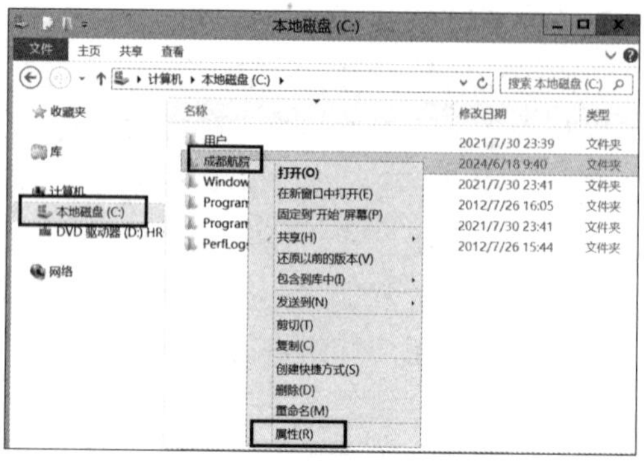

图 5.1　选择共享文件夹

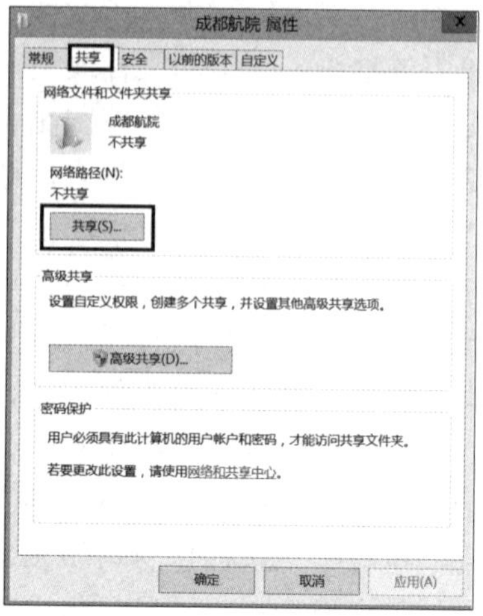

图 5.2　【成都航院 属性】对话框

步骤 3：打开【文件共享】对话框，单击【添加】按钮左侧的下拉按钮，在弹出的下拉列表中选择需要访问共享资源的用户或组的名称（如“张靓”），如图 5.3 所示，单击【添加】按钮。

步骤 4：在用户列表框内单击用户名或组名所在行，在弹出的菜单中选择相应的共享权限，如图 5.4 所示，重复以上过程添加其他用户或组并设置其共享权限，设置完成后单击【共享】按钮。

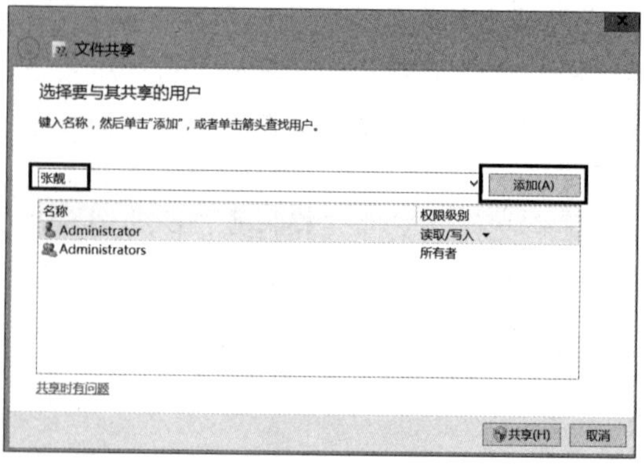

图 5.3　添加用户

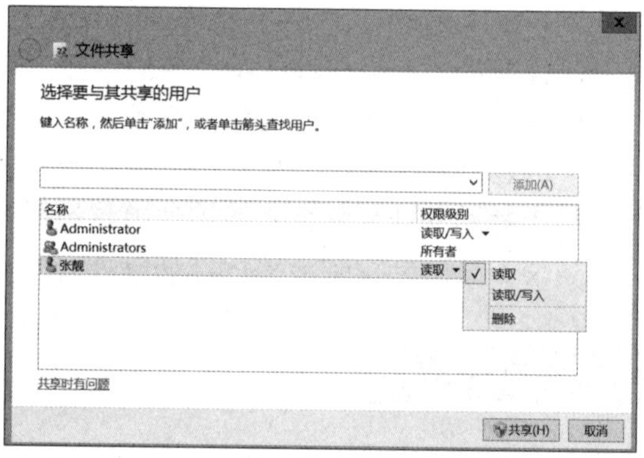

图 5.4　选择共享权限

步骤 5：进入【你的文件夹已共享】界面，如图 5.5 所示，单击【完成】按钮。

步骤 6：系统返回【成都航院 属性】对话框的【共享】选项卡，单击【高级共享】按钮，弹出【高级共享】对话框。在此，可以通过【添加】按钮为同一个文件夹设置多个不同的共享名、同时共享的用户数量；可以通过【权限】按钮对共享权限进行修改；可以通过【缓存】按钮对缓存脱机文件的启用进行设置，如图 5.6 所示，设置完成后，单击【确定】按钮。

步骤 7：系统返回【成都航院 属性】对话框，选择【安全】选项卡后，可以对共享文件夹设置更为精细的 NTFS 权限，如图 5.7 所示。

步骤 8：如果要取消共享文件夹的共享，则可以右击该文件夹，在弹出的快捷菜单内选择【共享】子菜单中的【停止共享】命令，如图 5.8 所示，在打开的【文件共享】对话框中，单击【停止共享】选项。

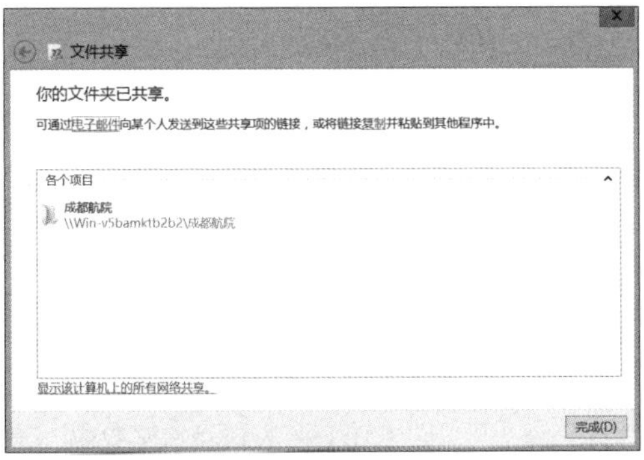

图 5.5　【你的文件夹已共享】界面

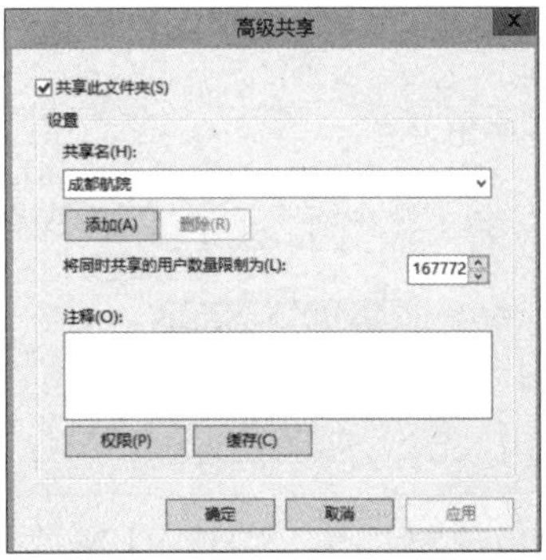

图 5.6　【高级共享】对话框

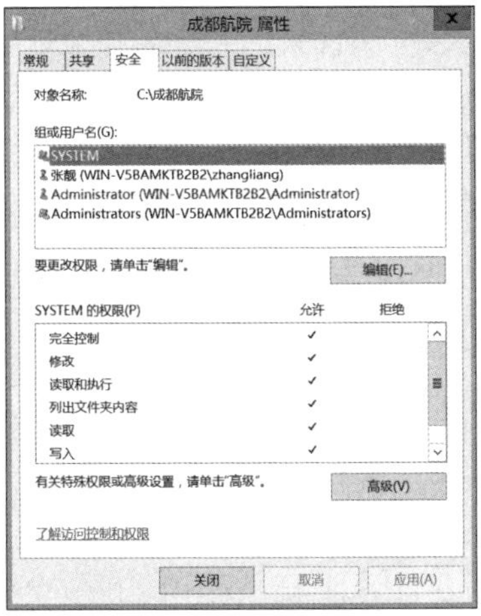

图 5.7　【安全】选项卡

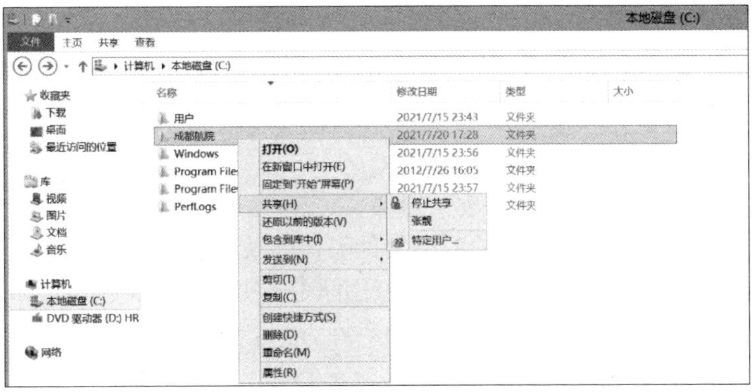

图 5.8　选择【共享】子菜单中的【停止共享】命令

2. 访问共享文件夹

在完成共享文件夹的创建后，就可以在客户机上通过网络来对共享资源进行访问。常用的访问方式有 3 种：通过 UNC 路径访问、通过【网络】窗口访问、通过映射网络驱动器访问。

1）通过 UNC 路径访问

UNC（Universal Naming Convention，通用命名规则）路径是访问共享文件夹最有效的方法。UNC 路径格式为“\\计算机名或 IP 地址\共享名”。例如，IP 地址为 192.168.38.1 的计算机中共享名为“成都航院”的文件夹，用 UNC 路径表示就是“\\192.168.38.1\成都航院”。可输入 UNC 路径的地方主要有以下几处：

① 打开客户机的【运行】对话框，在【打开】文本框中输入 UNC 路径，如图 5.9 所示，单击【确定】按钮。在弹出的【Windows 安全中心】对话框中输入用户名和密码，如图 5.10 所示，单击【确定】按钮后便可访问共享文件夹“成都航院”。

② 在客户机浏览器的地址栏中。

③ 在客户机资源管理器的地址栏中。

注意：在图 5.10 所示的【Windows 安全中心】对话框中输入的用户名和密码是存放共享文件夹的计算机的，而非客户机的。

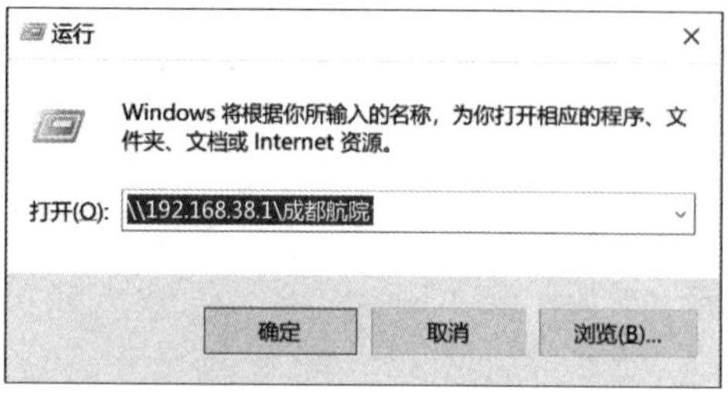

图 5.9　输入 UNC 路径

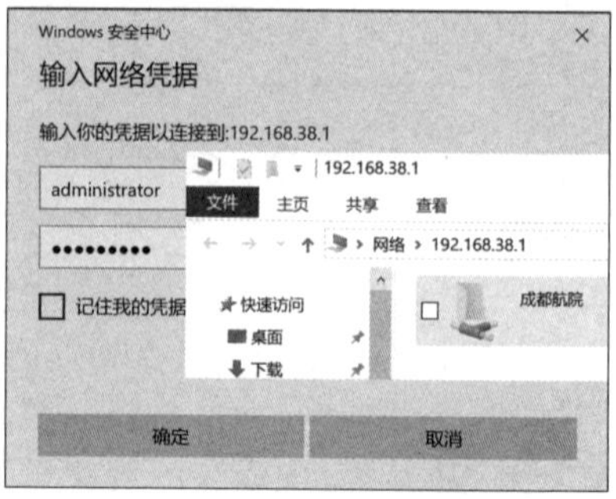

图 5.10　输入用户名和密码

2）通过【网络】窗口访问

虽然通过 UNC 路径访问共享文件夹最有效，但是在不知道共享文件夹的共享名和地址的情况下，这种方法就无法采用了。此时，通过【网络】窗口访问共享文件夹是一种很好的选择，客户机（以 Windows 10 系统为例）访问服务器中共享文件夹的步骤是：在客户机系统桌面上双击【网络】图标，在打开的【网络】窗口的左窗格中单击【网络】图标，在右窗格中可以看到与本机处于相同网段的其他计算机的名称，找到要访问的计算机的名称并双击，便可访问共享文件夹了。

3）通过映射网络驱动器访问

对于经常要访问的共享文件夹，可以通过映射网络驱动器快速访问。“映射网络驱动器”的意思是将网络中其他计算机上的某个共享文件夹映射成本地驱动器号，这样，使用其他计算机的资源就像使用本地资源一样方便。在客户机上设置映射网络驱动器的步骤如下所述。

步骤 1：在客户机上通过前面的方法找到目标计算机上的共享文件夹，右击该共享文件夹，在弹出的快捷菜单中选择【映射网络驱动器】命令，如图 5.11 所示。

步骤 2：在打开的【映射网络驱动器】对话框的【驱动器】下拉列表中选择驱动器盘符选项（如“Z:”），如图 5.12 所示，单击【完成】按钮。

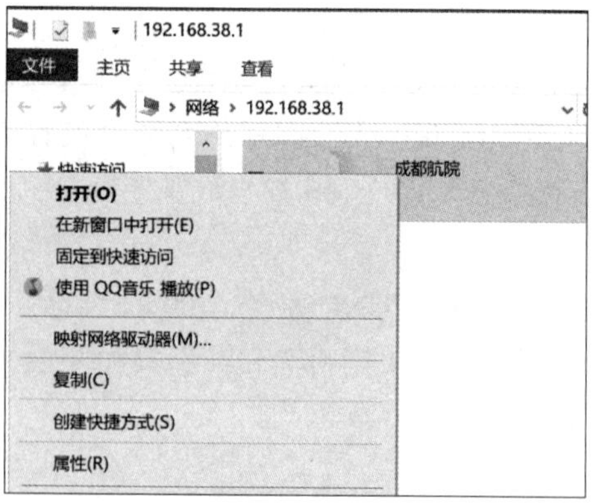

图 5.11　选择【映射网络驱动器】命令

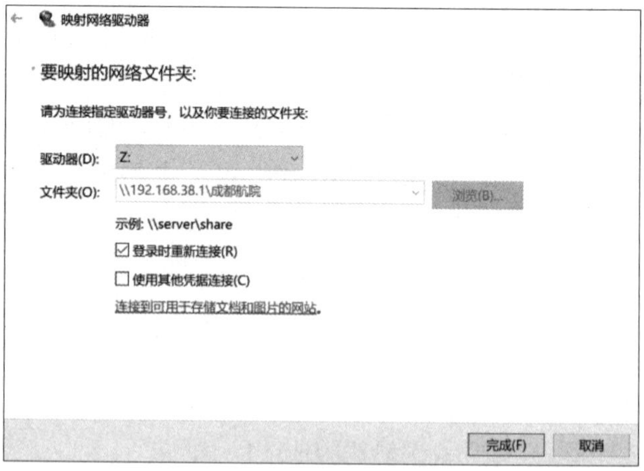

图 5.12　选择驱动器盘符

步骤 3：设置成功后，映射网络驱动器就在客户机的【计算机】窗口中生成一个新的盘符图标，单击该盘符图标（如“Z:”），便可访问对应的共享文件夹。如果想删除映射网络驱动器，则右击其盘符图标，在弹出的快捷菜单中选择【断开连接】命令即可，如图 5.13 所示。

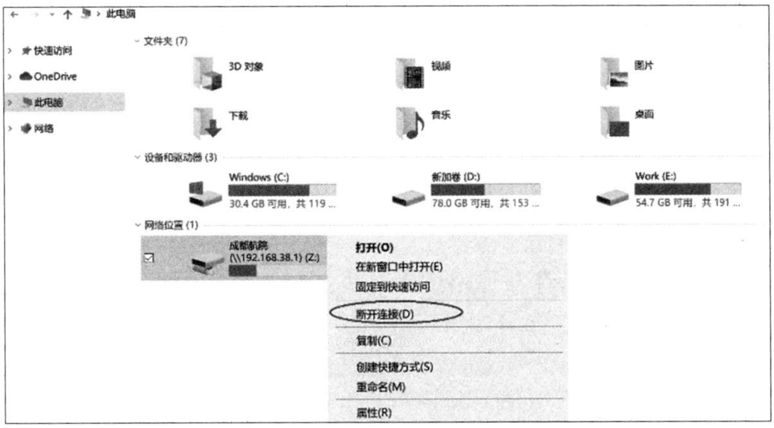

图 5.13　选择【断开连接】命令

3. 监控管理共享文件夹

系统管理员可以对服务器中的所有共享文件夹（包括系统自动共享的特殊资源）进行一系列监控管理。

1）管理共享

打开【计算机管理】窗口，在左窗格中依次展开【系统工具】→【共享文件夹】节点，单击【共享】节点，在右窗格中不仅可以看到本地计算机上所有的共享资源，还可以完成以下管理事项。

① 新建共享文件夹：在左窗格中依次展开【系统工具】→【共享文件夹】节点，右击【共享】节点，在弹出的快捷菜单中选择【新建共享】命令，如图 5.14 所示，根据向导提示完成新建共享文件夹的操作。

② 停止共享：右击共享文件夹，在弹出的快捷菜单中选择【所有任务】子菜单中的【停止共享】命令（见图 5.14）。

③ 设置共享资源的访问权限和同时连接的用户数量：右击共享文件夹，在弹出的快捷菜单中选择【属性】命令，在打开的【成都航院 属性】对话框中，可以通过【共享权限】和【安全】选项卡设置共享文件夹的访问权限，可以通过【常规】选项卡设置连接的用户数量，如图 5.15 所示。

图 5.14　管理共享

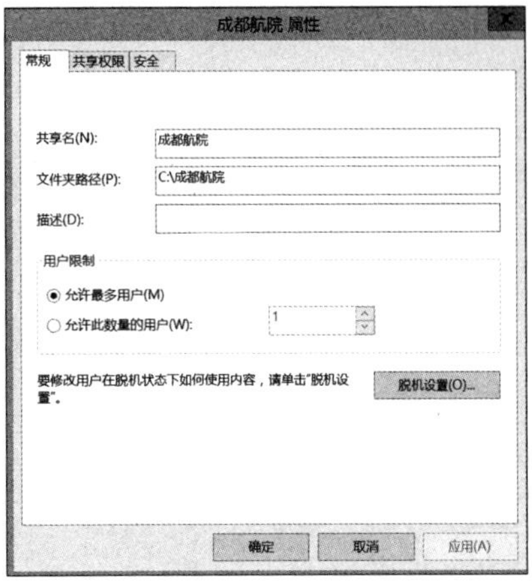

图 5.15　【成都航院 属性】对话框

2）管理会话

打开【计算机管理】窗口，在左窗格中展开【系统工具】节点下的【共享文件夹】节点，单击【会话】节点，在右窗格中可以查看有哪些客户机连接到本地计算机上，包括连接的用户、计算机、操作系统的类型、打开文件的数量、连接时间、空闲时间等。管理员可右击用户名，在弹出的快捷菜单中选择【关闭会话】命令来终止该会话连接，如图 5.16 所示。

3）管理打开的文件

打开【计算机管理】窗口，在左窗格中展开【系统工具】节点下的【共享文件夹】节点，单击【打开的文件】节点，在右窗格中可以查看有哪些文件正在被访问，以及访问者的用户名和打开模式（如读取、写入等）。管理员可右击被访问的文件的名称，在弹出的快捷菜单中选择【将打开的文件关闭】命令来中断被用户打开的文件，如图 5.17 所示。

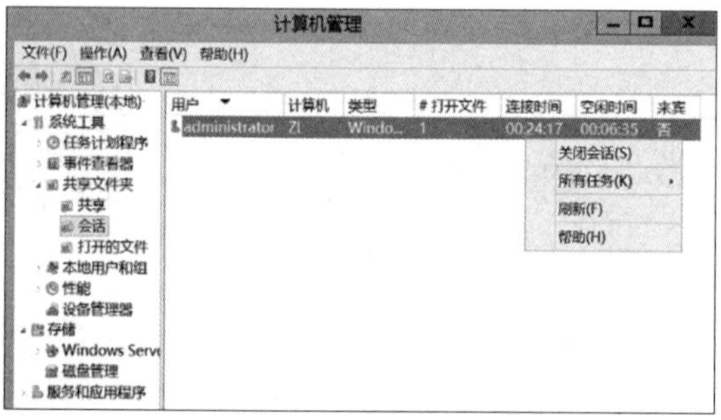

图 5.16　管理会话

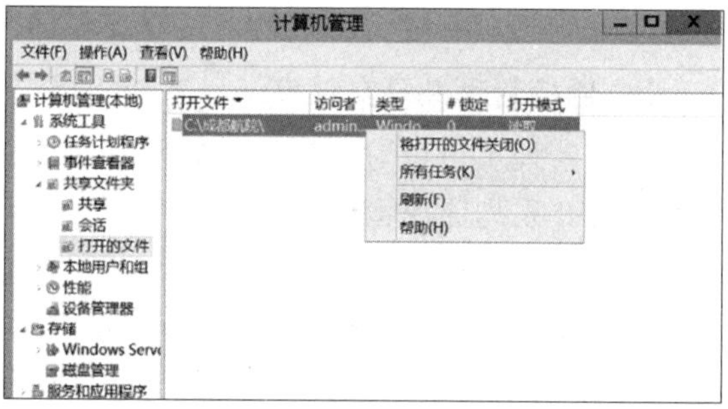

图 5.17　管理打开的文件

4．隐藏共享文件夹

有时出于安全方面的考虑，某些共享文件夹不希望被其他用户看到。这时，可以通过设置隐藏共享文件夹来达到目的。被隐藏的共享文件夹本质上仍然是被共享、可访问的，区别在于通过网络浏览时看不到它。

1）创建隐藏共享文件夹

隐藏共享文件夹的创建分为系统创建和用户创建两种类型。为了实现一些特殊的网络管理功能，Windows 系统安装后，会自动生成一些隐藏的共享资源。

查看本机所有共享资源的步骤是：打开【计算机管理】窗口，在左窗格中展开【系统工具】节点下的【共享文件夹】节点，单击【共享】节点，此时，在右窗格中便会显示所有的共享资源，而“ADMIN$”、“C$”和“IPC$”文件夹便是由系统自动创建的隐藏共享文件夹，如图 5.18 所示。

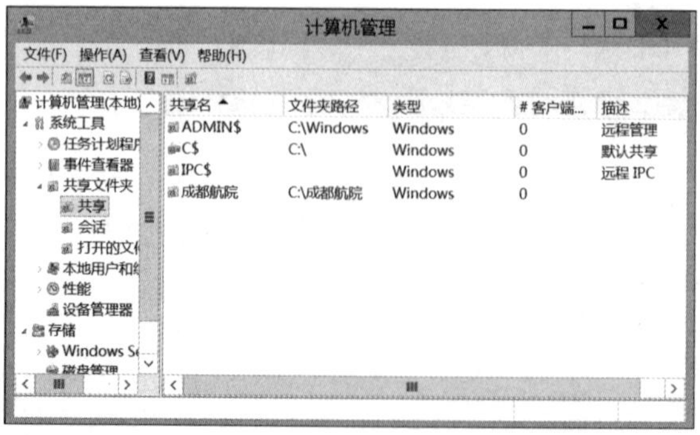

图 5.18　系统自动创建的隐藏共享文件夹

其中，“ADMIN$”表示共享 Windows Server 2012 系统的安装文件夹（如“C:\Windows”）；“C$”表示共享本机 C 盘分区；“IPC$”表示共享命名管道的资源，利用它就可以与目标主机建立一个连接，并远程进行日常的管理和维护。

用户要创建自己的隐藏共享文件夹，只需要在【高级共享】对话框中设置共享文件夹的共享名时，在共享名的后面加一个“$”符号即可，如图 5.19 所示。

2）访问隐藏共享文件夹

在网络中浏览时是看不到隐藏共享文件夹的，这时，可以利用 UNC 路径或映射网络驱动器来访问隐藏共享文件夹。例如，在客户机的【运行】对话框的【打开】文本框中，输入隐藏共享文件夹的 UNC 路径，如图 5.20 所示，单击【确定】按钮。

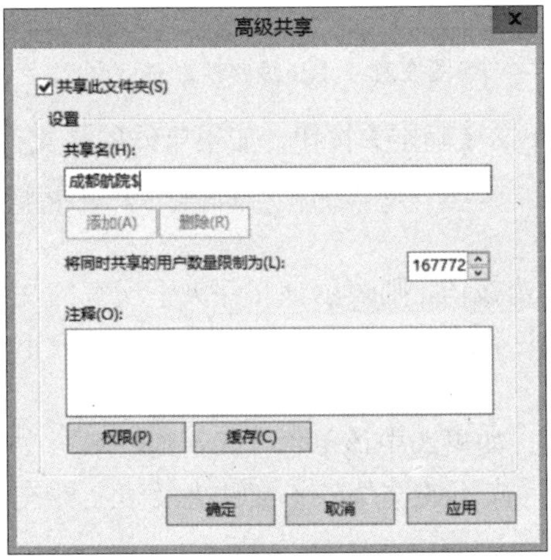

图 5.19　创建隐藏共享文件夹

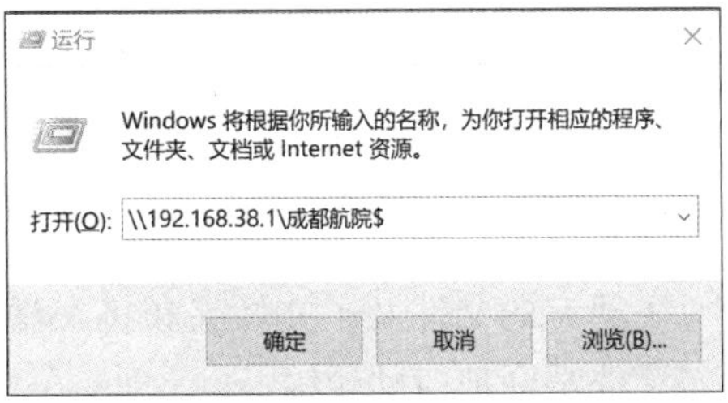

图 5.20　输入隐藏共享文件夹的 UNC 路径

5.3.2　任务 5-2 在 NTFS 分区中压缩与加密数据

对于格式化成 NTFS 分区（卷）的磁盘，系统提供了对磁盘中存储的文件和文件夹进行压缩与加密的功能，以此来提高磁盘的使用效率和安全性。

1．数据压缩

NTFS 文件系统中的文件和文件夹都具有压缩性，NTFS 压缩可以节约磁盘空间，这样，当服务器的磁盘空间不足时，可以在保留现有文件的情况下增加部分可用空间。当用户或应用程序要读写压缩文件时，系统会对文件自动进行解压缩和压缩。

用户可以针对单个文件、文件夹或整个磁盘进行压缩，操作步骤如下所述。

步骤 1：找到要压缩的文件或文件夹（本例为“成都航院”文件夹）并右击，在弹出的快捷菜单中选择【属性】命令，打开【成都航院 属性】对话框，选择【常规】选项卡，如图 5.21 所示，可以看到当前文件夹的大小和占用空间均为 278MB，单击【高级】按钮。

步骤 2：在打开的【高级属性】对话框中，勾选【压缩内容以便节省磁盘空间】复选框，如图 5.22 所示，单击【确定】按钮。

图 5.21　压缩前文件夹占用的空间

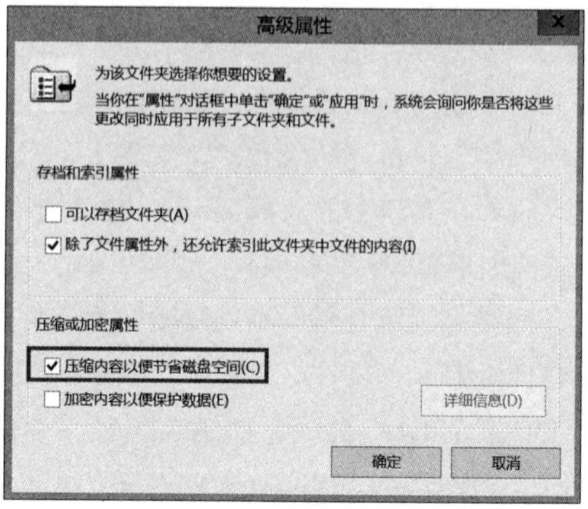

图 5.22　【高级属性】对话框

步骤 3：系统返回【成都航院　属性】对话框，单击【确定】按钮，如果压缩的是文件夹，则会打开【确认属性更改】对话框，如图 5.23 所示，选择一种压缩应用范围，单击【确定】按钮。

- 【仅将更改应用于此文件夹】：如果选中该单选按钮，则表示该文件夹下现有的文件及子文件夹不被压缩，但是以后添加到该文件夹下的文件、子文件夹及子文件夹下的文件都将被自动压缩。
- 【将更改应用于此文件夹、子文件夹和文件】：如果选中该单选按钮，则表示该文件夹下现有的文件及子文件夹和将来添加到该文件夹下的文件、子文件夹及子文件夹下的文件都会被自动压缩。

步骤 4：压缩后文件夹占用的空间如图 5.24 所示，可以很明显地看到，经过 NTFS 文件系统压缩后，文件夹占用的空间由原来的 278MB 变为现在的 59.4MB，也就是压缩前后文件的数量和内容不变，但占用空间的大小在压缩后会变小，这样就大大节约了存储空间。

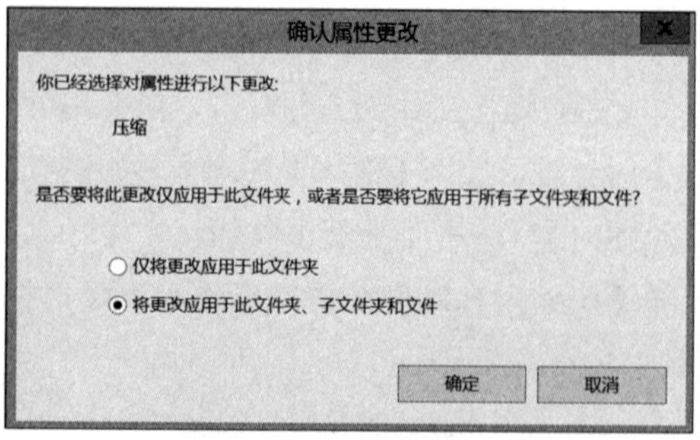

图 5.23　【确认属性更改】对话框 1

图 5.24　压缩后文件夹占用的空间

提示：①系统默认会以蓝色显示压缩后的磁盘、文件夹和文件。②在同一个 NTFS 分区内移动文件或文件夹，文件或文件夹的压缩属性保持不变，其他情况的复制和移动文件或文件夹都将继承目标文件夹的属性。将压缩后的文件或文件夹复制或移动到 FAT 分区中，压缩属性将丢失。③NTFS 压缩对于使用者（用户或应用程序）来说是透明的，即当使用者访问一个使用 NTFS 文件系统压缩过的文件时，看不到解压缩的过程。每当对压缩后的文件或文件夹进行访问时，系统在后台自动解压缩数据。当访问结束后，系统又会自动压缩数据。

2．数据加密

只有 NTFS 分区内的文件或文件夹才能被加密。Windows Server 2012 系统内置的加密文件系统（Encrypting File System，EFS）提供对文件或文件夹的加密功能。对文件或文件夹进行加密的操作步骤如下所述。

步骤 1：以“张靓”用户登录服务器，创建一个文件夹（如“C:\加密文件”文件夹）和文件（如“C:\加密文件\加密.txt”文件），右击创建的文件夹，在弹出的快捷菜单中选择【属性】属性，打开【加密文件 属性】对话框，选择【常规】选项卡，单击【高级】按钮，在打开的【高级属性】对话框中，勾选【加密内容以便保护数据】复选框，如图 5.25 所示，单击【确定】按钮。

步骤 2：系统返回【加密文件 属性】对话框，单击【确定】按钮，打开【确认属性更改】对话框，如图 5.26 所示，选择加密应用范围，单击【确定】按钮，系统开始应用加密属性。

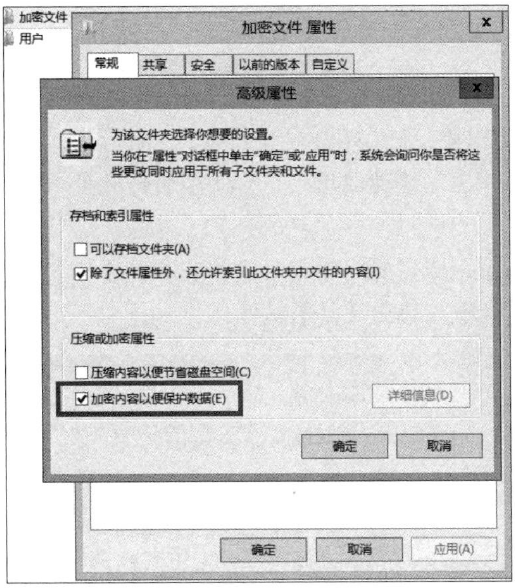

图 5.25 勾选【加密内容以便保护数据】复选框

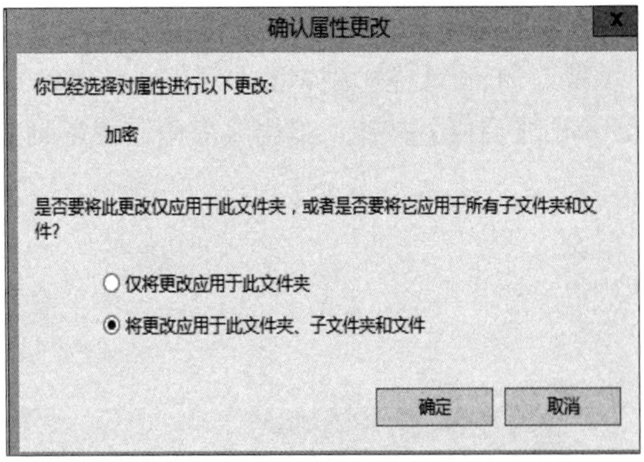

图 5.26 【确认属性更改】对话框 2

步骤 3：注销当前“张靓”用户，以管理员身份登录系统，在文件资源管理器中找到加密后的文件（如“C:\加密文件\加密.txt”文件）并双击，系统会显示【拒绝访问】提示框。

提示：①系统默认会以绿色显示加密后的磁盘、文件夹和文件。②要取消磁盘、文件夹和文件的加密，只要在图 5.25 所示的【高级属性】对话框中取消勾选【加密内容以便保护数据】复选框即可。

加密后的文件或文件夹具有以下特性：

- 用户对文件或文件夹进行加密后，不必手动解密已加密的文件就可以正常打开和更改该文件，而其他没有授权的用户则无法访问。

- 如果将非加密的文件移动到加密后的文件夹中，则这些文件将在新文件夹中自动加密。然而反向操作并不能自动解密文件。
- 如果将加密后的文件或文件夹复制或移动到非 NTFS 分区中，则该文件或文件夹将被自动解密。
- 利用 EFS 加密后的文件在网络上传输时是以解密的状态进行的，因此 EFS 加密只是数据的存储加密，而非数据的传输加密。
- 数据加密和数据压缩不能对同一个文件或文件夹同时进行，只能选择其一。

5.3.3 任务 5-3 创建与设置卷影副本

共享文件夹的卷影副本提供位于共享资源（如文件服务器）上的实时文件副本。通过使用共享文件夹的卷影副本，用户可以查看在过去某个时刻存在的共享文件和文件夹。访问文件的以前版本或卷影副本非常有用，原因有以下几点：

- 恢复被意外删除的文件。如果意外地删除了某个文件，则可以打开该文件的前一个版本，然后将其复制到安全的位置。
- 恢复被意外覆盖的文件。如果意外覆盖了某个文件，则可以恢复到该文件的前一个版本。
- 在处理文件的同时对文件的版本进行比较。当希望检查一个文件的两个版本之间发生的更改时，可以使用该文件以前的版本。

创建与设置卷影副本的具体操作步骤如下所述。

步骤 1：以 Administrator 身份登录 Windows Server 2012 系统，按 Win 键切换到【开始】界面，单击【管理工具】图标，在弹出的【管理工具】窗口中双击【计算机管理】选项，打开【计算机管理】窗口，在左窗格中右击【共享文件夹】节点，在弹出的快捷菜单中选择【所有任务】子菜单中的【配置卷影副本】命令，如图 5.27 所示。

步骤 2：打开【卷影副本】对话框，如图 5.28 所示，选择要启用卷影副本的驱动器（本例选择 C:\），单击【启用】按钮，弹出【启用卷影复制】对话框，单击【是】按钮。

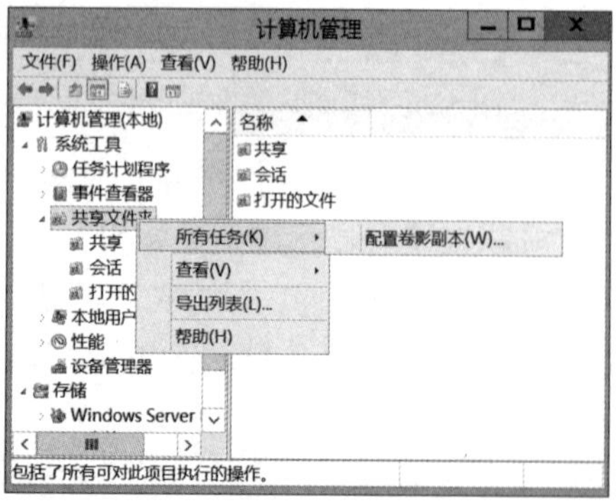

图 5.27 选择【所有任务】子菜单中的【配置卷影副本】命令

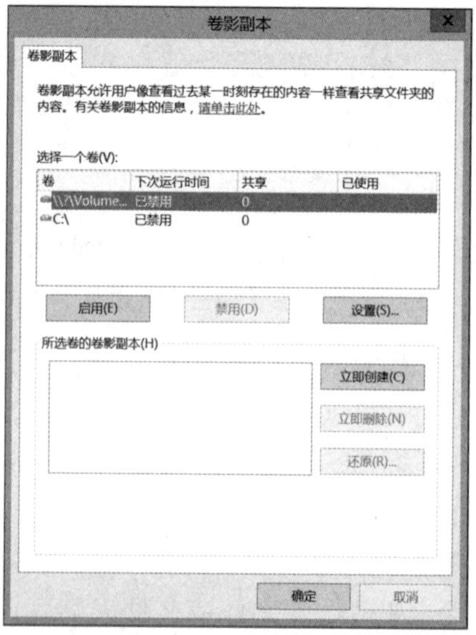

图 5.28 【卷影副本】对话框

步骤 3：此时系统会自动为该磁盘创建第一个卷影副本，也就是磁盘内所有共享文件夹内的文件都复制到卷影副本的存储区内。如果还需要创建新的卷影副本，则可以单击【立即创建】按钮，如图 5.29 所示，C 磁盘上已经有两个卷影副本，分别为不同的时间段创建的卷影副本。用户在还原文件时，可以选择在不同时间点所创建的卷影副本内的旧文件来还原文件。

步骤 4：系统会以共享文件夹所在磁盘的磁盘空间来决定卷影副本的存储区的容量大小，一般配置该磁盘空间的 10%作为卷影副本的存储区，并且该存储区的最小容量为 100MB。如果要更改卷影副本的存储区的容量，则可以单击图 5.29 所示的【卷影副本】对话框中的【设置】按钮，打开【设置】对话框，如图 5.30 所示。

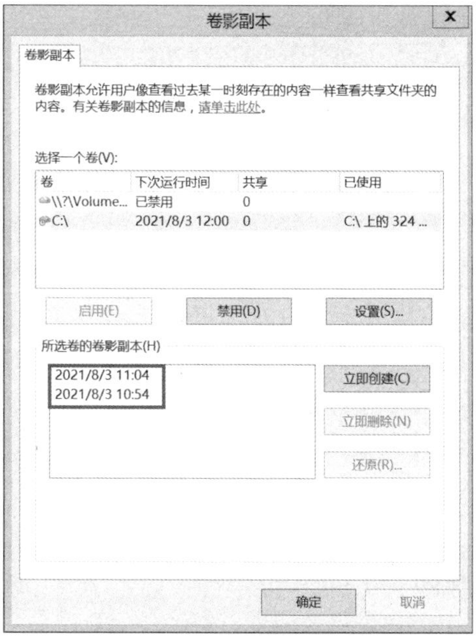

图 5.29 卷影副本列表

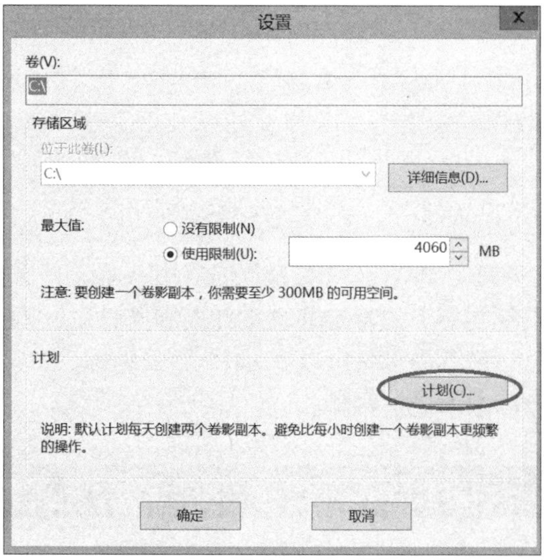

图 5.30 【设置】对话框

在【设置】对话框中，可以在【最大值】区域对磁盘空间进行设置，分别有【没有限制】和【使用限制】两个选项。在【使用限制】中，用户可以自己设置卷影副本的可用空间的大小，但是要注意下面的提示，不能低于提示中的可用空间的大小。另外，用户还可以通过【位于此卷】下的下拉列表来更改存储卷影副本的磁盘位置，不过必须在启用卷影副本前更改，启用卷影副本后就无法更改了。

步骤 5：在图 5.30 所示的【设置】对话框中单击【计划】按钮，在弹出的对话框中可以更改自动创建卷影副本的时间点，如图 5.31 所示。系统会默认计划每天创建两个卷影副本，也就是在星期一至星期五的上午 7:00 与中午 12:00 两个时间点，分别自动添加一个卷影副本，在这两个时间点到达时，会将所有共享文件夹内的文件复制到卷影副本的存储区内备用。当然，用户自己可以更改这个默认创建卷影副本的时间。

步骤 6：接下来可以测试卷影副本的功能。打开位于卷影副本的存储区（本例为 C 盘）中的某个文件（如“卷影副本举例”文件），进行编辑后保存，然后在卷影副本的存储区中找到“卷影副本举例”文件，右击该文件，在弹出的快捷菜单中选择【属性】命令，在打开的【卷影副本举例 属性】对话框中选择【以前的版本】选项卡，如图 5.32 所示，可以看到该文件创建的以前版本，单击【打开】按钮，就可以打开以前版本的文件。

图 5.31　自动创建卷影副本的时间点

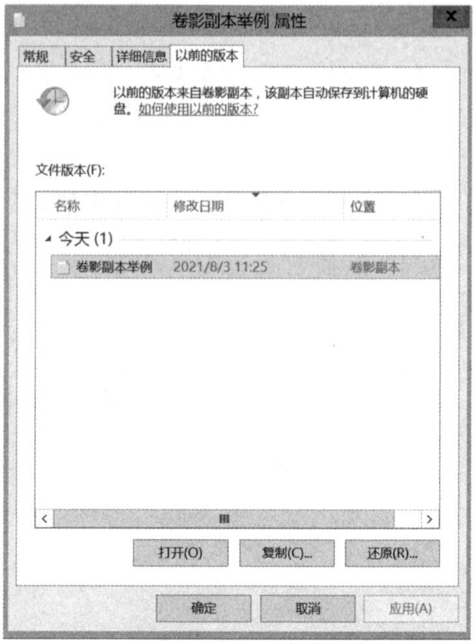

图 5.32　【卷影副本举例 属性】对话框

注意：①只能以卷为单位启用共享文件夹的卷影副本。也就是说，不能单独指定要复制或不复制卷上的特定共享文件夹和文件。②卷影副本内的文件只可以读取，不可以修改，而且每个磁盘最多只可以有 64 个卷影副本。如果卷影副本的数量超过该限制数，则前面旧版本的卷影副本会被删除。

5.4　项目实训 5　配置与管理文件系统

【实训目的】

创建与管理共享文件夹；在 NTFS 分区中压缩与加密数据；创建与设置卷影副本。

【实训环境】

每人 1 台 Windows 10 物理机，1 台 Windows Server 2012 虚拟机，VMware Workstation 16 及以上版本的虚拟机软件，虚拟机网卡连接至 VMnet8 虚拟交换机。

【实训拓扑】

实训拓扑图如图 5.33 所示。

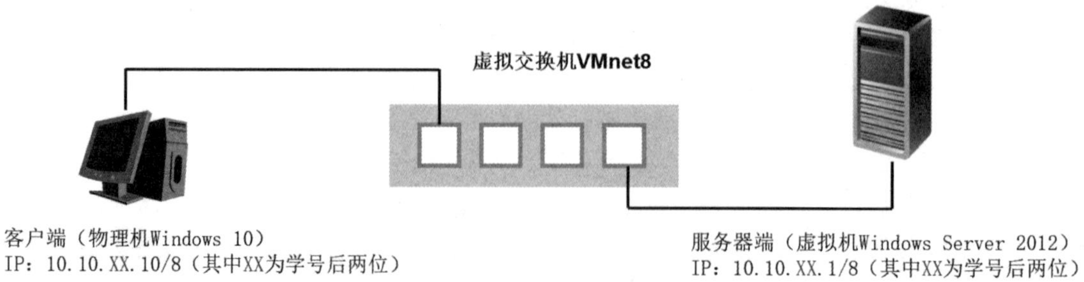

图 5.33　实训拓扑图

【实训内容】

1．创建与管理共享文件夹

（1）在服务器上创建共享文件夹 Z1（其中 Z 为自己姓名的全拼），并在其中随意创建几个文本文件，将 YY 用户设置为需要访问 Z1 文件夹的用户。（其中 YY 为自己姓名的首字母。）

（2）在客户机上访问 Z1 文件夹共享资源。

（3）在客户机上为 Z1 文件夹创建一个映射网络驱动器 Z 盘。

（4）将 Z1 文件夹设置为隐藏文件夹，并在客户机上进行访问。

2．在 NTFS 分区中压缩数据

（1）创建文件夹 Z2，并向其中复制几个文件或文件夹，观察 Z2 文件夹占用的空间大小并记录下来。

（2）对 Z2 文件夹进行 NTFS 压缩，观察压缩后 Z2 文件夹占用的空间大小的变化并记录下来。

（3）从没有被压缩的文件夹中复制一个文件或文件夹到 Z2 文件夹中，观察该文件或文件夹是否被压缩。

3．在 NTFS 分区中加密数据

（1）注销系统，切换到 YY 用户，创建一个文件夹 Z3，并向其中随意复制几个文件和文件夹，对 Z3 文件夹进行加密。

（2）注销系统，切换到管理员账户。观察：能否打开加密后的文件夹查看其中的文件列表？能否打开加密后的文件夹中的文件？能否删除加密后的文件夹中的文件？能否向加密后的文件夹中添加新文件？

4．创建与设置卷影副本

（1）创建文件夹 Z4，并在其中随意创建一个文本文件，启动服务器上的卷影副本功能，计划从当前时间开始，在每周的星期日的 18:00 自动添加一个卷影副本。

（2）修改卷影副本的存储区中 Z4 文件夹内的文本文件，进行编辑后保存，然后在卷影副本的存储区中找到这个文件的以前版本，并将它复制到桌面上。

5.5　项目习题

一、填空题

1．隐藏共享文件夹的创建分为系统创建和________________创建两种类型。

2．对于格式化成 NTFS 分区（卷）的磁盘，系统提供了对磁盘中存储的文件和文件夹进行压缩与_____________的功能，以此来提高磁盘的使用效率和安全性。

3．只有_____________分区内的文件或文件夹才能被加密。

4．共享文件夹的_____________提供位于共享资源（如文件服务器）上的实时文件副本。

5．系统一般会配置共享文件夹所在磁盘的磁盘空间的______________作为卷影副本的存储区。

二、单选题

1．以下哪种方法不能用于访问共享文件夹？（　　）

A．通过 UNC 路径访问　　B．通过【网络】窗口访问

C．通过映射网络驱动器访问　　D．通过本地磁盘访问

2．运行 Windows Server 2012 系统的计算机的磁盘分区只能使用（　　）文件系统。

A．FAT16　　B．FAT32　　C．NTFS　　D．NTFS16

3．系统默认会以（　　）显示压缩后的磁盘、文件夹和文件。

A．蓝色　　B．绿色　　C．黑色　　D．红色

4．（　　）表示共享命名管道的资源。

A．driveletter$　　B．ADMIN$　　C．IPC$　　D．PRINT$

5．卷影副本内的文件只可以读取，不可以修改，而且每个磁盘最多只可以有（　　）个卷影副本。如果卷影副本的数量超过该限制数，则前面旧版本的卷影副本会被删除。

A．256　　B．64　　C．1024　　D．8

三、问答题

1．FAT 文件系统的缺点有哪些？请列举 5 点。

2．NTFS 文件系统的优点有哪些？请列举 5 点。

3．卷影副本有哪些方面的作用？

项目 6

磁盘管理

学习目标

数据丢失引发的事故——在苏州某市级监控项目中，全市采用多级联网模式，以各行政区为分中心，统一建设市级监控中心，对全市分中心进行管理。系统集成公司的驻场人员在一次例行检查中发现，某个时间段内的录像完全无法查找到，并且服务器上挂载的 iSCSI 卷也消失了，该名系统管理人员意识到情况复杂了，需要马上联系上级及各厂到现场进行支持。待人员到齐并逐一对各种设备进行排查后确定，问题出在磁盘阵列上。iSCSI 磁盘阵列上的一组 RAID 5 出现一块硬盘损坏，热备盘顶替上去恢复后，坏硬盘未能得到及时更换，导致后续有硬盘持续损坏不能得到恢复，最终造成两块硬盘的离线，RAID 5 损坏。通过这起事故可以发现，整个分中心对于设备的维护存在问题。设备报警机制不完善，导致硬盘损坏未能及时报警，从而未能引起管理人员的重视；热备盘未更新，设备不报这种隐患事件给管理人员，导致出现热备盘真空期，最终导致 RAID 损坏。

知识目标

- 了解硬盘的种类及结构、文件系统的类型
- 熟悉基本磁盘、分区、动态磁盘、各种卷的概念和特征
- 掌握基本磁盘和动态磁盘的管理方法，以及磁盘配额的管理方法

能力目标

- 具备创建和管理基本磁盘的能力
- 具备在动态磁盘中创建和管理简单卷、跨区卷、带区卷、镜像卷和 RAID 5 卷的能力
- 具备对 NTFS 分区（卷）进行磁盘配额管理的能力

素养目标

- 培养学生精益求精的工匠精神
- 培养学生的网络安全意识

6.1 项目背景

在成都航院校园网的网络中架设了多台服务器，这些服务器的磁盘中均存储了学校的重要数据。预防因磁盘的故障而导致服务器的停机或数据丢失是网络管理员非常重要的工作职责；而设法提高磁盘的访问速度、提高数据存储的效率和保障访问安全，网络管理员也责无旁贷。Windows Server 2012 系统提供了强大的磁盘管理工具，通过容错机制来保护磁盘数据存储安全；通过带区卷和 RAID 5 卷来提高磁盘的读写速度；通过磁盘配额来限制用户对磁盘的使用量；通过对磁盘数据进行压缩来节省磁盘空间；通过对文件进行加密来保障文件的使用安全。

6.2 项目知识

6.2.1 磁盘的种类及结构

硬盘是计算机主要的存储媒介之一，其种类有机械硬盘、固态硬盘和混合硬盘。

1. 机械硬盘

机械硬盘（Hard Disk Drive，HDD）采用磁性盘片来存储信息，主要由盘片、磁头、主轴、电动机、磁头控制器、电源线接口、数据线接口等部分组成，其内部结构如图 6.1 所示。

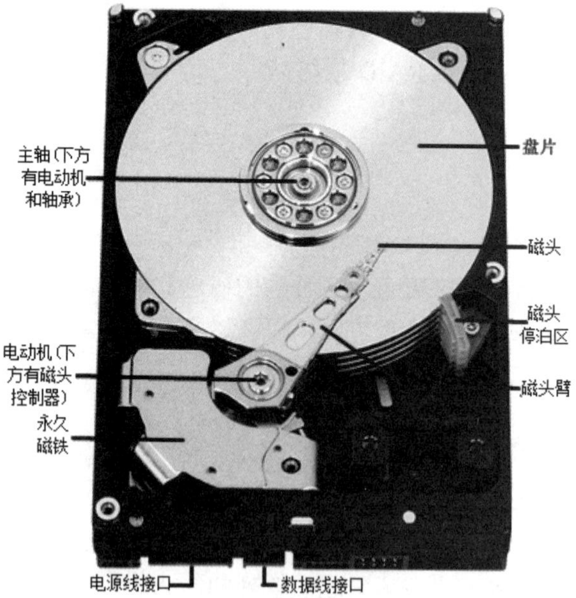

图 6.1　机械硬盘的内部结构

- 盘片：由一个或多个铝制或者玻璃制的碟片组成。这些碟片外覆盖了铁磁性材料，被永久性地密封固定在硬盘驱动器中。所有的盘片都固定在一个旋转轴上，这个轴就是主轴。
- 磁头：磁头是硬盘读写数据的关键部件，硬盘中每个盘片的存储面上都有一个磁头，所有的磁头连在一个磁头控制器上，由磁头控制器负责各个磁头的运动。磁头可以沿盘片的半径方向移动，而盘片以每分钟数千转的速度旋转，这样磁头就能对盘片上的指定位置进行数据的读写操作。磁头在读取数据时，先将盘片上磁粒子的不同极性转换成不同的电脉冲信号，再利用数据转换器将这些原始信号转变成计算机可以使用的数据。磁头在写入数据时的操作正好与此相反。

- 磁道：当磁盘旋转时，磁头会在磁盘表面划出一个圆形轨迹，这些圆形轨迹就叫作磁道。磁盘上的信息沿着磁道存放。相邻磁道并不紧挨，这是因为当磁化单元相隔太近时磁性会相互影响，磁头的读写也会困难。
- 扇区：磁盘上的每个磁道被等分为若干个弧段，这些弧段便是磁盘的扇区，每个扇区可以存放 512 字节的信息，磁盘驱动器以扇区为单位向磁盘读取和写入数据。
- 柱面：硬盘通常由重叠的一组盘片构成，每个盘面都被划分为数目相等的磁道，并从外缘的“0”开始编号，具有相同编号的磁道形成一个圆柱，称为磁盘的柱面。
- 接口：接口是硬盘与主机间的连接部件，作用是在硬盘缓存和主机内存之间传输数据。不同的硬盘接口决定着硬盘与主机间数据的传输速度，直接影响着程序运行的快慢和系统性能的高低。机械硬盘接口的常用类型如表 6.1 和图 6.2 所示。

表 6.1　机械硬盘接口的常用类型

类型	SATA 接口	SCSI 接口	SAS 接口	光纤通道（FC 接口）
转速/（$r \cdot min^{-1}$）	7200	7200/10000 以上	7200/15000	10000 以上
热拔插	支持	支持	支持	支持
传输速率/（MB · s-1）	SATA1.0：150 SATA2.0：300 SATA3.0：600	Ultra Wide SCSI：40 Ultra2 Wide SCSI：80 Ultra160 SCSI：160 Ultra320 SCSI：320	SAS1.0：3000 SAS2.0：6000	4000
适用范围	家用 PC、服务器	中高端服务器	中高端服务器 兼容 SATA 接口	高端服务器

（a）SATA 接口　（b）SCSI 接口　（c）SAS 接口　（d）FC 接口

图 6.2　机械硬盘接口的常用类型

2. 固态硬盘

固态硬盘（Solid State Disk，SSD）是用固态电子存储芯片阵列制成的硬盘，由控制单元和存储单元（Flash 芯片、DRAM 芯片）组成。固态硬盘摒弃了传统机械硬盘的机械架构和存储介质，采用电子存储介质进行数据存储和读取，其内部结构如图 6.3 所示。

图 6.3　固态硬盘的内部结构

固态硬盘的优点主要有读写速度快、功耗低、经久耐用、防震抗摔（没有机械硬盘的旋转装置）、工作温度范围宽（-45℃～+85℃）、无噪声。固态硬盘的缺点是价格较贵。固态硬盘现在逐渐在 DIY 市场普及。

固态硬盘在接口的规范和定义、功能及使用方法上与机械硬盘基本相同。常用的固态硬盘接口有 SATA 接口、mSATA 接口、SAS 接口、PCI-E 接口、CFast 接口和 SFF-8639 接口等。

有不少笔记本电脑采用一块小容量（如 120GB）的固态硬盘，用于休眠、文件高级缓存和系统分区，另一块大容量的机械硬盘用于保存大量的数据。

3. 混合硬盘

混合硬盘（Hybrid Hard Disk，HHD）是把传统机械硬盘和闪存集成到一起的硬盘，除机械硬盘必备的盘片、电动机、磁头等以外，还内置了 NAND 闪存颗粒，该颗粒对用户经常访问的数据进行存储，可以实现固态硬盘的读取性能。混合硬盘不仅可以提供更佳的性能，还可以减少硬盘的读写次数，从而使硬盘耗电量减少，使笔记本电脑的电池续航能力提高。

6.2.2 磁盘分区的样式与磁盘的使用方式

1. 磁盘分区的样式

在使用磁盘前，需要对其空间整体进行分割（分区），形成一个或多个磁盘子空间，这些磁盘子空间被称为“磁盘分区”（简称“分区”）。为了管理磁盘中的分区，在磁盘内有一个称为“分区表”的区域，用来存储分区的相关数据（如每个分区的文件系统标识、起始地址、结束地址、是否为活动分区、分区总扇区数目等）。磁盘分区的样式有两种：MBR 和 GPT。

1）MBR

MBR（Master Boot Record，主引导记录）保存在 MBR 扇区（磁盘第一个扇区的前 64 字节存储分区表信息，其后是引导程序）中，每个分区占用 16 字节。当启动计算机时，使用传统的 BIOS（基本输入/输出系统，它是计算机主板上的固件）的计算机，其 BIOS 会先读取 MBR，并将控制权交给 MBR 内的引导程序，然后由该程序来继续后续的启动工作。由于 MBR 样式的磁盘内只有 64 字节用于分区表，因此只能记录 4 个分区的信息，即在一块硬盘中最多支持 4 个分区，并且 MBR 支持的硬盘最大容量为 2.2TB（1TB=1024 GB）。

2）GPT

GPT（GUID Partition Table，全局唯一标识分区表）保存在 GTP 头（出于兼容性考虑，第一个扇区的前 64 字节仍然用作 MBR，其后是 GTP 头）中，而且有主要和备份两个分区表，以提供自纠错功能。GPT 磁盘对分区的数量没有限制（在 Windows 系统中最多为 128 个分区），支持大于 2.2TB 的分区及大于 2.2TB 的总容量，最大支持 18EB（1EB=1024PB，1PB=1024TB）容量，尤其是在使用支持 UFEI 的主板后，还可以安装操作系统并作为系统的启动分区。旧版本的 Windows 系统无法辨识 GPT 磁盘，建议大于 2TB 的分区计算机使用 GPT 磁盘。

可以通过图形化界面的“磁盘管理”工具或 diskpart 命令对空的两种分区样式进行相互转换。随着硬盘容量突破 2.2TB，“传统 BIOS 主板+MBR 硬盘”的组合模式将会被“UEFI BIOS 主板+GPT 硬盘”的组合模式所取代。

2. 磁盘的使用方式

Windows 系统将磁盘的使用方式分为两种：基本磁盘和动态磁盘。磁盘系统可以包含任意的存储类型组合，但同一个物理磁盘上的所有卷必须使用同一种存储类型。

1）基本磁盘

基本磁盘是历史最久远和最常用的磁盘使用方式，基本磁盘可以被分割为主磁盘分区、扩展磁盘分区和逻辑分区（或逻辑驱动器）。基本磁盘内的每个主磁盘分区或逻辑分区又被称为基本卷。

- 主磁盘分区：可以用来启动操作系统的分区，一般就是存放操作系统的引导文件的分区。每块基于 MBR 的基本磁盘可以建立 1～4 个主磁盘分区；每块基于 GPT 的基本磁盘最多可以创建 128 个主磁盘分区。每个主磁盘分区可以被赋予一个驱动器号，如“C:”和“D:”等。
- 扩展磁盘分区：为了突破 MBR 磁盘最多只能建立 4 个分区的数量限制，引入了扩展磁盘分区。虽然扩展磁盘分区只能创建 1 个，但扩展磁盘分区必须进一步划分成一个或多个逻辑分区（或逻辑驱动器）。扩展磁盘分区不能直接存储数据，只能在划分出的逻辑分区中存储数据。扩展磁盘分区只能用来存储数据，无法用来启动操作系统。由于 GPT 磁盘可以有多达 128 个主磁盘分区，因此不必也不能创建扩展磁盘分区。
- 逻辑分区：扩展磁盘分区无法直接使用，必须在扩展磁盘分区中创建逻辑分区才能存储数据。用户可以在扩展磁盘分区内创建多个逻辑分区，在每个磁盘中创建的逻辑分区的数目最多可达 24 个。

2）动态磁盘

动态磁盘是从 Windows 2000 系统开始支持的新的磁盘使用方式，由基本磁盘升级而成。动态磁盘可以提供一些基本磁盘不具备的功能。动态磁盘中通常将磁盘分区改成卷。卷的使用方式与基本磁盘的使用方式相似，同样需要分配驱动器号并格式化后才能存储数据。所有动态磁盘中的卷都是动态卷。根据实现功能的不同，动态卷有简单卷、跨区卷、带区卷、镜像卷和 RAID 5 卷。不管动态磁盘是使用 MBR 分区样式还是使用 GPT 分区样式，都可以创建最多 2000 个动态卷（推荐 32 个或更少）。多磁盘的存储系统应该使用动态存储，磁盘管理支持在多个硬盘有超过一个分区的遗留卷，但不允许创建新的卷，不能在基本磁盘上执行创建简单卷、跨区卷、带区卷、镜像卷和 RAID 5 卷，以及扩充卷和卷设置等操作。基本磁盘和动态磁盘之间可以相互转换，既可以将基本磁盘升级为动态磁盘，也可以将动态磁盘转换为基本磁盘。

与基本磁盘相比，动态磁盘提供更加灵活的管理和使用特性。用户可以在动态磁盘中实现数据的容错、高速读写和相对随意地修改卷的大小等操作。基本磁盘和动态磁盘的比较如表 6.2 所示。

表 6.2 基本磁盘和动态磁盘的比较

比较项目	基本磁盘	动态磁盘
分割单元	分区/基本卷	动态卷/卷
分割数量	MBR 磁盘：≤4 个主磁盘分区、≤3 个主磁盘分区+1 个扩展磁盘分区 GPT 磁盘：最多可以创建 128 个主磁盘分区	可以创建最多 2000 个卷（推荐 32 个或更少）
容量更改	可以在不丢失数据的情况下更改分区容量大小，但不能跨磁盘扩展	可以在不丢失数据的情况下更改卷容量大小

续表

比较项目	基本磁盘	动态磁盘
磁盘空间	分区必须是同一块磁盘中的连续空间，不可以跨越磁盘	可以将卷容量扩展到同一块磁盘中不连续的空间或不同磁盘的卷中
读写速度	由硬件决定	通过创建带区卷，可以对多块磁盘同时进行读写，显著提升磁盘读写速度
容错能力	不可容错，如果没有及时备份而遭遇磁盘故障，则会造成极大的损失	通过创建镜像卷和 RAID 5 卷，在保证提高性能的同时为磁盘提供容错能力

6.2.3 磁盘分区/卷中文件系统的类型

文件系统是操作系统的一个子系统，它专门对磁盘分区/卷中的文件进行组织和管理。Windows 系统支持以下 5 种文件系统，它们的功能比较如表 6.3 所示。

表 6.3 Windows 系统支持的 5 种文件系统的功能比较

比较项目	FAT16/FAT	FAT32	NTFS	ReFS	FAT64/exFAT
适用的操作系统	DOS/所有 Windows 版本	Windows 95 OS R2 及以后版本	Windows NT 及以后版本	Windows 8.1、Windows Server 2012 及以后版本	Windows CE 5.0、Windows Vista SP1、Windows 8 及以后版本
最大分区/卷	2～4GB	2～32TB	2～256TB	1YB	16EB
最大单个文件	2GB	4GB	2TB	16EB	16EB
文件名的长度	8.3 格式文件标准	255 个英文字符	255 个英文字符	255 个英文字符	255 个英文字符
NTFS 权限	不支持	不支持	支持	支持	不支持
NTFS 压缩	不支持	不支持	支持	不支持	不支持
EFS 加密	不支持	不支持	支持	不支持	不支持
磁盘配额	不支持	不支持	支持	不支持	不支持

- FAT16/FAT（File Allocation Table，文件分配表）：FAT16/FAT 是用户早期使用的 DOS、Windows 95 系统使用的文件系统。它最大可以管理 4GB 的分区，目前仅用于容量小于 4GB 的 MMC 卡、SD 卡等小型存储设备中。
- FAT32：FAT32 是从 Windows 95 OS R2 系统开始支持的 FAT16 文件系统的增强版，它能更高效地存储数据，减少硬盘空间的浪费，降低系统资源占用率。FAT32 文件系统目前仍然在使用。
- NTFS（New Technology File System，新技术文件系统）：NTFS 是建立在保护文件和目录数据的基础上，同时兼顾节省存储资源、减少磁盘占用量的一种先进的文件系统。
- ReFS（Resilient File System，弹性文件系统）：ReFS 是在 Windows 8.1 和 Windows Server 2012 系统中引入的一种能最大限度地保证数据的可靠性和可用性的文件系统。ReFS 文件系统能自动验证数据是否损坏，并尽力恢复数据，非常适用于存储 PB 量级甚至更高量级的数据，ReFS 文件系统与 NTFS 文件系统大部分兼容。目前 ReFS 文件系统只能用于存储数据，还不能用于引导系统，并且在移动存储设备上也无法使用。
- FAT64/exFAT（Extended File Allocation Table File System，扩展文件分配表）：FAT64/exFAT 是 Microsoft 公司在 Windows Embeded 5.0 以上版本的操作系统中推出的一种适用于闪存的文件系统，为了解决 FAT32 文件系统不支持 4GB 及更大的文件而引入了桌面操作系统（从 Windows Vista SP1 系统开始）。闪存存储设备（如 U 盘）适合使用 exFAT 文件系统，硬盘适合使用 NTFS 文件系统。

6.3　项目实施

6.3.1　任务 6-1 创建与管理基本磁盘

在安装 Windows Server 2012 系统时，硬盘将自动初始化为基本磁盘，磁盘管理任务是以一组磁盘管理实用程序的形式提供给用户的。Windows Server 2012 系统提供了图形化界面的磁盘管理工具和字符界面的 diskpart 命令两种工具实施对磁盘全方位的管理，包括磁盘的初始化、分区、创建卷和格式化卷等。

1. 磁盘的联机与初始化

新购买的硬盘在完成物理安装后，还处于脱机状态，为此，需要对硬盘进行联机和初始化设置，操作步骤如下所述。

步骤 1：进入 Windows Server 2012 虚拟机，在菜单栏内选择【虚拟机】菜单中的【设置】命令，打开【虚拟机设置】对话框，在【硬件】选项卡中单击【添加】按钮，打开【添加硬件向导】对话框，根据对话框提示添加新硬盘，在【硬件类型】列表框中选择【硬盘】，如图 6.4 所示，单击【下一步】按钮，最后可以看到在虚拟机中添加了一块容量为 20GB 的硬盘 1。

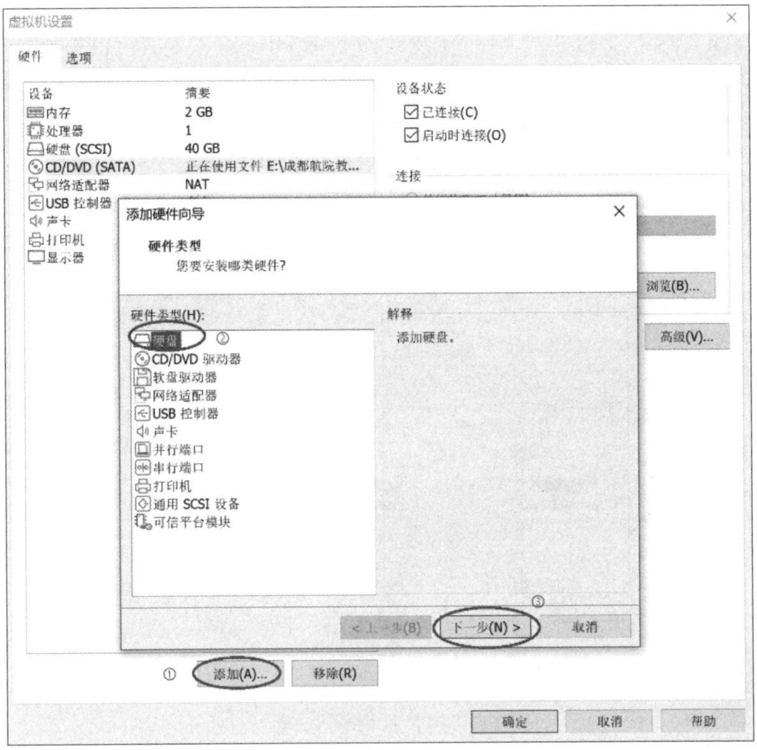

图 6.4　添加新硬盘

步骤 2：按 Win 键切换到【开始】界面，单击【管理工具】图标，在弹出的【管理工具】窗口中双击【计算机管理】选项，打开【计算机管理】窗口，在左窗格中展开【存储】节点，单击【磁盘管理】节点，在右窗格中可以看到当前系统有两块磁盘，分别为磁盘 0 和磁盘 1，如图 6.5 所示。

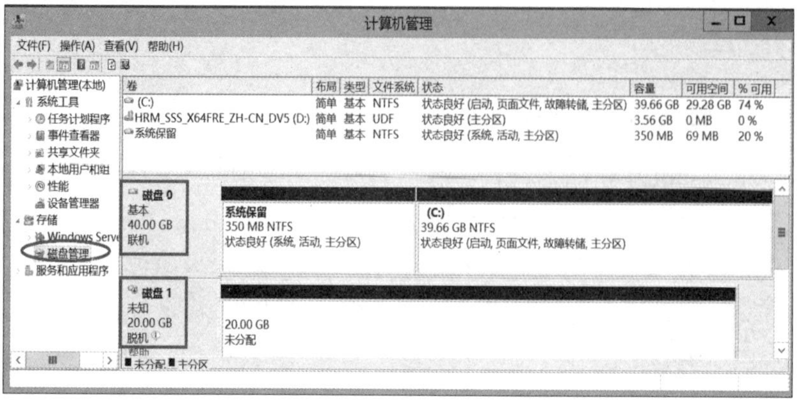

图 6.5　查看当前系统中的磁盘

提示：在图 6.5 所示的【计算机管理】窗口中，磁盘 0 为 MBR 样式的基本磁盘，该磁盘在安装 Windows Server 2012 系统时就被划分为图中的两个主磁盘分区。其中第一个主磁盘分区是处于活动状态的容量为 350 MB 且没有驱动器号的系统保留区（又称系统卷），其中包含了用于启动操作系统的引导文件和 Windows 修复环境；另一个主磁盘分区的驱动器号为“C:”，是存放 Windows 操作系统文件的分区，操作系统文件一般存放在“WINDOWS”文件夹（如“C:\WINDOWS”文件夹）中，该文件夹所在的分区被称为引导卷。

步骤 3：磁盘 1 在初始状态显示的是“脱机”，在右窗格中右击磁盘 1，在弹出的快捷菜单中选择【联机】命令，这时磁盘 1 显示的是“没有初始化”，再次右击磁盘 1，在弹出的快捷菜单中选择【初始化磁盘】命令，弹出【初始化磁盘】对话框，在【选择磁盘】列表框中勾选要初始化的硬盘的名称左侧的复选框，然后选择磁盘分区形式（如 MBR），如图 6.6 所示，单击【确定】按钮，此时磁盘 1 显示的是“联机”。

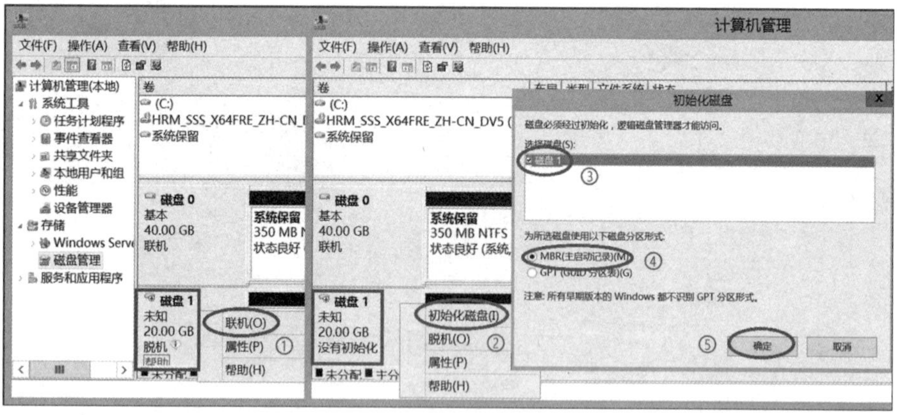

图 6.6　磁盘的联机与初始化

2．在基本磁盘中创建主磁盘分区

在完成磁盘的联机与初始化后，磁盘将自动初始化为基本磁盘，此时基本磁盘还不能使用，必须建立磁盘分区并格式化。一个基本磁盘内最多可以有 4 个主磁盘分区。在基本磁盘中创建主磁盘分区的操作步骤如下所述。

步骤 1：打开【计算机管理】窗口，在右窗格中右击磁盘 1 的【未分配】区域，在弹出的快捷菜单中选择【新建简单卷】命令，如图 6.7 所示。

步骤 2：打开【新建简单卷向导】对话框，如图 6.8 所示，根据向导提示创建简单卷，单击【下一步】按钮。

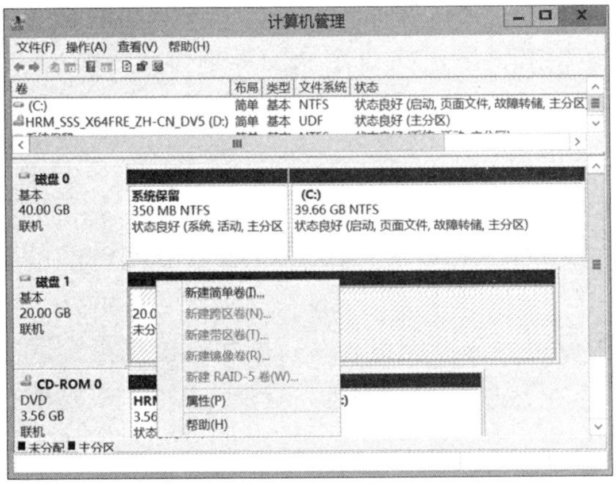

图 6.7 选择【新建简单卷】命令 1

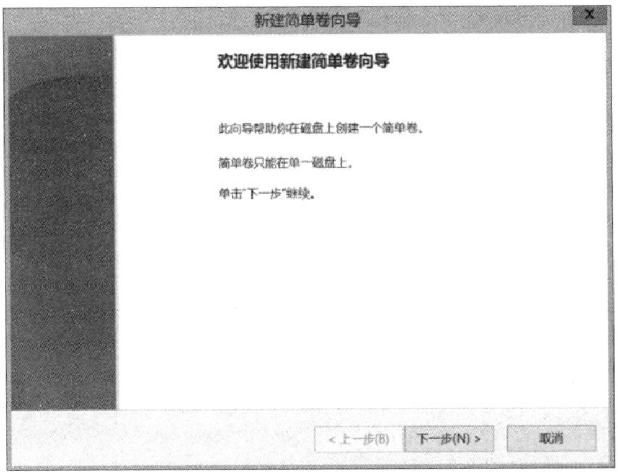

图 6.8 【新建简单卷向导】对话框

步骤 3：进入【指定卷大小】界面，在【简单卷大小(MB)】数值框中输入分区的容量大小（本例为 10 240），如图 6.9 所示。如果只划分一个分区，则可以将全部空间容量划分给主磁盘分区；如果还需划分其他主磁盘分区或扩展磁盘分区，则预留一部分空间。设置完成后，单击【下一步】按钮。

步骤 4：进入【分配驱动器号和路径】界面，既可以为新建的分区指定一个字母作为其驱动器号（本例为 E），如图 6.10 所示，也可以选中【装入以下空白 NTFS 文件夹中】单选按钮，还可以选中【不分配驱动器号或驱动器路径】单选按钮。设置完成后，单击【下一步】按钮。

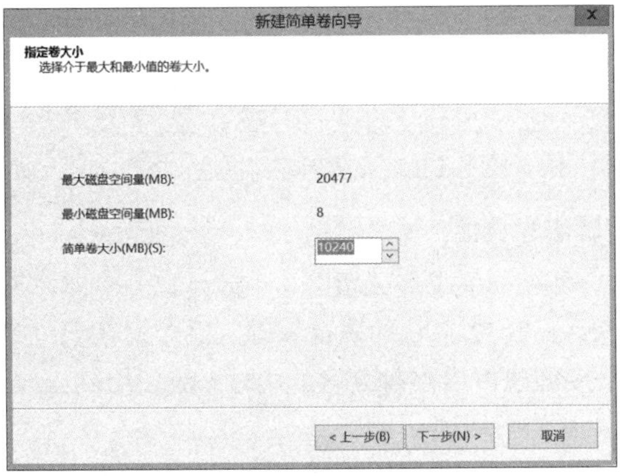

图 6.9 【指定卷大小】界面

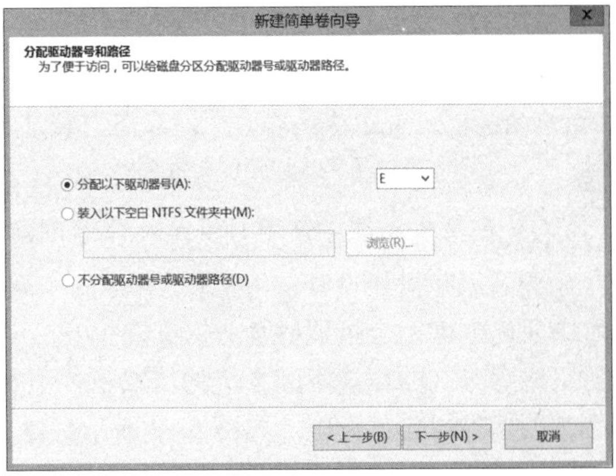

图 6.10 【分配驱动器号和路径】界面

- 【分配以下驱动器号】：表示系统为该卷分配的驱动器号，系统会按照 26 个英文字母的顺序分配，一般不需要更改。
- 【装入以下空白 NTFS 文件夹中】：表示分配一个在 NTFS 文件系统中的空文件夹来代表该磁盘分区。
- 【不分配驱动器号或驱动器路径】：表示可以事后再分配驱动器号或某个空文件夹来代表该磁盘分区。

步骤 5：进入【格式化分区】界面，如图 6.11 所示，可以设置是否格式化新建的分区、该分区所使用的文件系统、分配单元大小等。设置完成后，单击【下一步】按钮。

- 【文件系统】：可以将该分区格式化成 FAT、FAT32、NTFS、ReFS 等文件系统，建议格式化为 NTFS 文件系统，因为该文件系统提供了权限、加密、压缩、可恢复的功能。
- 【分配单元大小】：即磁盘簇的大小，簇是给文件分配磁盘空间的最小单元，簇越小，磁盘的利用率就越高。在格式化时如果未指定簇的大小，则系统就自动根据分区的大小来选择簇的大小，推荐使用默认值。
- 【卷标】：为磁盘分区设置一个便于识别的名字。
- 【执行快速格式化】：在格式化的过程中不检查坏扇区，一般在确定没有坏扇区的情况下才勾选该复选框。
- 【启用文件和文件夹压缩】：将该磁盘分区设置为压缩磁盘，以后添加到该磁盘分区中的文件和文件夹都会自动进行压缩。当分区采用的文件系统是 NTFS 或 ReFS 类型时才勾选该复选框。

步骤 6：进入【正在完成新建简单卷向导】界面，如图 6.12 所示，单击【完成】按钮。至此，在磁盘 1 中的第一个主磁盘分区（E 盘）已经创建完成。

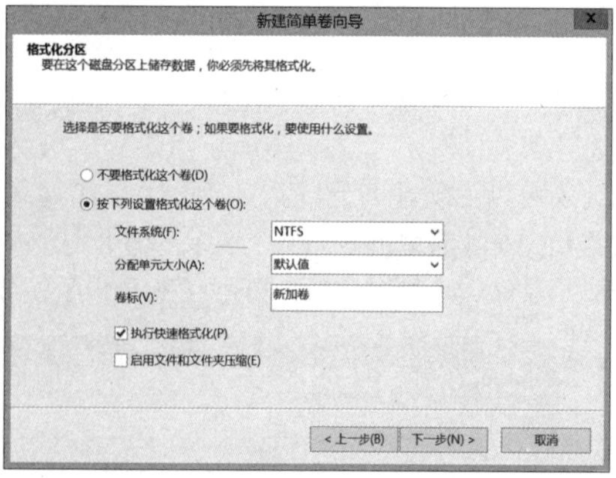

图 6.11　【格式化分区】界面

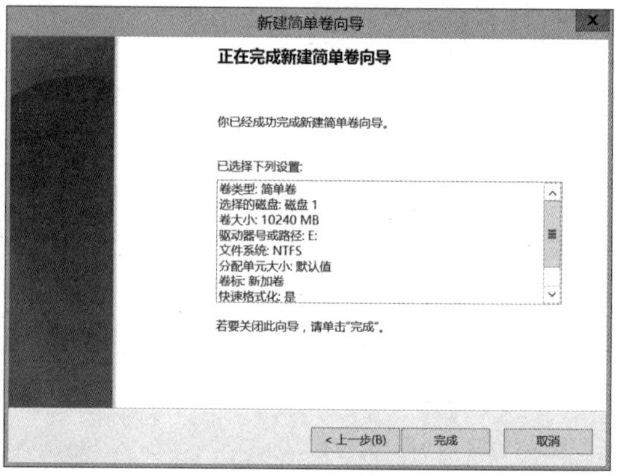

图 6.12　【正在完成新建简单卷向导】界面 1

3．在基本磁盘中使用 diskpart 命令创建扩展磁盘分区

在基本磁盘还没有使用（未分配）的空间中，可以创建扩展磁盘分区，但是在一个基本磁盘中只能创建一个扩展磁盘分区。在 Windows Server 2012 系统的磁盘管理工具中，在已创建的主磁盘分区的数量不满 3 个的情况下，不能直接创建扩展磁盘分区。此时，应使用 diskpart 命令创建扩展磁盘分区，如图 6.13 所示，操作步骤如下所述。

步骤 1：在系统桌面的任务栏中单击【Windows PowerShell】图标，进入命令行界面，在命令行中输入“diskpart”，表示启动磁盘管理。

步骤 2：输入“list disk”，表示列出计算机中所有的磁盘（本例为系统中有两个磁盘，一个是磁盘 0，容量为 40.00GB；另一个是磁盘 1，容量为 20.00GB）。

步骤 3：输入“select disk 1”，表示选择要创建扩展磁盘分区的磁盘（本例为选择磁盘 1 创建扩展磁盘分区）。

步骤 4：输入“create partition extended size 2048”，表示创建容量为 2048MB 的扩展磁盘分区。

步骤 5：回到【计算机管理】窗口，如图 6.14 所示，可以看到在磁盘 1 中有一个显示绿色的【可用空间】区域，这个就是刚刚创建的扩展磁盘分区，该分区的容量为 2.00GB。

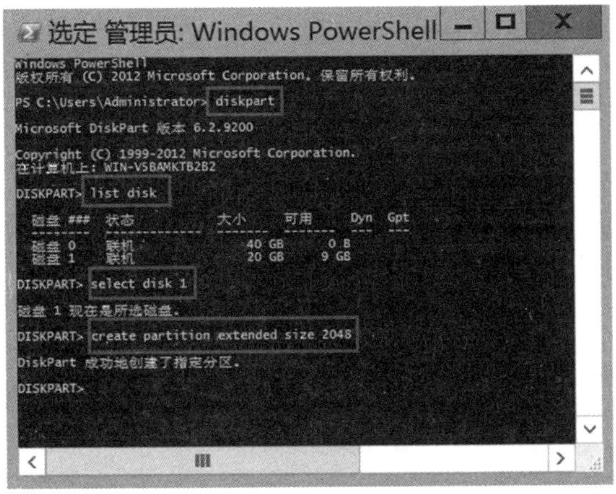

图 6.13　使用 diskpart 命令创建扩展磁盘分区

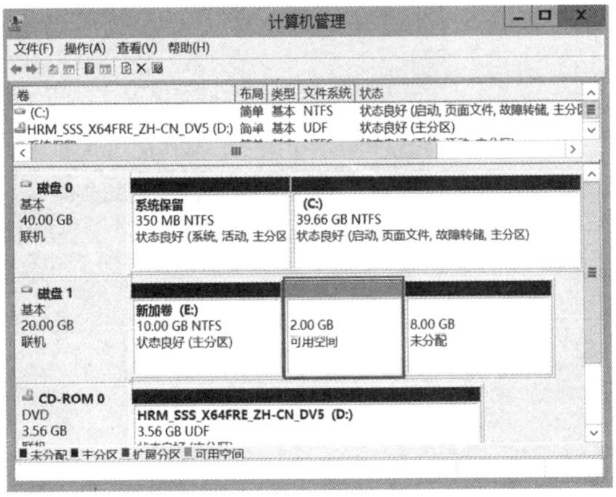

图 6.14　扩展磁盘分区创建完成

4．在扩展磁盘分区中创建逻辑驱动器（逻辑分区）

扩展磁盘分区不能直接存储文件，必须在扩展磁盘分区中创建逻辑驱动器（逻辑分区），操作步骤如下所述。

步骤 1：在【计算机管理】窗口中，右击扩展磁盘分区中的【可用空间】区域，在弹出的快捷菜单中选择【新建简单卷】命令，如图 6.15 所示。

步骤 2：在打开的【新建简单卷向导】对话框的【欢迎使用新建简单卷向导】界面中，单击【下一步】按钮；进入【指定卷大小】界面，设置简单卷的大小（本例为 1024MB）后，单击【下一步】按钮；进入【分配驱动器号和路径】界面，为新建的逻辑驱动器设置驱动器号（本例为 F）后，单击【下一步】按钮；进入【格式化分区】界面，设置文件系统类型（本例为 NTFS 文件系统）后，单击【下一步】按钮；进入【正在完成新建简单卷向导】界面，如图 6.16 所示，单击【完成】按钮。

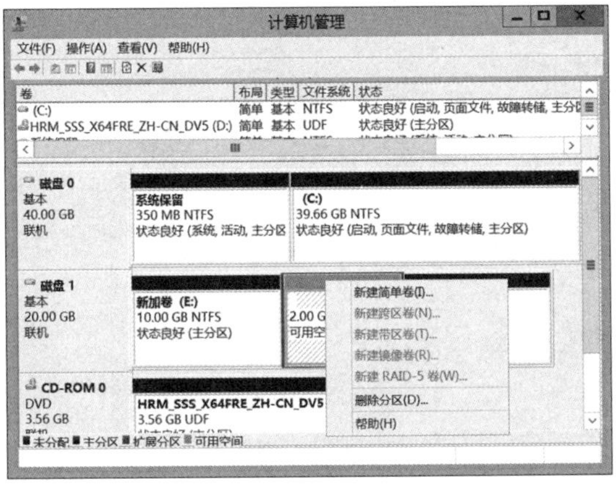

图 6.15　选择【新建简单卷】命令 2

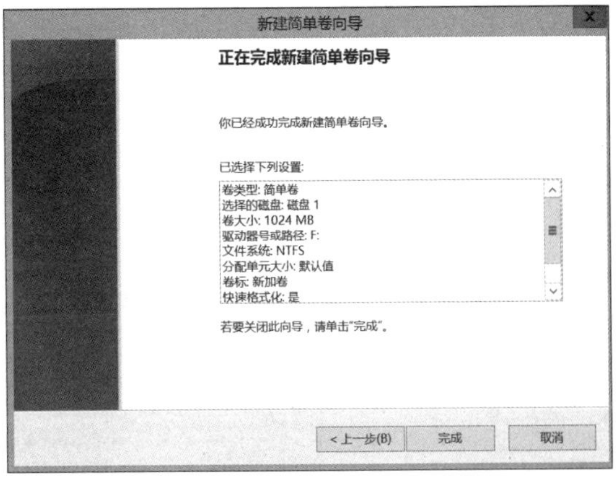

图 6.16　【正在完成新建简单卷向导】界面 2

步骤 3：创建完成后的逻辑驱动器（F 盘）显示为蓝色，剩下的扩展磁盘分区仍然显示为绿色，如图 6.17 所示。

至此，磁盘 1 中已划分了 1 个主磁盘分区（E 盘）和 1 个扩展磁盘分区，扩展磁盘分区中包含了 1 个逻辑分区（F 盘）。此外，还有“可用空间”和“未分配”区域（见图 6.17）。

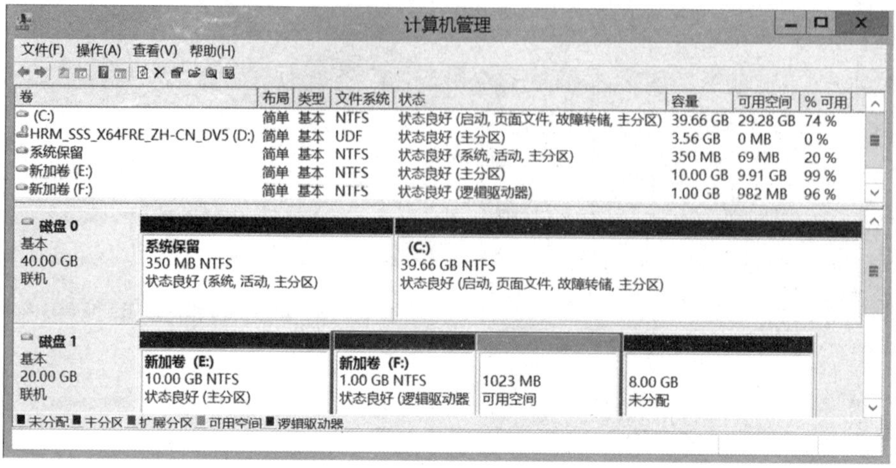

图 6.17 逻辑驱动器创建完成

5．分区的格式化

虽然在创建分区时可以选择进行格式化，但是在创建分区时未格式化或在使用过程需要调整文件系统类型，以及在发生存储故障时，都需要对分区进行格式化或重新格式化。如果要格式化的磁盘分区中包含数据，则格式化之后该分区内的数据都将丢失。另外，不能直接对系统磁盘分区和引导磁盘分区进行格式化。格式化分区的操作步骤如下：

打开【计算机管理】窗口，右击要格式化（或重新格式化）的分区（本例为 F 盘），在弹出的快捷菜单中选择【格式化】命令，打开【格式化 F:】对话框，在【卷标】文本框中输入卷标的名称（本例为“学习文件”），在【文件系统】下拉列表中选择所使用的文件系统。如果选择的文件系统是 NTFS，则还可以勾选【启用文件和文件夹压缩】复选框，以便节省存储空间。单击【确定】按钮，在弹出的警告对话框中单击【确定】按钮，如图 6.18 所示。

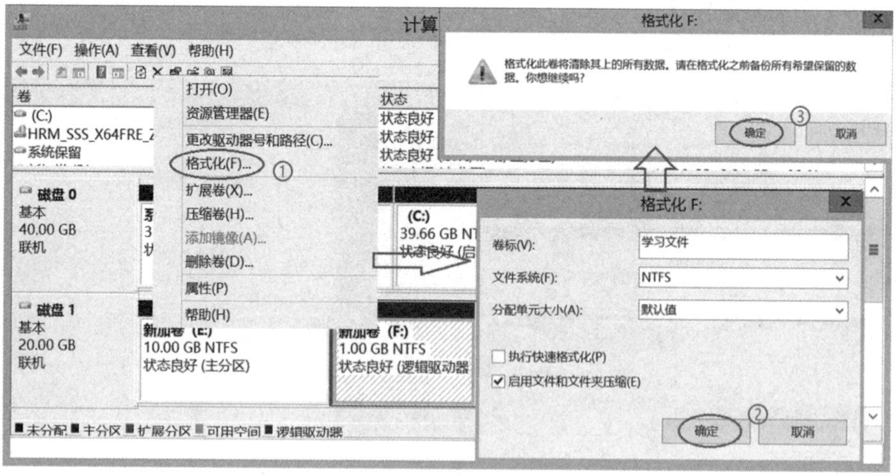

图 6.18 格式化分区

6．分区的删除

要删除磁盘分区或卷，只要右击要删除的分区或卷，在弹出的快捷菜单中选择【删除卷】命令即可。在删除分区后，分区中的数据将全部丢失，所以在删除分区前应仔细确认。如果待删除分区是扩展磁盘分区，则在删除扩展磁盘分区中的所有逻辑驱动器后，才能删除扩展磁盘分区。

7．分区（基本卷）的扩展

在使用计算机一段时间后，以前划分的分区的大小可能不太合理。利用磁盘管理工具，能够轻松地对 NTFS 格式的分区的大小进行无损调整。扩展主磁盘分区或逻辑驱动器的操作步骤如下所述。

步骤 1：打开【计算机管理】窗口，在磁盘 1 中右击要扩展的主磁盘分区或逻辑驱动器（本例为“学习文件(F:)”），在弹出的快捷菜单中选择【扩展卷】命令，如图 6.19 所示。

步骤 2：在打开的【扩展卷向导】对话框的【欢迎使用扩展卷向导】界面中，单击【下一步】按钮，进入【选择磁盘】界面，选择扩展空间所在的磁盘，并指定磁盘上需扩展的空间量的大小，如图 6.20 所示，单击【下一步】按钮。

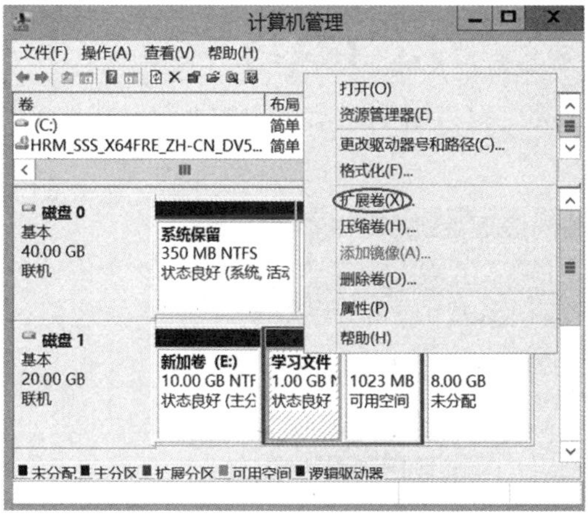

图 6.19　选择【扩展卷】命令

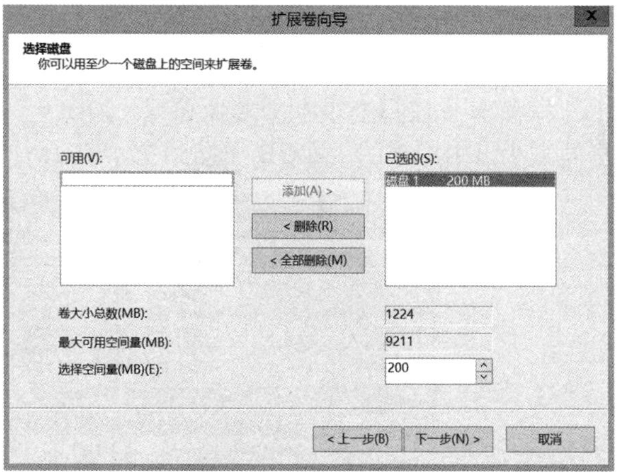

图 6.20　【选择磁盘】界面

步骤 3：进入【完成扩展卷向导】界面，单击【完成】按钮，回到【计算机管理】窗口，如图 6.21 所示，可以看到磁盘 1 中的“学习文件(F:)”空间大小已由原来的 1.00GB 扩展到 1.20GB。

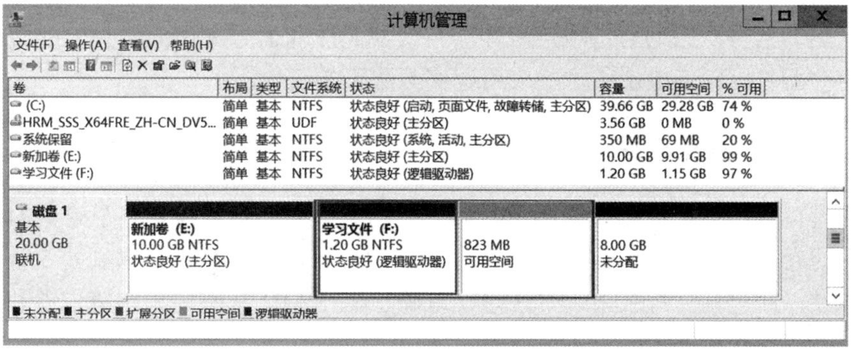

图 6.21　分区扩展完成

8．分区的压缩

通过分区的压缩可以让出分区的占用空间，使其他分区能够扩展容量，操作步骤如下所述。

步骤 1：打开【计算机管理】窗口，在磁盘 1 中右击要压缩的主磁盘分区或逻辑驱动器（本例为“学习文件(F:)”），在弹出的快捷菜单中选择【压缩卷】命令，如图 6.22 所示。

步骤 2：在打开的【压缩 F:】对话框中输入压缩空间量的大小（本例为 500MB），这个数值不能超过可用压缩空间的大小，如图 6.23 所示，单击【压缩】按钮。

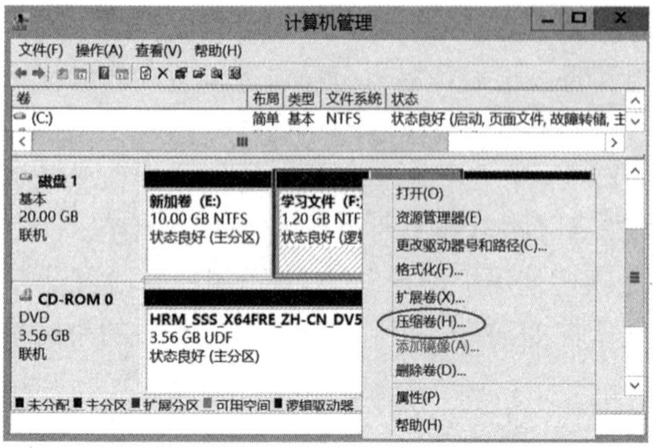

图 6.22　选择【压缩卷】命令

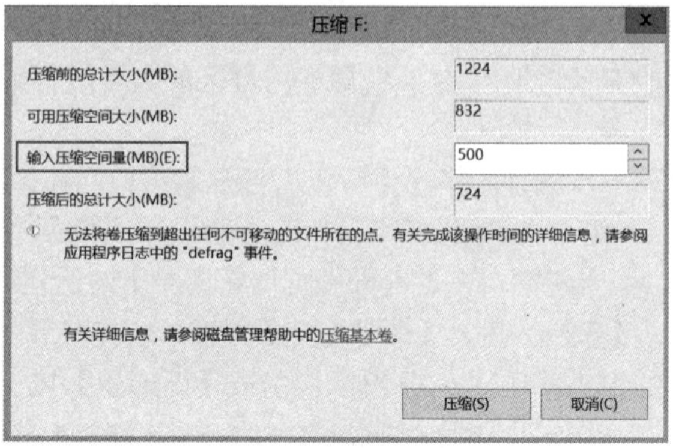

图 6.23　【压缩 F:】对话框

步骤 3：回到【计算机管理】窗口，如图 6.24 所示，可以看到磁盘 1 中的“学习文件(F:)”空间大小已由原来的 1.20GB 压缩到 724MB。

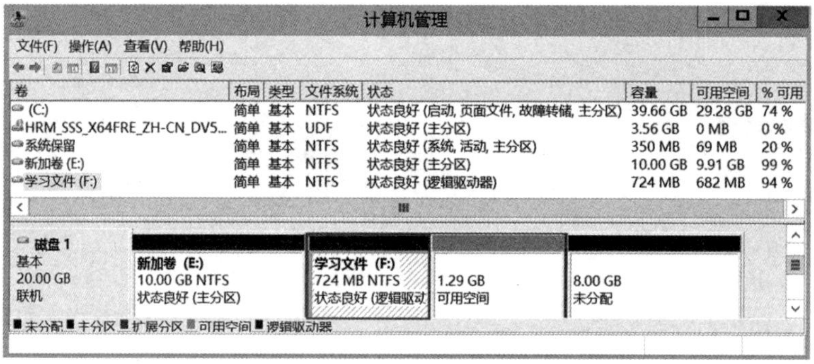

图 6.24　分区压缩完成

提示：系统引导分区的磁盘驱动器号是无法更改的，对其他的磁盘分区最好也不要随意更改其磁盘驱动器号，因为有些应用程序会直接参照驱动器号来访问磁盘内的数据，如果更改了磁盘驱动器号，则可能造成这些应用程序无法正常运行。

6.3.2　任务 6-2 创建与管理动态磁盘

动态磁盘可以提供基本磁盘所不具备的一些功能，如创建可跨越多个磁盘的卷、创建具有容错能力的卷等。所有动态磁盘中的卷都是动态卷。在动态磁盘中可以创建 5 种类型的动态卷：简单卷、跨区卷、带区卷、镜像卷和 RAID 5 卷，其中镜像卷和 RAID 5 卷是容错卷。

1．基本磁盘与动态磁盘的转换

目前，Windows Server 2012 服务器中很多使用的是动态磁盘，支持多种特殊的动态卷，包括简单卷、跨区卷、带区卷、镜像卷和 RAID 5 卷。它们提供容错、提高磁盘利用率和访问效率等功能。要创建上述这些动态卷，必须先保证磁盘是动态磁盘，如果磁盘是基本磁盘，则可先将其转换为动态磁盘。将基本磁盘转换为动态磁盘需要注意以下问题：

- 只有属于 Administrators 或 Backup Operators 组的成员才有权进行磁盘转换。

- 在基本磁盘转换为动态磁盘后，原有的磁盘分区或逻辑驱动器都将变成简单卷。
- 在转换之前，必须先关闭该磁盘上运行的所有程序。
- 基本磁盘一旦转换为动态磁盘，就无法直接转换回基本磁盘，除非先删除磁盘内的所有卷，也就是只有空的动态磁盘才可以被转换回基本磁盘。
- 可以在任何时间将基本磁盘转换为动态磁盘，而不会丢失数据；而在将动态磁盘转换为基本磁盘时，动态磁盘上的数据将会丢失。

将基本磁盘转换为动态磁盘的步骤如下所述。

步骤 1：打开【计算机管理】窗口，右击需要转换为动态磁盘的基本磁盘（如磁盘 1），在弹出的快捷菜单中选择【转换到动态磁盘】命令，如图 6.25 所示。

步骤 2：打开【转换为动态磁盘】对话框，在【磁盘】列表中勾选要转换的（一个或多个）基本磁盘的名称左侧的复选框，单击【确定】按钮，打开【要转换的磁盘】对话框，进一步确认后单击【转换】按钮，打开【磁盘管理】对话框，单击【是】按钮，如图 6.26 所示，然后系统执行转换。

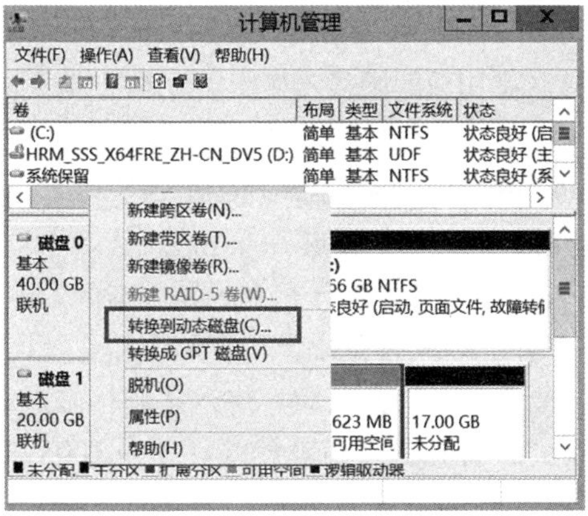

图 6.25 选择【转换到动态磁盘】命令

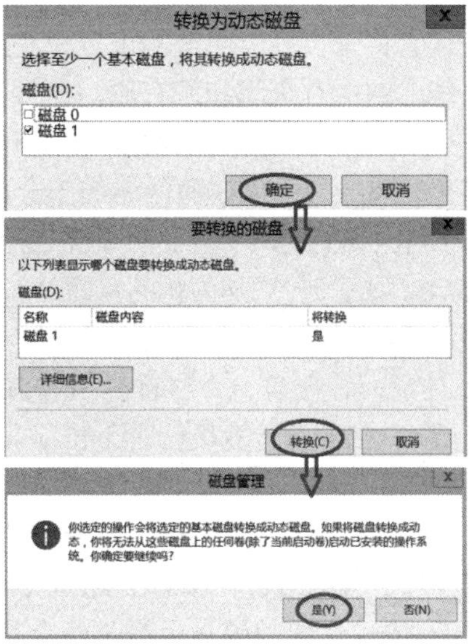

图 6.26 选择要转换为动态磁盘的基本磁盘

步骤 3：回到【计算机管理】窗口，如图 6.27 所示，可以看到磁盘 1 已经成为动态磁盘，其中原有的磁盘分区或逻辑驱动器全部变成简单卷。

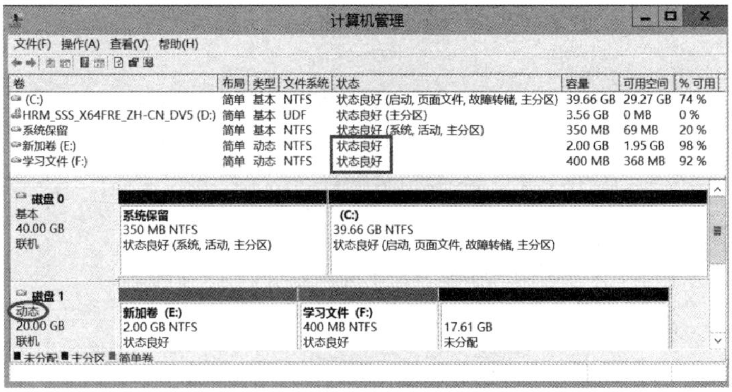

图 6.27 基本磁盘已成功转换为动态磁盘

2．创建简单卷

简单卷由单个物理磁盘上的磁盘空间组成，它可以由磁盘上的单个区域或连接在一起的相同磁盘上的多个区域组成。只能在动态磁盘中创建简单卷，如果想在创建简单卷后增加它的容量，则可以通过磁盘中的剩余未分配空间来扩展这个卷。

简单卷是在单个动态磁盘空间中创建的卷，其创建的方法与基本磁盘的分区相同，可参考任务 6-1 中的“在基本磁盘中创建主磁盘分区”部分的内容，这里不再重复，但需要注意以下问题：

- 简单卷采用的文件系统可以是 NTFS 或 FAT、FAT32 文件系统，但如果想要扩展简单卷，就必须使用 NTFS 文件系统。系统卷和引导卷无法被扩展。
- 扩展的空间可以是同一块磁盘中连续或不连续的空间。
- 简单卷与分区在大体上相似，但也有不同之处，简单卷既没有大小限制，在一个磁盘中也没有可创建卷的数目的限制。

3．创建跨区卷——整合零散空间

跨区卷将来自多个磁盘的未分配空间合并到一个逻辑卷中，这样可以更有效地使用多个磁盘系统上的所有空间和所有驱动器号。如果需要创建卷，但又没有足够的未分配空间分配给单个磁盘中的卷，则可以通过将来自多个磁盘的未分配空间的扇区合并到一个跨区卷来创建足够大的卷。用于创建跨区卷的未分配空间区域的大小可以不同。

由于跨区卷需要两个以上的磁盘，因此需要再次添加新的硬盘，使磁盘管理工具中具有磁盘 0、磁盘 1、磁盘 2。添加硬盘的步骤可参考任务 6-1 中的“磁盘的联机与初始化”部分的内容。

硬盘添加完成后，在磁盘 1 中取一个大小为 100MB 的空间，在磁盘 2 中取一个大小为 200MB 的空间，创建一个容量为 300MB 的跨区卷 I，具体步骤如下所述。

步骤 1：打开【计算机管理】窗口，右击动态磁盘中的【未分配】区域（本例为磁盘 1 中的【未分配】区域），在弹出的快捷菜单中选择【新建跨区卷】命令，打开【新建跨区卷】对话框，在【欢迎使用新建跨区卷向导】界面中单击【下一步】按钮，进入【选择磁盘】界面，通过【添加】按钮选择磁盘，并通过【选择空间量】数值框分别设置磁盘 1 为 100MB、磁盘 2 为 200MB（已选的磁盘至少为两个且每个磁盘的空间量可以不同），设置完成后可以看到【卷大小总数】数值框中的数值为 300，如图 6.28 所示，单击【下一步】按钮。

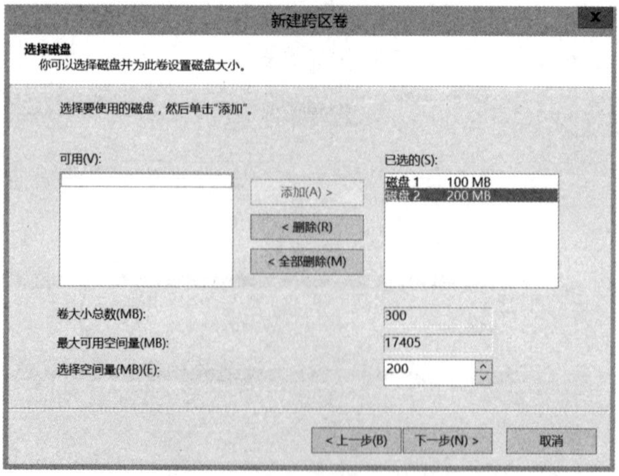

图 6.28　选择跨区卷的磁盘和空间量

步骤 2：进入【分配驱动器号和路径】界面，设置驱动器号后，单击【下一步】按钮，进入【卷区格式化】界面，设置文件系统、卷标等，单击【下一步】按钮，进入【正在完成新建跨区卷向导】界面，如图 6.29 所示，可以看到之前的设置，确认无误后，单击【完成】按钮。

步骤 3：回到【计算机管理】窗口，如图 6.30 所示，可以看到用于创建跨区卷的磁盘为磁盘 1 的 100MB 和磁盘 2 的 200MB，组合后的跨区卷（I 卷）的容量 300MB 为两个磁盘容量的和，同时跨区卷的颜色变成紫红色。

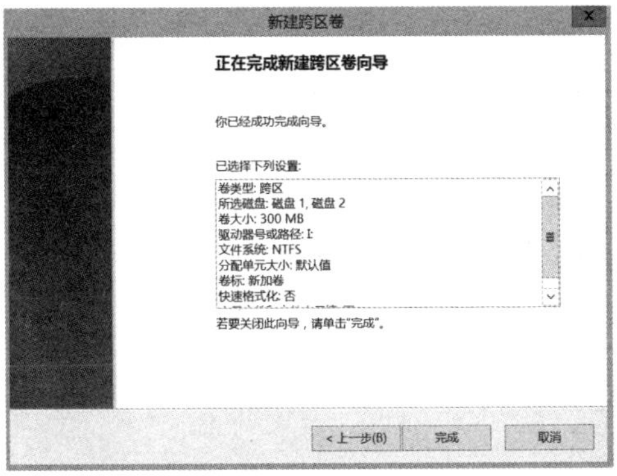

图 6.29 【正在完成新建跨区卷向导】界面

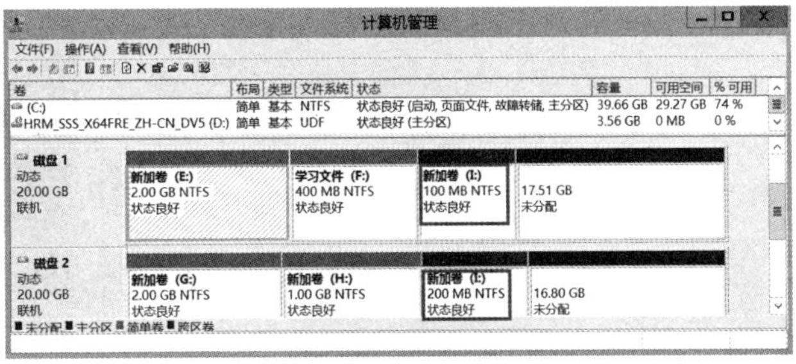

图 6.30 跨区卷创建完成

跨区卷具有以下特性：

- 跨区卷可以被格式化成 NTFS 或 ReFS 文件系统。
- 跨区卷不能包含系统卷和引导卷。
- 用于创建跨区卷的磁盘数量可为 2～32 个，每个成员磁盘占用的容量大小可以不相同。
- 当数据被存储到跨区卷时，先存到跨区卷成员中的第 1 个磁盘内，待其空间用尽后，才将数据存到第 2 个磁盘中，依次类推。
- 跨区卷没有容错功能，任意一个成员磁盘发生故障，跨区卷中的数据都可能丢失。
- 跨区卷创建后，仍可对其扩展容量。

4．创建带区卷——提高数据读写速度

带区卷是通过将两个或更多个磁盘中的可用空间区域合并到一个逻辑卷而创建的。带区卷使用 RAID 0，从而可以在多个磁盘中分布数据。带区卷不能被扩展或镜像，并且不提供容错功能。如果包含带区卷的其中一个磁盘出现故障，则整个卷无法工作。

在创建带区卷时，最好使用相同大小、型号和制造商的磁盘。创建带区卷的过程与创建跨区卷的过程类似，唯一的区别就是在选择磁盘时，参与带区卷的空间必须大小一样，并且最大值不能超过最小容量的参与该卷的未分配空间。带区卷可以同时对所有磁盘进行写数据操作，从而能以相同的速率向所有磁盘写数据。尽管不具备容错能力，但是带区卷在所有 Windows 磁盘管理策略中的性能最好，同时它通过在多个磁盘分配 I/O 请求，从而提高了 I/O 性能。

在磁盘 1 中取一个大小为 300MB 的空间，在磁盘 2 中取一个大小为 300MB 的空间，创建一个容量为 600MB 的跨区卷 J，具体步骤如下所述。

步骤 1：打开【计算机管理】窗口，右击动态磁盘中的【未分配】区域（本例为磁盘 1 中的【未分配】区域），在弹出的快捷菜单中选择【新建带区卷】命令，打开【新建带区卷】对话框，在【欢迎使用新建带区卷向导】界面中单击【下一步】按钮，进入【选择磁盘】界面，

通过【添加】按钮选择磁盘，并通过【选择空间量】数值框设置磁盘 1 和磁盘 2 均为 300MB（已选的磁盘至少为两个且每个磁盘的空间量必须相同），设置完成后，可以看到【卷大小总数】数值框中的数值为 600，如图 6.31 所示，单击【下一步】按钮。

步骤 2：进入【分配驱动器号和路径】界面，设置驱动器号后，单击【下一步】按钮，进入【卷区格式化】界面，设置文件系统、卷标等，单击【下一步】按钮，进入【正在完成新建带区卷向导】界面，如图 6.32 所示，可以看到之前的设置，确认无误后，单击【完成】按钮。

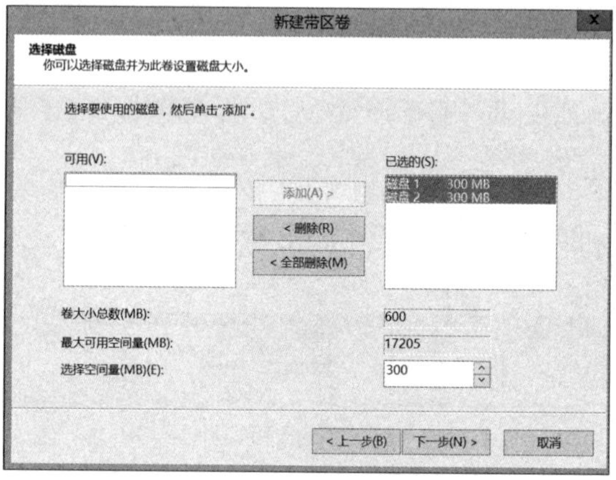

图 6.31　选择带区卷的磁盘和空间量

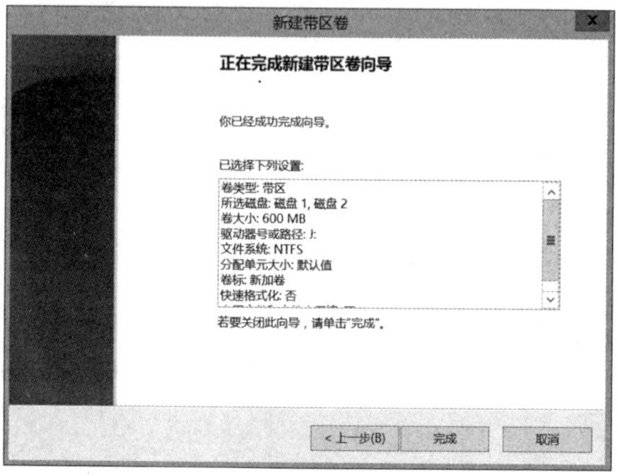

图 6.32　【正在完成新建带区卷向导】界面

步骤 3：回到【计算机管理】窗口，如图 6.33 所示，可以看到用于创建带区卷的磁盘为磁盘 1 的 300MB 和磁盘 2 的 300MB，组合后的带区卷（J 卷）的容量 600MB 为两个磁盘容量的和，同时带区卷的颜色变成海绿色。

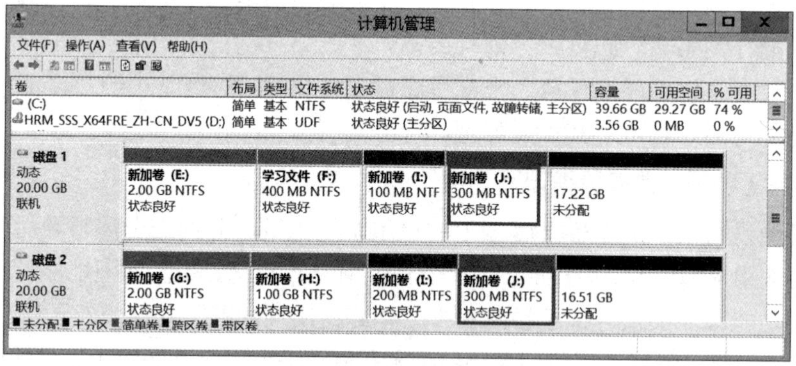

图 6.33　带区卷创建完成

带区卷具有以下特性：

- 用于创建带区卷的磁盘数量可为 2～32 个，每个成员磁盘占用的容量大小相同。
- 带区卷不能包含系统卷和引导卷。
- 系统在保存数据到带区卷时，将数据分成 64KB 大小的数据块后依次循环地写入带区卷成员磁盘中，由于所有成员磁盘的读写工作同时进行，因此可以提高磁盘访问的效率。
- Windows Server 2012 系统的带区卷可以被格式化为 NTFS 或 ReFS 文件系统。
- 带区卷不具备容错能力，当任意一个成员磁盘发生故障时，带区卷中的数据都会全部丢失。
- 带区卷一旦创建好后，其容量将无法扩展。

5．创建镜像卷——实现数据自动备份

利用镜像卷（即 RAID 1 卷）可以将用户的相同数据同时复制到两个物理磁盘中，如果一个物理磁盘出现故障，虽然该磁盘中的数据将无法使用，但是系统能够继续使用尚未损坏而仍继续正常运转的磁盘进行数据的读写操作，从而通过在另一个磁盘中保留完全冗余的副本，保护磁盘中的数据免受介质故障的影响。因为镜像卷的磁盘空间利用率只有 50%，所以镜像卷的花费相对较高。不过对于系统磁盘分区和引导磁盘分区而言，稳定是最重要的，一旦系统瘫痪，所有数据都将随之消失，所以这些代价还是非常值得的，因此镜像卷被大量应用于系统磁盘分区和引导磁盘分区。

要创建镜像卷，必须使用另一个磁盘中的可用空间。动态磁盘中现有的任何卷（甚至是系统卷和引导卷）都可以使用相同或不同的控制器镜像到其他磁盘中大小相同或更大的另一个卷。镜像卷可以增强“读”性能，因为容错驱动程序同时从两个磁盘中读取数据，所以读取数据的速度会有所增加。当然，由于容错驱动程序必须同时向两个磁盘中写入数据，因此磁盘的“写”性能会略有降低。

1）创建镜像卷

在磁盘 1 中取一个大小为 500MB 的空间，在磁盘 2 中取一个大小为 500MB 的空间，创建一个容量为 500MB 的镜像卷 K，具体的步骤如下所述。

步骤 1：打开【计算机管理】窗口，右击动态磁盘中的【未分配】区域（本例为磁盘 1 中的【未分配】区域），在弹出的快捷菜单中选择【新建镜像卷】命令，打开【新建镜像卷】对话框，在【欢迎使用新建镜像卷向导】界面中单击【下一步】按钮；进入【选择磁盘】界面，通过【添加】按钮选择磁盘，并通过【选择空间量】数值框设置磁盘 1 和磁盘 2 均为 500MB（已选的磁盘至少为两个且每个磁盘的空间量必须相同），设置完成后，可以看到【卷大小总数】数值框中的数值，如图 6.34 所示，单击【下一步】按钮。

步骤 2：进入【分配驱动器号和路径】界面，设置驱动器号后，单击【下一步】按钮，进入【卷区格式化】界面，设置文件系统、卷标等，单击【下一步】按钮，进入【正在完成新建镜像卷向导】界面，如图 6.35 所示，可以看到之前的设置，确认无误后，单击【完成】按钮。

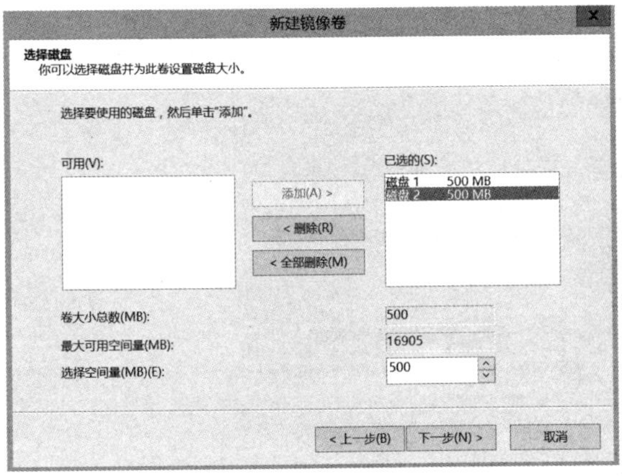

图 6.34 选择镜像卷的磁盘和空间量

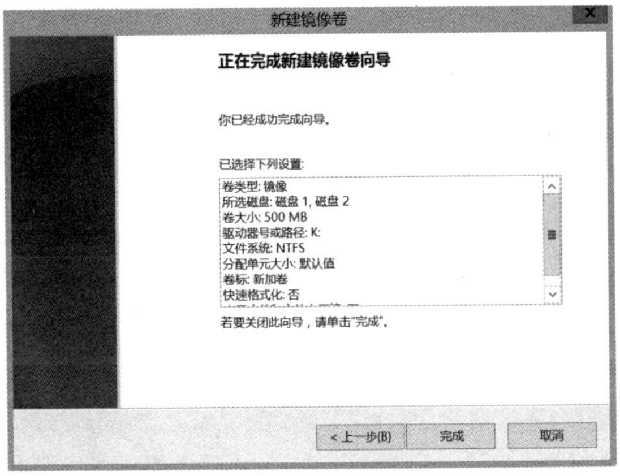

图 6.35 【正在完成新建镜像卷向导】界面

步骤 3：回到【计算机管理】窗口，如图 6.36 所示，可以看到整个镜像卷 K 在磁盘的物理空间分别在磁盘 1 和磁盘 2 上，容量为 500MB，同时镜像卷的颜色变成褐色。

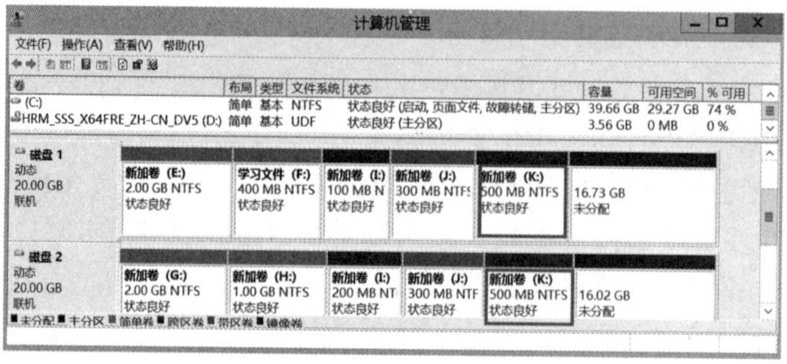

图 6.36 镜像卷创建完成

2）中断镜像卷

镜像卷毕竟只使用了一半的磁盘空间，当磁盘空间较小，不想使用镜像卷时，可以中断原来所创建的镜像卷。中断镜像卷的步骤如下：

打开【计算机管理】窗口，右击镜像卷中的卷副本之一（本例为磁盘 2 的镜像卷 K），在弹出的快捷菜单中选择【中断镜像卷】命令，打开【磁盘管理】对话框，如图 6.37 所示，单击【是】按钮，即可完成中断镜像卷操作。

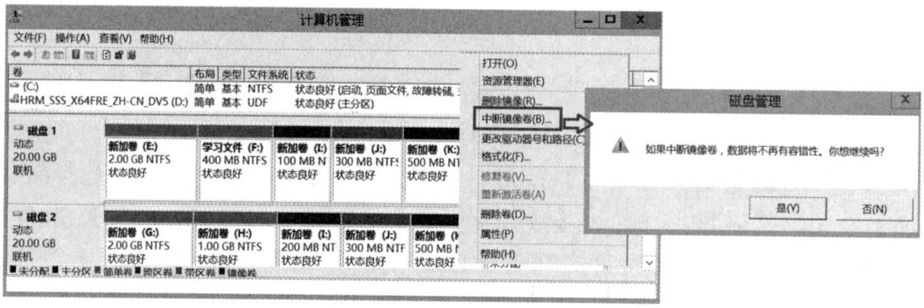

图 6.37 中断镜像卷

中断镜像卷后，镜像卷的成员会独立为两个简单卷，并且其中保留的数据完全一样，但这些卷不再具备容错能力。其中一个卷保留原驱动器号或装入点，而另一个卷则被自动分配下一个可用驱动器号。原来磁盘 1 和磁盘 2 的镜像卷 K 通过中断镜像卷操作后，分别独立为磁盘 1 的 L 卷和磁盘 2 的 K 卷，这两个卷均为简单卷，如图 6.38 所示。

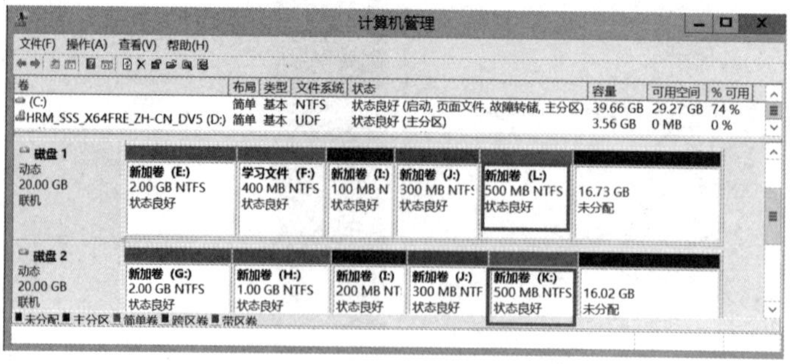

图 6.38 独立为两个简单卷

镜像卷具有以下特性：

- 用于创建镜像卷的磁盘数量只有两个，并且必须位于不同的动态磁盘中。
- 用于创建镜像卷的两个成员磁盘占用的容量大小相同。
- 系统在保存数据到镜像卷时，将一份数据分别保存到镜像卷的两个成员磁盘中。

- 镜像卷具备容错能力，当任意一个成员磁盘发生故障时，镜像卷中的数据不会丢失。
- 镜像卷一旦创建好后，其容量将无法扩展。

6. 创建 RAID 5 卷——增强数据可靠性

1）认识 RAID 5 卷

RAID（Redundant Arrays of Independent Disks，廉价冗余磁盘阵列，简称“磁盘阵列”）是一种用硬件或软件的控制方式，实现将多个独立的物理磁盘相互连接组成一个大容量的逻辑磁盘，使多个硬盘驱动器并行工作，减少错误，提高效率和可靠性的存储管理技术。

RAID 技术分为几种不同的等级，分别可以提供不同的速度、安全性和性价比。常用的 RAID 级别有 NRAID、RAID 0（带区卷）、RAID 1（镜像卷）、RAID 3、RAID 5、RAID 6 等。

Microsoft 公司从 Windows NT 系统开始提供基于软件的 RAID 5 卷功能。RAID 5 卷结合了带区卷与镜像卷的优点，既提高了磁盘的访问效率，又提供了容错能力。RAID 5 卷具有以下特性：

- RAID 5 卷包含 3～32 个磁盘。可以从 3～32 个磁盘内分别选择未分配的空间来组成 RAID 5 卷。注意，必须至少从 3 个磁盘内选择未分配的空间，这些磁盘的生产商、型号最好相同。
- 组成 RAID 5 卷的每个成员的容量大小是相同的，并且不能包含系统卷和启动卷。
- 系统在保存数据到 RAID 5 卷时，不仅将数据分成 64KB 大小的数据块循环地写入各个磁盘，还会在每次循环时，根据写入数据的内容计算奇偶校验数据，并将校验数据轮流地保存到不同的磁盘中。
- RAID 5 卷具备容错能力，当磁盘阵列中任意一个成员磁盘发生故障时，系统可以利用奇偶校验数据推算出故障磁盘内的数据，从而将故障磁盘中的数据恢复，让系统能够继续运行。
- 由于要计算奇偶校验数据，因此 RAID 5 卷的写入效率相对镜像卷较差。但是，与镜像卷相比，RAID 5 卷能提供更好的“读”性能，Windows Server 2012 系统可以从多个磁盘中同时读取数据。与镜像卷相比，RAID 5 卷有较高的磁盘利用率。

2）创建 RAID 5 卷

由于 RAID 5 卷至少需要 3 个磁盘，因此需要再次添加新的硬盘，使磁盘管理工具中具有磁盘 0、磁盘 1、磁盘 2、磁盘 3。添加硬盘的步骤可参考任务 6-1 中的“磁盘的联机与初始化”部分的内容。

使用磁盘 1、磁盘 2 和磁盘 3 创建一个容量为 2048MB 的 RAID 5 卷 N，具体步骤如下所述。

步骤 1：打开【计算机管理】窗口，右击动态磁盘中的【未分配】区域（本例为磁盘 1 中的【未分配】区域），在弹出的快捷菜单中选择【新建 RAID 5 卷】命令，打开【新建 RAID 5 卷】对话框，在【欢迎使用新建 RAID 5 卷向导】界面中单击【下一步】按钮，进入【选择磁盘】界面，通过【添加】按钮选择磁盘，并通过【选择空间量】数值框设置磁盘 1、磁盘 2 和磁盘 3 均为 1024MB（已选的磁盘至少为 3 个且每个磁盘的空间量必须相同），设置完成后，可以看到【卷大小总数】数值框中的数值，如图 6.39 所示，单击【下一步】按钮。

步骤 2：进入【分配驱动器号和路径】界面，设置驱动器号后，单击【下一步】按钮，进入【卷区格式化】界面，设置文件系统、卷标等，单击【下一步】按钮，进入【正在完成新建 RAID 5 卷向导】界面，如图 6.40 所示，可以看到之前的设置，确认无误后，单击【完成】按钮。

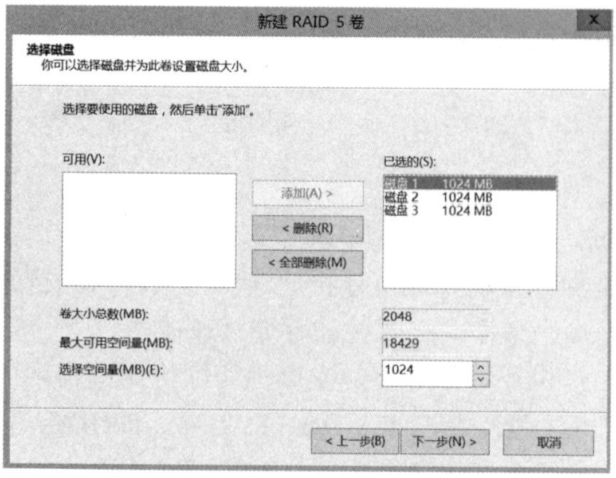

图 6.39 选择 RAID 5 卷的磁盘和空间量

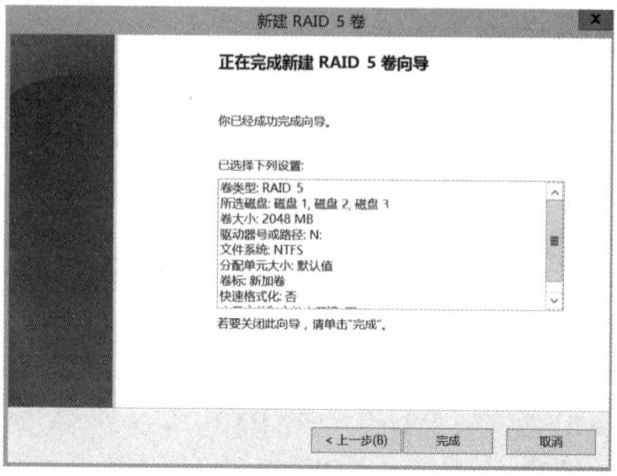

图 6.40 【正在完成新建 RAID 5 卷向导】界面

步骤 3：回到【计算机管理】窗口，如图 6.41 所示，可以看到整个 RAID 5 卷 N 在磁盘的物理空间分别在磁盘 1、磁盘 2 和磁盘 3 上，容量为 2048MB，同时 RAID 5 卷的颜色变成淡蓝色。

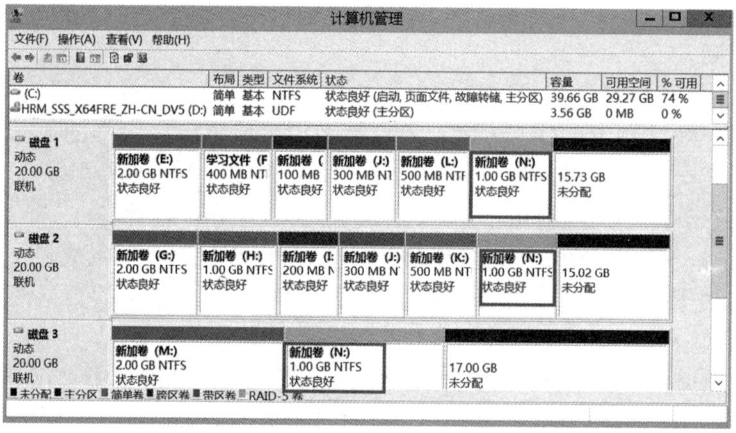

图 6.41 RAID 5 卷创建完成

6.3.3 任务 6-3 磁盘配额管理

如果在服务器上对用户使用磁盘不加限额，则当某个用户恶意占用太多的磁盘空间时，将导致磁盘空间可能很快就被用完。磁盘配额就是管理员规定用户最多能使用的磁盘空间大小，可以限制用户对磁盘空间的无限使用。磁盘配额的工作过程是：磁盘配额管理器会根据网络系统管理员设置的条件，监视对受保护的磁盘卷的写入操作，如果受保护的卷达到或超过某个特定的水平，就会有一条消息被发送到向该卷进行写入操作的用户，警告该卷接近配额限制，或者配额管理器会阻止该用户对该卷进行写入操作。

Windows Server 2012 系统进行配额管理是基于用户和卷的，配额的磁盘是 Windows 卷（即不论卷跨越几个物理硬盘或者一个物理硬盘有几个卷），而不是各个物理硬盘。磁盘配额管理包括两个方面：启用磁盘配额和为特定用户指定磁盘配额项。

1．启用磁盘配额

启用磁盘配额可以在用户所用额度超过管理员所指定的磁盘空间大小时，阻止其进一步使用磁盘空间并记录用户的使用情况。启用磁盘配额虽然对计算机的性能有少许影响，但是对合理使用磁盘意义重大。

要启用磁盘配额必须满足两个条件：①文件系统必须为 NTFS；②只有 Administrator 用户和隶属于 Administrators 组的用户才有启用权限。

启用磁盘配额的具体步骤如下所述。

步骤 1：用 Administrators 组的成员登录系统，双击【计算机】图标，打开【计算机】窗口，右击要启用磁盘配额的卷（本例为新加卷 E 盘），在弹出的快捷菜单中选择【属性】命令，在打开的【新加卷(E:)属性】对话框中选择【常规】选项卡，如图 6.42 所示，可以看到在启用磁盘配额前 E 盘的容量大小为 1.99GB。

步骤 2：选择【配额】选项卡，勾选【启用配额管理】和【拒绝将磁盘空间给超过配额限制的用户】复选框，选中【将磁盘空间限制为】单选按钮，在右侧的文本框中输入磁盘空间限制和警告等级的数值，从下拉列表中选择适当的单位（本例分别为 100MB 和 90MB），勾选【用户超出配额限制时记录事件】和【用户超过警告等级时记录事件】复选框，如图 6.43 所示，单击【应用】按钮。

图 6.42 【常规】选项卡 1

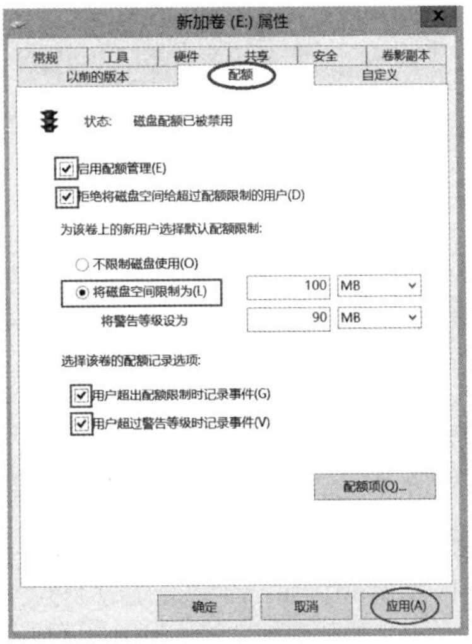

图 6.43 【配额】选项卡

- 【拒绝将磁盘空间给超过配额限制的用户】：如果勾选该复选框，则超过其配额限制的用户将收到来自 Windows 系统的“磁盘空间不足”错误信息，并且无法将额外的数据写入卷；如果没有勾选该复选框，则对用户写入数据的大小没有限制。
- 【将磁盘空间限制为】：限制用户在该磁盘的可用空间。在启用磁盘配额前就已经在该磁盘中存储数据的用户不会受到此处的限制，不过，可用后面为特定用户指定磁盘配额项的方法（后面会介绍）对这类用户设置配额。
- 【用户超出配额限制时记录事件】：当发生用户超过其配额限制的使用尝试时，该事件就会被写入计算机的系统日志，管理员可以用事件查看器查看这些事件。在默认情况下，配额事件每小时都会写入本地计算机的系统日志。
- 【用户超过警告等级时记录事件】：当用户超过其警告等级使用磁盘时，该事件就会被写入系统日志。

步骤 3：打开【磁盘配额】对话框，如图 6.44 所示，单击【确定】按钮，启用磁盘配额。

步骤 4：由于磁盘配额对系统管理员不起作用，因此需要注销当前管理员用户，并用一个非管理员用户重新登录系统。打开【计算机】窗口，右击【新加卷(E:)】，在弹出的快捷菜单中选择【属性】命令，在打开的【新加卷(E:)属性】对话框中选择【常规】选项卡，如图 6.45 所示，可以看到 E 盘的容量大小变为 100 MB，证明磁盘配额已经生效。

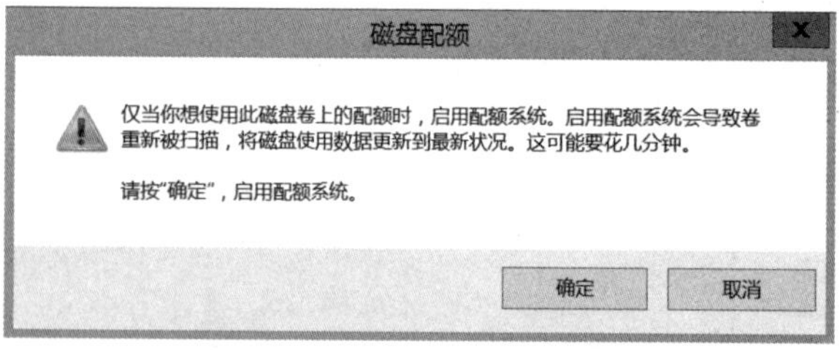

图 6.44 【磁盘配额】对话框

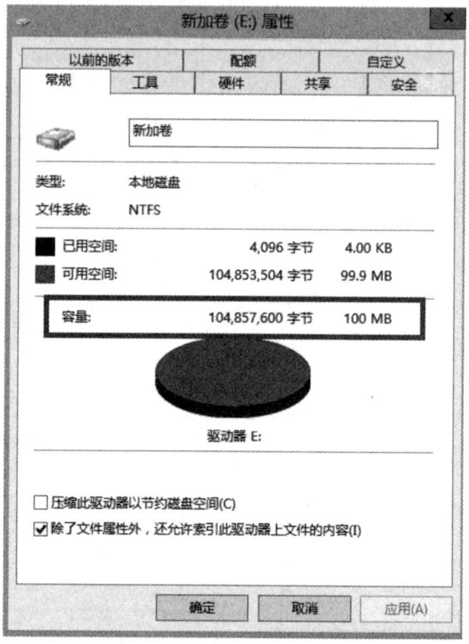

图 6.45 【常规】选项卡 2

2. 为特定用户指定磁盘配额项

上述磁盘配额对除 Administrators 组以外的所有用户生效。如果想为某些非管理员用户单独指定配额，则可以通过为该用户单独指定磁盘配额项来实现，操作步骤如下所述。

步骤 1：用 Administrators 组的成员登录系统，双击【计算机】图标，打开【计算机】窗口，右击要启用磁盘配额的卷（本例为新加卷 E 盘），在弹出的快捷菜单中选择【属性】命令，在打开的【新加卷(E:)属性】对话框中选择【配额】选项卡，单击【配额项】按钮，打开【新加卷(E:)的配额项】窗口，选择【配额】菜单中的【新建配额项】命令，如图 6.46 所示。

步骤 2：打开【选择用户】对话框，在【输入对象名称来选择(示例)】文本框中输入要单独实施配额的用户名（如 zhangliang）；或者单击【高级】按钮，在弹出的对话框中单击【立即查找】按钮，搜索结果里面会显示系统的所有用户的名称，选择特定用户的名称（如 zhangliang），单击【确定】按钮，如图 6.47 所示。

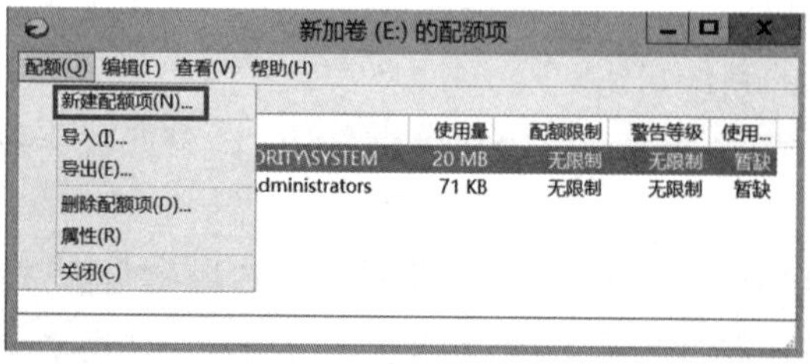

图 6.46 选择【配额】菜单中的【新建配额项】命令

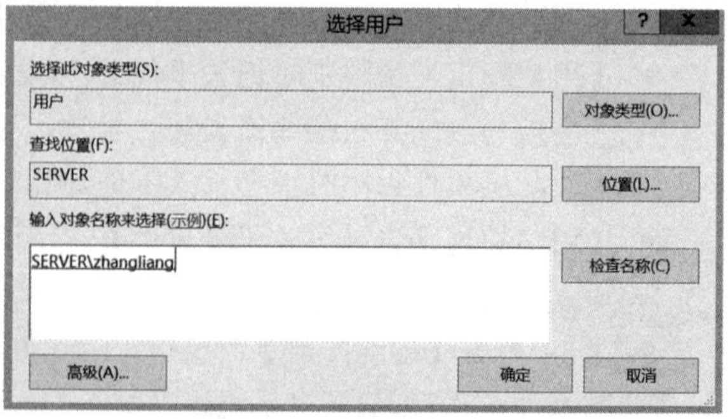

图 6.47 指定特定用户

步骤 3：打开【添加新配额项】对话框，在此，可指定下列选项之一。

- 【不限制磁盘使用】：跟踪磁盘空间的使用，但不限制磁盘空间。
- 【将磁盘空间限制为】：如果选中该单选按钮，则将激活磁盘空间限制和警告等级。在文本框中输入数值（本例为 500 和 490），然后从下拉列表中选择磁盘空间的单位（本例为 MB），如图 6.48 所示，单击【确定】按钮。

步骤 4：返回【新加卷(E:)的配额项】窗口，如图 6.49 所示，可以看到新添加的针对特定用户的磁盘配额的设置值。

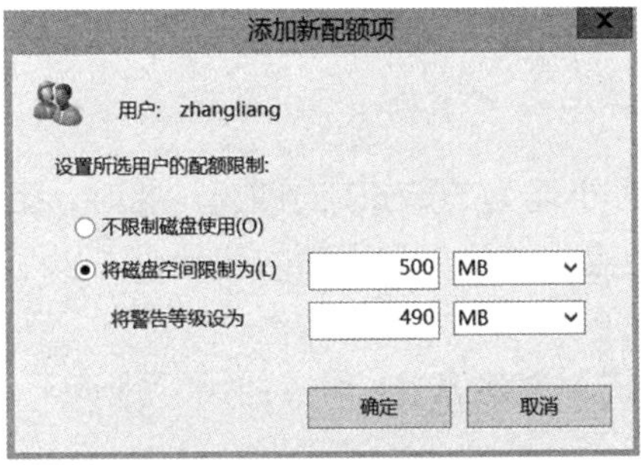

图 6.48　设置配额项

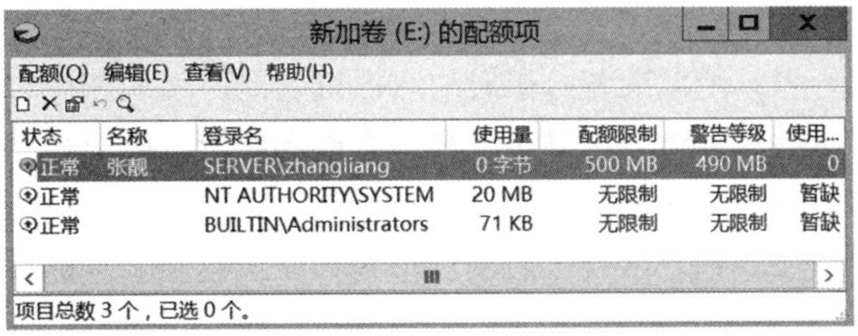

图 6.49　针对特定用户的磁盘配额设置完成

步骤 5：注销系统，用指定的特定用户（本例为 zhangliang）登录系统，双击【计算机】图标，打开【计算机】窗口，右击【新加卷(E:)】，在弹出的快捷菜单中选择【属性】命令，打开【新加卷(E:)属性】对话框，选择【常规】选项卡，如图 6.50 所示，可以看到 E 盘的容量大小为 500MB，证明针对当前特定用户的磁盘配额已经生效。

步骤 6：再次使用普通用户（本例为 user）登录系统，双击【计算机】图标，打开【计算机】窗口，右击【新加卷(E:)】，在弹出的快捷菜单中选择【属性】命令，打开【新加卷(E:)属性】对话框，选择【常规】选项卡，如图 6.51 所示，可以看到 E 盘的容量大小仍然为 100MB，证明此次的磁盘配额对该用户无效。

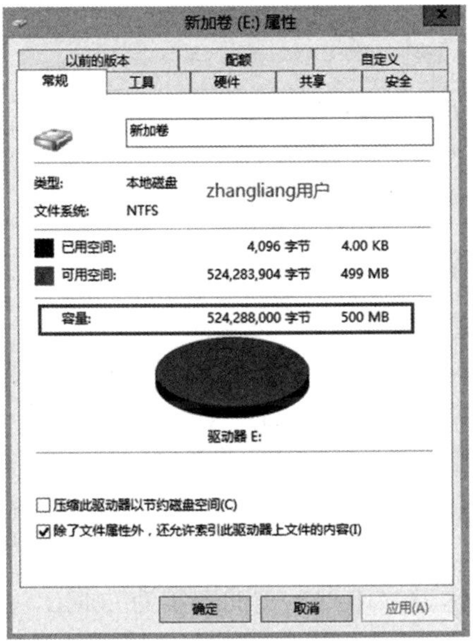

图 6.50　特定用户的磁盘配额

图 6.51　普通用户的磁盘配额

6.4 项目实训 6 创建与管理磁盘

【实训目的】

创建与管理基本磁盘；创建与管理动态磁盘；在 NTFS 分区中进行磁盘配额管理。

【实训环境】

每人 1 台 Windows 10 物理机，1 台 Windows Server 2012 虚拟机（虚拟机需要添加至少 3 块硬盘），VMware Workstation 16 及以上版本的虚拟机软件。

【实训内容】

1．准备工作

（1）硬盘准备：在启动虚拟机之前，添加 3 块容量大小均为 500MB 的硬盘。此时，虚拟机中有 4 个磁盘，磁盘 0 是原有的系统盘，磁盘 1、磁盘 2、磁盘 3 是添加的新磁盘，以下的实训内容均在磁盘 1、磁盘 2、磁盘 3 上进行。

（2）账户准备：启动虚拟机，以管理员身份登录系统，创建表 6.4 所示的用户账户。

表 6.4 要创建的用户账户

用户账户	隶属于的组	说明
xx1（xx 为自己姓名的首字母）	Users	普通用户
xx2（xx 为自己姓名的首字母）	Users	普通用户

2．创建与管理基本磁盘

（1）在磁盘 1 中创建两个主磁盘分区、一个扩展磁盘分区（两个逻辑驱动器），创建参数如表 6.5 所示。

表 6.5 磁盘 1 的创建参数

磁盘 1		分区大小	驱动器号或路径	文件系统
主磁盘分区 1		150MB	指派一个驱动器号	NTFS
主磁盘分区 2		150MB	指派一个路径	FAT32
扩展磁盘分区	逻辑驱动器 1	100MB	指派一个驱动器号	NTFS
	逻辑驱动器 2	100MB	不指派驱动器号或路径	FAT32

（2）为逻辑驱动器 2 指派一个驱动器号。

（3）把逻辑驱动器 2 的文件系统修改为 NTFS。

3．创建与管理动态磁盘

（1）在磁盘 1 中随意创建几个文件夹和文件，先把该磁盘转换为动态磁盘，观察磁盘中原有的内容是否丢失，再将动态磁盘转换为基本磁盘，观察磁盘中原有的内容是否丢失。

（2）把磁盘 1 转换为动态磁盘，在其中创建一个简单卷（容量为 50MB），扩展简单卷的容量（增加 20MB），观察容量变化及其中原有的内容是否丢失。禁用磁盘 1（假设该磁盘出现故障）后会出现什么情况？

（3）把磁盘 2 转换为动态磁盘，创建一个跨区卷（磁盘 1 上的容量为 20MB，磁盘 2 上的容量为 30MB）。

（4）利用磁盘 1 和磁盘 2 中未分配的空间创建一个带区卷（总容量为 80MB），并在该卷中放置几个文件（文件大小应大于 64KB，最好是文本、图片等可打开的文件）。禁用磁盘 1 或磁盘 2（假设该磁盘出现故障）后是否还可以访问该卷中的文件？

（5）利用磁盘 1 和磁盘 2 中未分配的空间创建一个镜像卷（可用容量为 30MB），并在该卷中放置几个文件。禁用磁盘 1 或磁盘 2（假设该磁盘出现故障）后是否还可以访问该卷中的文件？

（6）把磁盘 3 转换为动态磁盘。利用磁盘 3、磁盘 1 和磁盘 2 中未分配的空间创建一个 RAID 5 卷，并在该卷中放置几个文件。禁用磁盘 1 或磁盘 2（假设该磁盘出现故障）后是否还可以访问该卷中的文件？

4．在 NTFS 分区中进行磁盘配额管理

（1）以管理员身份登录系统，在其中一个驱动器上启用磁盘配额，将磁盘空间限制为 50MB，将警告等级设置为 40MB。

（2）注销系统，切换到 xx1 账户，查看该系统的驱动器的磁盘配额是多少。

（3）为特定用户 xx2 指定配额项：磁盘空间限制为 20MB、警告等级为 10MB。

（4）注销系统，切换到 xx2 账户，查看该系统的驱动器的磁盘配额是多少。在已启用磁盘配额的驱动器中创建一个文件夹，向该文件夹中复制一些文件，当复制的文件的总大小超过警告等级和磁盘空间限制的容量时会出现什么问题？

6.5 项目习题

一、填空题

1．硬盘是计算机主要的存储媒介之一，其种类有机械硬盘、______________和混合硬盘。

2．磁盘分区的样式有两种，分别为 GPT 和______________。

3．Windows 系统将磁盘的使用方式分为两种：基本磁盘和______________。

4．启用磁盘配额的文件系统必须为______________。

5．RAID 5 卷可以包含______________个磁盘。

6．动态磁盘中的______________可以实现数据自动备份。

二、单选题

1．在一个 MBR 样式的基本磁盘中最多可以创建（　　）。

A．4 个扩展磁盘分区

B．3 个扩展磁盘分区和 1 个主磁盘分区

C．2 个主磁盘分区和 2 个扩展磁盘分区

D．3 个主磁盘分区和 1 个扩展磁盘分区

2．扩展磁盘分区中可以包含一个或多个（　　）。

A．主磁盘分区　　B．逻辑分区　　C．简单卷　　D．跨区卷

3．某公司新买了一台服务器，准备将其作为该公司的文件服务器，管理员正在对该服务器的硬盘进行规划。如果管理员希望对数据进行容错，并保证较高的磁盘利用率，则他应将硬盘规划为（　　）。

A．跨区卷　　B．带区卷　　C．镜像卷　　D．RAID 5 卷

4．下列说法中不正确的是（　　）。

A．RAID 5 卷最少需要 3 个磁盘　　B．镜像卷的磁盘利用率可以达到 50%

C．带区卷支持容错　　D．RAID 5 卷的磁盘利用率可以大于 60%

5．有 3 块容量为 80GB 的硬盘，在创建成 RAID 5 卷后，该卷的实际容量是（　　）。

A．80GB　　B．160GB　　C．240GB　　D．320GB

6．如果启用磁盘配额，则下列说法中不正确的是（　　）。

A．磁盘配额只能在驱动器级别上启用，不能在文件夹级别上启用

B．普通用户也有权限启用磁盘配额

C．在启用磁盘配额时，如果没有勾选【拒绝将磁盘空间给超过配额限制的用户】复选框，则用户在使用磁盘时不会受配额限制

D．在实际应用中，启用磁盘配额主要用于控制远程用户对服务器磁盘空间的占用，如为 Web 网站限定使用空间、为电子邮箱限定使用空间等

7．下列（　　）功能是 NTFS 文件系统和 FAT 文件系统都具备的。

A．文件加密　　B．文件压缩　　C．设置共享权限 D．磁盘配额

8．以下哪一项不属于基本磁盘？（　　）

A．动态磁盘　　B．主磁盘分区　　C．扩展磁盘分区 D.逻辑分区

三、问答题

1．硬盘接口有哪些类型？

2．文件在带区卷、镜像卷、RAID 5 卷中是如何存放的？这样的存放方法有什么好处？

3．磁盘配额的配置只能针对用户账户，而不能针对组账户，这种说法是否正确？简要说明理由。

项目 7

配置与管理域控制器

学习目标

域服务器成入侵跳板——近期，腾讯安全应急响应中心接到某企业发来的求助，称其局域网内的 8 台服务器遭到了勒索病毒攻击。在收到求助后，腾讯安全技术专家快速进行了深入溯源分析，确认该企业经历的是一起 GlobeImposter 勒索病毒利用域服务器作为跳板的定向攻击事件。据腾讯安全技术专家介绍，一旦企业域服务器被攻击者控制，意味着整个企业所有域内计算机系统都处于险境，可能导致企业大量机密信息泄露。本次安全事件的起因主要是安全域的划分不明确，较为混乱，企业的安全意识仍需加强等。为了保护用户免受 GlobeImposter 勒索病毒的攻击，应该立即将远程桌面连接使用的弱密码修改为复杂密码，复杂密码可以减少服务器被黑客爆破成功的机会。

知识目标

- 了解域的概念、特点，活动目录的结构，域用户账户、域组账户和组织单位的概念、特点和用途
- 熟悉域控制器的条件、活动目录的管理与维护、域组账户的使用原则
- 掌握创建域、将计算机加入或脱离域的方法，创建与管理域用户账户、域组账户和组织单位的方法，以及组策略的应用

能力目标

- 具备创建域、将计算机加入或脱离域的能力
- 具备创建与管理域用户账户、域组账户和组织单位的能力
- 具备利用组策略技术对域中的计算机进行常用设置的能力

素养目标

- 培养学生不忘初心，牢记使命，强化其政治意识
- 培养学生的网络安全意识

7.1 项目背景

成都航院组建的校园网内部的办公网络原来是基于工作组模式的，近期由于学校的快速发展及学生人数增多，因此信息中心出于方便和网络安全管理的需要，考虑将基于工作组模式的网络升级为基于域模式的网络。现在需要将一台或多台计算机升级为域控制器，实行统一调配和集中管理，并将其他所有计算机加入域成为成员服务器，同时将原来的本地用户和本地组也分别升级为域用户和域组进行管理。

7.2 项目知识

7.2.1 认识域

1. 域的概念

域（Domain）是一个有安全边界的计算机集合，也可以被理解为服务器控制网络上的计算机能否加入的计算机组合。在对等网（工作组）模式下，任意一台计算机只要接入网络，其他机器就都可以访问共享资源，如共享上网等。尽管对等网中的共享文件可以加访问密码，但是非常容易被破解。在由 Windows 系统构成的对等网中，数据的传输是非常不安全的。

在主从式网络中，资源集中存放在一台或几台服务器中，如果只有一台服务器，则问题就很简单，在服务器上为每个用户创建一个账户即可，用户只需登录该服务器就可以使用该服务器中的资源。然而，如果资源分布在多台服务器上呢？如图 7.1 所示，要在每台服务器（共 M 台）上分别为每个用户（共 N 个）创建一个账户（共 $M\times N$ 个），用户需要在每台服务器上登录，感觉又回到了对等网模式。

在使用了域之后，如图 7.2 所示，服务器和用户的计算机都在同一个域中，用户在域中只要拥有一个账户，用账户登录域服务后即取得一个身份，有了该身份便可以在域中漫游，访问域中任意一台服务器上的资源。在每台存放资源的服务器上并不需要为每个用户创建账户，而只需要把资源的访问权限分配给用户在域中的账户即可。

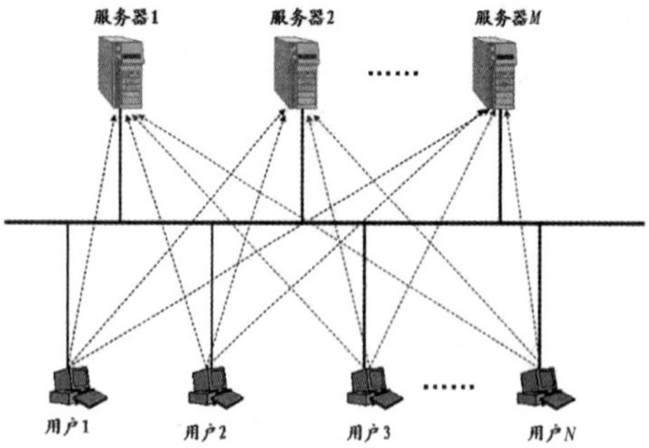

图 7.1 资源分布在多台服务器上

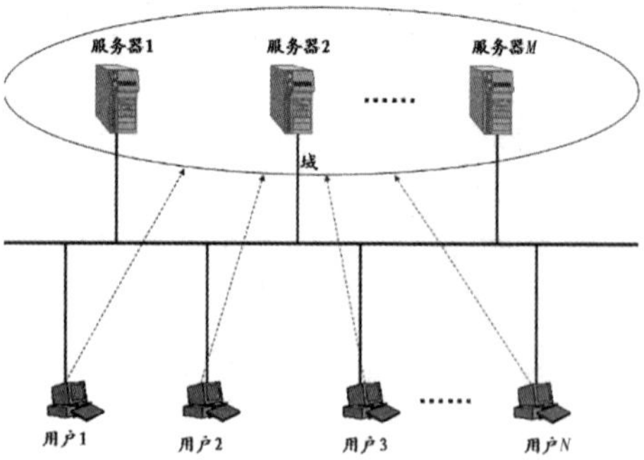

图 7.2 域模式

不过在域模式中，至少有一台服务器负责每台接入网络的计算机和用户的验证工作，相当于一个单位的门卫，它被称为“域控制器”（Domain Controller，DC），包含了由这个域的账户、密码、属于这个域的计算机等信息构成的数据库。当计算机接入网络时，域控制器首先要鉴别这台计算机是否属于这个域、用户使用的登录账户是否存在、密码是否正确。如果以上信息有一样不正确，则域控制器就会拒绝这个用户从这台计算机登录。不能登录，用户就不能访问服务器上有权限保护的资源，只能以对等网用户的方式访问 Windows 系统共享出来的资源，这样就在一定程度上保护了网络上的资源。

然而随着网络的不断发展，有的企业的网络大得惊人，当网络有十万个甚至更多的用户时，域控制器存放的用户数据量很大，更为关键的是，如果用户频繁登录，则域控制器可能因此不堪重负。在实际的应用中，可以在网络中划分多个域，每个域的规模控制在一定的范围内，如图 7.3 所示。在将大的网络划分成小的网络（域）后，域 A 中的用户登录后可以访问域 A 内服务器上的资源，域 B 中的用户可以访问域 B 内服务器上的资源，但域 A 中的用户访问不了域 B 内服务器上的资源，域 B 中的用户也访问不了域 A 内服务器上的资源。

域是一个安全的边界，实际上就是表示：当两个域独立时，一个域中的用户无法访问另一个域内的资源。当然，在实际的应用中，一个域中的用户常常有访问另一个域内资源的需要。为了解决用户跨域访问资源的问题，可以在域之间引入信任，有了信任关系，域 A 中的用户想要访问域 B 内的资源，让域 B 信任域 A 就行了。

信任关系分为单向和双向，如图 7.4 所示。图 7.4（a）所示为单向的信任关系，箭头指向被信任的域，即域 A 信任域 B，域 A 称为“信任域”，域 B 称为“被信任城”，因此域 B 中的用户可以访问域 A 内的资源。图 7.4（b）所示为双向的信任关系，域 A 信任域 B 的同时域 B 也信任域 A，因此域 A 中的用户可以访问域 B 内的资源，反之亦然。

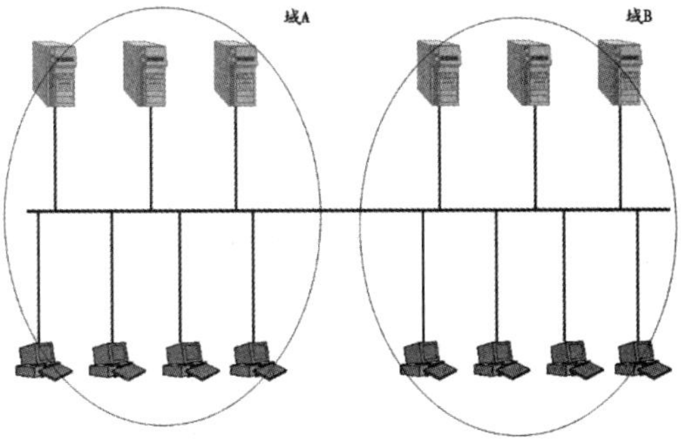

图 7.3　多域的模式

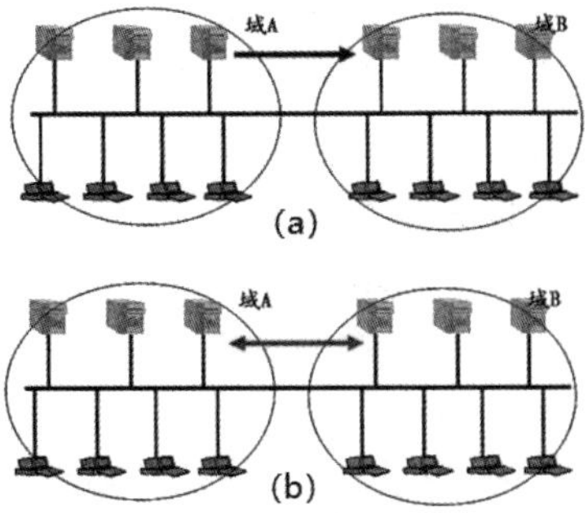

图 7.4　信任关系

2．域的特点

与工作组相比，域具有以下特点：

（1）域是一种集中的管理模式。在工作组中只能由每台计算机的本地管理员分别管理各自的计算机，但是在域中，由于所有计算机共享了一个活动目录，因此可以由域管理员通过管理活动目录对整个域中的对象（如用户和计算机）和安全策略实施统一部署和管理。

（2）域的安全级别较高。由于域内的所有计算机都会优先按照活动目录中的配置策略配置自己（由低到高的顺序为：本地策略→站点策略→域策略→子域策略→组织单位策略），因此管理员可以在活动目录中通过添加强有力的安全策略来保证整个域中成员计算机的安全性。

（3）便于用户访问域中的资源。在域的活动目录中，管理员可以为用户创建用户账户，这种用户账户只存在于域中，所以被称为“域用户账户”。与工作组中每台计算机各自的本地用户账户只能访问本机资源不同，一个域中无论有多少台计算机，使用者只要拥有域用户账户，便可在加入域的任意一台计算机上登录（为单点登录），并访问域中所有计算机上允许访问的资源，即域用户账户对资源的访问范围可以是整个域，而非局限在一台计算机上。

7.2.2　活动目录

1．活动目录的概念

域和工作组都是由网络中的一些计算机组成的，但二者最大的不同是域内设置了一个专门的“管理机关”——活动目录（Active Directory，AD）。活动目录是存储网络上的对象信息和配置信息并使该信息便于用户使用的目录服务，它是一种网络服务，存储着网络资源的信息并使用户和应用程序能访问这些资源，如图 7.5 所示。

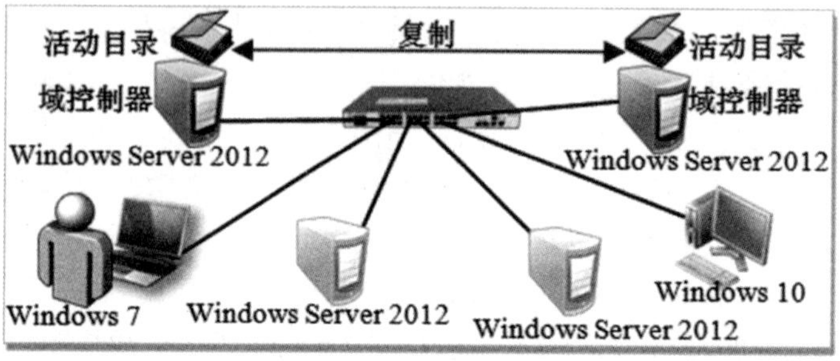

图 7.5　域和活动目录

在活动目录管理的网络中，目录首先是一个容器，它存储了所有的用户、计算机、应用服务等资源，同时对于这些资源，目录服务通过规则让用户和应用程序快速访问这些资源。例如，在工作组的计算机管理中，如果一个用户需要使用多台计算机，则网络管理员需要到这些计算机上为该用户创建账户并授予该账户相应的访问权限。如果有大量的用户有这类需求，则网络管理员的管理难度将十分大。但在活动目录的管理方式下，用户作为资源被统一管理，每个用户拥有唯一的活动目录账户，通过对该用户授权允许访问特定组的计算机即可完成该工作。通过比较不难得出活动目录在管理大量用户和计算机时所具有的优势。

综上所述，活动目录是一个数据库，它存储着网络中重要的资源信息。当用户需要访问网络中的资源时，就可以到活动目录中进行检索并能快速查找到需要的对象。而且活动目录是一种分布式服务，当网络的地理范围很大时，可以通过位于不同地点的活动目录数据库提供相同的服务来满足用户的需求。

2．活动目录的结构

活动目录的结构是指网络中所有用户、计算机及其他网络资源的层次关系，就像是一个大型仓库中分出若干个小的储藏间，每个小的储藏间分别用来存放不同的东西一样。在活动目录中存储了大量种类繁多的资源信息，要对这些资源信息进行较好的管理，就必须把它们有效地组织起来，活动目录的结构就是用来组织资源信息的。这些资源信息不仅包括用户、组、计算机、应用程序等基本对象，还包括由基本对象按照一定的层次结构组合起来的组合对象。Windows Server 2012 系统的活动目录中的对象主要有组织单位、域、域树、域林。

1）组织单位

组织单位（Organizational Unit，OU）是活动目录中的一个特殊容器对象，可以把域中的对象组织成逻辑组，以简化管理工作。组织单位可以包含各种对象，如用户账户、用户组、计算机、打印机等，甚至可以包括其他的组织单位，所以可以利用组织单位把域中的对象组成一个完全逻辑上的层次结构。另外，组织单位可以和公司的行政机构相结合，这样可以方便管理员对活动目录对象的管理。对于企业来讲，既可以按照部门把所有的用户和设备组成一个组织单位层次结构，也可以按照地理位置形成组织单位层次结构，还可以按照功能和权限分成多个组织单位层次结构。组织单位示意图如图 7.6 所示。

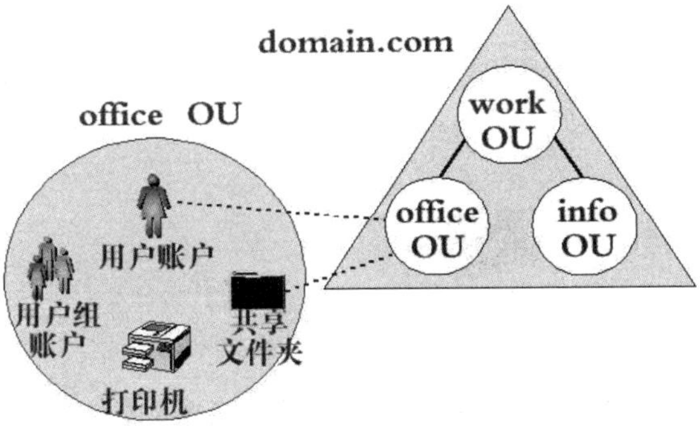

图 7.6 组织单位示意图

组织单位是活动目录中最小的管理单元。当一个域中对象的数量非常多时，可以用组织单位把一些具有相同管理要求的对象组织在一起，这样就可以实现分级管理了。域管理员可以委托某个用户去管理某个组织单位，管理权限可以根据需要配置，这样就可以减轻域管理员的工作负担。

2）域

域是活动目录的逻辑结构的核心单元，是活动目录对象（如计算机、用户、组织单位等）的容器。同时，域定义了 3 个边界：安全边界、管理边界、复制边界。

（1）安全边界。

域中所有的对象都保存在域中，并且每个域只保存属于本域的对象，所以域管理员只能管理本域。安全边界的作用就是保证域管理员只能在该域内拥有必要的管理权限，而对于其他域（如子域）则没有权限。

（2）管理边界。

每个域只能管理自身区域中的对象。例如，父域和子域是两个独立的域，两个域的管理员仅能管理自身区域中的对象，但是由于两个域之间存在逻辑上的父子信任关系，因此两个域中的用户可以相互访问，但是不能管理对方区域中的对象。

（3）复制边界。

域是一种逻辑的组织形式，因此一个域可以跨越多个物理位置，如图 7.7 所示，成都航院在龙泉和新都都有分校区，它们都隶属于域 CAP.EDU.CN，龙泉校区和新都校区两地通过 ADSL 拨号互连，同时两地都部署了一台域控制器。如果 CAP 域中只有龙泉校区部署了一台域控制器，则新都校区的客户机在登录域或使用域中的资源时，都要通过龙泉校区的域控制器进行查找，而龙泉校区和新都校区的连接是慢速的，在这种情况下，为了提高用户的访问速率，可以在新都校区也部署一台域控制器，同时让新都校区的域控制器复制龙泉校区域控制器中的所有数据，这样新都校区的用户只需要通过本地域控制器即可实现快速登录和资源查找。由于域控制器中的数据是动态的（如管理员禁用了一个用户），因此域内的所有域控制器之间必须实现数据同步。域控制器仅能复制本域内的数据，不能复制其他域内的数据，所以域是复制边界。

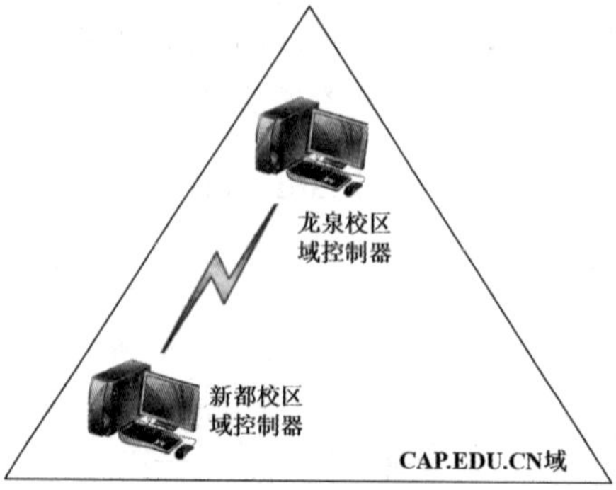

图 7.7　域——复制边界

综上所述，域是一种逻辑的组织形式，能够对网络中的资源进行统一管理，要实现域的管理，必须在一台计算机上安装活动目录，而安装了活动目录的计算机就会成为域控制器。

3）域树

一个公司可能有分布在全世界的分公司，分公司下又有各个部门存在，公司可能有十几万个用户、上千台服务器及上百个域，资源的访问常常可能跨过许多域。在 Windows NT 4.0 系统时，域和域之间的信任关系是不可传递的，考虑在一个网络中如果有多个域的情况，如果要实现多个域中的用户可以跨域访问资源，则必须创建多个双向信任关系，假设域的数量为 n，则需要创建的双向信任关系的数量为 $n*(n-1)/2$。例如，在图 7.8 中共有 5 个域，则需要创建 10 个双向信任关系。之所以会这样，是因为域 A、B、C、D、E 均被看作独立的域，所以信任关系被看作不可传递的，而实际上域 A、B、C、D、E 又都在同一个企业网络中，很可能域 B 是域 A 的主管单位，域 C 又是域 B 的主管单位，它们之间的关系应该是可以传递的。

从 Windows Server 2000 系统开始，引入了“域树”（Domain Tree）的概念。域树中的域以树的形式出现，第一个建立的域（也就是最上层的域）为 abc.com，是这个域树的根域（父域），根域下有两个子域：asia.abc.com 和 europe.abc.com，这两个子域下又有自己的子域。在树域中，父域和子域的信任关系是双向且可传递的，因此，域树中的一个域隐含地信任域树中所有的域。例如，图 7.9 所示的域树中共有 7 个域，所有域相互信任并可以传递，即只需要创建 6 个信任关系。

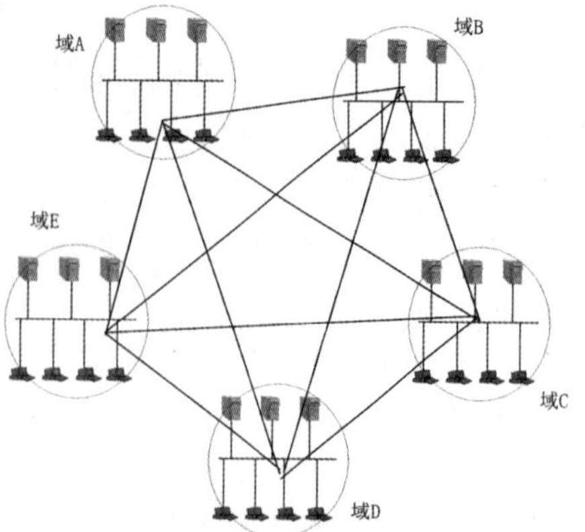

图 7.8　多个域的资源互访需要多个信任关系

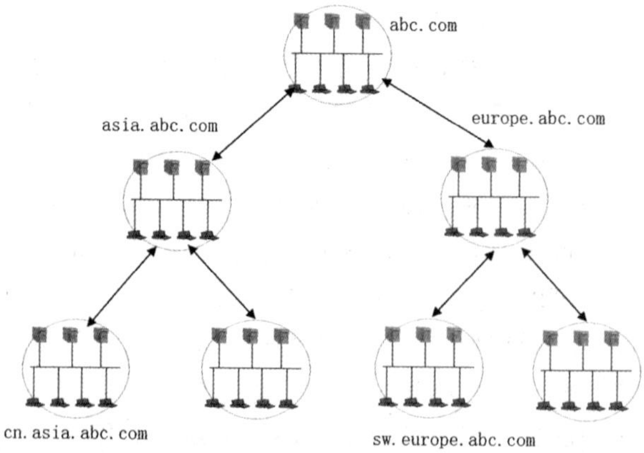

图 7.9　域树

当向一个域树中添加新域时，该域与其父域间自动建立父子信任关系。这些信任关系是双向且可传递的，域树中的各个域通过双向且可传递的信任关系连接在一起，成为一个更大的整体，并实现更大范围的统一管理和相互访问。通过这些信任关系，用户可以单一登录，即可以对域树或域林中的所有域用户进行身份验证。不过，这并不意味着经过身份验证的用户在域树的所有域中都拥有相应的权利和权限，因为各个域具有各自的安全界限，所以必须在每个域的基础上指派权利和权限。

域树具有以下特点：

- 域树是若干个域的有层次的组合，父域的下面有子域，子域的下面还可以继续创建子域。域树的第一个域是该域树的根（root），被称为“树根域”。
- 在域树中，父域和子域之间自动被双向的、可传递的信任关系联系在一起，使得两个域中的用户均可以访问对方域中的资源。
- 在域树中，父域和子域并不是包含与被包含的关系，它们的地位是平等的。在默认情况下，父域的管理员只能管理父域，子域的管理员只能管理子域。
- 域树中的所有域共享了一个连续的域名空间。
- 域树中的所有域共享了一个活动目录。
- 最简单的域树中只包含一个域，这个域就是树根域。

4）域林

多个域树就构成了域林（Domain Tree），域林中的域树不共享邻接的命名空间，域林中的每个域树都拥有唯一的命名空间。域和 DNS 域的关系非常密切，因为域中的计算机使用 DNS 来定位域控制器和服务器，以及其他计算机、网络服务等。实际上，域的名字就是 DNS 域的名字。

例如，企业向 Internet 组织申请了一个 DNS 域名 abc.com，所以根域就采用了该名，在 abc.com 域下的子域也就只能使用 abc.com 作为域名的后缀了。也就是说，在一个域树中，域的名字是连续的。然而，企业可能同时拥有 abc.com 和 abc.net 两个域名，如果某个域用 abc.net 作为域名，则 abc.net 将无法挂在 abc.com 域树中，这个时候只能单独创建另一个域树，如图 7.10 所示，新的域树的根域为 abc.net，这两个域树共同构成了域林。在同一个域林中的域树的信任关系也是双向且可传递的。

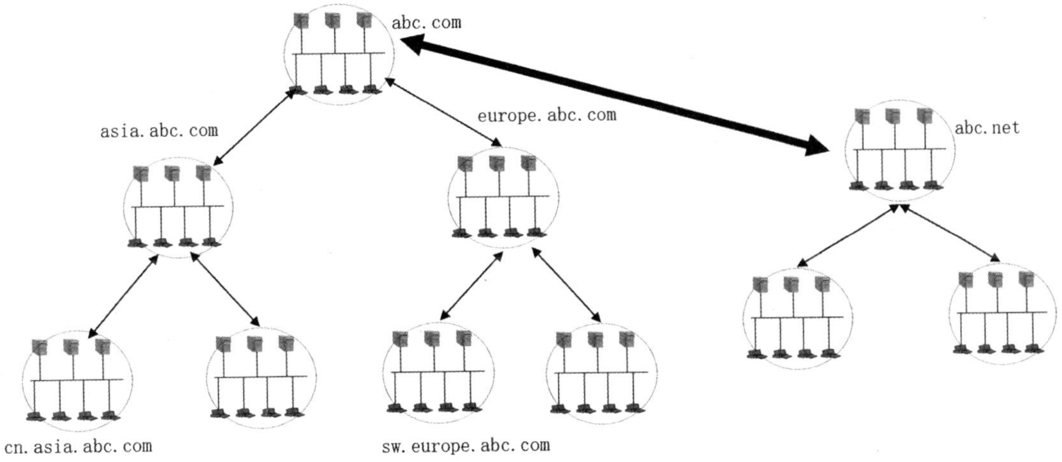

图 7.10　域林

域林具有以下特点：

- 域林也有根域，是域林中创建的第一个域。
- 在域林中，树根域与树根域之间也利用信任关系联系在一起。
- 域林中根域的名字就是整个域林的名字。
- 最简单的域林中只有一个域树，这个域树中只有一个域，这个域中只有一台计算机，这台计算机就是这个域的域控制器。

域网络通过活动目录将组织单位、域、域树、域林构成的层次结构组织在一起，这种逻辑结构为用户和管理员在一定的名字空间中查找与定位资源对象、加强网络安全提供了极大便利。

7.2.3 域中计算机的角色

域中的计算机根据其功能的不同，可以分为域控制器、成员服务器和域中的客户机 3 种角色，这 3 种角色之间可以相互进行转换。

1．域控制器

在一个域中，活动目录数据库必须存储在域中特定的计算机上，这样的计算机被称为域控制器。域控制器类似于网络“看门人”，用于管理所有的网络访问，包括登录服务器、访问共享目录和资源。域控制器存储了所有的域范围的账户和策略信息，包括安全策略、用户验证身份信息和账户信息。在网络中，只有服务器级的计算机才能承担域控制器的角色。域控制器管理目录信息的变化，并把这些变化复制到同一个域中的其他域控制器上，使各个域控制器上的目录信息处于同步。

一个域可以有一个或多个域控制器，各个域控制器是平等的，管理员可以在任意一个域控制器上更新域中的信息，更新的信息会自动传递到该域中的其他域控制器中。设置多个域控制器主要是为了提高域的容错能力，以确保在某个域控制器发生故障时，还有其他域控制器可维持域的运行，以免造成域的全面瘫痪，从而提高网络的安全性和稳定性。

2．成员服务器

安装了服务器操作系统并加入了域，但未安装活动目录的计算机称为成员服务器。成员服务器既不执行用户身份验证，也不存储安全策略信息，这些工作由域控制器完成，这样，可以让成员服务器有更高的处理能力来处理网络中的其他服务。成员服务器的主要作用是提供网络资源，通常具有文件服务器、应用服务器、数据库服务器、打印服务器等各种类型服务器的功能。如果在成员服务器上安装活动目录，则该服务器就会升级为域控制器；如果在域控制器上卸载了活动目录，则该服务器就会降级为成员服务器。

3．域中的客户机

所有安装了 Windows 7、Windows 8、Windows 10 系统且加入域的计算机均被称为客户机。用户利用客户机和域用户账户就可以登录到域，成为域中的客户机。域用户账户通过域的安全验证后，即可访问网络中的各种资源。工作站由于没有安装服务器版的操作系统，因此无法升级为域控制器。

成员服务器与客户机在域中都受域控制器的管理和控制。在一个域中，必须有域控制器，而其他角色的计算机则可有可无。一个最简单的域将只包含一台计算机，这台计算机一定是该域的域控制器。

7.2.4 域组策略的应用

组策略（Group Policy）是系统管理员为计算机和用户定义的，能更改系统配置和控制应用程序的一组策略的集合。组策略分为两类：本地计算机策略和域组策略。

- 本地计算机策略：在本地登录的单台计算机上创建和使用的组策略。该类组策略只影响本地单台计算机。
- 域组策略：在域内针对站点、域或组织单位所创建的组策略。由于域组策略会被应用到所链接的容器（如站点、域、组织单位等）内的所有用户或计算机，因此该类组策略提供了一种对批量计算机进行高效管理的机制。

在域网络环境中，可以通过域组策略实现用户和计算机的集中配置与管理。例如，管理员可以为特定的一批域用户或计算机设置统一的安全策略；可以在域或组织单位内的每台计算机上自动安装某个软件、设置统一的桌面样式等。这既大大减轻了网络管理员维护整个网络的工作量，也降低了那些不太熟练的用户不正确配置环境的可能性。

对于加入域的计算机来说，如果其本地计算机策略的设置与域或组织单位的组策略设置发生冲突，就以域或组织单位的组策略的设置优先，即本地计算机策略的设置无效。

组策略是通过一个个 GPO（Group Policy Object，组策略对象）实现的，组策略的所有策略信息都保存在一个或多个 GPO 中。GPO 中的策略只被应用到它所链接的容器（如站点、域、组织单位等）内的用户或计算机。一个 GPO 可以链接到多个站点、域或组织单位，从而对多个容器中的用户和计算机施加其组策略的设置。一个站点、域或组织单位又可以链接多个 GPO 来接受多种配置安排。

域组策略的 GPO 有两类：系统内建的默认 GPO 和用户自定义的 GPO。在默认情况下，当安装活动目录时，系统会创建以下两个默认的 GPO（其中包含了许多安全策略设置）：

- 默认域策略（Default Domain Policy）：该 GPO 已被链接到域，因此该 GPO 内的策略会被应用到域内的所有用户和计算机。
- 默认域控制器策略（Default Domain Controllers Policy）：该 GPO 已被链接到“Domain Controllers”组织单位，它通常只影响域中所有的域控制器。

7.3 项目实施

7.3.1 任务 7-1 创建域控制器

由于域控制器所使用的活动目录和 DNS 有着非常密切的关系，因此网络中要求有 DNS 服务器存在，并且 DNS 服务器要支持动态更新。如果没有 DNS 服务器存在，则可以在创建域时一起把 DNS 服务器安装上。

1. 域控制器的创建条件

以 Windows Server 2012 系统为例，一台计算机要成为域控制器，需具备以下条件：

- 创建者具有本地管理员权限。
- 要成为域控制器的服务器上至少有一个 NTFS 分区。
- 有 TCP/IP 配置（IP 地址、子网掩码、DNS 服务器的 IP 地址等）。

- 有相应的 DNS 服务器支持，以便让其他计算机通过 DNS 域名找到域控制器。
- 有足够的可用空间。

2．创建域控制器

创建域控制器是通过升级独立服务器实现的。接下来，以服务器未安装 DNS，并且是该域林中的第一台域控制器为例，步骤如下所述。

步骤 1：以本地管理员身份登录计算机，在桌面左下角单击【服务器管理器】图标，打开【服务器管理器】窗口，在左窗格中选择【仪表板】选项，在右窗格中单击【添加角色和功能】选项，如图 7.11 所示。

步骤 2：打开【添加角色和功能向导】窗口，进入【开始之前】界面，如图 7.12 所示。如果要删除已安装的角色和功能，则单击【启动“删除角色和功能”向导】链接；如果要添加角色和功能，则单击【下一步】按钮，这里单击【下一步】按钮。

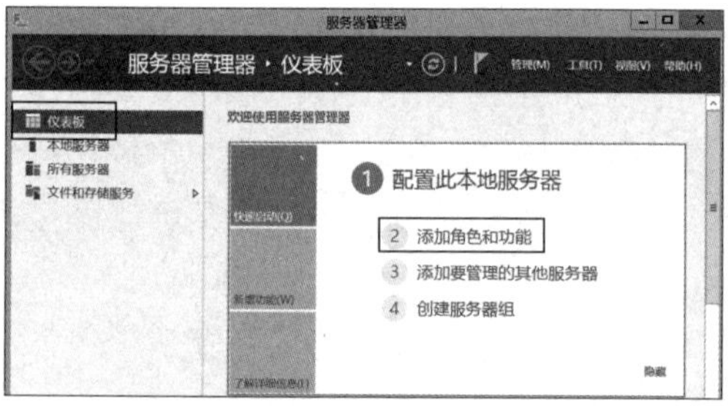

图 7.11 【服务器管理器】窗口

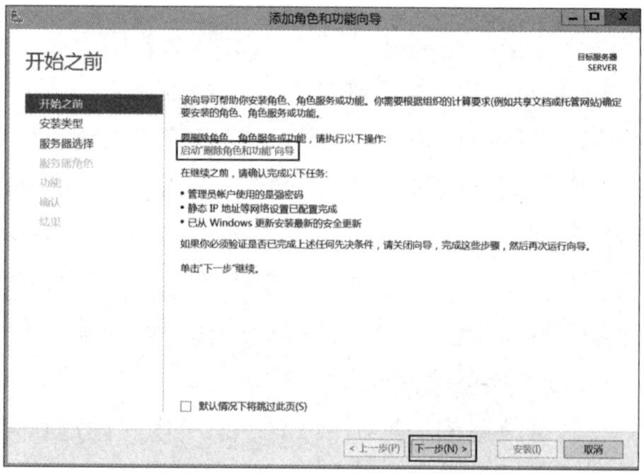

图 7.12 【开始之前】界面

步骤 3：进入【选择安装类型】界面，选中【基于角色或基于功能的安装】单选按钮，如图 7.13 所示，单击【下一步】按钮。

步骤 4：进入【选择目标服务器】界面，选中【从服务器池中选择服务器】单选按钮，在【服务器池】列表框中选择要安装的服务器，如图 7.14 所示，单击【下一步】按钮。

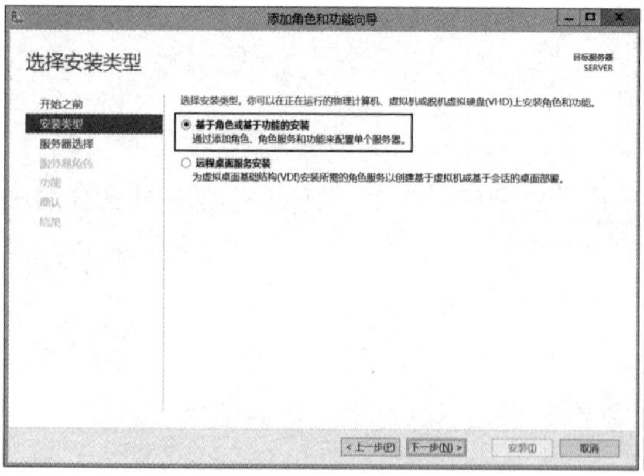

图 7.13 【选择安装类型】界面

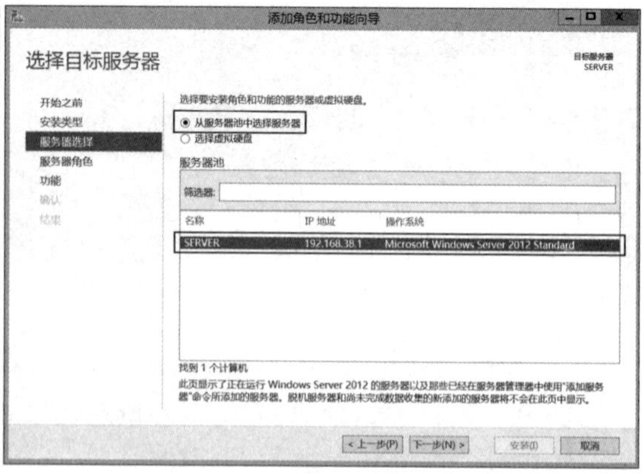

图 7.14 【选择目标服务器】界面

步骤 5：进入【选择服务器角色】界面，在【角色】列表框中勾选【Active Directory 域服务】复选框，自动弹出【添加角色和功能向导】对话框，勾选【包括管理工具(如果适用)】复选框，如图 7.15 所示，单击【添加功能】按钮，系统返回【选择服务器角色】界面。

步骤 6：连续单击【下一步】按钮，直至进入【确认安装所选内容】界面，如图 7.16 所示。单击【安装】按钮，系统开始安装并切换到【安装进度】界面，如图 7.17 所示，安装完成后单击【将此服务器提升为域控制器】链接。

提示：在图 7.17 所示的【安装进度】界面中，如果在单击【将此服务器提升为域控制器】链接之前，直接单击【关闭】按钮，则此后要将该服务器提升为域控制器，应在【服务器管理器】窗口的右上角单击【通知】按钮（即小旗形状的图标），在弹出的菜单中选择【将此服务器提升为域控制器】命令，如图 7.18 所示。

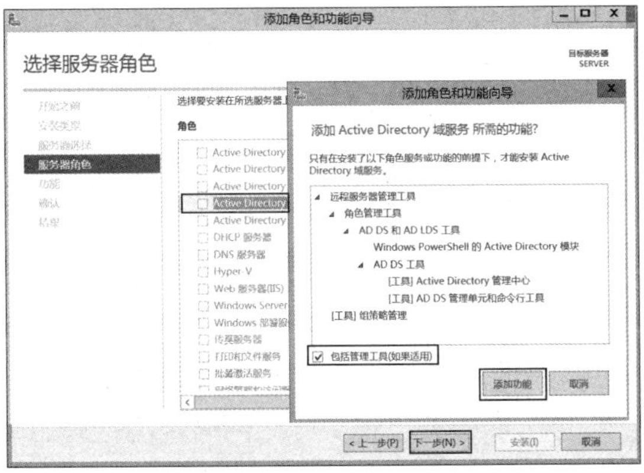

图 7.15 【选择服务器角色】界面

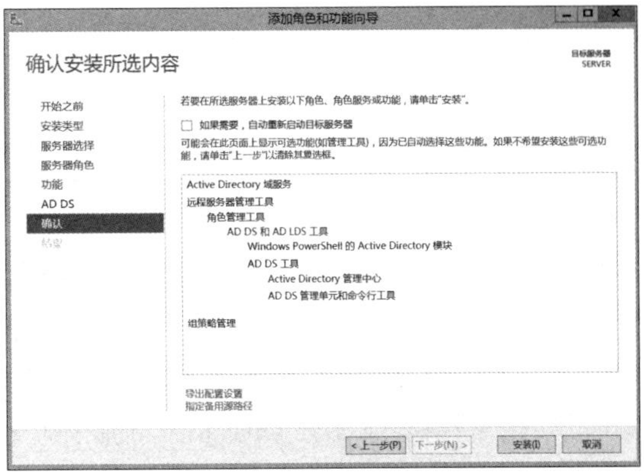

图 7.16 【确认安装所选内容】界面

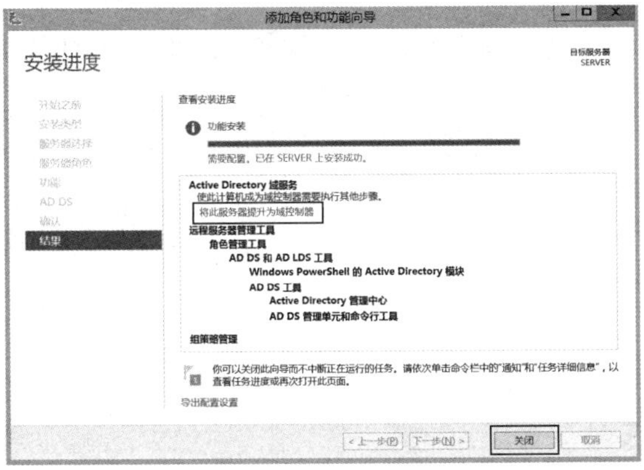

图 7.17 【安装进度】界面

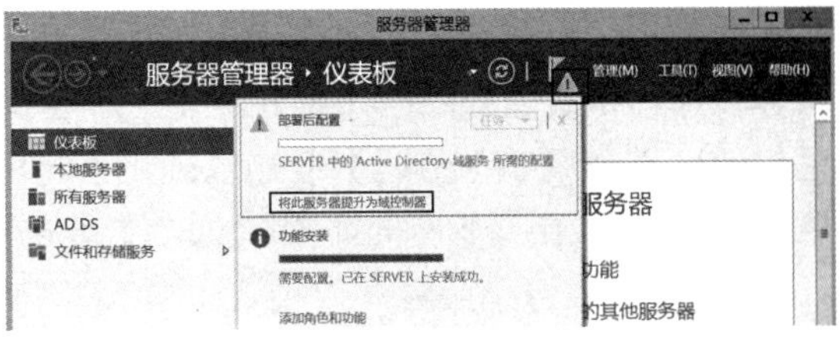

图 7.18 选择【将此服务器提升为域控制器】命令

步骤 7：打开【Active Directory 域服务配置向导】窗口，进入【部署配置】界面，有以下 3 种域类型供选择。

- 【将域控制器添加到现有域】：可以向现有域添加第二台或更多的域控制器。
- 【将新域添加到现有林】：在现有域林中创建现有域的子域。
- 【添加新林】：创建全新的域林（即全新的域）。

由于该服务器是域林中的第一台域控制器，因此要选中【添加新林】单选按钮，在【根域名】文本框中输入新域林的林根域名（如 cap.com），如图 7.19 所示，单击【下一步】按钮。

步骤 8：进入【域控制器选项】界面，单击【林功能级别】下拉按钮，在弹出的下拉列表中选择【Windows Server 2012】选项，单击【域功能级别】下拉按钮，在弹出的下拉列表中选择【Windows Server 2012】选项，勾选【域名系统(DNS)服务器】复选框，在【密码】和【确认密码】文本框中输入设置的密码，如图 7.20 所示，单击【下一步】按钮。

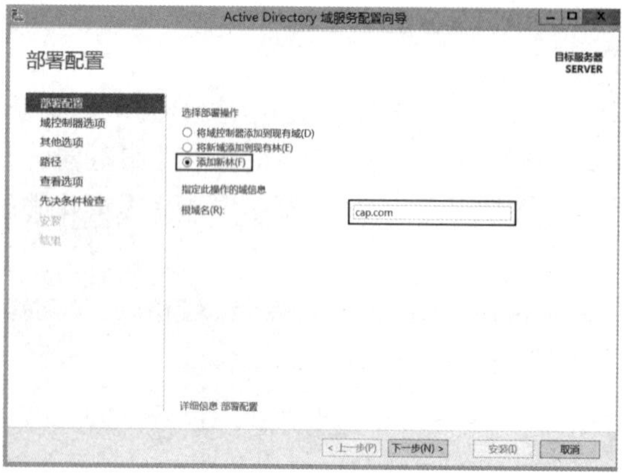

图 7.19 【部署配置】界面

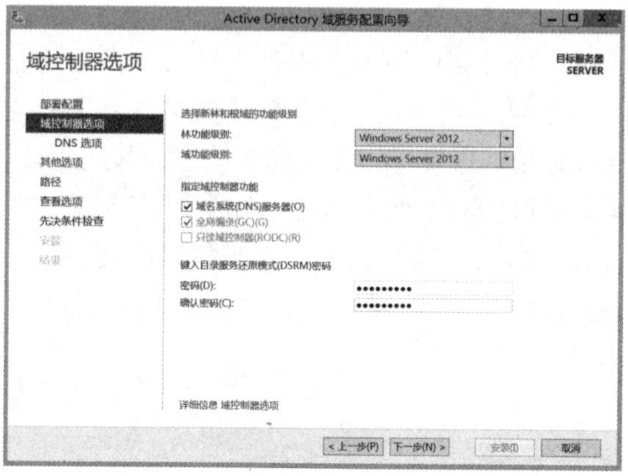

图 7.20 【域控制器选项】界面

① 【林功能级别】下拉列表用于设置域林中所有域控制器操作系统的最低版本。不同的林功能级别可以向下兼容不同平台的 Active Directory 域服务功能。例如，在【林功能级别】下拉列表中选择【Windows Server 2012】选项，可以提供 Windows Server 2012 及以上版本的操作系统中的所有 Active Directory 域服务功能。用户可以根据自己实际的网络环境选择合适的林功能级别。

② 【域功能级别】下拉列表用于设置域控制器操作系统的版本，该版本不能低于通过【林功能级别】下拉列表设置的版本。设置不同的域功能级别主要是为了兼容不同平台下的网络用户和子域控制器，这里只能设置 Windows Server 2012 版本的域控制器。

③ 【指定域控制器功能】选区：默认在该服务器上直接安装 DNS 服务器，即勾选【域名系统(DNS)服务器】复选框。如果这样做，则该向导将自动创建 DNS 区域委派。无论 DNS 服务器服务是否与 Active Directory 域服务集成，都必须将其安装在部署的 Active Directory 域服务目录林根级域的第一个域控制器上。因为第一台域控制器需要扮演全局编录服务器的角色，所以【全局编录(GC)】复选框处于不可勾选状态。因为第一台域控制器不可以是只读域控制器，所以【只读域控制器(RODC)】复选框处于不可勾选状态。

④ 【键入目录服务还原模式(DSRM)密码】选区：因为有时系统会出现灾难需要修复活动目录，或者需要备份和还原活动目录，还原时（启动系统时按 F8 键）必须以目录服务还原模式登录系统，所以这里要求输入以目录服务还原模式登录系统时使用的密码。由于该密码和管理员密码可能不同，因此一定要牢记该密码。

步骤 9：进入【DNS 选项】界面，其中出现的警告信息不必理会，单击【下一步】按钮，系统开始检查网络中是否存在名为“cap.com”的域林的名称，如果没有检查到该域林，则进入【其他选项】界面；如果该名称已被占用，则安装程序会自动指定一个建议名称。在【NetBIOS 域名】文本框中输入新的或接受系统默认的 NetBIOS 名称，如图 7.21 所示，单击【下一步】按钮。

步骤 10：进入【路径】界面。如果在计算机上安装有 RAID 或多块磁盘控制器，则为了获得更好的性能和可恢复性，最好将数据库文件夹、日志文件文件夹指向不同的卷（或磁盘）上，此处选择默认值，如图 7.22 所示，单击【下一步】按钮。

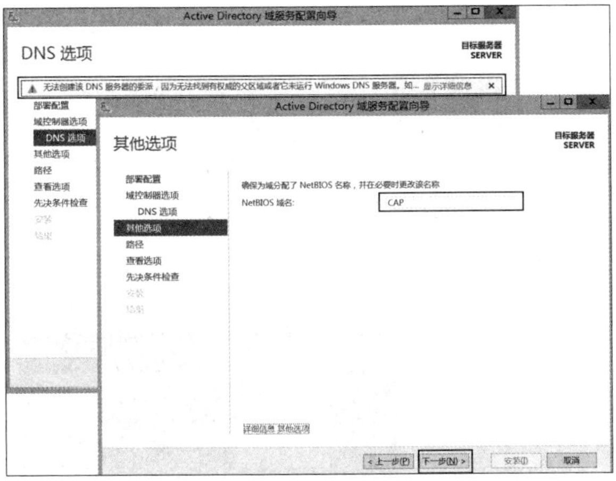

图 7.21 【DNS 选项】和【其他选项】界面

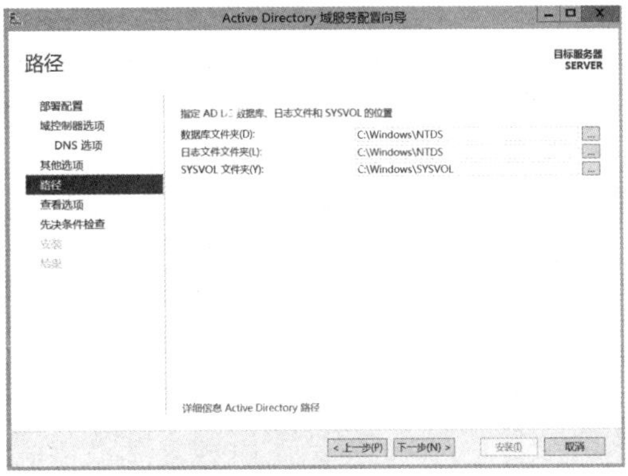

图 7.22 【路径】界面

① 数据库文件夹用来存储活动目录数据库。

② 日志文件文件夹用来存储活动目录的日志，该日志可用来修复活动目录。

③ SYSVOL 文件夹用来存放域的公用文件的服务器副本和管理域的安全策略，该文件夹会被复制到域中的所有域控制器中，这里需要注意的是，SYSVOL 文件夹必须放置在 NTFS 分区中，如果硬盘中没有 NTFS 分区，就无法继续安装下去。

步骤 11：进入【查看选项】界面，显示在创建域控制器过程中所有的设置。在此，用户可以检查并确认此前设置的各个选项，如果需要修改，则可以单击【上一步】按钮进行调整；如果设置无误，则单击【下一步】按钮，进入【先决条件检查】界面，系统会检查安装的先决条件，所有条件通过后，如图 7.23 所示，单击【安装】按钮。

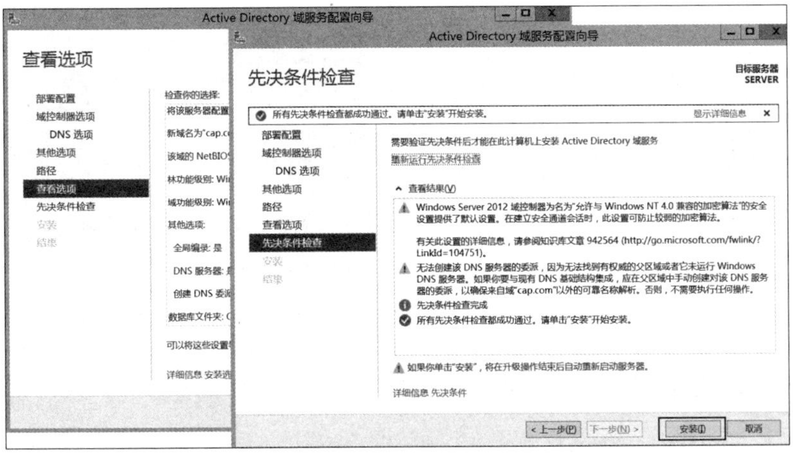

图 7.23 【查看选项】和【先决条件检查】界面

步骤 12：进入【安装】界面，系统开始安装活动目录和 DNS 服务器，如图 7.24 所示，安装完成后，系统自动重启。

步骤 13：重启过程中进入登录界面，升级为活动目录域控制器之后，必须使用域用户账户登录，格式为“域名\用户账户”，如图 7.25 所示。

步骤 14：登录成功后，进入【服务器管理器】窗口，会看到 Active Directory 域服务和 DNS 角色已经安装完成，打开菜单栏中的【工具】菜单，会看到多个管理活动目录的命令，如

图 7.26 所示。

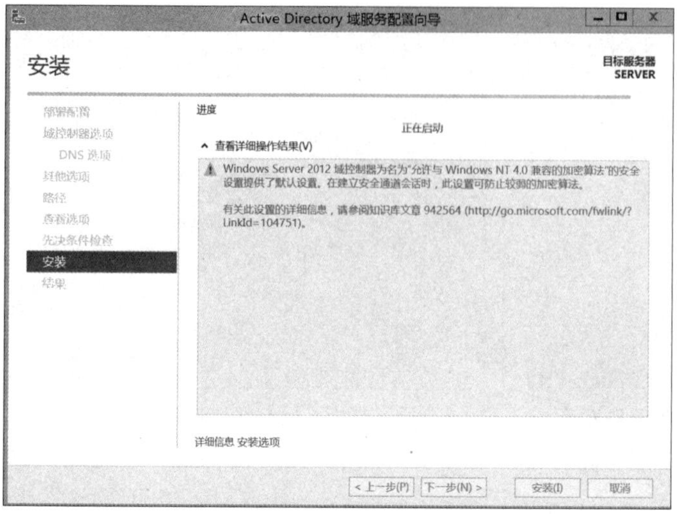

图 7.24 【安装】界面

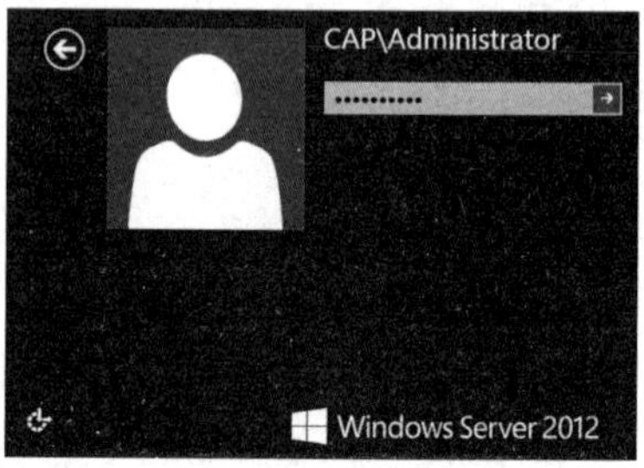

图 7.25 登录界面

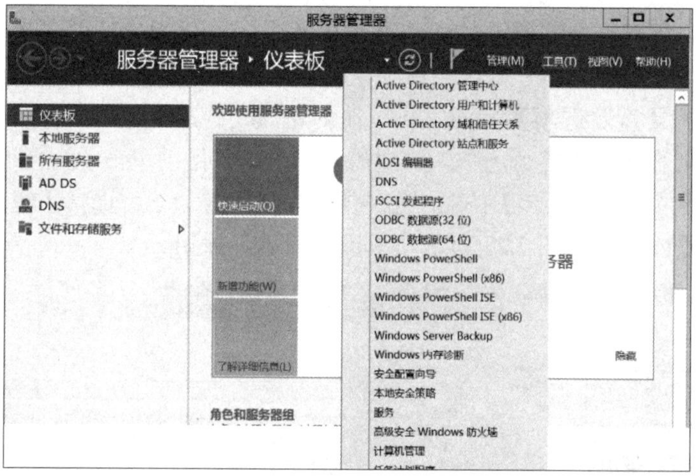

图 7.26 系统重启后的【服务器管理器】窗口与【工具】菜单

提示：一旦活动目录安装成功，则安装活动目录的计算机中原有的本地用户账户和组账户都分别转换为新域中的域用户账户和域组账户。

7.3.2 任务 7-2 将计算机加入域

在安装活动目录之后，需要将其他的服务器和客户机加入域，用户才可以在这些计算机上使用域用户账户登录域，并访问域中允许访问的资源。

计算机能加入域的先决条件如下：

① 该计算机与域控制器能连通。

② 在计算机上正确设置首选 DNS 服务器的 IP 地址。

下面以安装 Windows 7 系统的计算机为例，将其加入域的步骤如下所述。

步骤 1：以本地管理员身份登录 Windows 7 系统，打开【网络和共享中心】窗口，单击左窗格中的【更改适配器设置】链接，打开【网络连接】窗口，右击【本地连接】图标，在弹出的快捷菜单中选择【属性】命令，在弹出的【本地连接 属性】对话框的【此连接使用下列项目】列表框中，双击【Internet 协议版本 4 (TCP/IPv4)】选项，打开【Internet 协议版本 4 (TCP/IPv4) 属性】对话框，输入 IP 地址等信息，如图 7.27 所示。注意，要在【首选 DNS 服务器】编辑框中输入维护该域的 DNS 服务器的 IP 地址。由于维护该域的 DNS 服务器通常在域控制器上，因此这里输入的就是域控制器的 IP 地址。

步骤 2：在桌面上右击【计算机】图标，在弹出的快捷菜单中选择【属性】命令，打开【系统】窗口，单击【高级系统设置】，在弹出的【系统属性】对话框中选择【计算机名】选项卡，单击【更改】按钮，打开【计算机名/域更改】对话框，选中【隶属于】选区中的【域】单选按钮，在文本框中输入域名（如“cap.com”），如图 7.28 所示，单击【确定】按钮。

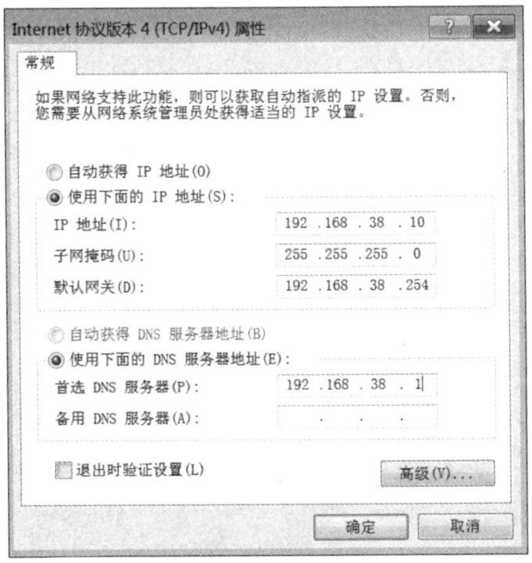

图 7.27 设置加入域的计算机的 IP 地址

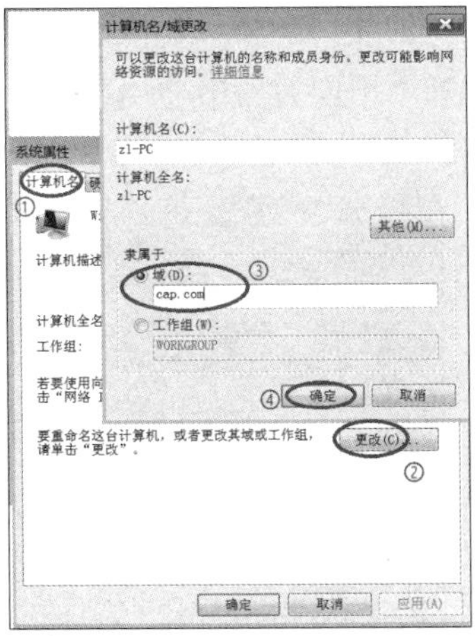

图 7.28 加入域并设置域名

步骤 3：如果能正常联系到 DNS 服务器，则将会弹出【Windows 安全】对话框，输入具有把计算机加入域的权限的域用户账户及对应的密码，单击【确定】按钮，如果通过验证，则会弹出【计算机名/域更改】对话框，如图 7.29 所示，表明加入成功，单击【确定】按钮。

步骤 4：在弹出的【计算机名/域更改】对话框中单击【确定】按钮，系统返回【系统属性】对话框，单击【关闭】按钮，在弹出的【Microsoft Windows】对话框中单击【立即重新启动】按钮，如图 7.30 所示。

图 7.29 输入域用户账户和密码

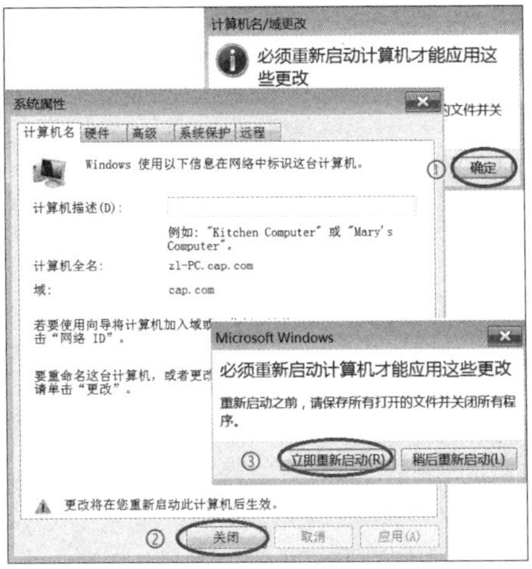

图 7.30 重启计算机

步骤 5：客户机重启后，既可以使用本地用户账户登录到本机，也可以使用域用户账户登录到域。

① 本地用户账户登录：在登录界面中按 Ctrl+Alt+Delete 组合键后，将出现图 7.31(a)所示的界面，系统默认利用本地系统管理员 Administrator 的身份登录，因此只要在密码输入框中输入 Administrator 的密码就可以登录了。

此时，系统会利用本地安全性数据库来检查账户与密码是否正确，如果正确，就可以成功登录，并可以访问计算机内的资源（如果具有权限），不过无法访问域内其他计算机内的资源，除非在连接域内计算机时再输入具有权限的用户名及对应的密码。

② 域用户账户登录：如果要利用域系统管理员 Administrator 的身份登录，则单击图 7.31(a)所示的界面中的【切换用户】按钮，进入如图 7.31(b)所示的其他用户登录界面。当登录到域时，其用户名的前面需要附加域名，格式为“域名\域用户名”，如 cap\administrator，然后输入密码进行登录。

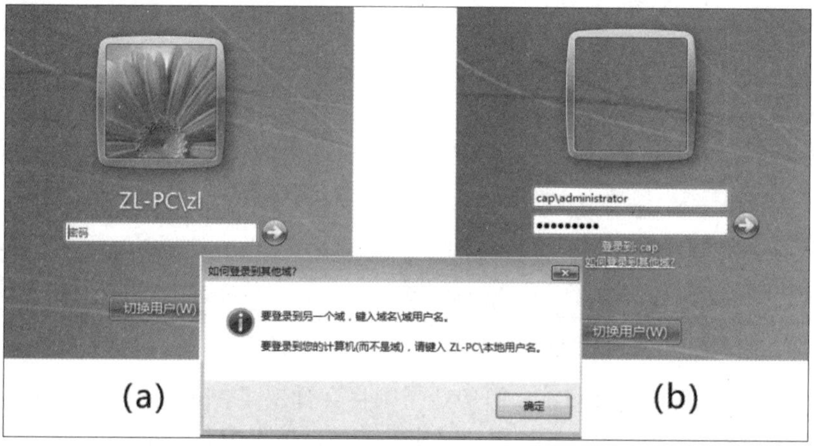

图 7.31　利用本地用户账户和域用户账户登录

此时，系统的活动目录数据库会检查账户与密码是否正确，如果正确，就可以成功登录，并且可以直接连接域内任意一台计算机并访问其中的资源（如果被赋予权限），不需要手动输入用户名与密码。

步骤 6：脱离域的方法与加入域的方法类似，区别是在图 7.28 所示的【计算机名/域更改】对话框中，选中【隶属于】选区中的【工作组】单选按钮，然后在文本框内输入适当的工作组名即可。

7.3.3　任务 7-3 配置与管理域控制器

1. 创建与管理域用户

要访问域中的资源，就需要有一个合法的域用户。与工作组中的本地用户相比，域用户集中存储在活动目录数据库中，而不是存储在每台成员计算机上（成员计算机内只有本地用户）。

1）创建域用户

在域中创建域用户的步骤如下所述。

步骤 1：以管理员的身份登录域控制器，在桌面左下角单击【服务器管理器】图标，在打开的【服务器管理器】窗口的菜单栏中，选择【工具】菜单中的【Active Directory 管理中心】命令，打开【Active Directory 管理中心】窗口，在左窗格中右击域名，如 cap(本地)，在弹出的快捷菜单中选择【新建】→【用户】命令，如图 7.32 所示。

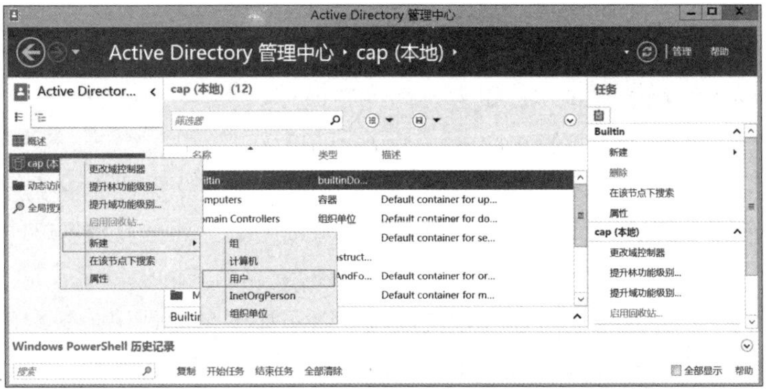

图 7.32 选择【新建】→【用户】命令

步骤 2：打开创建用户窗口，设置其中的主要信息，如图 7.33 所示，完成后单击【确定】按钮。

- 【用户 UPN 登录】：这是一种以电子邮箱格式书写的用于登录域的用户名（如 student@cap.com），在整个域林内，UPN（User Principal Name，用户主体名称）必须是唯一的。
- 【用户 SamAccountName 登录】：这是以另一种格式（NetBIOS 名\用户名）书写的用于登录域的用户名（如 cap\student），同一个域内，该登录名必须是唯一的。
- 【防止意外删除】：如果勾选该复选框，则该账户将无法被删除和移动。
- 【账户过期】：用来设置账户的有效期限，默认为从不。
- 【密码永不过期】：设置用户密码是否可以长久使用。如果勾选该复选框，则表示系统永远不会提示用户修改密码。

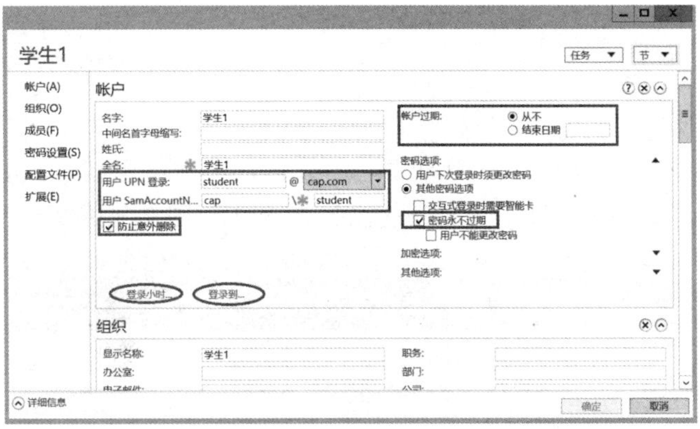

图 7.33 创建用户窗口

2）限制域用户登录域的时间

在默认设置下，域用户可以在任意时间登录域，如果想限制其登录域的时间，则设置步骤如下所述。

步骤 1：在图 7.33 所示的窗口中单击【登录小时...】链接。

步骤 2：在打开的【登录小时数】对话框中选定指定的时间段，并选中【允许登录】或【拒绝登录】单选按钮，单击【确定】按钮，即可分别允许或拒绝用户在相应时间段登录域。例如，图 7.34 所示为设置从周五 22:00 到周日 24:00 这个时间段为拒绝登录，其他时间段均为允许登录。

3）限制域用户从特定的计算机上登录域

在系统默认情况下，域用户可以从域中任意一台计算机上登录域，但是管理员也可以限制其只能从特定的计算机上登录域。设置步骤如下所述。

步骤 1：在图 7.33 所示的窗口中单击【登录到…】链接。

步骤 2：在打开的【登录到】对话框中，可以看到默认的设置是选中【所有计算机】单选按钮，即允许用户可以从所有计算机进行登录；这里选中【下列计算机】单选按钮，然后在文本框内输入允许用户登录域的计算机的名称（NetBIOS 名或 DNS 域名，如 cap），单击【添加】按钮即可，如图 7.35 所示。如果有必要，则可以添加多台允许用户登录的计算机的名称。

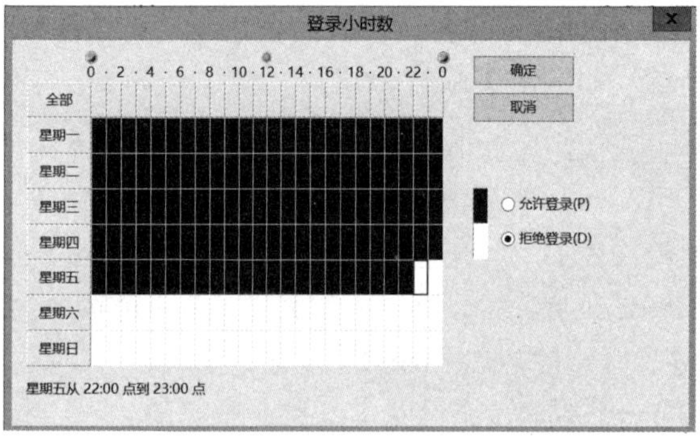

图 7.34 【登录小时数】对话框

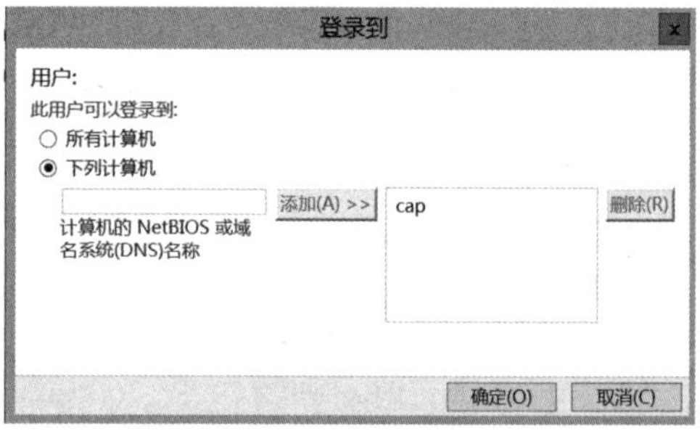

图 7.35 【登录到】对话框

2. 创建与管理域组

用户在域控制器上创建的组称为域组。域组的信息存储在活动目录数据库内。根据用途的不同，域组可以分为安全组、分发组；根据作用范围的不同，域组可以分为本地域组、全局组和通用组。

1）创建域组

创建域组的步骤如下所述。

步骤 1：打开【Active Directory 管理中心】窗口，右击需要创建域组的域名，如 cap(本地)，在弹出的快捷菜单中选择【新建】→【组】命令，如图 7.36 所示。

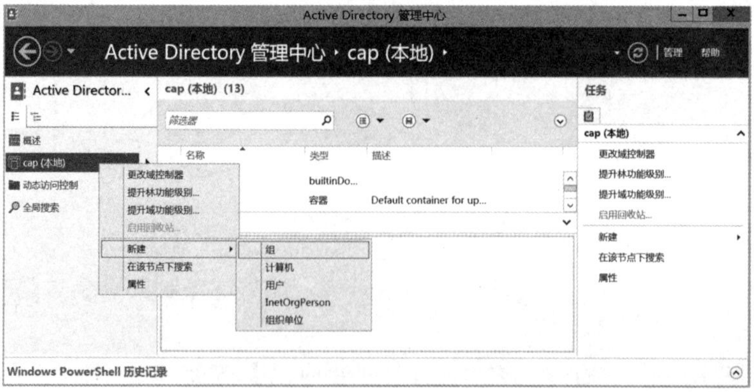

图 7.36 选择【新建】→【组】命令

步骤2：打开创建域组窗口，在【组名】文本框中输入组名（如“计算机网络”），在【组(SamAccountName)名…】文本框中输入可供Windows 2000以前的操作系统来访问的组名，设置组类型和组范围，如图7.37所示，单击【确定】按钮。

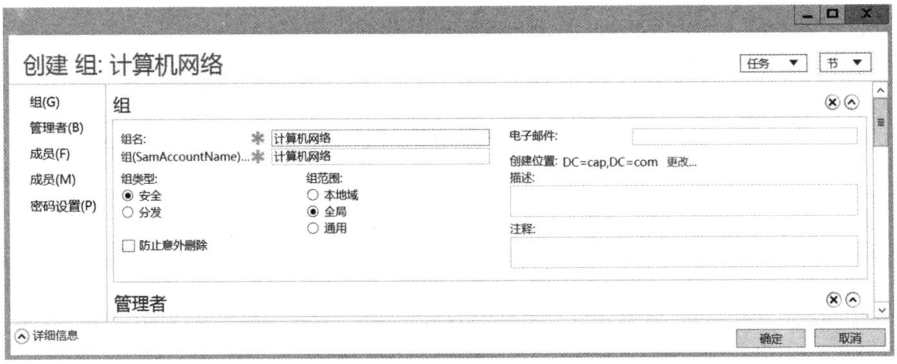

图7.37 创建域组窗口

2）向域组内添加组成员

将用户、组添加到组内的步骤如下所述。

步骤1：打开【Active Directory 管理中心】窗口，双击需要添加组成员的组名（如“计算机网络”），打开计算机网络属性窗口，在左窗格中单击【成员】选项，在右窗格中单击【添加…】按钮，如图7.38所示。

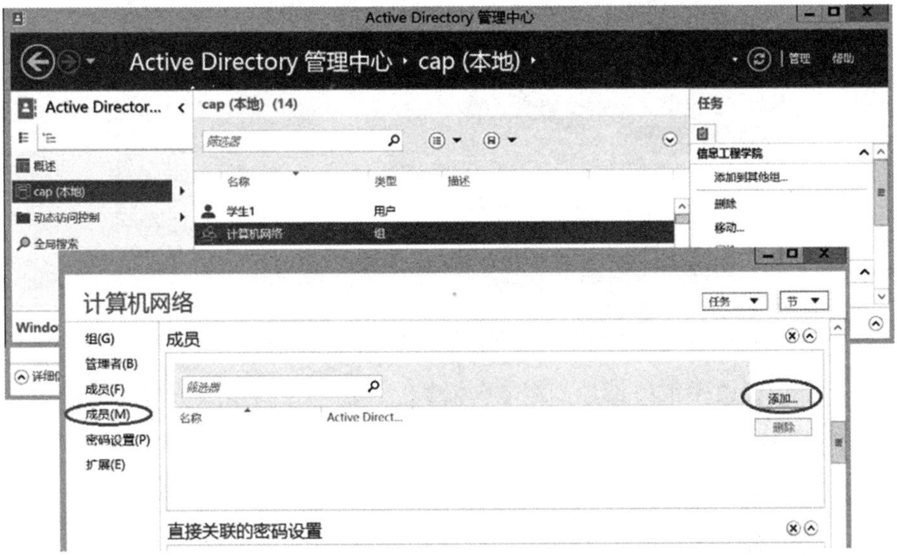

图7.38 计算机网络属性窗口

步骤2：打开【选择用户、联系人、计算机、服务账户或组】对话框，单击【高级】按钮，在打开的另一个【选择用户、联系人、计算机、服务账户或组】对话框中单击【立即查找】按钮，在【搜索结果】列表框中选择要加入组的成员的名称（按Shift键或Ctrl键可同时选择多个成员的名称），如图7.39所示，连续单击【确定】按钮，直至返回【Active Directory 管理中心】窗口。

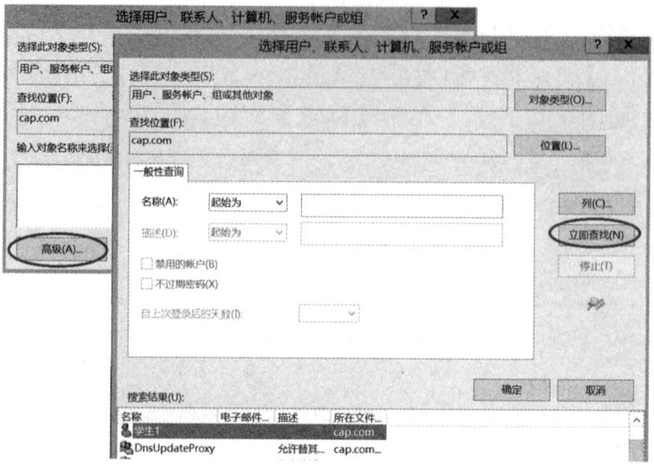

图 7.39　【选择用户、联系人、计算机、服务账户或组】对话框

3．创建与管理组织单位

1）创建组织单位

在域中创建组织单位的步骤如下所述。

步骤 1：打开【Active Directory 管理中心】窗口，右击希望添加组织单位的域的名称，如 cap(本地)，在弹出的快捷菜单中选择【新建】→【组织单位】命令，如图 7.40 所示。

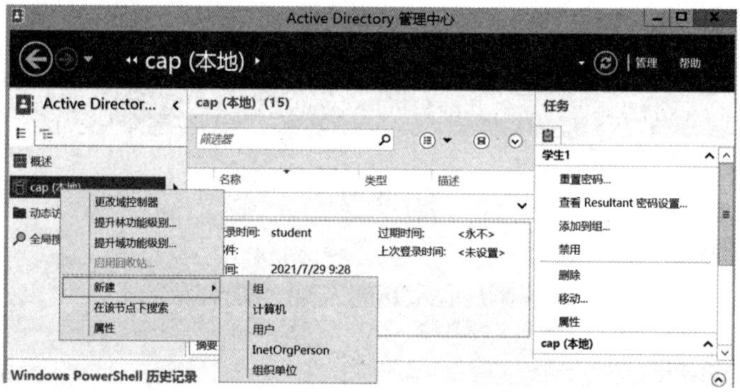

图 7.40　选择【新建】→【组织单位】命令

步骤 2：打开创建组织单位窗口，在【名称】文本框中输入组织单位的名称（如“信息工程学院”），如图 7.41 所示，单击【确定】按钮。

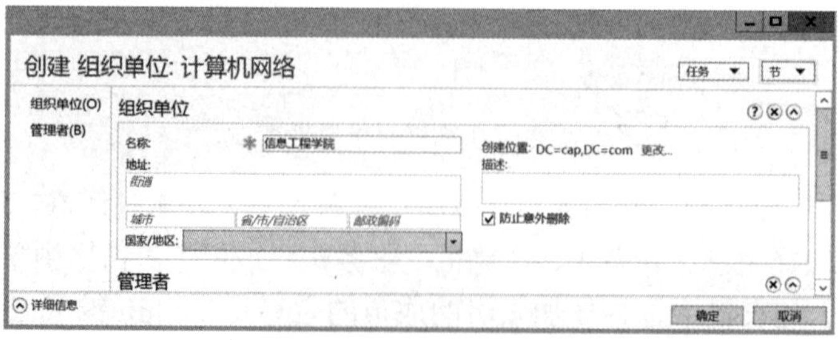

图 7.41　创建组织单位窗口

2）向组织单位中添加对象

在组织单位中可以添加不同的对象，如用户账户、组账户、计算机账户或子组织单位等，

操作步骤如下所述。

步骤 1：打开【Active Directory 管理中心】窗口，在左窗格中选择域名，如 cap(本地)，在中间窗格中选择要添加的对象的名称（如 Administrator），按 Shift 键或 Ctrl 键可同时选择多个对象的名称，在右窗格中单击【Administrator】组中的【移动...】命令，如图 7.42 所示。

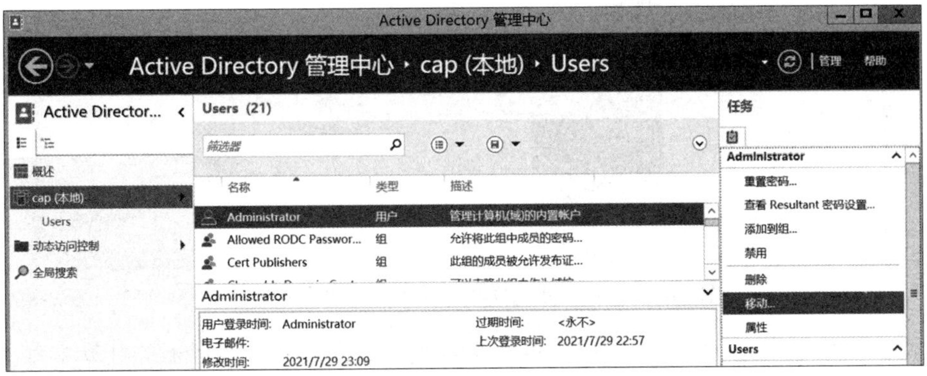

图 7.42 选择要添加的对象的名称

步骤 2：在打开的【移动】对话框中，选择目标组织单位的名称（如信息工程学院），如图 7.43 所示，单击【确定】按钮后即可将选定的对象添加到目标组织单位内。

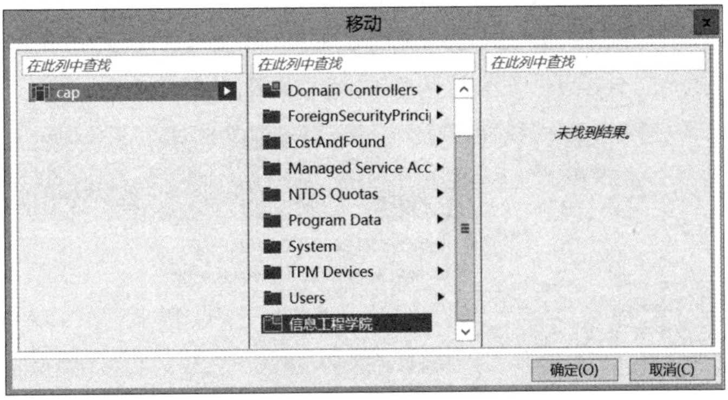

图 7.43 选择要添加对象的目标组织单位的名称

提示：在上述步骤 1 中，如果被添加的对象（如 Administrator）在单击【移动】链接时弹出错误提示框“拒绝访问”，则需要在图 7.42 所示的窗口中双击要添加的对象的名称（如 Administrator），打开该对象的【属性】对话框，在取消勾选【防止意外删除】复选框后，相应的对象才能被移动。

4．使用组策略实现文件夹重定向

在默认情况下，Windows 7、Windows 8、Windows 10 系统的“我的文档”文件夹会被置于“系统盘:\用户\登录用户名”文件夹下，当重装系统时，系统盘会随之被格式化，从而导致用户编辑的“我的文档”文件夹下的所有文件丢失。为了保护这些文件，可以通过文件夹重定向将“我的文档”文件夹转移到其他地方。

查看“我的文档”文件夹当前的存储位置的步骤为：在客户机系统桌面上单击【开始】按钮，在弹出的菜单中右击【文档】选项，在弹出的快捷菜单中选择【属性】命令，打开【文档属性】对话框，如图 7.44 所示，可以看到“我的文档”文件夹当前的存储位置。

图 7.44　查看“我的文档”文件夹当前的存储位置

下面以将所有登录用户的“我的文档”文件夹重定向到文件服务器的共享文件为例，介绍创建、配置、链接和使用 GPO 的方法。

1）创建 GPO

创建 GPO 的步骤如下所述。

步骤 1：在域控制器上双击【计算机】图标，打开【计算机】窗口，双击【本地磁盘(C:)】图标，在进入的窗口中建立名为“重定向文件”的共享文件夹作为重定向的目标文件夹，设置该文件夹为每个用户都有读取/写入的共享权限，如图 7.45 所示。

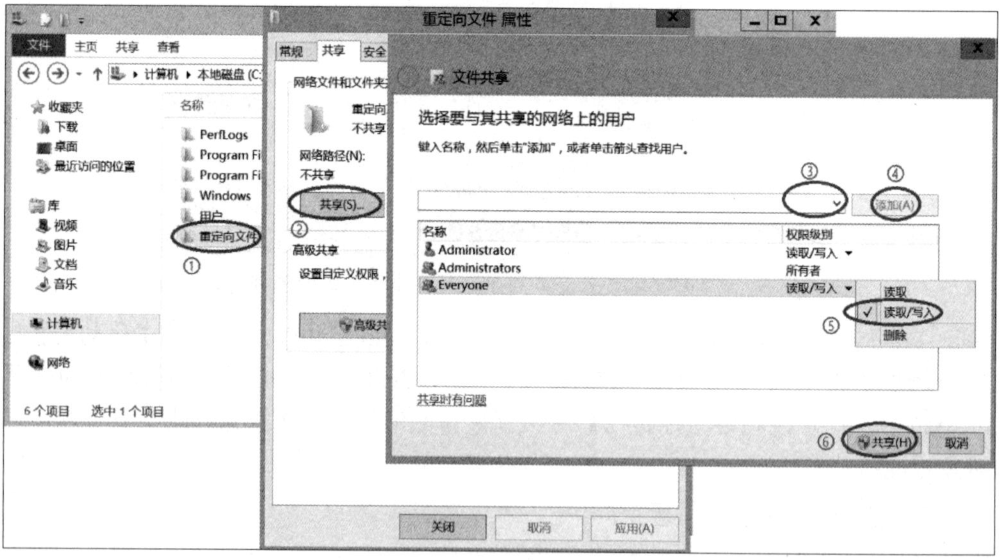

图 7.45　创建共享文件夹并设置其权限

步骤 2：在域控制器上按 Win 键切换到【开始】界面，单击【管理工具】图标，在弹出的【管理工具】窗口中双击【组策略管理】选项，打开【组策略管理】窗口，在左窗格中展开【域】节点下的【cap.com】节点，右击【组策略对象】节点，在弹出的快捷菜单中选择【新建】命令，打开【新建 GPO】对话框，在【名称】文本框中输入组策略对象的名称（如“重定向”），如图 7.46 所示，单击【确定】按钮。

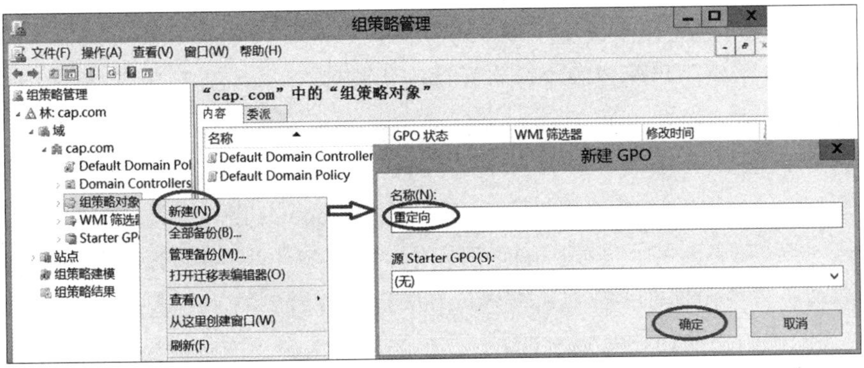

图 7.46　【组策略管理】窗口

2）配置 GPO 策略

新创建的 GPO 还没有任何策略，向 GPO 中添加策略的步骤如下所述。

步骤 1：打开【组策略管理】窗口，在右窗格中右击新建的【重定向】GPO，在弹出的快捷菜单中选择【编辑】命令，如图 7.47 所示。

步骤 2：打开【组策略管理编辑器】窗口，在左窗格中依次展开【用户配置】→【策略】→【Windows 设置】→【文件夹重定向】节点，右击【文档】节点，在弹出的快捷菜单中选择【属性】命令，如图 7.48 所示。

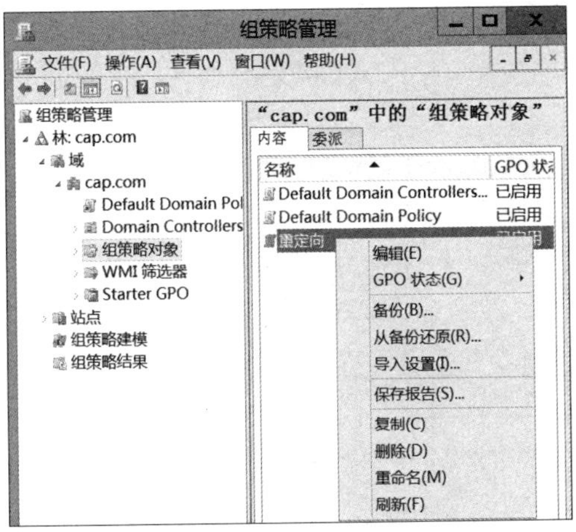

图 7.47　选择【编辑】命令

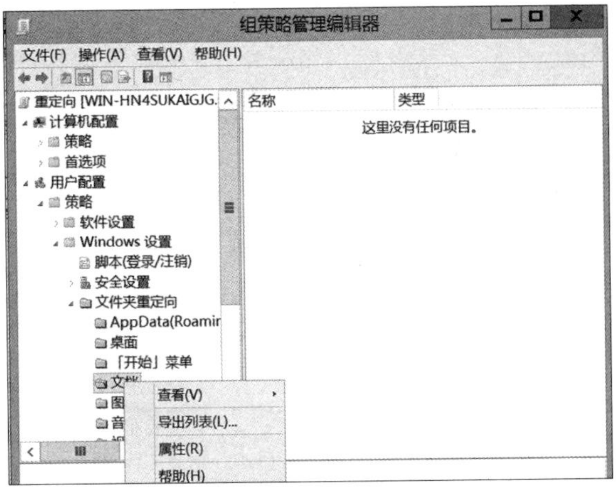

图 7.48　选择【属性】命令

① 组策略对象的配置包括影响用户的“用户配置”和影响计算机的“计算机配置”。当用户登录到计算机时，就会应用“用户配置”的组策略，而不管他们登录到哪台计算机；当特定的计算机启动时，自动应用“计算机配置”的组策略，而不管谁登录到该计算机。

② “计算机配置”包含以下设置子项。

- 软件设置：通过设置该项，可以为网络中的多台计算机自动安装或升级应用程序。
- Windows 设置：该项主要包括“脚本”和“安全设置”两个子项。“脚本”可以在计算机启动或关机时运行，以执行特殊的程序和设置；“安全设置”是与计算机系统安全相关的设置。
- 管理模板：该项包括“开始”菜单和任务栏、Windows 组件、打印机、服务器、控制面板、网络和系统等，主要影响注册表中“HKEY_CURRENT_MACHINE”的设置。

③ “用户配置”包含以下设置子项。

- 软件设置：根据用户配置的内容来设置应用程序。
- Windows 设置：该项包括“脚本（登录/注销）”、“安全设置”、“文件夹重定向”和“基于策略的 QoS”等子项。
- 管理模板：该项包括“开始”菜单和任务栏、Windows 组件、共享文件夹、控制面板、网络、系统和桌面等，主要影响注册表中“HKEY_LOCAL_USER”的设置。

④ 大多数设置只出现在“计算机配置”和“用户配置”的其中之一，但有些设置在两个部分中都有，如“同步运行登录脚本”。

步骤 3：在打开的【文档 属性】对话框中，选择【目标】选项卡，在【设置】下拉列表中选择【基本-将每个人的文件夹重定向到同一个位置】选项，在【目标文件夹位置】下拉列表中选择【在根目录路径下为每一用户创建一个文件夹】选项，在【根路径】文本框中输入重定向后的目标位置的路径（本例为“\\Server\重定向文件”），如图 7.49 所示，单击【应用】按钮，弹出【警告】提示框，单击【是】按钮。

步骤 4：选择【设置】选项卡，按需要勾选有关设置选项，如图 7.50 所示，单击【确定】按钮。

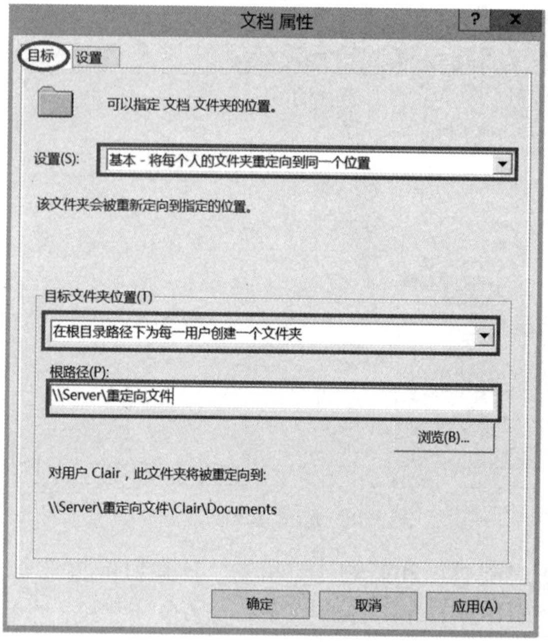

图 7.49 【目标】选项卡

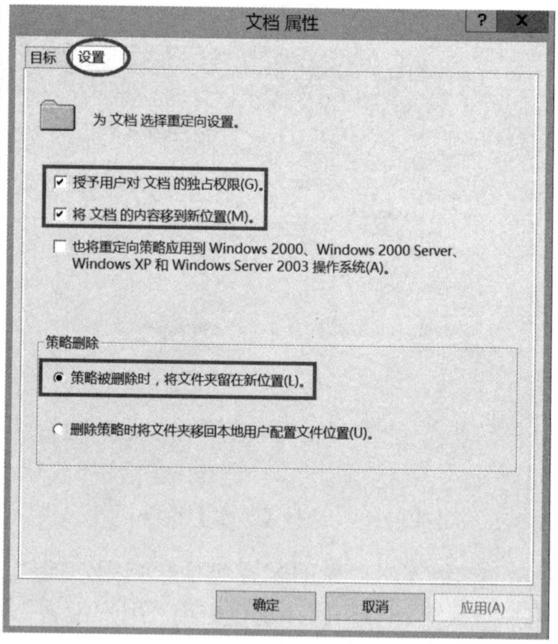

图 7.50 【设置】选项卡

3）将 GPO 链接到指定的容器

在向 GPO 中添加策略后，还需要将 GPO 与容器对象（如站点、域和组织单位等）链接起来，以确定 GPO 生效的范围。将“重定向”GPO 与“信息工程学院”OU 进行链接的步骤如下：

在【组策略管理】窗口的左窗格中，右击【信息工程学院】节点，在弹出的快捷菜单中选择【链接现有 GPO】命令，打开【选择 GPO】对话框，在【组策略对象】列表中选择【重定向】选项，如图 7.51 所示，单击【确定】按钮完成链接。

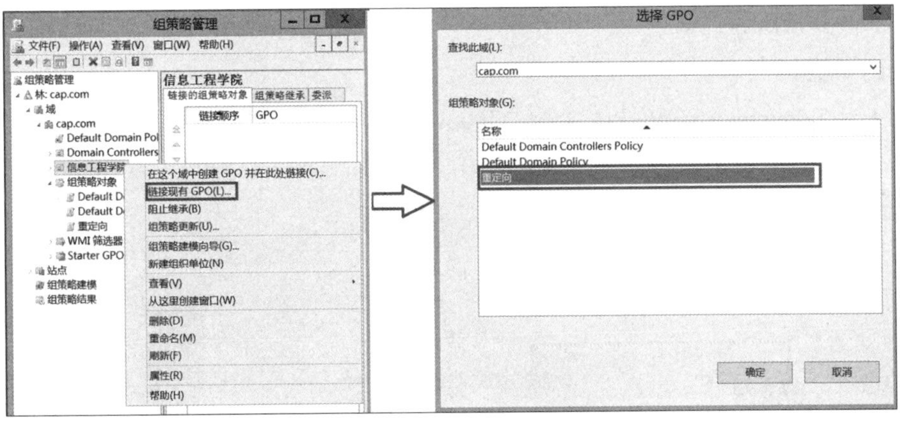

图 7.51　GPO 与容器对象的链接过程

4）测试 GPO 中策略的实现效果

测试步骤如下所述。

步骤 1：在域控制器上单击【Windows PowerShell】图标，进入命令行界面，在命令行中输入“gpupdate /force”命令强制刷新组策略，使新建 GPO 中的配置策略生效，如图 7.52 所示。

步骤 2：在加入域的 Windows 7 客户机上，按 Win+R 组合键，在打开的【运行】对话框的【打开】文本框中输入“cmd”，单击【确定】按钮，打开命令提示符窗口，执行“gpupdate /force”命令强制刷新组策略，或者使用域用户重新登录客户机。

步骤 3：在客户机系统桌面中单击【开始】按钮，在弹出的菜单中右击【文档】选项，在弹出的快捷菜单中选择【属性】命令，打开【文档 属性】对话框，如图 7.53 所示，可以看到“我的文档”文件夹的存储位置已发生变化（本例为“\\Server\重定向文件\Administrator”）。

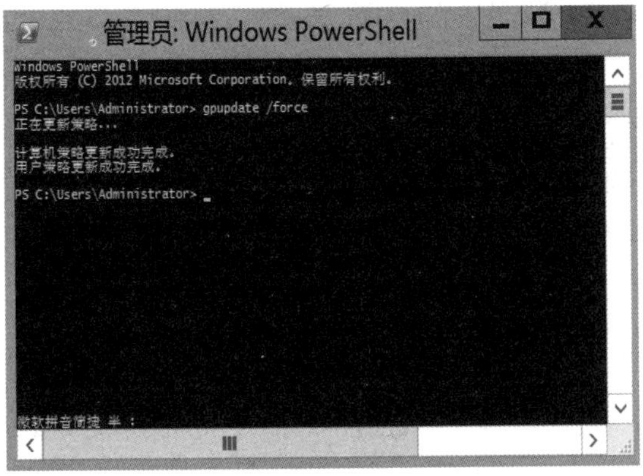

图 7.52　执行强制刷新组策略命令

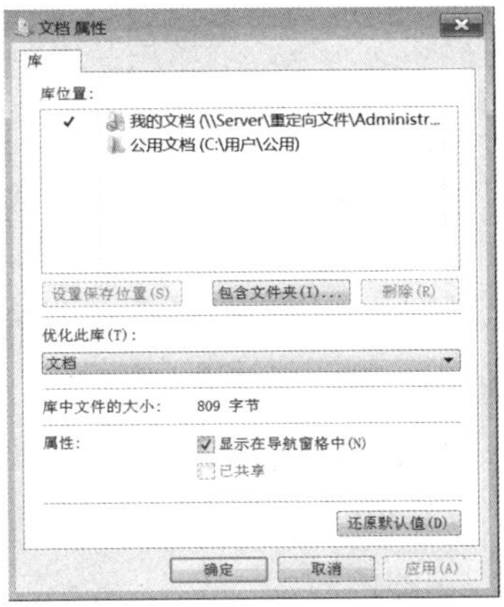

图 7.53　配置后“我的文档”文件夹的存储位置

提示：想要在服务器端刷新组策略，也可以通过在【组策略管理】窗口中右击链接 GPO 的容器对象，在弹出的快捷菜单中选择【组策略更新】命令来实现。

7.4　项目实训 7　创建、配置与管理域控制器

【实训目的】

安装活动目录；创建与管理域用户、域组和组织单位；利用组策略技术对容器中的计算

机进行统一的系统配置。

【实训环境】

每人 1 台 Windows 10 物理机，1 台 Windows Server 2012 虚拟机，VMware Workstation 16 及以上版本的虚拟机软件，虚拟机网卡连接至 VMnet8 虚拟交换机。

【实训拓扑】

实训拓扑图如图 7.54 所示。

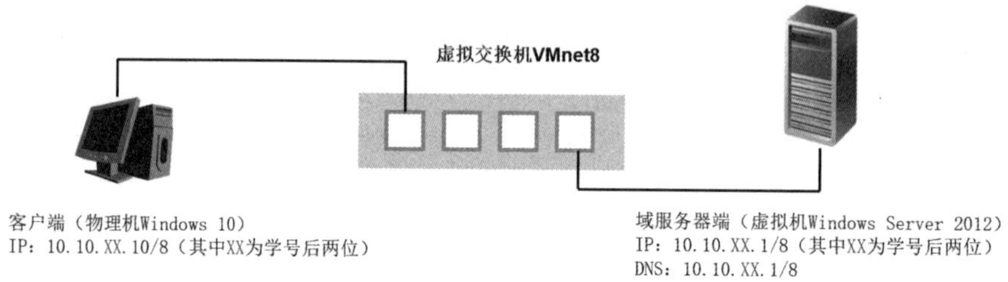

图 7.54　实训拓扑图

【实训内容】

1．创建域控制器

（1）按照图 7.54 所示的实训拓扑图中给定的参数设置 IP 地址等相关参数。

（2）在服务器端使用管理员账户 Administrator 登录。

（3）创建域控制器，域名为 yy.com（其中 yy 为自己姓名的首字母），后面类似（如“zl.com”）。

2．将客户端加入域

将客户端加入域，以域用户身份登录到域，并访问域上的资源。

3．创建域账户

（1）在域控制器上创建用户账户 yy1 和 yy2、组账户 Group1 和 Group2。

（2）将用户 yy1 加入 Group1 组，将用户 yy2 加入 Group2 组。

（3）限制 yy2 用户只能从名为 Server 的计算机上登录。

4．创建与管理组织单位

（1）在域控制器的域下面创建以自己学号命名的组织单位（如“201221 学号”）。

（2）在“201221 学号”组织单位中添加客户端对应的计算机账户（如“Administrator”）。

5．组策略的应用

创建组策略对象 yy1，使得在客户端具有管理员权限的 Administrator 用户在登录域控制器后，可以将“我的文档”文件夹重定向到域控制器的共享文件夹，该文件夹的名称为自己姓名的全拼（如“zhangliang”）。

7.5　项目习题

一、填空题

1．________________是一个有安全边界的计算机集合，也可以被理解为服务器控制网络上的计算机能否加入的计算机组合。

2．在“域”模式下负责每台接入网络的计算机和用户的验证工作的服务器被称为______________，它相当于一个单位的门卫。

3．Windows Server 2012 系统的活动目录中的对象主要有____________、域、域树和域林。

4．域定义了管理边界、复制边界和__________________3 个边界。

5．域中的计算机根据其功能的不同，可以分为域控制器、成员服务器和___________3 种角色。

6．组策略分为本地计算机策略和__________________两类。

二、单选题

1．每个域中至少有（　　）台域控制器。

A．1　　B．2　　C．3　　D．4

2．公司要使用域控制器来集中管理域账户，安装域控制器应具备以下（　　）条件。

A．操作系统的版本必须是 Windows Server 2012

B．本地磁盘至少有一个 NTFS 分区

C．本地磁盘必须全部是 NTFS 分区

D．有相应的 FTP 服务器支持

3．当网络管理员在一台安装了 Windows Server 2012 系统的计算机上执行活动目录的安装后，这台计算机上原有的本地用户账户和组账户（　　）。

A．全部删除

B．分别变为新域中的域用户账户和域组账户

C．仍然保留，在 DC 上以本地用户账户和组账户的形式存在

D．转移到原来计算机所处工作组中的其他计算机上

4．有一台 Windows Server 2012 计算机安装了活动目录，是某个域的域控制器。因为网络规划的需要，想卸载这台计算机上的活动目录，正确的方法是（　　）。

A．运行 dcpromo 命令

B．重新安装 Windows Server 2012 系统

C．在【服务器管理器】窗口中，选择【管理】菜单中的【删除角色和功能】命令

D．使用“添加/删除程序”

5．某公司有 5 个部门：财务、销售、市场、开发和后勤。公司为每名员工配备了计算机，每个部门拥有一台打印机，因为工作的需要，每个人都共享了一些文件资源给相应的人员。采用的最佳管理方案为（　　）。

A．为每个部门建立一个工作组，用于存放和管理部门内的用户账户及其他网络资源

B．为每个部门建立一个域，用于管理部门内的用户账户及其他网络资源

C．为公司建立一个域，在域中为每个部门建立一个组织单位

D．为公司建立一个工作组，用于存放和管理部门内的用户账户及其他网络资源

6．Windows Server 2012 系统中的组策略由两部分组成，分别是（　　）。

A．计算机配置、用户配置　　B．软件设置、用户配置

C．Windows 设置、管理模板　　D．计算机配置、Windows 设置

7．域管理员准备对域中的100台成员服务器进行一系列相同配置，这些计算机都在一个名为“hnwy”的组织单位中。为了提高配置效率，应该采取的措施是（　　）。

A．创建域的组策略，编辑该组策略进行配置

B．创建域控制器的组策略，编辑该组策略进行配置

C．创建“hnwy”组织单位的组策略，编辑该组策略进行配置

D．在每台计算机上配置本地安全策略

三、问答题

1．简述“工作组”模式和“域”模式的区别。

2．简述安装活动目录需要具备的条件。

3．组和组织单位有哪些区别？

4．什么是组策略？组策略是通过什么实现的？

项目 8

配置与管理 DHCP 服务器

学习目标

入侵 DHCP 服务器，破坏医院信息系统——2021 年 5 月 15 日，莲湖区某医院负责人报案称，自 2021 年 3 月起，该医院的网络系统持续出现故障，导医台、诊室系统等网络设备无法正常联网，医院诊疗秩序受到破坏。经院方网络工程师初步排查，医院网络系统重要文件疑似被人为更改，诊疗系统全面瘫痪。经审查，犯罪嫌疑人白某系该医院的前网络系统管理员，因对院方不满萌生报复心理，遂利用自学的网络知识非法入侵医院的 DHCP 服务器，远程进行破坏性操作。犯罪嫌疑人白某对其破坏计算机系统的犯罪事实供认不讳。我们必须要做文明守法的网民，严格遵守与网络安全相关的法律法规，不触碰法律红线。

知识目标

- 了解 DHCP 的意义和作用、DHCP 服务的优点和缺点
- 熟悉 DHCP 的概念、DHCP 客户机更新租约的过程
- 掌握 DHCP 的常用术语、DHCP 的工作过程

能力目标

- 具备根据项目需求和总体规划对 DHCP 服务器方案进行合理设计的能力
- 具备安装和配置 DHCP 服务器的能力
- 具备管理和维护 DHCP 服务器的能力
- 具备测试 DHCP 服务器的能力

素养目标

- 培养学生解决问题的能力
- 培养学生的网络安全意识

8.1 项目背景

成都航院已经组建了学校的校园网，然而随着笔记本电脑的普及，教师移动办公及学生移动学习的现象越来越多，每次当计算机从一个网络移动到另一个网络时，都需要重新获取新网络的 IP 地址、默认网关等信息，并对计算机重新进行设置。如果要使网络中的用户无论处于网络中的什么位置都不需要手动配置 IP 地址、默认网关等信息就能够上网，就需要在网络中部署 DHCP 服务器，实现学校内所有的计算机的 IP 地址等信息的自动配置。

8.2 项目知识

8.2.1 认识 DHCP

1．DHCP 的概念

在 TCP/IP 网络中，计算机之间通过 IP 地址互相通信，因此管理、分配与设置客户机 IP 地址的工作非常重要。以手动方式设置 IP 地址虽然比较容易，但是非常费时、费力，而且可能会因为输入错误而影响到主机的网络通信能力，并且因为占用其他主机的 IP 地址而干扰到该主机的运行，因此会加重系统管理员的负担。尤其在大中型网络中，手动设置 IP 地址更是一项非常复杂的工作，于是就出现了自动配置 IP 地址的方法，这就是 DHCP。

DHCP（Dynamic Host Configuration Protocol，动态主机分配协议）是一个简化主机 IP 地址分配管理的 TCP/IP 标准协议，可以自动为局域网中的每台计算机分配 IP 地址，并完成每台计算机的 TCP/IP 配置。DHCP 服务器能够从预先设置的 IP 地址池中动态地给主机分配 IP 地址，不仅能够保证 IP 地址不重复分配，解决 IP 地址冲突问题，还能够及时回收 IP 地址，提高 IP 地址的利用率。

DHCP 采用“客户机/服务器”的工作模式，使用 DHCP 服务功能并且分配到 IP 地址的计算机被称为“DHCP 客户机”，安装 DHCP 服务角色并且负责给 DHCP 客户机分配 IP 地址的计算机称为“DHCP 服务器”。图 8.1 所示为一个 DHCP 的网络结构图。

图 8.1　一个 DHCP 的网络结构图

2．何时使用 DHCP

在网络主机数量少的情况下，可以手动为网络中的主机分配静态的 IP 地址，但有时工作量很大，这时就需要动态分配 IP 地址方案。在该方案中，每台计算机并不设置固定的 IP 地址，而是在计算机开机时才被分配一个 IP 地址，动态分配 IP 地址方案可以大大减少系统管理员的工作量。只要 DHCP 服务器正常工作，IP 地址就不会发生冲突。要大批量更改计算机的所在子网或其他 IP 地址参数，只要在 DHCP 服务器上进行即可，系统管理员不必设置每台计算机。

需要动态分配 IP 地址的情况包括以下 3 种：

（1）网络的规模较大，网络中需要分配 IP 地址的主机很多，特别是要在网络中增加和删除主机或者要重新配置网络时，使用手动方式分配 IP 地址的工作量很大，而且常常会因为用户不遵守规则而出现错误，如导致 IP 地址的冲突等。

（2）网络中的主机多，而 IP 地址不够用，这时可以使用 DHCP 服务来解决这个问题。例如，某个网络中有 200 台计算机，当采用静态 IP 地址时，每台计算机都需要预留一个 IP 地址，即需要 200 个 IP 地址。然而，这 200 台计算机并不同时开机，可能只有 20 台计算机同时开机，这样就浪费了 180 个 IP 地址。这种情况对 ISP 来说是一个十分严重的问题。如果 ISP 有 10 万个用户，则是否需要 10 万个 IP 地址？解决这个问题的方法就是使用 DHCP 服务。

（3）当计算机从一个网络移动到另一个网络时，每次移动都需要改变 IP 地址，并且移动的计算机在每个网络都需要占用一个 IP 地址，这时可以使用 DHCP 服务来解决这个问题。因为 DHCP 服务可以让计算机在不同的子网中移动时，连接到网络就能自动获得网络中的 IP 地址。

3. DHCP 服务的作用

在企业网络环境中部署 DHCP 服务器，对企业网络的管理具有以下 3 个方面的好处（或者说 DHCP 服务的作用）：

（1）减轻系统管理员管理 IP 地址的负担，极大地缩短配置或重新配置网络中的计算机所花费的时间，达到高效利用有限 IP 地址的目的。

（2）避免因手动设置 IP 地址及子网掩码所产生的错误。

（3）避免把一个 IP 地址分配给多台计算机，从而造成 IP 地址冲突的问题。

4. DHCP 地址分配类型

DHCP 允许以下 3 种类型的地址分配。

（1）自动分配方式：当 DHCP 客户机第一次成功地从 DHCP 服务器租用到 IP 地址之后，就永远使用这个 IP 地址。

（2）动态分配方式：当 DHCP 客户机第一次从 DHCP 服务器租用到 IP 地址之后，并非永久地使用该 IP 地址，只要租约到期，DHCP 客户机就得释放这个 IP 地址，以给其他计算机使用。当然，DHCP 客户机可以比其他主机更优先地更新租约，或者租用其他 IP 地址。

（3）手动分配方式：DHCP 客户机的 IP 地址是由系统管理员指定的，DHCP 服务器只是把指定的 IP 地址告诉 DHCP 客户机。

8.2.2 DHCP 常用术语

1. 作用域

作用域（Scope）通常指的是网络上的单个子网，是一个网络中所有可分配 IP 地址的连续范围，DHCP 服务器利用该范围向 DHCP 客户机出租或分配 IP 地址。

2. 排除范围

排除范围（Exclusion Range）是作用域内从 DHCP 服务器中排除的有限 IP 地址序列，并保证在这个序列中的所有 IP 地址不会被 DHCP 服务器分配给 DHCP 客户机。这些被排除的 IP 地址通常用于打印机或服务器等使用静态 IP 地址的设备。

3．地址池

地址池（Address Pool）是指在定义了 DHCP 作用域及排除范围之后，剩余的 IP 地址在作用域内形成可提供给 DHCP 客户机的 IP 地址的集合。DHCP 服务器可以将地址池中的 IP 地址动态地提供给网络中的 DHCP 客户机。

4．租约

租约（Lease）是指 DHCP 服务器指定的一段时间，在这段时间内，DHCP 客户机可以使用 DHCP 服务器分配的 IP 地址。一般来说，租约用天数、小时和分钟表示，表示 DHCP 客户机可以使用它所得到的 IP 地址租约的时间长度。可以根据网络的实际情况减少或增加租约长度。

5．作用域选项

作用域选项（Scope Option）除了可以向 DHCP 客户机提供 IP 地址，还可以向 DHCP 客户机提供其他 TCP/IP 配置信息，如默认网关（路由器）、DNS 服务器、WINS 服务器等 IP 地址或其他信息。

6．保留地址

可以配置 DHCP 服务器，使它总是为某个 DHCP 客户机分配同一个 IP 地址，即 DHCP 服务器指派的永久地址租约，也被称为“保留地址”（Reservation Address）。要为一个 DHCP 客户机保留一个 IP 地址，需要利用 DHCP 客户机网卡的物理地址（即 MAC 地址），即在 DHCP 服务器上绑定特定主机的 MAC 地址和 IP 地址。

8.2.3 DHCP 的工作过程

DHCP 的工作过程可以分为发现阶段、提供阶段、选择阶段和确认阶段，如图 8.2 所示。

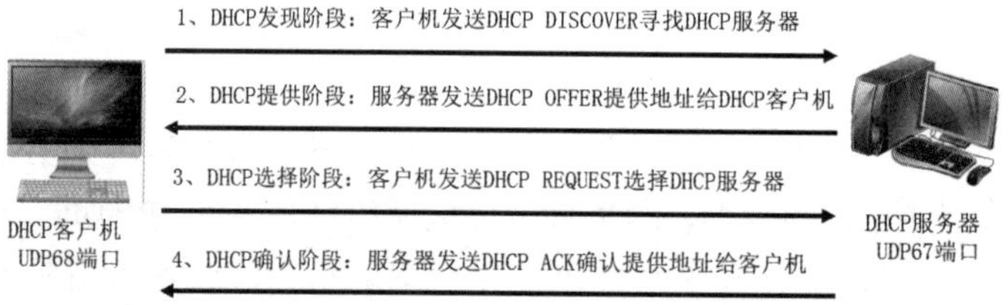

图 8.2　DHCP 的工作过程

1．DHCP 的发现阶段

发现阶段是 DHCP 客户机寻找 DHCP 服务器的阶段。DHCP 客户机被设置为“自动获得 IP 地址”后，在第一次登录网络时因为还没有绑定 IP 地址，也不知道自己属于哪个网络，所以只具有发送广播消息等有限的通信能力，或者说它处于初始化状态。此时，DHCP 客户机会以广播方式向网络发送一个 DHCP 发现报文消息（DHCP DISCOVER）来寻找 DHCP 服务器，请求租用一个 IP 地址。由于 DHCP 客户机还没有自己的 IP 地址，因此使用 0.0.0.0 作为源地址，同时 DHCP 客户机也不知道 DHCP 服务器的 IP 地址，所以它以 255.255.255.255 作为目标地址。网络上每台安装了 TCP/IP 协议的主机都会接收到这种广播消息，但只有 DHCP 服务器才会做出响应。

2．DHCP 的提供阶段

提供阶段是 DHCP 服务器提供 IP 地址租用的阶段。在 DHCP 客户机发送要求租约的请求后，所有的 DHCP 服务器都收到了该请求并做出响应。DHCP 服务器将从地址池中挑选一个 IP 地址分配给 DHCP 客户机，然后所有的 DHCP 服务器都会广播一个愿意提供租约的 DHCP 提供报文消息（DHCP OFFER）给 DHCP 客户机，除非该 DHCP 服务器没有空余的 IP 地址可以提供了。在 DHCP 服务器广播的消息中包含 DHCP 客户机的 MAC 地址、IP 地址、租期及其他信息，封包的源地址为 DHCP 服务器的 IP 地址，目标地址为 255.255.255.255。同时，DHCP 服务器会为 DHCP 客户机保留所提供的 IP 地址，不会将其分配给其他 DHCP 客户机。

注意：在发送第一个 DHCP 发现报文消息（DHCP DISCOVER）后，DHCP 客户机将等待 1 秒。在此期间，如果没有 DHCP 服务器响应，则 DHCP 客户机将分别在第 9 秒、第 13 秒和第 16 秒时重复发送一次 DHCP 发现报文消息（DHCP DISCOVER）。如果仍然没有得到 DHCP 服务器的应答，则将再每隔 5 分钟广播一次 DHCP 发现报文消息（DHCP DISCOVER），直到得到 DHCP 服务器的应答，同时 DHCP 客户机会使用预留的 B 类网络地址（169.254.0.1～169.254.255.254）和子网掩码 255.255.0.0 来自动配置 IP 地址和子网掩码，这个被称为自动专用 IP 编址（Automatic Private IP Addressing，APIPA）。因此，如果用 ipconfig 命令发现一个 DHCP 客户机的 IP 地址为 169.254.x.x，就说明可能是 DHCP 服务器没有设置好或 DHCP 服务器有故障。即使在网络中，DHCP 服务器有故障，计算机之间仍然可以通过网上邻居发现彼此。

3. DHCP 的选择阶段

选择阶段是 DHCP 客户机选择某台 DHCP 服务器提供的 IP 地址的阶段。如果有多台 DHCP 服务器向 DHCP 客户机发来 DHCP 提供报文消息（DHCP OFFER），则 DHCP 客户机只接受第一个收到的 DHCP 提供报文消息（DHCP OFFER），然后以广播方式回答一个 DHCP 请求报文消息（DHCP REQUEST）。由于此时尚未得到 DHCP 服务器的最后确认，因此 DHCP 请求报文消息（DHCP REQUEST）仍以 0.0.0.0 为源地址、以 255.255.255.255 为目标地址封包并进行广播，包内还包括 DHCP 客户机的 MAC 地址、接受的租约 IP 地址、提供此租约的 DHCP 服务器的 IP 地址。以广播方式回答是为了通知所有的 DHCP 服务器，它将选择某台 DHCP 服务器所提供的 IP 地址，这时其他的 DHCP 服务器就可以撤销它们提供的租约了，以便将 IP 地址分配给下一次发出租约请求的 DHCP 客户机。

4. DHCP 的确认阶段

确认阶段是 DHCP 服务器确认所提供的 IP 地址的阶段。当 DHCP 服务器接收到 DHCP 客户机的 DHCP 请求报文消息（DHCP REQUEST）后，会广播返回给 DHCP 客户机一个 DHCP 确认报文消息（DHCP ACK），表示已接受 DHCP 客户机的选择，并将此合法租用的 IP 地址及其他网络配置信息都放入该广播包发送给 DHCP 客户机。DHCP 客户机在接收到 DHCP 确认报文消息（DHCP ACK）后，会发送 3 个针对此 IP 地址的 ARP 解析请求以执行冲突检测，查询网络上有无其他主机占用此 IP 地址。如果发现有冲突，则 DHCP 客户机会发出一个表示拒绝租约的 DHCP 拒绝消息（DHCP DECLINE）给 DHCP 服务器，并重新发送 DHCP 发现报文消息（DHCP DISCOVER），此时在 DHCP 服务器管理控制台中会显示此 IP 地址为 BAD_ADDRESS；如果发现没有冲突，则 DHCP 客户机就使用租约中提供的 IP 地址来完成初始化，即将收到的 IP 地址与网卡绑定，从而使其能与网络中的其他主机进行通信。

8.2.4 DHCP 客户机租约的更新

DHCP 客户机从 DHCP 服务器获取的 TCP/IP 配置信息是有使用期限的，该期限的长短由提供 TCP/IP 配置信息的 DHCP 服务器规定，默认租期为 8 天（可以调整）。为了延长使用期限，DHCP 客户机需要更新租约，更新方法有两种：自动更新和手动更新。

1．自动更新

在 DHCP 客户机重新启动或租期达到 50%时，DHCP 客户机会直接向当前提供租约的 DHCP 服务器发送 DHCP 请求报文消息（DHCP REQUEST），要求更新及延长现有 IP 地址的租约。如果 DHCP 服务器收到请求，就会发送 DHCP 确认信息给客户机，更新客户机的租约。如果 DHCP 客户机无法与提供租约的 DHCP 服务器取得联系，则 DHCP 客户机一直等到租期达到 87.5%后进入重新申请的状态。此时，DHCP 客户机会通过向网络上所有的 DHCP 服务器广播 DHCP 发现报文消息（DHCP DISCOVER）来要求更新现有的 IP 地址租约，如果有 DHCP 服务器响应 DHCP 客户机的请求，则 DHCP 客户机就会使用该 DHCP 服务器提供的 IP 地址信息更新现有的租约。如果租约过期或一直无法与任何 DHCP 服务器通信，则 DHCP 客户机将无法使用现有的 IP 地址租约。

2．手动更新

网络管理员可以在 DHCP 客户机上对 IP 地址租约进行手动更新，命令为“ipconfig /renew”。此外，网络管理员可以随时释放已有的 IP 地址租约，命令为“ipconfig /release”。

8.2.5 DHCP 服务的优缺点

DHCP 服务具有以下优点：

（1）提高效率。DHCP 服务使计算机能够自动获得 IP 地址信息并完成配置，减少了由于手动设置而可能出现的错误，并极大地提高了工作效率，降低了劳动强度。

（2）便于管理。当网络使用的 IP 地址范围改变时，只需修改 DHCP 服务器的 IP 地址池即可，而不必逐一修改网络内的所有计算机的 IP 地址。

（3）节约 IP 地址资源。在 DHCP 系统中，只有当 DHCP 客户机请求时才由 DHCP 服务器提供 IP 地址，而当计算机关机后，又会自动释放该 IP 地址。在通常情况下，网络内的计算机并不都是同时开机的，因此，较小数量的 IP 地址也能够满足较多计算机的需求。

DHCP 服务的优点不少，但也存在着缺点：DHCP 服务不能发现网络上非 DHCP 客户机已经使用的 IP 地址；当网络上存在多个 DHCP 服务器时，一个 DHCP 服务器不能查出已被其他 DHCP 服务器租出去的 IP 地址；DHCP 服务器不能跨越子网路由器与 DHCP 客户机进行通信，除非路由器允许转发数据。

8.3 项目实施

8.3.1 任务 8-1 安装 DHCP 服务器

1．DHCP 服务器的安装条件

搭建 DHCP 服务器需要一些必备条件的支持，主要有以下几个方面：

- 如果网络中已经建立了 Windows 系统的域环境，则安装 DHCP 服务的计算机必须为域控制器或成员服务器，否则 DHCP 服务不能启用。
- 需要一台运行 Windows Server 系统的服务器，并为其指定静态 IP 地址。

- 根据子网划分和每个子网中所拥有的计算机的数量，需要为每个子网确定一段 IP 地址范围。

2. 安装 DHCP 服务器

Windows Server 2012 系统内置了 DHCP 服务程序，其安装步骤如下所述。

步骤 1：按照项目中的 IP 地址规划，为 DHCP 服务器设置网络参数。打开【Internet 协议版本 4 (TCP/IPv4)属性】对话框，输入 TCP/IP 配置信息，如图 8.3 所示。

步骤 2：在桌面左下角单击【服务器管理器】图标，打开【服务器管理器】窗口，在左窗格中选择【仪表板】选项，在右窗格中单击【添加角色和功能】选项，如图 8.4 所示。

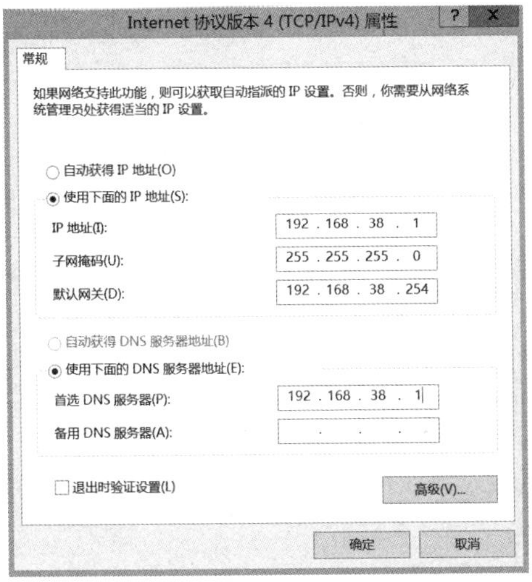

图 8.3 输入 TCP/IP 配置信息

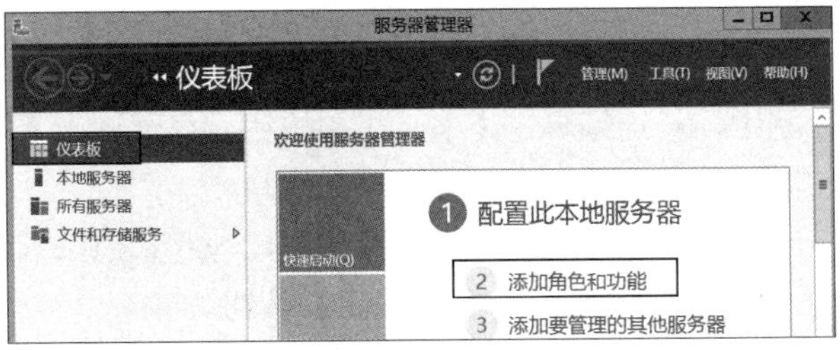

图 8.4 【服务器管理器】窗口

步骤 3：打开【添加角色和功能向导】窗口，进入【开始之前】界面，如图 8.5 所示，单击【下一步】按钮。

步骤 4：进入【选择安装类型】界面，选中【基于角色或基于功能的安装】单选按钮，如图 8.6 所示，单击【下一步】按钮。

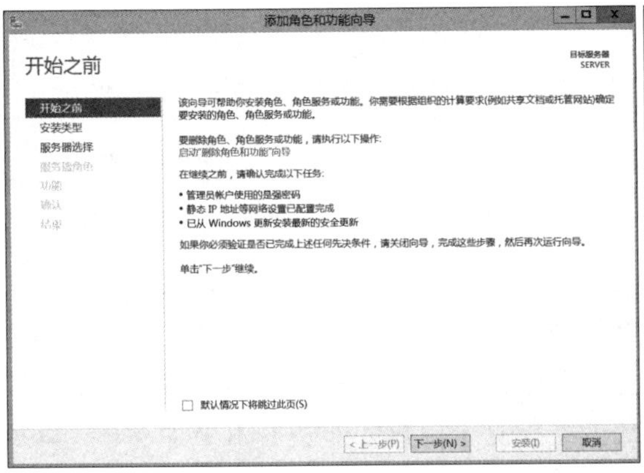

图 8.5 【开始之前】界面

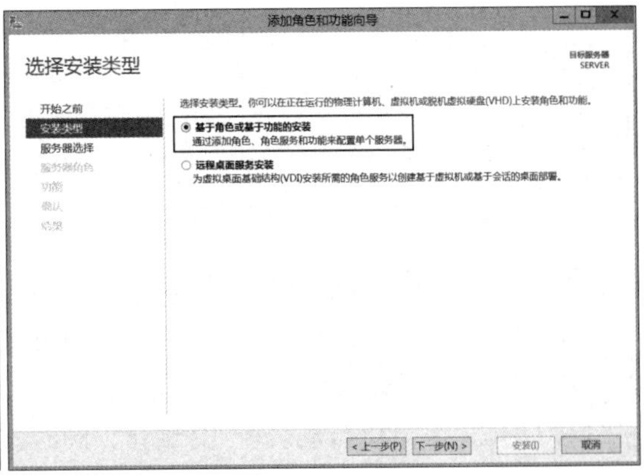

图 8.6 【选择安装类型】界面

步骤 5：进入【选择目标服务器】界面，选中【从服务器池中选择服务器】单选按钮，在【服务器池】列表框中选择安装 DHCP 服务的服务器的名称，如图 8.7 所示，单击【下一步】

按钮。

步骤 6：进入【选择服务器角色】界面，在【角色】列表框中勾选【DHCP 服务器】复选框，在自动弹出的【添加角色和功能向导】对话框中单击【添加功能】按钮，系统返回【选择服务器角色】界面，此时【DHCP 服务器】复选框已被勾选，单击【下一步】按钮，如图 8.8 所示。

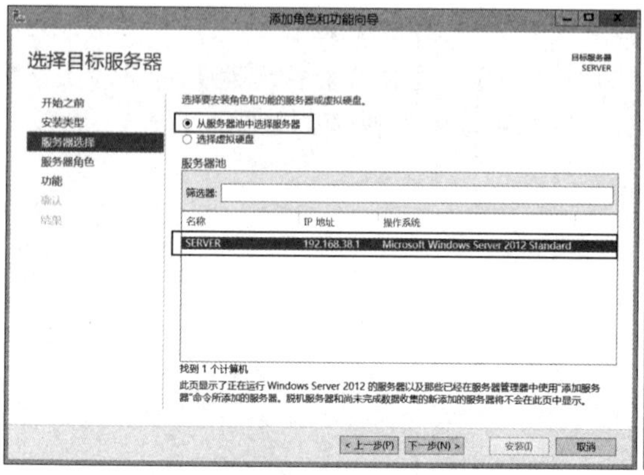

图 8.7 【选择目标服务器】界面

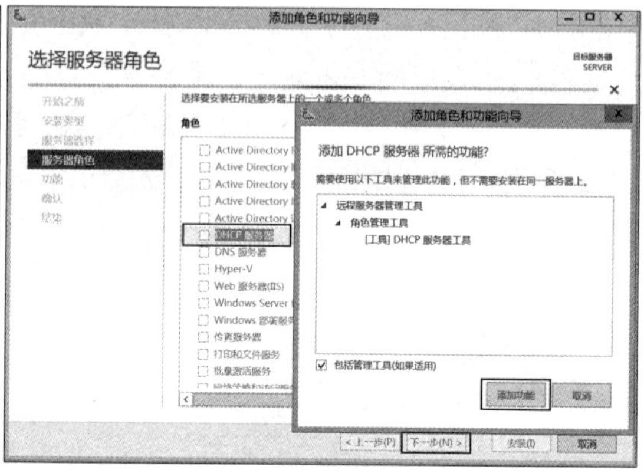

图 8.8 【选择服务器角色】界面

步骤 7：连续单击【下一步】按钮，直至进入【确认安装所选内容】界面，如图 8.9 所示，单击【安装】按钮。

步骤 8：进入【安装进度】界面，如图 8.10 所示，系统开始进行安装，可以看到安装进度条，安装完成后，单击【关闭】按钮。

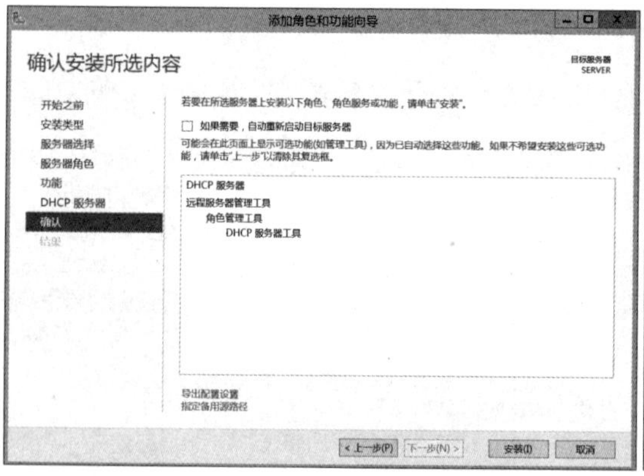

图 8.9 【确认安装所选内容】界面

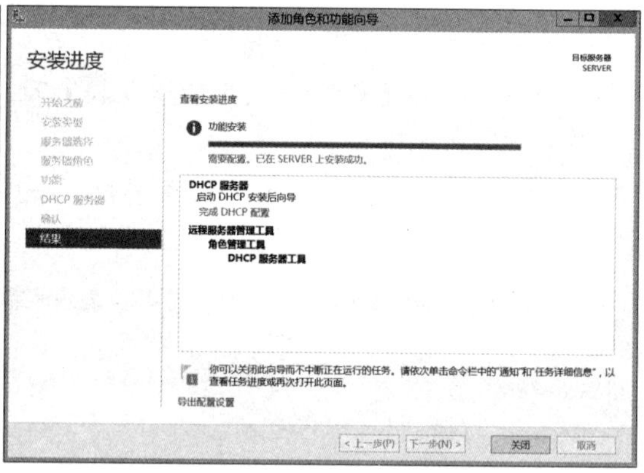

图 8.10 【安装进度】界面

3. 授权 DHCP 服务器

Windows Server 2012 系统为使用活动目录的网络提供了集成的安全性支持。针对 DHCP 服务器，它提供了授权的功能，可以对网络中配置正确的合法 DHCP 服务器进行授权，允许它们对 DHCP 客户机自动分配 IP 地址。同时，还能够检测未授权的非法 DHCP 服务器，以及防止这些 DHCP 服务器在网络中启动或运行，从而提高了网络的安全性。

1）对域中的 DHCP 服务器进行授权

如果网络环境是一个域，DHCP 服务器是域的成员，并且在安装 DHCP 服务器的过程中没有选择授权，则在安装完成后就必须先进行授权，然后才能使 DHCP 服务器生效，才能为客户机提供 IP 地址，从而阻止其他非法的 DHCP 服务器提供服务。如果网络环境是一个工作组，则 DHCP 服务器无须经过授权就可以使用，即独立服务器不需要授权，当然也就无法阻止那些非法的 DHCP 服务器了。

对 DHCP 服务器进行授权的步骤如下所述。

步骤 1：打开【服务器管理器】窗口，在菜单栏中选择【工具】菜单中的【DHCP】命令，如图 8.11 所示。

步骤 2：打开【DHCP】窗口，可以看到“IPv4”和“IPv6”的左侧均有一个向下的红色箭头，表明该服务器未被授权。在左窗格中右击 DHCP 服务器的域名（本例为 server.cap.com），在弹出的快捷菜单中选择【授权】命令，如图 8.12 所示，即可为 DHCP 服务器授权。重新打开【DHCP】窗口，可以看到“IPv4”和“IPv6”的左侧已经由红色箭头变为绿色对勾，表明该 DHCP 服务器已被授权。

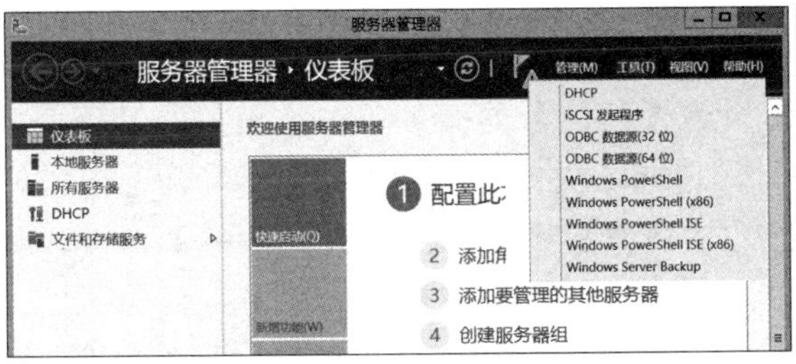

图 8.11 选择【DHCP】命令

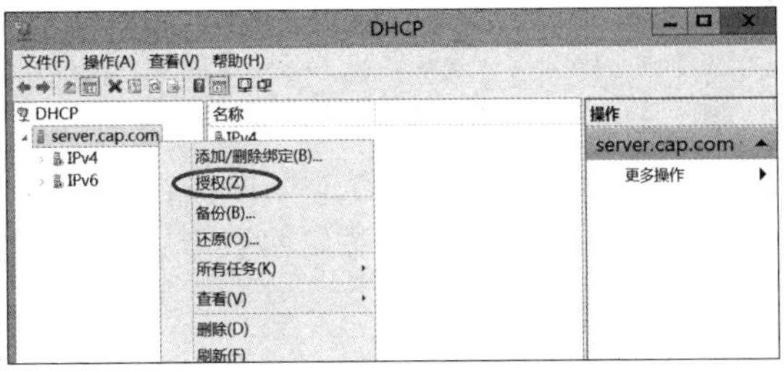

图 8.12 选择【授权】命令

2）为什么要对 DHCP 服务器进行授权

由于 DHCP 服务器为 DHCP 客户机自动分配 IP 地址时均采用广播机制，而且 DHCP 客户机在发出 DHCP 请求报文消息（DHCP REQUEST）进行 IP 地址租用选择时，也只是简单地选择第一个收到的 DHCP 提供报文消息（DHCP OFFER），因此这意味着在整个 IP 地址租用过程中，网络中所有的 DHCP 服务器都是平等的。如果网络中的 DHCP 服务器都是正确配置的，则网络将能够正常运行。如果在网络中出现了错误配置的 DHCP 服务器，则可能引发网络故障。例如，错误配置的 DHCP 服务器可能为 DHCP 客户机分配不正确的 IP 地址，导致该 DHCP 客户机无法进行正常的网络通信。

为了解决这个问题，Windows Server 2012 系统引入了 DHCP 服务器的授权机制。通过授权机制，DHCP 服务器在服务于 DHCP 客户机之前，需要验证是否已在活动目录中被授权。如果 DHCP 服务器未被授权，则其将不能为 DHCP 客户机分配 IP 地址。这样就避免了由于网络中出现错误配置的 DHCP 服务器而导致的大多数意外网络故障。

注意：①在工作组环境中，DHCP 服务器肯定是独立的服务器，无须授权（也不能授权）就能向 DHCP 客户机提供 IP 地址。②在域环境中，域控制器或域成员身份的 DHCP 服务器能够被授权，为 DHCP 客户机提供 IP 地址。③在域环境中，独立服务器身份的 DHCP 服务器不能被授权。如果域中有被授权的 DHCP 服务器，则该 DHCP 服务器不能为 DHCP 客户机提供 IP 地址；如果域中没有被授权的 DHCP 服务器，则该 DHCP 服务器可以为 DHCP 客户机提供 IP 地址。

8.3.2 任务 8-2 配置与管理 DHCP 服务器

1. 配置 DHCP 服务器

DHCP 服务器不仅可以为 DHCP 客户机提供 IP 地址，还可以设置 DHCP 客户机启动时的工作环境，如可以设置 DHCP 客户机登录的域名称、DNS 服务器、WINS 服务器、路由器、默认网关等。DHCP 服务器提供了许多选项，主要包括以下 4 种类型：

- 默认服务器选项：这些选项的设置影响 DHCP 控制台中该服务器下所有的作用域中的客户和类选项。
- 作用域选项：这些选项的设置只影响该作用域下的 IP 地址租约。
- 类选项：这些选项的设置只影响被指定使用该 DHCP 类 ID 的客户机。
- 保留客户选项：这些选项的设置只影响指定的保留客户。

配置 DHCP 服务器的步骤如下所述。

步骤 1：按 Win 键切换到【开始】界面，单击【管理工具】图标，打开【管理工具】窗口，双击【DHCP】选项；或者按 Win 键切换到【开始】界面，单击【服务器管理器】图标，打开【服务器管理器】窗口，选择【工具】菜单中的【DHCP】命令，打开【DHCP】窗口，在左窗格中右击【IPv4】节点，在弹出的快捷菜单中选择【新建作用域】命令，如图 8.13 所示。

步骤 2：打开【新建作用域向导】对话框，进入【欢迎使用新建作用域向导】界面，如图 8.14 所示，单击【下一步】按钮。

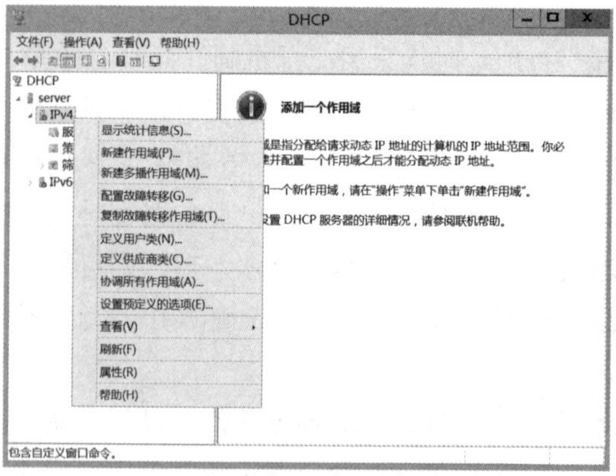

图 8.13 选择【新建作用域】命令

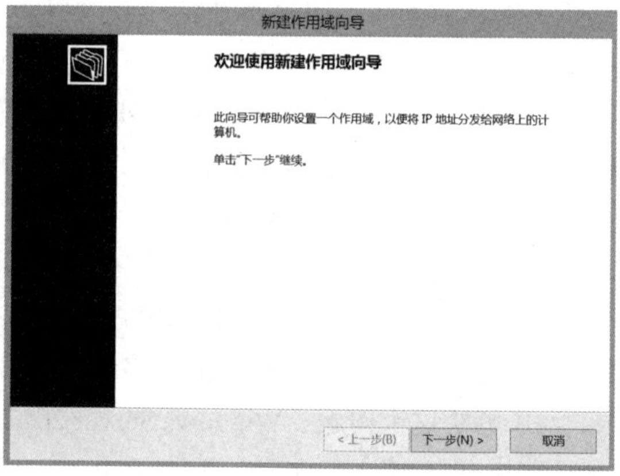

图 8.14 【欢迎使用新建作用域向导】界面

步骤 3：进入【作用域名称】界面，要求输入作用域名称和描述信息。其中，作用域名称是必须输入的，通常使用与该服务器用途相关的名称，如公司名称；描述信息可有可无，通常是针对该服务器更详细的说明性文字信息。本例在【名称】文本框中输入“zhangliang”，如图 8.15 所示，单击【下一步】按钮。

步骤 4：进入【IP 地址范围】界面，要求输入可分配给客户机的起始 IP 地址和结束 IP 地址。本例在【起始 IP 地址】编辑框中输入“192.168.38.10”，在【结束 IP 地址】编辑框中输入“192.168.38.100”，在【子网掩码】编辑框中输入“255.255.255.0”，则表示网络地址位数的【长度】数值框中的数值会自动设置为“24”，如图 8.16 所示，设置完成后单击【下一步】按钮。

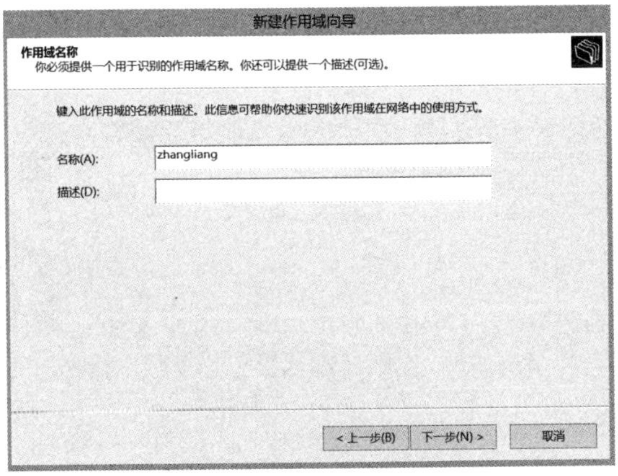

图 8.15　【作用域名称】界面

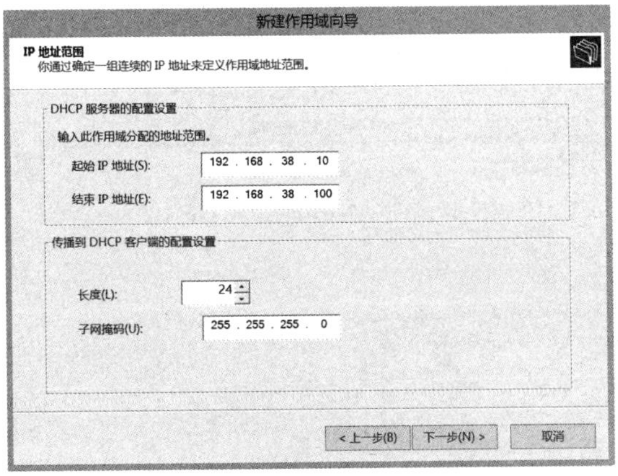

图 8.16　【IP 地址范围】界面

步骤 5：进入【添加排除和延迟】界面，要求输入需排除的 IP 地址范围和子网延迟的时间段(单位为毫秒)。本例中，在可分配给客户机的 IP 地址范围中，192.168.38.50～192.168.38.60 被网络管理员留作其他用途。因此，在【起始 IP 地址】编辑框中输入“192.168.38.50”，在【结束 IP 地址】编辑框中输入“192.168.38.60”，并单击【添加】按钮，则该 IP 地址范围就会显示在【排除的地址范围】列表框中。子网延迟是指服务器将延迟 DHCP 提供报文消息（DHCP OFFER）传输的时间段，通常情况下是不需要延迟的，所以【子网延迟(毫秒)】数值框中保持默认的数字 0，如图 8.17 所示，设置完成后单击【下一步】按钮。

注意：添加排除 IP 地址是指在 DHCP 服务器可供分配的 IP 地址范围内，添加不分配给客户机的单个 IP 地址或多个连续的 IP 地址。如果要排除一个单独的 IP 地址，则只需在【起始 IP 地址】文本框中输入该 IP 地址，然后单击【添加】按钮即可。

步骤 6：进入【租用期限】界面，为分配给客户机的 IP 地址设定一个租用的有效期。可以根据需要在【限制为】选区中的 3 个数值框内对租用天数、小时数和分钟数进行设置。系统默认为 8 天，最大有效期为 999 天 23 小时 59 分钟，本例设置租用期限为“8 小时 0 分钟”，如图 8.18 所示，设置完成后单击【下一步】按钮。

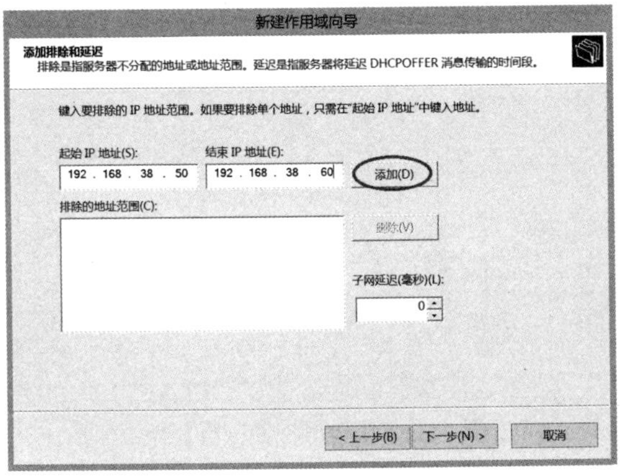

图 8.17　【添加排除和延迟】界面

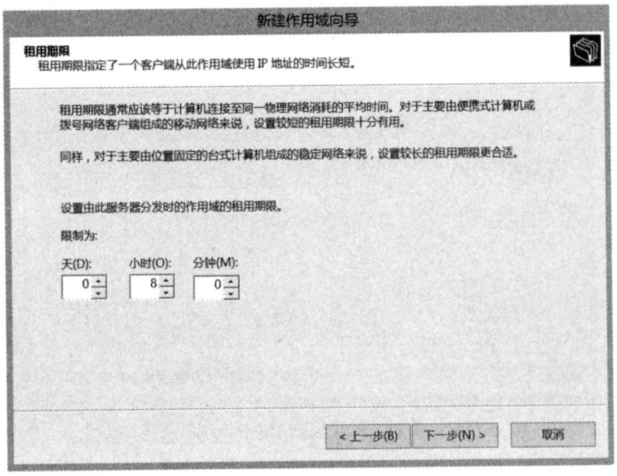

图 8.18　【租用期限】界面

步骤 7：进入【配置 DHCP 选项】界面，要求用户确认是否现在就配置 DHCP 选项。本例选中【是，我想现在配置这些选项】单选按钮，如图 8.19 所示，单击【下一步】按钮。

步骤 8：进入【路由器(默认网关)】界面，用于添加客户机使用的路由器（默认网关）的

IP 地址。本例在【IP 地址】编辑框中输入“192.168.38.254”，并单击【添加】按钮，如图 8.20 所示，设置完成后单击【下一步】按钮。

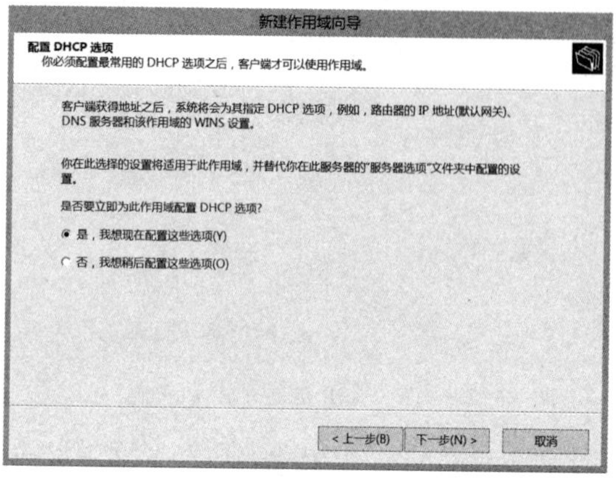

图 8.19　【配置 DHCP 选项】界面

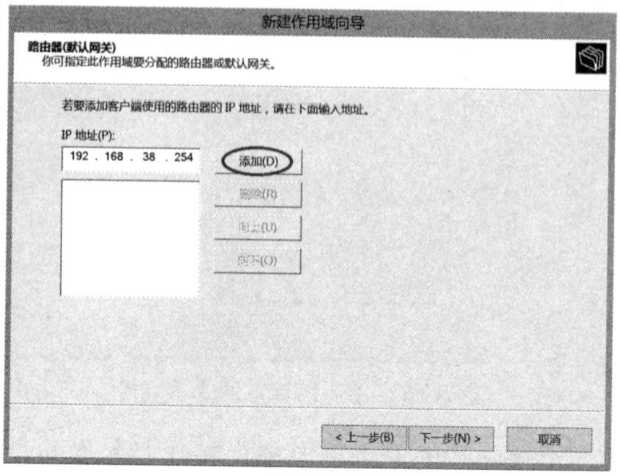

图 8.20　【路由器(默认网关)】界面

步骤 9：进入【域名称和 DNS 服务器】界面，要求设置 DNS 域名和 DNS 服务器的 IP 地址。本例中 DNS 服务器与 DHCP 服务器架设在同一台物理服务器上，因此在【父域】文本框中输入“cap.com”，在【IP 地址】编辑框中输入“192.168.38.1”，单击【添加】按钮，该 IP 地址就会显示在下面的列表框中，如图 8.21 所示，设置完成后单击【下一步】按钮（当然，这里也可以暂时不进行任何设置而直接跳过）。

注意：如果企业内部已架设 DNS 服务器，但只知其名称，而不知道其 IP 地址，则可以将其名称输入【服务器名称】文本框中，单击【解析】按钮就会自动解析为该 DNS 服务器的 IP 地址。

步骤 10：进入【WINS 服务器】界面，要求设置 WINS 服务器的相关参数。由于本例中并没有配置 WINS 服务器，因此，在该步骤无须进行任何设置，可直接跳过，如图 8.22 所示，单击【下一步】按钮。

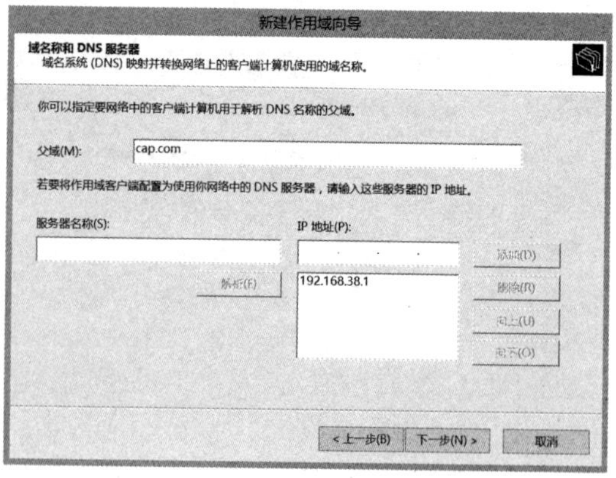

图 8.21　【域名称和 DNS 服务器】界面

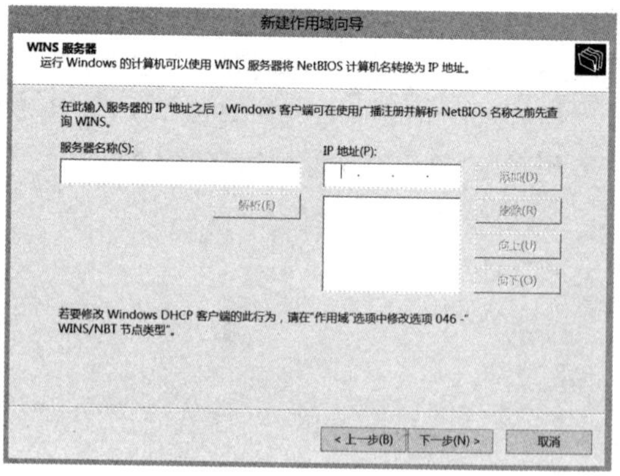

图 8.22　【WINS 服务器】界面

步骤 11：进入【激活作用域】界面，选中【是，我想现在激活此作用域】单选按钮，如图 8.23 所示，单击【下一步】按钮。

步骤 12：进入【正在完成新建作用域向导】界面，如图 8.24 所示，单击【完成】按钮，DHCP 服务器即配置完成。

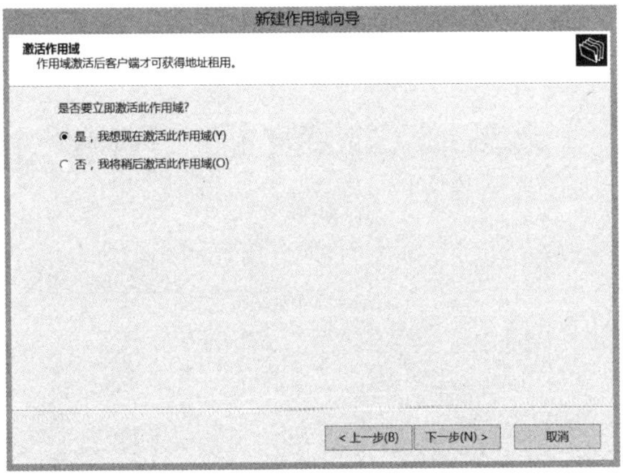

图 8.23 【激活作用域】界面

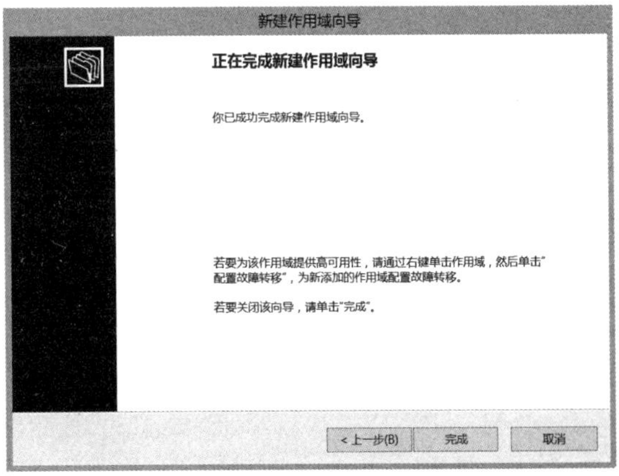

图 8.24 【正在完成新建作用域向导】界面

至此，完成了 DHCP 服务器的基本配置，在【DHCP】窗口中就可以看到新建的作用域。

2. 管理 DHCP 服务器

DHCP 服务器还可以进行作用域相关参数的设置，在作用域下共有 5 个子项：【地址池】子项、【地址租用】子项、【保留】子项、【作用域选项】子项、【策略】子项，接下来分别进行介绍。

（1）【地址池】子项用于查看、管理该作用域中 IP 地址的范围及排除范围。在【DHCP】窗口的左窗格中右击【地址池】节点，在弹出的快捷菜单中选择【新建排除范围】命令，如图 8.25 所示，可以继续设置排除范围。

（2）【地址租用】子项用于查看已出租给客户机的 IP 地址。在【DHCP】窗口的左窗格中右击【地址租用】节点，在弹出的快捷菜单中选择【查看】命令，如图 8.26 所示，在右窗格中可以看到当前 DHCP 服务器已出租给哪些客户机和出租的 IP 地址。

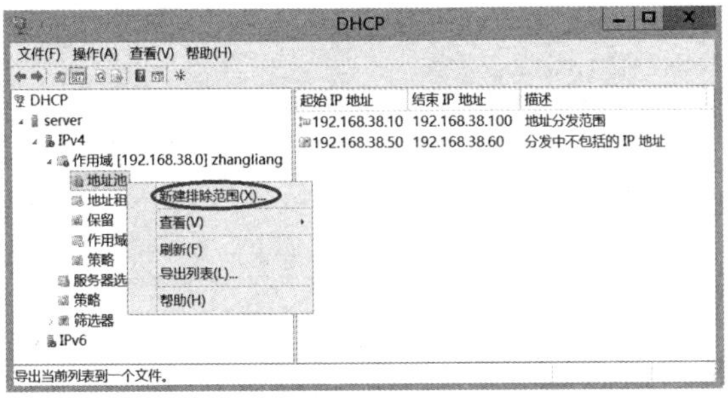

图 8.25 选择【新建排除范围】命令

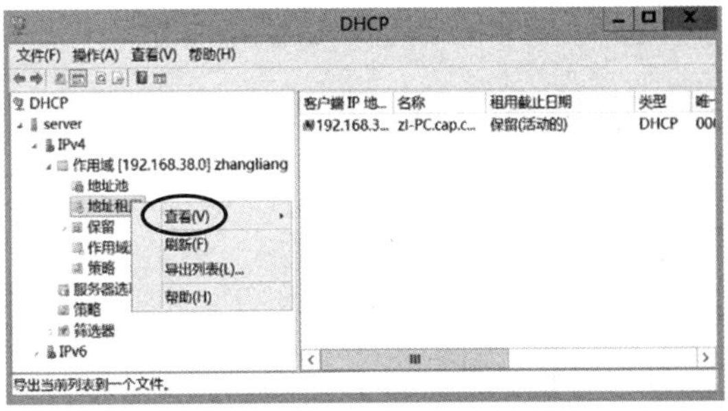

图 8.26 选择【查看】命令

（3）【保留】子项用于设置将指定的 IP 地址保留给特定的客户机。所谓保留，是指 DHCP 服务器可以将某个指定的 IP 地址分配给特定的客户机，即使该客户机没有开机也不会将此 IP 地址分配给其他计算机。设置保留就是将 DHCP 服务器地址池中指定的 IP 地址与特定客户机的物理地址（MAC 地址）进行绑定，具体设置步骤如下所述。

步骤 1：在【DHCP】窗口的左窗格中右击【保留】节点，在弹出的快捷菜单中选择【新建保留】命令，如图 8.27 所示。

步骤 2：在打开的【新建保留】对话框中，输入保留名称、要保留给客户机使用的 IP 地址、客户机网卡的物理地址（中间的短横线可省）、描述等信息，如图 8.28 所示，单击【添加】

按钮保存设置。如果多次单击【添加】按钮，则每次可以为不同的客户机建立各自的保留 IP 地址，添加完成后单击【关闭】按钮。

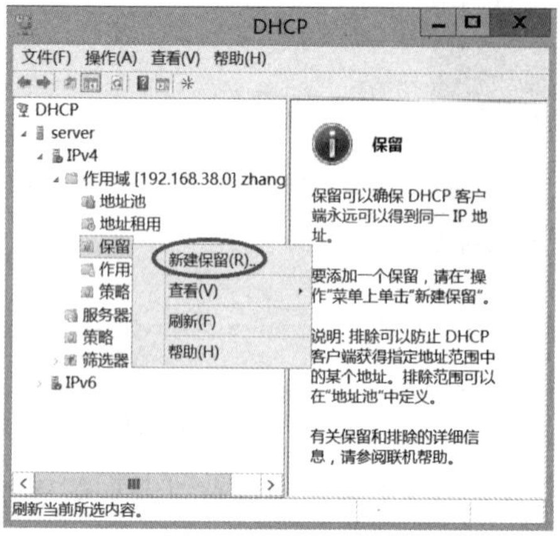

图 8.27　选择【新建保留】命令

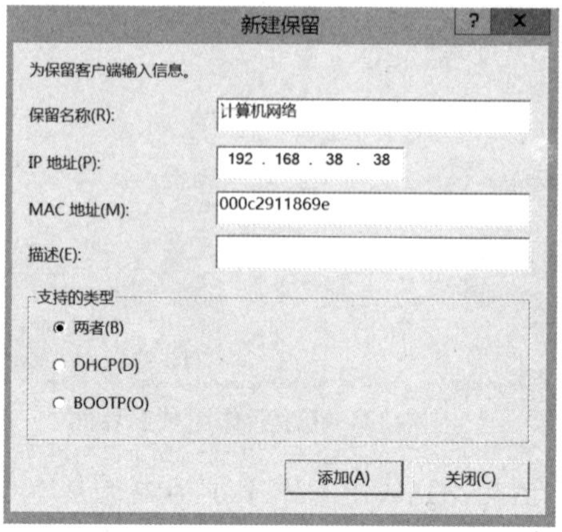

图 8.28　【新建保留】对话框

（4）【作用域选项】子项用于查看、设置提供给客户机的其他可选的网络参数（如默认网关、DNS 服务器的 IP 地址等）。在【DHCP】窗口的左窗格中右击【作用域选项】节点，在弹出的快捷菜单中选择【配置选项】命令，如图 8.29 所示，可以对路由器、DNS 服务器、DNS 域名、WINS 服务器等进行设置。

（5）【策略】子项用于根据某种策略（如用户类或 MAC 地址）来分配 IP 地址和选项给 DHCP 客户机。在【DHCP】窗口的左窗格中右击【策略】节点，在弹出的快捷菜单中选择【新建策略】命令，如图 8.30 所示，在弹出的【DHCP 策略配置向导】对话框中进行设置即可。

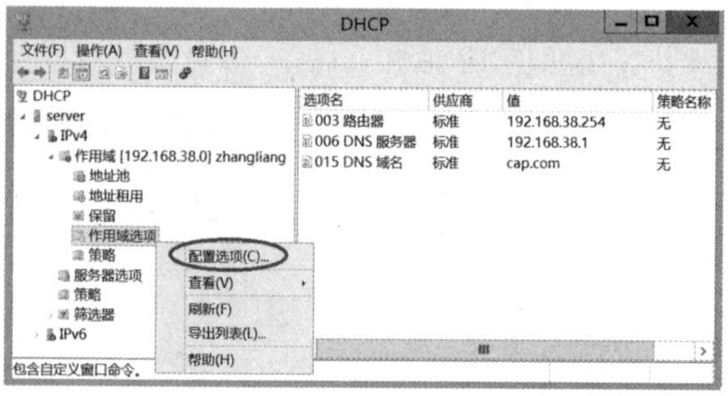

图 8.29　选择【配置选项】命令

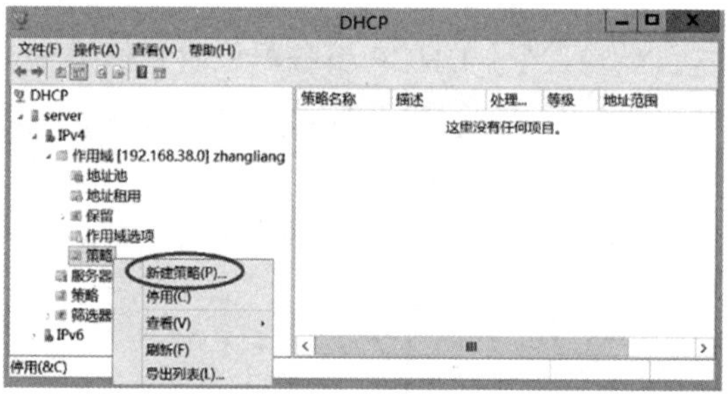

图 8.30　选择【新建策略】命令

8.3.3　任务 8-3 测试 DHCP 服务器

要使局域网中的客户机通过 DHCP 服务器自动获取 IP 地址等参数，还必须对客户机进行相应的设置，然后查看客户机是否从 DHCP 服务器获得了 IP 地址及其他网络参数，即可判断 DHCP 服务是否正常工作。

1．配置 Windows 客户机

步骤 1：右击桌面上的【网络】图标，在弹出的快捷菜单中选择【属性】命令；或者右击桌面任务栏右侧的【网络连接】图标，在弹出的快捷菜单中选择【打开网络和共享中心】命令；或者打开【控制面板】窗口，单击【网络和 Internet】链接，打开【网络和 Internet】窗口，单击【网络和共享中心】链接。这些方法都可以打开【网络和共享中心】窗口。

步骤 2：单击【网络和共享中心】窗口中左窗格内的【更改适配器设置】链接，打开【网络连接】窗口，右击【本地连接】图标，在弹出的快捷菜单中选择【属性】命令，打开【本地连接 属性】对话框，在【此连接使用下列项目】列表框中，勾选【Internet 协议版本 4 (TCP/IPv4)】复选框后，单击【属性】按钮，或者直接双击【Internet 协议版本 4 (TCP/IPv4)】选项，打开【Internet 协议版本 4 (TCP/IPv4)属性】对话框，同时选中【自动获得 IP 地址】和【自动获得 DNS 服务器地址】单选按钮，如图 8.31 所示。

步骤 3：单击“确定”按钮，逐级关闭上述打开的对话框，客户机即配置完成。

2. 测试 DHCP 服务

此时，如果网络中有正常运行且有效的 DHCP 服务器，则客户机就会从 DHCP 服务器中自动获得 IP 地址及其他网络参数来配置网络。在客户机上查看当前 TCP/IP 网络参数的步骤是：在客户机系统桌面上按 Win+R 组合键，在打开的【运行】对话框的【打开】文本框中输入“cmd”，单击【确定】按钮，打开命令提示符窗口，执行“ipconfig /release”命令可以释放当前 IP 地址配置；执行“ipconfig /renew”命令可以重新获取 IP 地址；执行“ipconfig /all”命令可以查看本机获得的 IP 地址、子网掩码、默认网关等信息，可以看到当前客户机的 TCP/IP 网络参数都是从 DHCP 服务器上获取的，如图 8.32 所示。

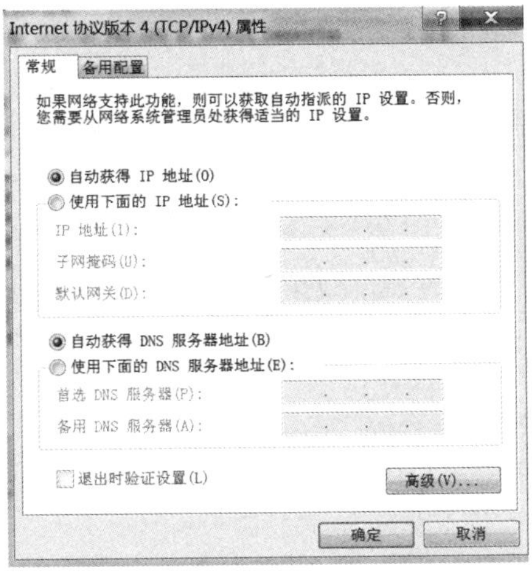

图 8.31 【Internet 协议版本 4 (TCP/IP)属性】对话框

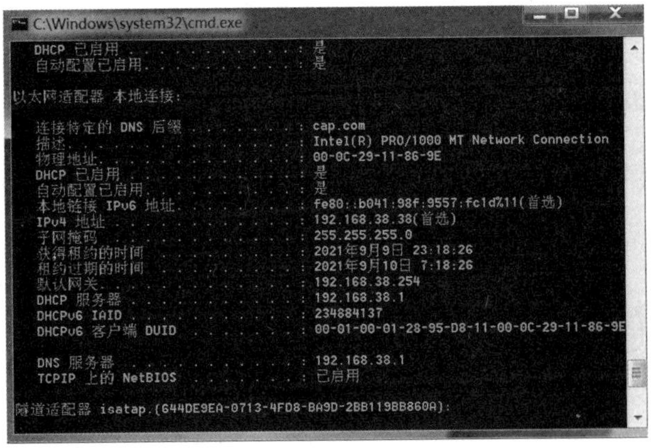

图 8.32 测试 DHCP 服务

8.4 项目实训 8 配置与管理 DHCP 服务器

【实训目的】

安装 DHCP 服务器；配置与管理 DHCP 服务器；在客户机中测试 DHCP 服务器。

【实训环境】

每人 1 台 Windows 10 物理机，1 台 Windows Server 2012 虚拟机，VMware Workstation 16 及以上版本的虚拟机软件，网络连接模式为 LAN 区段。

【实训拓扑】

实训拓扑图如图 8.33 所示。

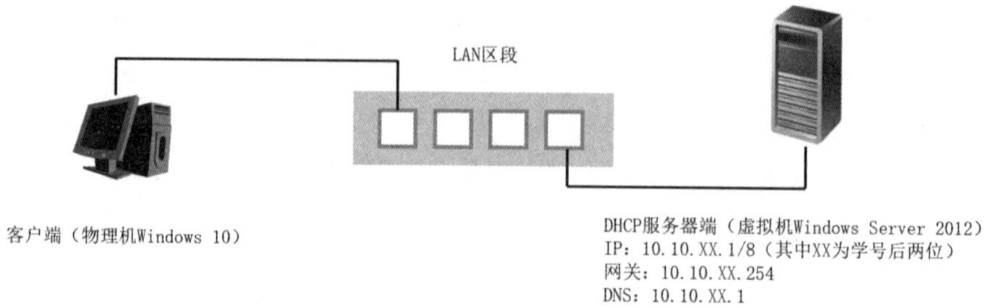

图 8.33　实训拓扑图

【实训内容】

1．安装

在 Windows Server 2012 系统中安装 DHCP 服务器，并设置其 IP 地址为 10.10.xx.1/8，网关为 10.10.xx.254，DNS 服务器的 IP 地址为 10.10.xx.1。（其中 xx 为学号后两位。）

2．配置

在 DHCP 服务器上设置父域的名称为 yy.com（其中 yy 为自己姓名的首字母），IP 地址的范围为 10.10.xx.10～10.10.xx.250，排除地址的范围为 10.10.xx.100～10.10.xx.105、10.10.xx.240～10.10.xx.250，DHCP 服务的租约为 24 小时。

3．测试

在客户机上测试 DHCP 服务器的运行情况，查看客户机分配的 IP 地址、DNS 服务器的 IP 地址、默认网关等信息是否正确。

4．保留

将 IP 地址 10.10.xx.xx 保留给客户机。（注意：如果学号为 00、01、10，则将 IP 地址 10.10.xx.88 保留给客户机），再次在客户机上进行测试。

8.5　项目习题

一、填空题

1．DHCP 的工作过程包括________________、DHCP OFFER、DHCP REQUEST、DHCP ACK 这 4 种报文。

2．DHCP 也被称为______________协议。

3．______________通常指的是网络上的单个子网，是一个网络中所有可分配 IP 地址的连续范围。

4．如果要为客户机配置保留地址，则需要在 DHCP 服务器上绑定客户机的__________。

5．在 DHCP 的发现阶段，DHCP 客户机寻找 DHCP 服务器的过程中，由于 DHCP 客户机还没有自己的 IP 地址，因此使用_______________作为源地址。

6．DHCP 服务器的作用域下共有 5 个子项，其中_________________子项用于查看、设置提供给客户机的其他可选的网络参数。

二、单选题

1．使用 DHCP 的好处是（　　）。

A．降低 TCP/IP 网络的配置工作量

B．增加系统安全与依赖性

C．对那些经常变动位置的工作站，DHCP 能迅速更新位置信息

D．以上都是

2．当 DHCP 客户机使用 IP 地址的时间达到租约的（　　）时，会自动尝试续订租约。

A．30%　　B．50%　　C．80%　　D．90%

3．使用（　　）命令可以手动更新 DHCP 客户机的 IP 地址。

A．ipconfig　　B．ipconfig /all　　C．ipconfig /renew　　D．ipconfig /release

4. 基于安全的考虑，在域中安装 DHCP 服务器后，必须经过（　　）才能正常提供 DHCP 服务。

A．创建作用域　　B．配置作用域选项

C．授权 DHCP 服务器　　D．激活作用域

5．以下说法不正确的是（　　）。

A．在同一台 DHCP 服务器上，针对同一网络 ID 号只能建立一个作用域

B．在同一台 DHCP 服务器上，针对不同网络 ID 号可以分别建立多个不同的作用域

C．在同一台 DHCP 服务器上，针对同一网络 ID 号可以建立多个不同的作用域

D．在不同的 DHCP 服务器上，针对同一网络 ID 号可以分别建立多个不同的作用域

6．在 DHCP 选项的设置中，不可以设置的是（　　）。

A．DNS 服务器　　B．DNS 域名　　C．WINS 服务器　　D．计算机名

7．DHCP 服务器创建作用域默认的租约时间是（　　）天。

A．30　　B．15　　C．10　　D．8

8．DHCP 作用域创建后，其作用域下共有 5 个子项，其中存放可供分配的 IP 地址的是（　　）子项。

A．地址池　　B．地址租用　　C．保留　　D．作用域选项

9．要实现动态分配 IP 地址，网络中至少要求有一台计算机的网络操作系统中安装（　　）。

A．DNS 服务器　　B．DHCP 服务器

C．IIS 服务器　　D．WINS 服务器

10．下列关于 DHCP 服务器的配置描述中，错误的是（　　）。

A．在默认情况下，Windows Server 2012 系统没有安装 DHCP 服务

B．必须为 DHCP 服务器配置一个静态 IP 地址

C．在创建作用域的过程中，可以跳过路由器选项和 DNS 服务器选项的相关配置

D．使用“ipconfig /release”命令可以重新从 DHCP 服务器获得新的 IP 地址租约

三、问答题

1．简述 DHCP 的工作过程。

2．在 DHCP 服务的网络中，现有的客户机自动分配的 IP 地址不在 DHCP 地址池范围内，而是在 169.254.0.1～169.254.255.254 之间，请说明可能的原因有哪些。

3．在哪些情况下需要动态分配 IP 地址？

4．DHCP 服务具有哪些优点？

项目 9

配置与管理 DNS 服务器

学习目标

雪人计划——2015 年 6 月，我国的“下一代互联网工程中心”在阿根廷首都领衔发起了一项“雪人计划”。该计划是对 IPv6 互联网根服务器的测试及运营的实验项目。在中国的带领下，一个由美国垄断互联网、根服务器数量不肯改变的时代结束了，世界各国多方共治的互联网新时代即将来临。仅仅三年时间，我国已经有 50 286 个网络号具备 IPv6 地址块的前 32 位，而且每块地址能够提供出的终端地址数量为 2^{96}。在 2020 年年末，我国使用 IPv6 网络的用户人数就超过了 5 亿人。可以说，IPv6 根服务器的建设为我国的物联网发展奠定了根基，让中国摆脱了过去因为没有根服务器而被美国制约的困境，从此中国人掌握了自己国家网络的主权。

知识目标

- 了解域名空间结构、域名解析过程、DNS 名称解析的查询模式
- 熟悉 DNS 的概念、域名空间结构、DNS 服务器的类型
- 掌握 DNS 服务的工作过程

能力目标

- 具备根据项目需求和总体规划对 DNS 服务器方案进行合理设计的能力
- 具备安装和配置 DNS 服务器的能力
- 具备管理和维护 DNS 服务器的能力
- 具备测试 DNS 服务器的能力

素养目标

- 激发学生的爱国热情，培养学生科技强国的意识
- 培养学生的网络安全意识

9.1 项目背景

成都航院新都校区需要建立校园网站，那么首先就要申请一个全球唯一的域名，使校园内的师生及 Internet 上的其他用户能通过该域名访问校园网站。此外，需要为校园内的每台服务器配置各自不同的域名，这样，校园内的各台服务器也能通过域名被访问。以上需求要得以实现，网络管理员需做两件事：其一，为了对外发布校园网站，需要向授权的域名注册机构申请并注册一个合法的一级域名（如 cap.com）或二级域名（如 www.cap.com）；其二，为了满足校园内的计算机能用域名访问校园内的所有服务器的需求，并使之具有容错和负载均衡能力，需搭建专供内网使用的 DNS 服务器。

9.2 项目知识

9.2.1 什么是 DNS

在 TCP/IP 网络中，每个设备必须分配一个唯一的 IP 地址。计算机在网络上通信时只能识别如 202.97.135.160 之类的数字地址，而人们在使用网络资源时，为了便于记忆和理解，更倾向于使用有代表意义的名称，如域名 www.baid*.com（百度网站）。

DNS（Domain Name System，域名系统）是 Internet 上域名和 IP 地址相互映射的一个分布式数据库，它的目的是当客户机查询域名时可以提供该域名对应的 IP 地址，以便用户用容易记忆的名字搜索和访问必须通过 IP 地址才能定位的本地网络或 Internet 上的资源。利用它可使用户更方便地访问互联网，而不用记住能够被机器直接读取的 IP 地址数字串。

能提供域名服务的服务器称为域名服务器或 DNS 服务器。DNS 服务器是指保存了网络中主机的域名和对应的 IP 地址，并具有将域名转换为 IP 地址功能的服务器。当在浏览器的地址栏中输入域名后，有一台称为 DNS 服务器的计算机自动把域名转换为相应的 IP 地址。域名与 IP 地址之间的转换工作称为域名解析。

9.2.2 域名空间结构

DNS 是一个以分级的、基于域的命名机制为核心的分布式命名数据库管理系统，它提供将域名转换成对应 IP 地址的信息。一般来说，每个组织都有自己的 DNS 服务器，并维护域名称映射数据库记录（或者称域名称映射资源记录）。每个登记的域都将自己的数据库列表提供给整个网络复制。

目前负责管理全世界 IP 地址的单位是 InterNIC（Internet Network Information Center，国际互联网络信息中心），在 InterNIC 之下的 DNS 结构共分为若干个域，域的名称采用了层次性的命名规则，保证其命名在 Internet 上的唯一性。由所有域名组成的树状结构的逻辑空间称为域名空间（Domain Name Space），它是负责分配、改写、查询域名的综合性服务系统。域名空间结构如图 9.1 所示。

注意：域名和主机名只能用字母 a～z（在 Windows 服务器中大小写等效，而在 UNIX 服务器中则不同）、数字 0～9 和连字符（-）组成。其他公共字符，如连接符（&）、斜杠（/）、句点（.）和下画线（_）等，都不能用于表示域名和主机名。

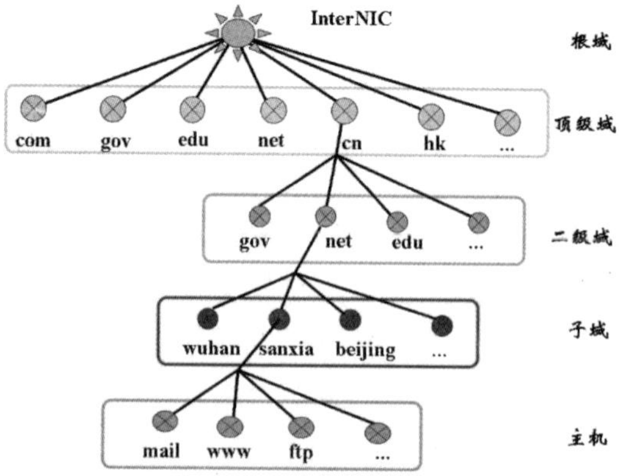

图 9.1　域名空间结构

在图 9.1 中，DNS 的域名结构自上而下分别为根域名、顶级域名、二级域名、子域名，最后是主机名。域名只是逻辑上的概念，并不反映计算机所在的物理地点。每个域至少由一台 DNS 服务器管辖，该服务器只需存储其管理的域内的数据，同时向上层域的 DNS 服务器注册。

1．根域

在域名空间中，最上层也是最大的域（空间）是域名树的根，被形象地称为根域（Root Domain）。根域只有一个，它提供根域名服务，没有上级域，用“.”表示。在 Internet 上，所有计算机的域名都无一例外地放置在这个根域下，根域是默认的，一般不需要表示出来。全世界共有 13 台根域服务器，1 台为主根服务器，放置在美国；其余 12 台均为辅助根服务器，其中美国有 9 台、欧洲有 2 台（英国和瑞典各有 1 台）、亚洲有 1 台（日本）。根域服务器由 ICANN（The Internet Corporation for Assigned Names and Numbers，互联网名称与数字地址分配机构）统一管理。

根域服务器中并没有保存任何网址，只具有初始指针指向第一层域，也就是顶级域。

2．顶级域

为了对根域中的计算机名称进行管理，将根域分割成若干个子空间（如 com、edu、net 等），这些子空间称为顶级域。顶级域位于根域之下，数目有限，并且不能轻易变动。顶级域也是由 ICANN 统一管理的。在互联网中，顶级域大致分为两类：各个国家和地区的顶级域（地理域）和各种组织的顶级域（机构域）。顶级域所包含的部分域名如表 9.1 所示。

表 9.1　顶级域所包含的部分域名

顶级域名		说明
地理域名	cn	中国
	jp	日本
	uk	英国
机构域名	com	商业机构
	edu	教育机构
	mil	军事部门
	firm	公司或企业
	tv	电视或娱乐公司
	info	提供信息服务的单位

3. 二级域

二级域在顶级域的下面，用来标明顶级域以内的一个特定的组织。在国家或地区顶级域名下注册的二级域名都是由该国家或地区自行确定的，这些名称始终基于相应的顶级域，这取决于单位的类型或使用的名称所在的地理位置。我国将二级域名划分为“行政区域名”和“类别域名”两大类，二级域所包含的部分域名如表 9.2 所示。在 Internet 中，二级域也是由 ICANN 负责管理和维护的。

表 9.2 二级域所包含的部分域名

二级域名		说明
行政区域名	zj	浙江省
	bj	北京市
	sh	上海市
类别域名	com	商业机构
	edu	教育机构
	gov	政府部门
	net	网络服务机构
	org	非营利机构
	ac	科研机构

注意：顶级域的“机构域名”和二级域的“类别域名”部分重合。

4. 子域

子域是在二级域的下面所创建的域，它一般由各个组织根据自己的需求与要求自行创建和维护，是在 Internet 上使用而注册到个人或单位的长度可变的名称。这些名称从已注册的二级域名中派生，包括为扩大单位中名称的 DNS 树而添加的名称，并将其分为部门或地理位置。在有些资料中，除根域和顶级域以外，其他域统称为“子域”。

5. 主机

在树状域名空间中，位于末端的计算机名称被称为“主机名”，如 www、ftp 等。主机名可以存在于根以下的各层，主机名不再有下级子域。在已经申请成功的域名中，主机名一般都可以按自己的需要来设置。由于在多个域中可能存在着相同的主机名，因此，为了保证计算机名称的唯一性，便把计算机的主机名与其所在的域的完整域名组合在一起（用“.”隔开），从而构成在整个域名空间中唯一确定的计算机名称，这个计算机名称被称为“完全合格域名”（Fully Qualified Domain Name，FQDN），一般由主机名、子域名、顶级域名和点（.）组成。用户在互联网上访问 Web、FTP、E-mail 等服务时，通常使用的就是完全合格域名，如 www.sin*.com.cn，其中 www 是新浪的 Web 服务器主机名；sin*是新浪的子域名，由组织自己定义；com 是新浪的二级域名；cn 是新浪的顶级域名。

9.2.3 域名解析过程

DNS 域名服务采用客户机/服务器（Client/Server）工作模式，把一个管理域名的软件安装在一台主机上，该主机就称为域名服务器。在 Internet 上有大量的域名服务器分布于世界各地，每个地区的域名服务器以数据库形式将一组本地或本组织的域名与 IP 地址存储为映射表，它们以树状结构连入上级域名服务器。

当客户机发出将域名解析为 IP 地址的请求时，由解析程序（或称解析器）将域名解析为对应的 IP 地址。域名解析过程如图 9.2 所示。

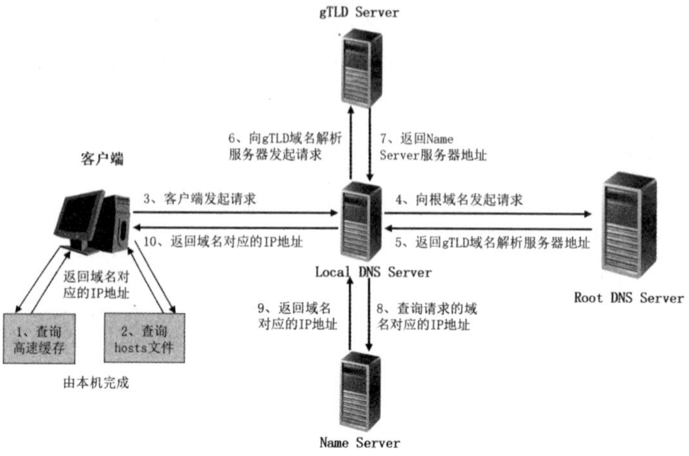

图 9.2　域名解析过程

下面介绍将域名解析为对应 IP 地址的完整过程。

步骤 1：查询高速缓存。浏览器自身和操作系统都会有一部分高速缓存，用于暂存曾经解析过的域名所对应 IP 地址的记录。因此，浏览器首先会检查自身的缓存，然后检查操作系统的缓存，只要缓存中有这个域名对应的解析过的 IP 地址，操作系统就会把这个域名对应的 IP 地址返回给浏览器，此时解析过程结束；如果两者缓存中都没有这个域名对应的解析过的 IP 地址，则进入步骤 2。

步骤 2：查询 hosts 文件。hosts 文件是一个用于记录域名和对应 IP 地址的文本文件（可以理解为一个表），用户可以添加或删除其中的记录。在 Windows 系统中，hosts 文件存放在 C:\Windows\System32\drivers\etc 目录中。查询 hosts 文件是操作系统在本地的域名解析规程，如果在 hosts 文件中查到了这个域名所对应的 IP 地址，则浏览器会首先使用这个 IP 地址；如果未查到这个域名所对应的 IP 地址，则进入步骤 3。

步骤 3：请求本地域名服务器（Local Domain Name Server，LDNS）解析。在客户机上的 TCP/IP 网络参数配置中都有“DNS 服务器地址”这一项，通常将该地址设置为提供本地互联网接入的某个 DNS 服务器的 IP 地址，它一般离客户机不会很远，所以是本地区的 DNS 服务器。当客户机通过前两个步骤在本机无法解析到这个域名所对应的 IP 地址时，操作系统会把这个域名发送到所设置的 LDNS，它首先查询自己的 DNS 缓存及区域资源数据库文件（简称“区域文件”）。如果找到这个域名所对应的 IP 地址，则直接进入步骤 10，即将查询到的域名所对应的 IP 地址返回给请求解析的客户机；如果 LDNS 仍然没有查找到（未命中）这个域名所对应的 IP 地址，则由 LDNS 通过后续步骤 4～步骤 9 的递归查询过程来完成域名解析。

步骤 4：由 LDNS 向根域名服务器（Root Domain Name Server，RDNS）发送域名解析的请求。

步骤 5：RDNS 收到来自 LDNS 的域名解析请求后，返回给 LDNS 一个所查询域的通用顶级域名（gTLD）服务器地址，如.com、.org、.cn 等。

步骤 6：根据步骤 5 中返回的 gTLD 服务器地址，由 LDNS 向 gTLD 服务器发送域名解析请求。

步骤 7：收到域名解析请求的 gTLD 服务器查找并返回此域名对应的域名服务器（Name Server）地址，这个域名服务器通常就是注册的域名服务器。

步骤 8：根据步骤 7 中返回的域名服务器地址，由 LDNS 向域名服务器发送域名解析请求。

步骤 9：收到域名解析请求的域名服务器会查询存储的域名和 IP 地址的映射关系表，在正常情况下，根据域名都能得到目标 IP 地址记录，并连同一个 TTL 值返回给 LDNS。

步骤 10：LDNS 接收到域名服务器的解析结果后，会缓存这个域名和 IP 地址的对应关系，同时将这个查询结果返回给客户机。客户机的操作系统也会缓存这个域名和 IP 地址的对应关系，并提交给浏览器。域名缓存时间受 TTL 值控制。

9.2.4 DNS 名称解析的查询模式

目前，DNS 名称解析的查询模式可以按照查询方式和查询内容进行分类。

1. 按照查询方式进行分类

按照查询方式进行分类，查询模式可以分为递归查询和迭代查询。

（1）递归查询是最常见的查询方式，域名服务器将代替提出请求的客户机（下级 DNS 服务器）进行域名查询。如果域名服务器不能直接回答，则域名服务器会在域名树中的各分支的上下进行递归查询，最终返回查询结果给客户机。在域名服务器查询期间，客户机完全处于等待状态。

（2）迭代查询又称转寄查询。在 DNS 服务器收到 DNS 工作站的查询请求后，如果在 DNS 服务器中没有查到所需数据，则该 DNS 服务器便会告诉 DNS 工作站另一台 DNS 服务器的 IP 地址，然后由 DNS 工作站自行向此 DNS 服务器查询，以此类推，直到查到所需数据。如果到最后一台 DNS 服务器都没有查到所需数据，则通知 DNS 工作站查询失败。

一般在 DNS 服务器之间的查询请求属于迭代查询，在 DNS 客户机与本地 DNS 服务器之间的查询属于递归查询。

2. 按照查询内容进行分类

按照查询内容进行分类，查询模式可以分为正向查询和反向查询。

（1）正向查询（Forward Query）：由域名查找 IP 地址。

（2）反向查询（Reverse Query）：由 IP 地址查找域名。

9.2.5 DNS 服务器的类型

DNS 服务器用于实现域名和 IP 地址的双向解析。在网络中，主要有以下 4 种类型的 DNS 服务器。

1. 主 DNS 服务器

主 DNS 服务器（Primary Name Server）是特定 DNS 域所有信息的权威性信息源。它从域管理员构造的本地数据库文件（区域文件，Zone File）中加载域信息，该文件包含该服务器具有管理权的 DNS 域的最精确的信息。

主 DNS 服务器存储了其所辖区域内的主机域名与 IP 地址映射记录的正本，这些是自主生成的区域文件，该文件是可读、可写的。当 DNS 域中的信息发生变化时（如添加或删除记录），这些变化都会保存到主 DNS 服务器的区域文件中。一个区域内必须至少有一台主 DNS

服务器。

2．辅助 DNS 服务器

辅助 DNS 服务器（Secondary Name Server）可以从主 DNS 服务器中复制一整套域信息。该服务器的区域文件是定期从主 DNS 服务器中复制生成的，并作为本地文件存储。这种复制称为区域传输。区域传输成功后会将区域文件设置为“只读”，在辅助 DNS 服务器中存有一个域所有信息的完整只读副本，可以对该域的解析请求提供权威的回答。由于辅助 DNS 服务器的区域文件仅是只读副本，因此无法进行更改，所有针对区域文件的更改必须在主 DNS 服务器上进行。

一个区域内可以没有辅助 DNS 服务器，也可以有多台辅助 DNS 服务器。在实际应用中，部署辅助 DNS 服务器可以实现负载均衡和提供容错能力。实现负载均衡是指将客户机群进行分流查询，让 DNS 客户机配置的首选 DNS 服务器一部分指向主 DNS 服务器，另一部分指向辅助 DNS 服务器。提供容错能力是指当主 DNS 服务器出现故障不能正常工作时，可以根据需要将辅助 DNS 服务器转换为主 DNS 服务器，承担域名解析工作。

3．转发 DNS 服务器

转发 DNS 服务器（Forwarder Name Server）可以向其他 DNS 服务器转发解析请求。当 DNS 服务器收到 DNS 客户机的解析请求后，它首先会尝试从其本地数据库中查找域名对应的 IP 地址或 IP 地址对应的域名；如果未能找到，则需要向其他指定的 DNS 服务器转发解析请求；其他 DNS 服务器完成解析后会返回解析结果，转发 DNS 服务器将该解析结果缓存在自己的 DNS 缓存中，并向 DNS 客户机返回解析结果。在缓存期内，如果 DNS 客户机请求解析相同的域名，则转发 DNS 服务器会立即回应 DNS 客户机；否则，将会再次发生转发解析请求的过程。

目前，网络中所有的 DNS 服务器均被配置为转发 DNS 服务器，向指定的其他 DNS 服务器或根域服务器转发自己无法完成的解析请求。

4．唯缓存 DNS 服务器

唯缓存 DNS 服务器（Caching-only Name Server）与主 DNS 服务器和辅助 DNS 服务器完全不同。它自身没有本地区域文件，但仍然可以接收 DNS 客户机的域名解析请求，并将解析请求转发到指定的其他 DNS 服务器解析。在将解析结果返回给 DNS 客户机的同时，将解析结果保存在自己的缓存区内。当下一次接收到相同域名的解析请求时，唯缓存 DNS 服务器就可以直接从缓存区内提取记录快速地返回给 DNS 客户机，而不必将解析请求再转发给指定的 DNS 服务器。所有的 DNS 服务器都按这种方式使用缓存中的信息，但唯缓存 DNS 服务器则依赖于这种技术实现所有的域名解析。在网络中部署唯缓存 DNS 服务器，一方面可以减轻主 DNS 服务器和辅助 DNS 服务器的负载，减少网络传输通信量；另一方面可以加快域名解析的速度。

唯缓存 DNS 服务器并不是权威性的服务器，因为它提供的所有信息都是间接信息。

9.3 项目实施

9.3.1 任务 9-1 安装 DNS 服务器

在默认情况下，Windows Server 2012 系统没有安装 DNS 服务器角色，因此需要系统管理员手动添加，步骤如下所述。

步骤 1：在安装 DNS 服务器之前，要按照项目中的 IP 地址规划，为本台 DNS 服务器设置网络参数。打开【网络和共享中心】窗口，选择相应的网络适配器，打开【Internet 协议版本 4 (TCP/IPv4)属性】对话框，输入 TCP/IP 配置信息，如图 9.3 所示。

步骤 2：以管理员身份登录服务器，在桌面左下角单击【服务器管理器】图标，打开【服务器管理器】窗口，在左窗格中选择【仪表板】选项，在右窗格中单击【添加角色和功能】选项，如图 9.4 所示。

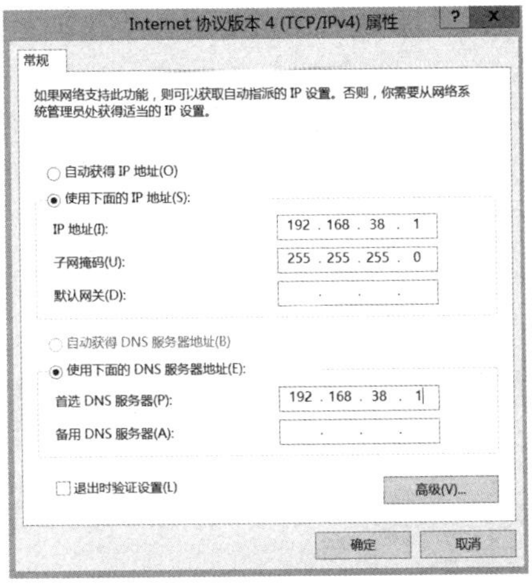

图 9.3　【Internet 协议版本 4 (TCP/IPv4)属性】对话框

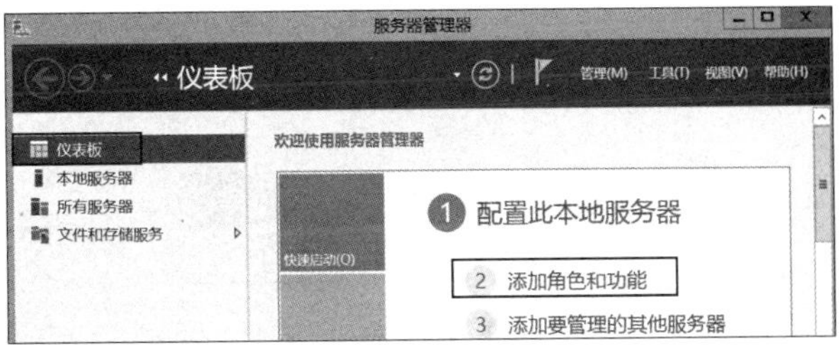

图 9.4　【服务器管理器】窗口

步骤 3：打开【添加角色和功能向导】窗口，进入【开始之前】界面，连续单击【下一步】按钮，直至进入【选择服务器角色】界面，在【角色】列表框中勾选【DNS 服务器】复选框，在弹出的【添加角色和功能向导】对话框中单击【添加功能】按钮，系统返回【选择服务器角色】界面，单击【下一步】按钮，如图 9.5 所示。

步骤 4：继续连续单击【下一步】按钮，直至进入【确认安装所选内容】界面，单击【安装】按钮，进入【安装进度】界面，系统开始安装，安装完成后单击【关闭】按钮。系统返回【服务器管理器】窗口，如果【工具】菜单中出现【DNS】命令，如图 9.6 所示，则表示 DNS 服务器安装完成。

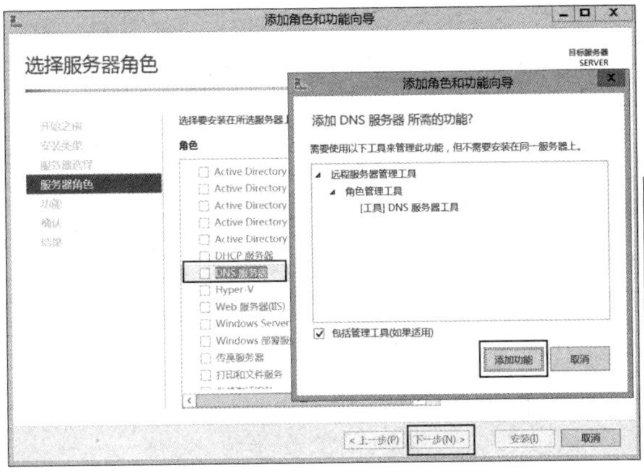

图 9.5　【选择服务器角色】界面

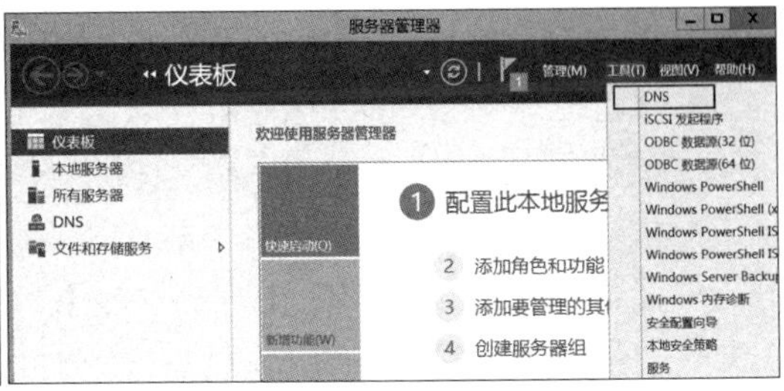

图 9.6　DNS 服务器安装完成

9.3.2　任务 9-2 配置与管理 DNS 服务器

DNS 的数据是以区域为管理单位的，因此，安装好 DNS 服务器角色后的首要任务是创建区域。区域是用于存储域名和其 IP 地址对应关系的数据库。如果在创建区域的过程中选择的是主要区域，则是执行主 DNS 服务器的搭建过程。另外，创建区域分为正向查找区域和反向查找区域。正向查找区域就是通过域名来查询其对应的 IP 地址；相应地，反向查找区域就是通过 IP 地址来查询其对应的域名。

1. 创建正向查找区域

创建正向查找区域的步骤如下所述。

步骤 1：在【服务器管理器】窗口中选择【工具】菜单中的【DNS】命令，打开【DNS 管理器】窗口，在左窗格中展开服务器名节点（如 SERVER），右击【正向查找区域】节点，在弹出的快捷菜单中选择【新建区域】命令，如图 9.7 所示。

步骤 2：打开【新建区域向导】对话框，进入【欢迎使用新建区域向导】界面，如图 9.8 所示，单击【下一步】按钮。

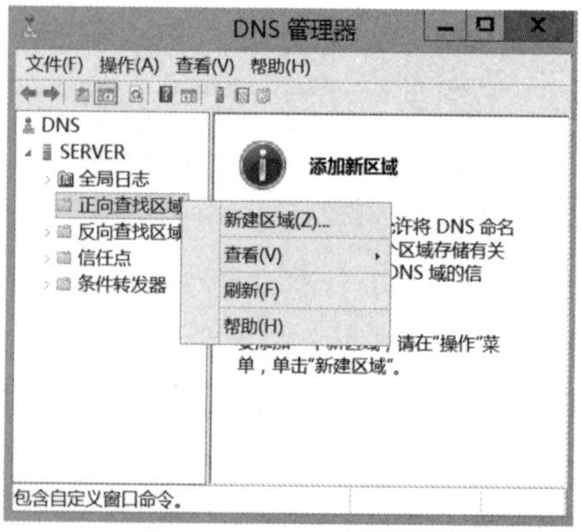

图 9.7　新建正向区域

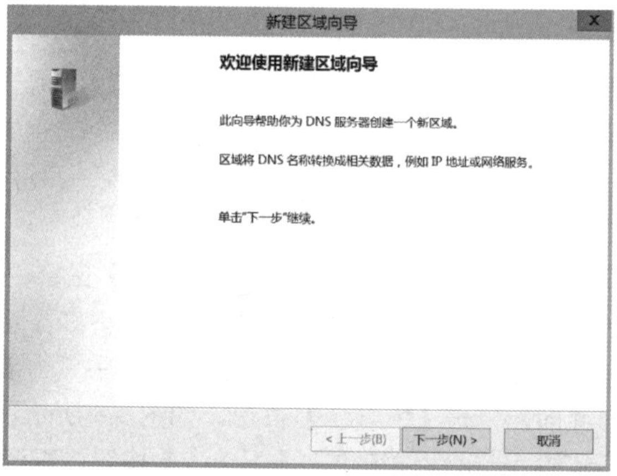

图 9.8　【欢迎使用新建区域向导】界面

步骤 3：进入【区域类型】界面，选中【主要区域】单选按钮，如图 9.9 所示，单击【下一步】按钮。

对图 9.9 中的选项说明如下。

- 【主要区域】：用于存储本区域内资源记录的正本，在该区域中可直接添加、修改或删除资源记录。
- 【辅助区域】：现有区域的副本，该副本是利用区域传输方式从其他 DNS 服务器的主要区域或辅助区域复制而来的，本区域内的记录是只读的，不能直接修改。
- 【存根区域】：它也存储着区域记录的副本，但与辅助区域所存储的副本不同，存根区域内只包含 SOA、NS 和记载授权服务器的 IP 地址的 A 记录，利用这些记录可以找到本区域内的授权 DNS 服务器（即本区域内的主 DNS 服务器）。
- 【在 Active Directory 中存储区域】：该选项仅在 DNS 服务器本身是可写域控制器时才可用。此类区域的数据存放在活动目录中，以提高区域记录的安全性。

步骤 4：进入【区域名称】界面，在【区域名称】文本框中输入正向区域名称（如 cap.com），如图 9.10 所示，单击【下一步】按钮。

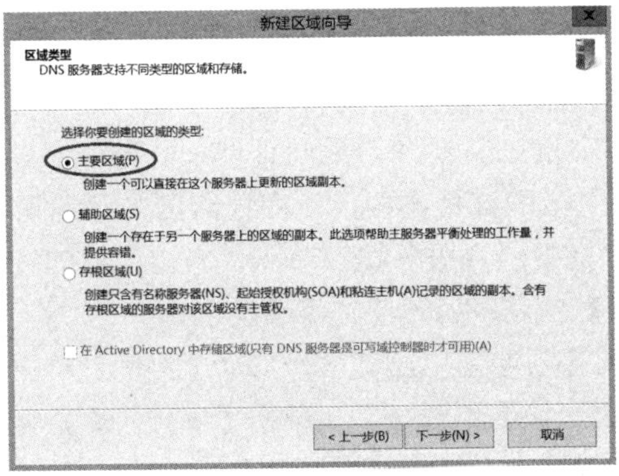

图 9.9　【区域类型】界面

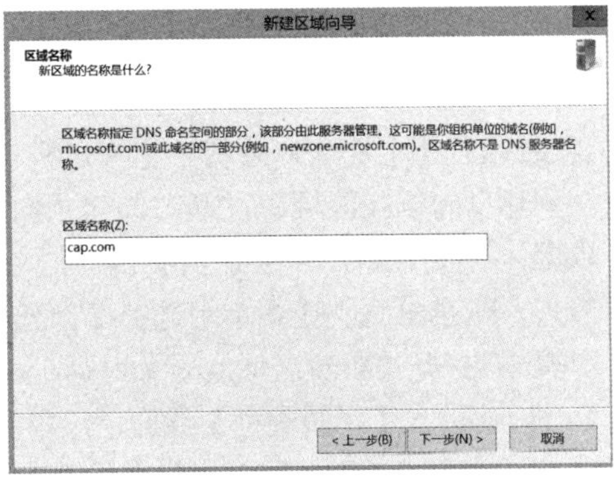

图 9.10　【区域名称】界面

步骤 5：进入【区域文件】界面，默认选中【创建新文件，文件名为】单选按钮，并且下方的文本框中已默认填入了一个区域文件名，如图 9.11 所示，该文件保存了本区域的信息，文件名一般保持默认值不变，单击【下一步】按钮。

步骤 6：进入【动态更新】界面，选中【不允许动态更新】单选按钮，如图 9.12 所示，单击【下一步】按钮。

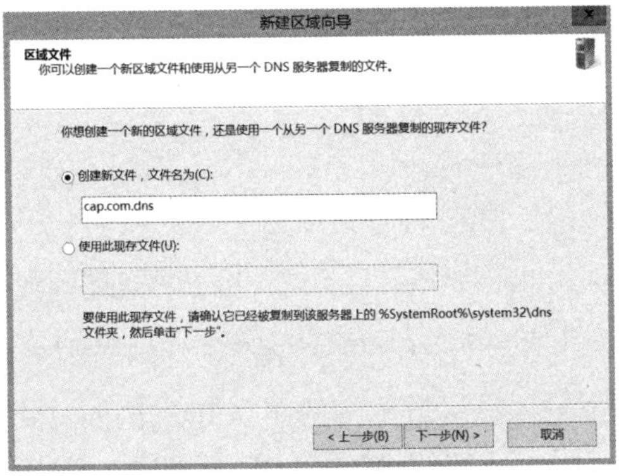

图 9.11　【区域文件】界面

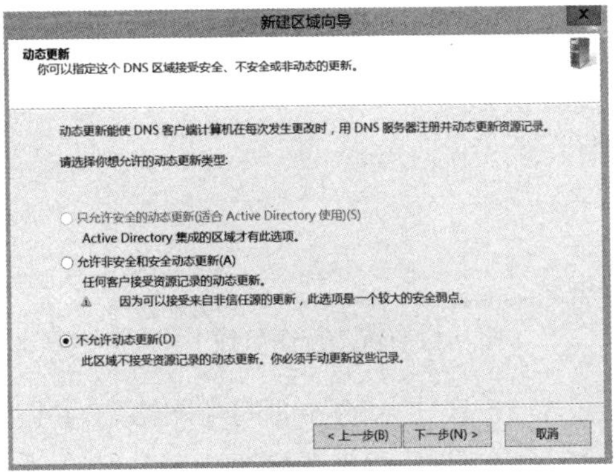

图 9.12　【动态更新】界面

步骤 7：进入【正在完成新建区域向导】界面，如图 9.13 所示，其中显示了此前各步骤所做选择或设置的摘要信息。如果检查后发现有错误，则可以单击【上一步】按钮返回修改；如果确认无误，则单击【完成】按钮结束创建。

步骤 8：创建完成后，在【DNS 管理器】窗口的【正向查找区域】文件夹内可以看到新建的正向查找区域“cap.com”，如图 9.14 所示。

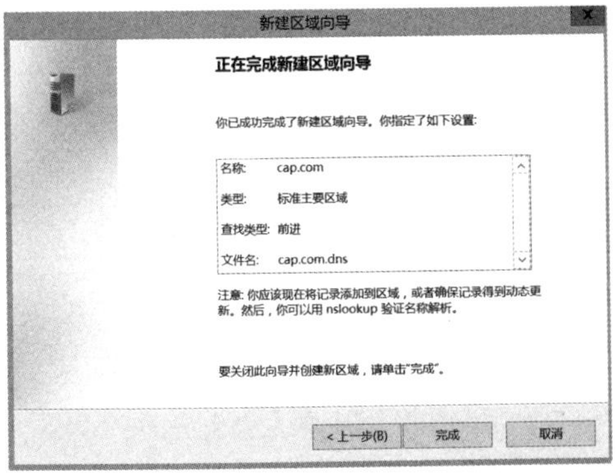

图 9.13　【正在完成新建区域向导】界面

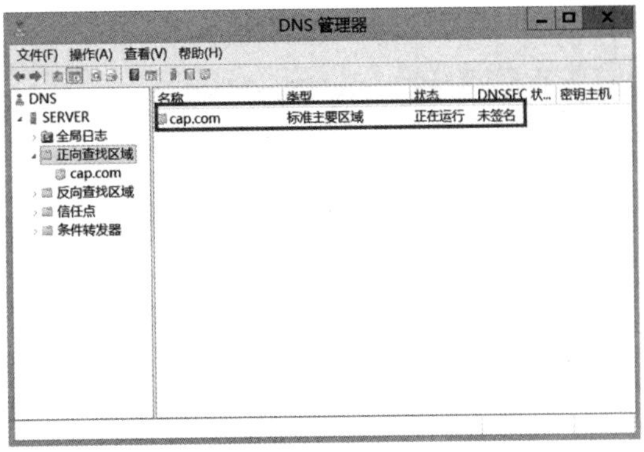

图 9.14　创建好的正向查找区域

2. 创建反向查找区域

在某些场合下，需要让 DNS 客户机利用 IP 地址来查询其主机名。例如，在 Web 网站内，当需要通过 DNS 主机名来限制某些客户机访问时，网站需要利用反向查询来检查客户机的主机名。创建反向查找区域的过程与创建正向查找区域的过程类似，下面仅给出关键步骤。

步骤 1：打开【DNS 管理器】窗口，在左窗格中展开服务器名节点，右击【反向查找区域】节点，在弹出的快捷菜单中选择【新建区域】命令，如图 9.15 所示。

步骤 2：打开【新建区域向导】对话框，进入【欢迎使用新建区域向导】界面，单击【下一步】按钮；进入【区域类型】界面，选中【主要区域】单选按钮，单击【下一步】按钮；进入【反向查找区域名称】界面，要求选择是为 IPv4 地址还是为 IPv6 地址创建反向查找区域，本例选中【IPv4 反向查找区域(4)】单选按钮，如图 9.16 所示，单击【下一步】按钮。

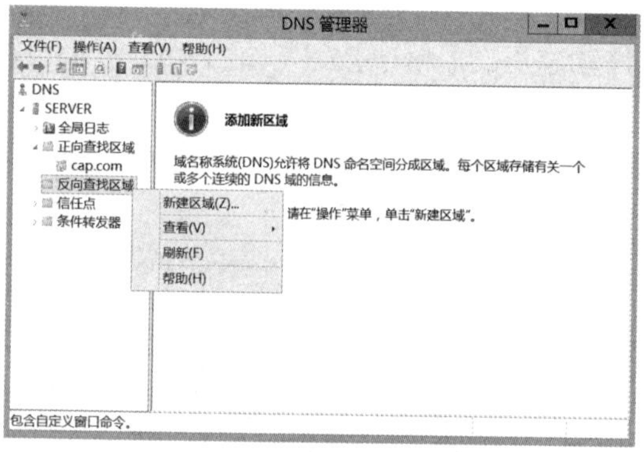

图 9.15 新建反向区域

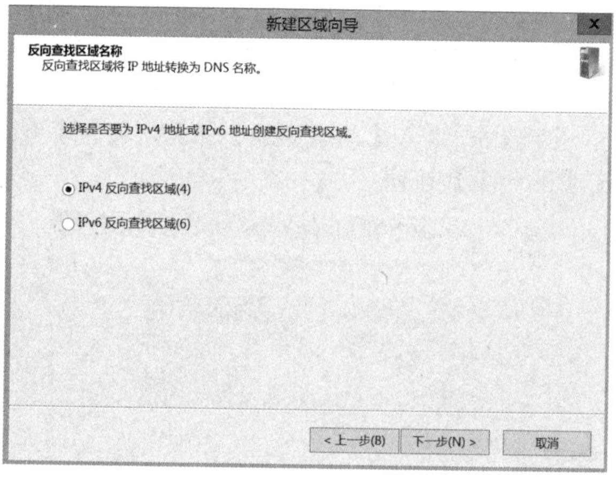

图 9.16 【反向查找区域名称】界面 1

步骤 3：在进入的界面的【网络 ID】编辑框中输入该区域支持的网络 ID。例如，要查找 IP 地址为 192.168.38.1 的域名，就应该在【网络 ID】编辑框中输入“192.168.38”，如图 9.17 所示，这样，192.168.38.0 网段内的所有反向查询都在该区域中被解析，单击【下一步】按钮。

步骤 4：进入【区域文件】界面，系统会自动显示默认的区域文件名称“38.168.192.in-addr.arpa.dns”，如图 9.18 所示，也可以输入不同的名称，单击【下一步】按钮。

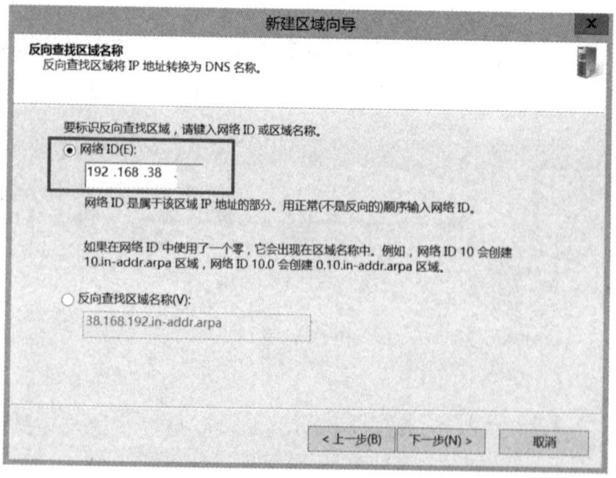

图 9.17 【反向查找区域名称】界面 2

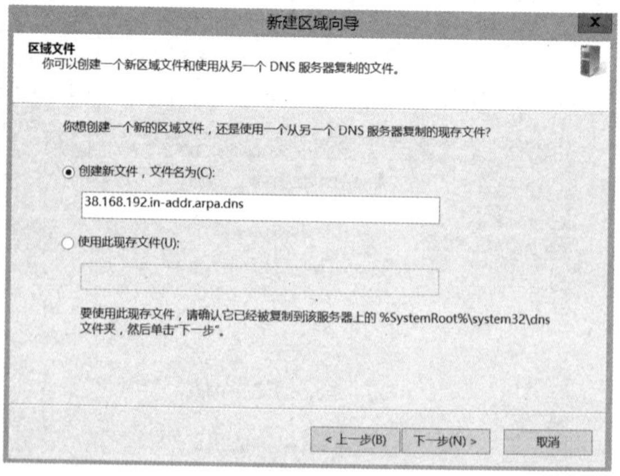

图 9.18 【区域文件】界面

步骤 5：进入【动态更新】界面，选中【不允许动态更新】单选按钮，单击【下一步】按钮；进入【正在完成新建区域向导】界面，如图 9.19 所示，单击【完成】按钮，结束创建。

步骤 6：创建完成后，在【DNS 管理器】窗口的【反向查找区域】文件夹内可以看到新建的反向区域“38.168.192.in-addr.arpa”，如图 9.20 所示。

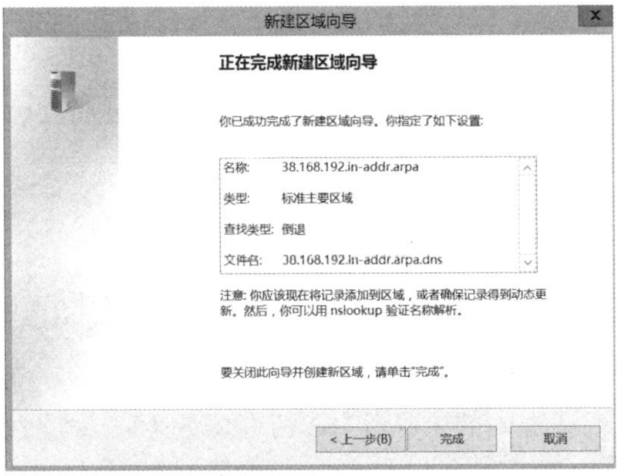

图 9.19　【正在完成新建区域向导】界面

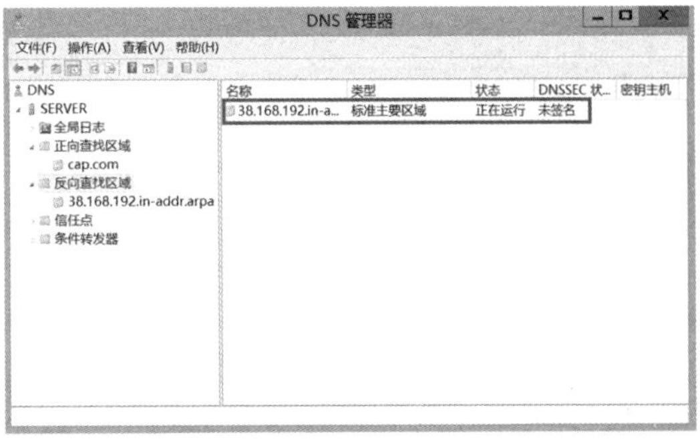

图 9.20　创建好的反向查找区域

3. 在 DNS 中添加资源记录

完成 DNS 服务器的安装及主要区域的创建后，并不能马上实现域名解析，还需要在区域中添加反映域名与 IP 地址映射关系的各种资源记录。表 9.3 所示为常用的资源记录。

表 9.3　常用的资源记录

资源记录	说明
SOA（起始授权机构）记录	定义了该区域中哪台 DNS 服务器是主 DNS 服务器
NS（名称服务器）记录	定义了该区域中哪些服务器是 DNS 服务器（每台 DNS 服务器对应一条本记录）
A 或 AAAA 记录（主机记录）	根据域名（完全限定域名，FQDN）解析出 IP 地址，其中 A 记录用于将域名解析为 IPv4 地址，AAAA 记录用于将域名解析为 IPv6 地址
PTR（指针）记录	根据 IP 地址解析出域名（完全限定域名，FQDN）
CNAME（别名）记录	用于将多个域名映射到同一台计算机
MX（邮件交换器）记录	根据邮箱地址的后缀来解析出邮件服务器的域名
SRV 记录	说明一台服务器能提供什么样的服务，一般是 Microsoft 的活动目录设置时的应用

1）添加主机记录

在成功创建了区域的基础上，还需要创建指向该区域内不同主机的完整域名，这样才能提供这些主机域名的解析服务。本例 DNS 服务器的 IP 地址为 192.168.38.1，则向正向查找区域 cap.com 中添加主机记录的步骤如下所述。

步骤 1：打开【DNS 管理器】窗口，在左窗格中依次展开【SERVER】→【正向查找区域】节点，右击正向查找区域名称节点（如 cap.com），在弹出的快捷菜单中选择【新建主机(A 或 AAAA)】命令，如图 9.21 所示。

步骤 2：打开【新建主机】对话框，在【名称(如果为空则使用其父域名称)】文本框中输入主机名称“server”，在【IP 地址】文本框中输入 IP 地址“192.168.38.1”，勾选【创建相关的指针(PTR)记录】复选框，这样可以在新建主机记录的同时，在反向查找区域中自动创建相应的 PTR 记录。单击【添加主机】按钮，会弹出【DNS】对话框，提示成功地创建了主机记录 server.cap.com.，如图 9.22 所示，单击【确定】按钮。

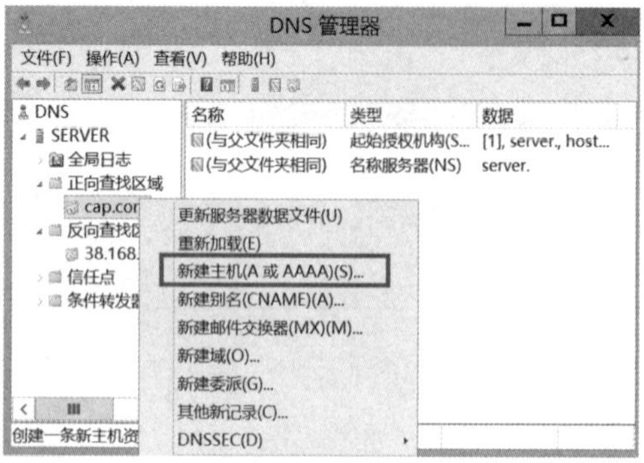

图 9.21　选择【新建主机(A 或 AAAA)】命令

图 9.22　创建主机纪录

步骤 3：返回【新建主机】对话框，此时该对话框中的【取消】按钮会变为【完成】按钮。可以重复上述步骤添加多条主机记录。例如，图 9.23 所示为主机记录添加完成后的【DNS 管理器】窗口。本例添加了两条主机记录，主机名分别为“server”和“www”，对应的 IP 地址分别为“192.168.38.1”和“192.168.38.2”，其中创建主机名为 www 的主机记录时没有勾选【创建相关的指针(PTR)记录】复选框。

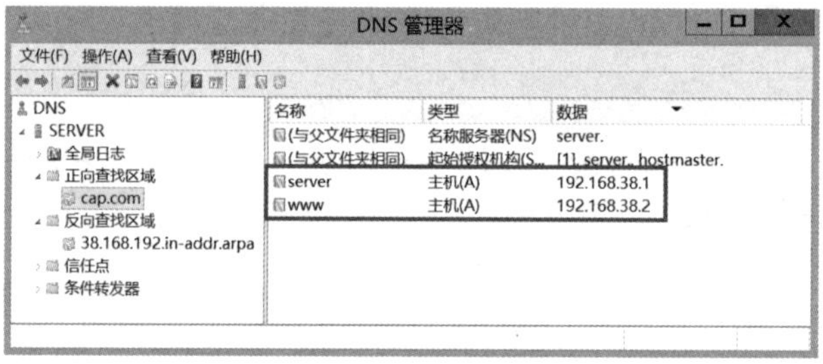

图 9.23　主机记录添加完成后的【DNS 管理器】窗口

2）添加指针记录

如果要通过 IP 地址查找对应的域名，则需要创建指针（PTR）记录，即为反向查找区域创建相应的资源记录。方法有两种：一是如图 9.22 所示，在创建主机记录时勾选【创建相关的指针(PTR)记录】复选框，由系统自动创建；二是手动添加指针记录。手动添加指针记录的步骤如下所述。

步骤 1：打开【DNS 管理器】窗口，在左窗格中依次展开【SERVER】→【反向查找区域】节点，右击反向查找区域名称节点（如 38.168.192.in-addr.arpa），在弹出的快捷菜单中选择【新建指针(PTR)】命令，如图 9.24 所示。

步骤 2：打开【新建资源记录】对话框，在【主机 IP 地址】文本框中输入 IP 地址“192.168.38.2”，在【主机名】文本框中输入主机的完全合格域名“www.cap.com”，或者通过单击【浏览】按钮来选择 www 主机，如图 9.25 所示，单击【确定】按钮。

步骤 3：可以重复上述步骤添加多条指针记录，例如，图 9.26 所示为指针记录添加完成后的【DNS 管理器】窗口。本例手动添加了一条指针记录，对应的 IP 地址为“192.168.38.2”，对应的主机名为“www.cap.com”，另一条对应的 IP 地址为“192.168.38.1”的指针记录是在之前添加主机记录时自动创建的。

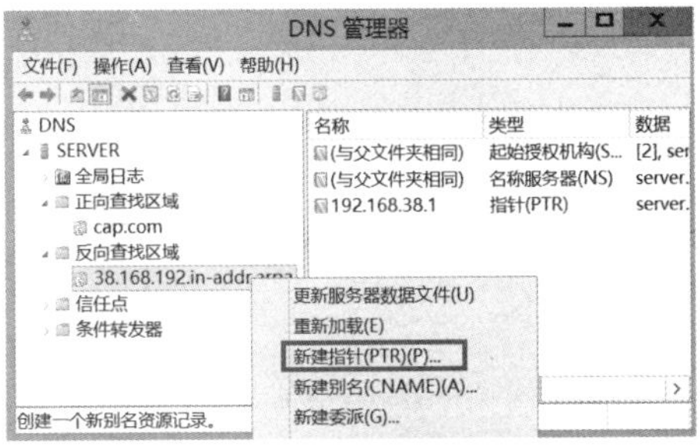

图 9.24　选择【新建指针(PTR)】命令

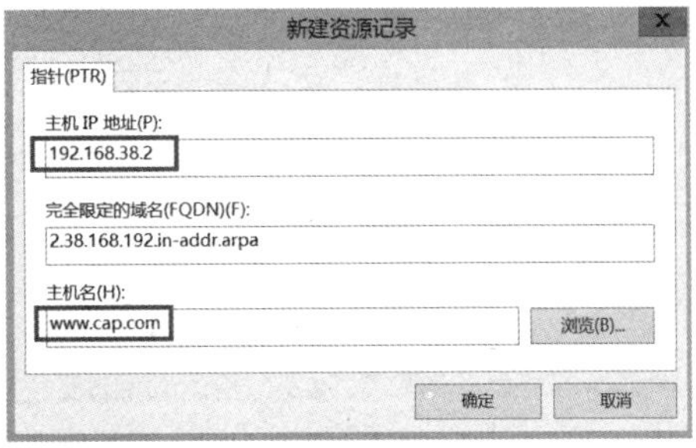

图 9.25　创建指针记录

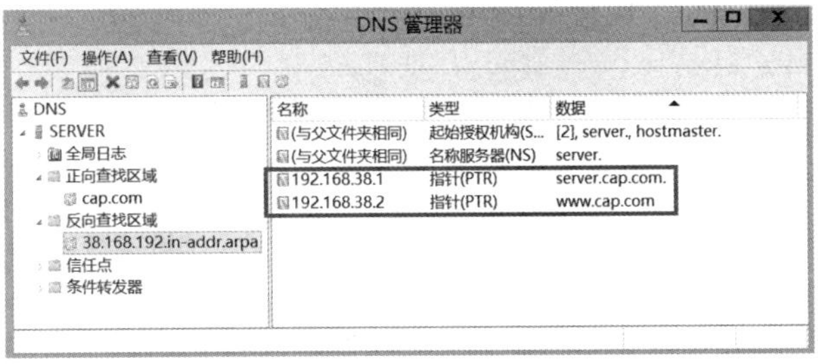

图 9.26　指针记录添加完成后的【DNS 管理器】窗口

3）添加别名记录

基于成本的考虑，有时要使用同一台主机和同一个 IP 地址搭建多台服务器，如一台主机既是 www 服务器，又是 wwwin 服务器，并且 IP 地址均为 192.168.38.2。为了区分两种不同的服务和便于用户访问，需要为二者提供不同的域名并解析到相同的 IP 地址。为此，有两种方法将域名解析到 IP 地址：一是分别添加两条主机记录；二是添加一条主机记录和一条别名（CNAME）记录。

添加别名记录的步骤如下所述。

步骤 1：打开【DNS 管理器】窗口，在左窗格中依次展开【SERVER】→【正向查找区域】节点，右击正向查找区域名称节点（如 cap.com），在弹出的快捷菜单中选择【新建别名(CNAME)】命令，如图 9.27 所示。

步骤 2：打开【新建资源记录】对话框，在【别名(如果为空则使用父域)】文本框中输入“wwwin”，在【目标主机的完全合格的域名(FQDN)】文本框中输入“www.cap.com”，或者通过单击【浏览】按钮来选择 www 主机，如图 9.28 所示，单击【确定】按钮。

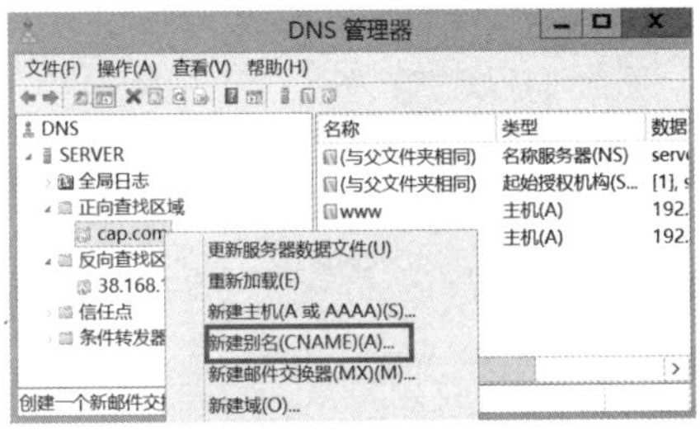

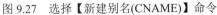

图 9.27　选择【新建别名(CNAME)】命令

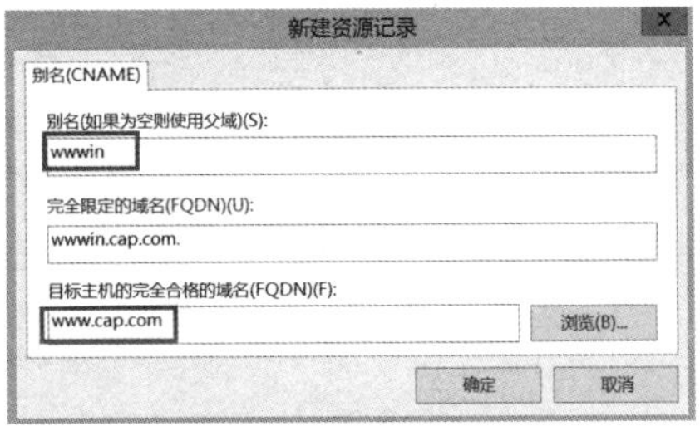

图 9.28　创建别名记录

步骤 3：可以重复上述步骤添加多条别名记录，例如，图 9.29 所示为别名记录添加完成后的【DNS 管理器】窗口。本例在区域 cap.com 中为 www 创建了别名 wwwin，指向 IP 地址 192.168.38.2。系统解析别名 wwwin.cap.com 时先解析到 www.cap.com，再由 www.cap.com 解析到 192.168.38.2。

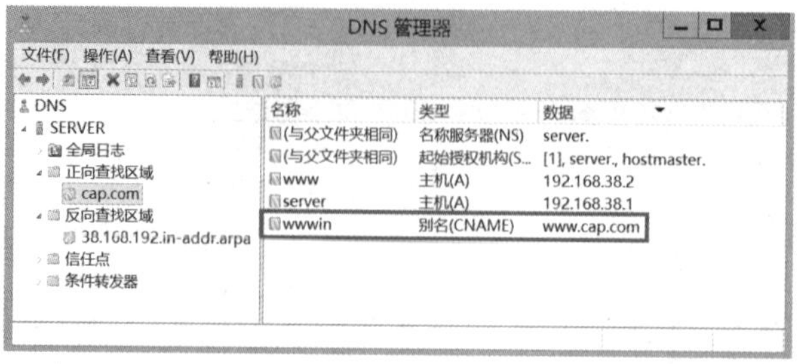

图 9.29　别名记录添加完成后的【DNS 管理器】窗口

使用别名记录的好处是：当服务器的 IP 地址变更时，只需修改主机记录的 IP 地址，其对应的别名记录不修改也会自动更改到新的 IP 地址上。

4）添加邮件交换器记录

邮件交换器（MX）记录用于电子邮件系统收发邮件时根据收件人的邮箱地址的后缀来定位邮件服务器。例如，当某位用户要发送一封电子邮件给 zl@cap.com 时，该用户的邮件系统通过 DNS 服务器查找 cap.com 域的邮件交换器记录，通过邮件交换器记录解析出邮件服务器的完全合格域名（如 email.cap.com）。由于邮件交换器记录只是由邮箱地址的后缀名解析到了邮件服务器的域名，并没有解析出邮件服务器的 IP 地址，因此，在添加邮件交换器记录的同时，必须配合添加一条能够将邮件服务器的域名解析到 IP 地址的主机记录，这样才能最终通过 IP 地址找到邮件服务器。

添加邮件交换器记录的步骤如下所述。

步骤 1：打开【DNS 管理器】窗口，参照前面所述添加主机记录的方法创建邮件服务器的主机记录（域名为 email.cap.com，IP 地址为 192.168.38.3）。

步骤 2：依次展开【SERVER】→【正向查找区域】节点，右击正向查找区域名称节点（如 cap.com），在弹出的快捷菜单中选择【新建邮件交换器(MX)】命令，如图 9.30 所示。

步骤 3：打开【新建资源记录】对话框，在【主机或子域】文本框中输入主机名“smtp”；在【邮件服务器的完全限定的域(FQDN)】文本框中输入“mail.cap.com”，或者通过单击【浏览】按钮来选择 mail 主机；在【邮件服务器优先级】文本框中设置默认值为“10”，如图 9.31 所示，单击【确定】按钮。

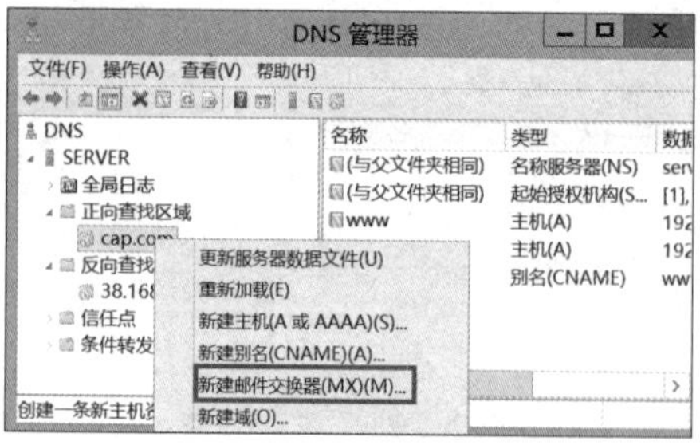

图 9.30　选择【新建邮件交换器(MX)】命令

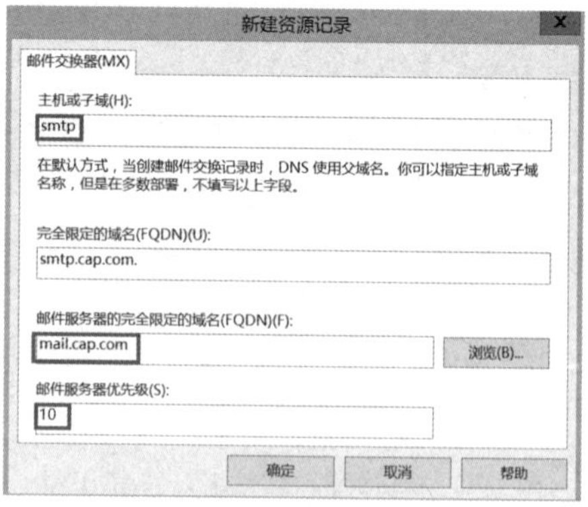

图 9.31　创建邮件交换器记录

步骤 4：可以重复上述步骤添加多条邮件交换器记录，例如，图 9.32 所示为邮件交换器记录添加完成后的【DNS 管理器】窗口。本例在区域 cap.com 中添加了一条邮件交换器记录，主机名为“smtp”，指向主机名为“mail”、对应的 IP 地址为“192.168.38.3”的主机记录。

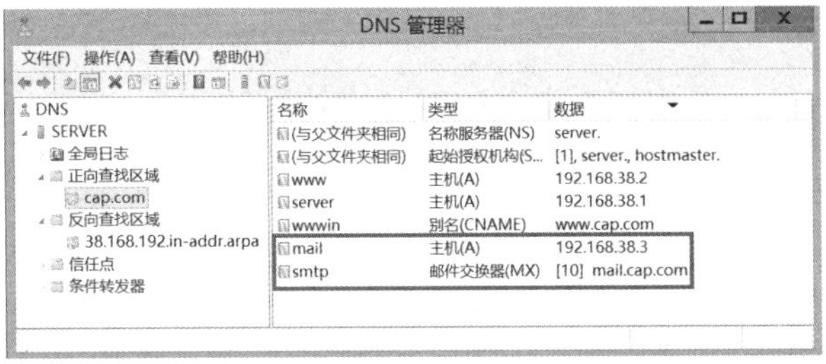

图 9.32　邮件交换器记录添加完成后的【DNS 管理器】窗口

提示：如果一个域中有多台邮件服务器，则应该创建多条邮件交换器记录，并通过设置邮件服务器优先级来决定响应的先后顺序，优先级数值越小的邮件交换器记录，其对应的邮件服务器具有越高的收发邮件的权限。

9.3.3　任务 9-3 测试 DNS 服务器

1. 配置 Windows 客户机

在安装并配置 DNS 服务器后，在客户机上必须进行必要的配置才能使用 DNS 服务，配置步骤如下所述（以 Windows 7 系统为例）。

步骤 1：在客户机系统桌面上右击【网络】图标，在弹出的快捷菜单中选择【属性】命令；或者右击桌面任务栏右侧的【网络连接】图标，在弹出的快捷菜单中选择【打开网络和共享中心】命令；或者打开【控制面板】窗口，单击【网络和 Internet】链接，打开【网络和 Internet】窗口，单击【网络和共享中心】链接。这些方法都可以打开的【网络和共享中心】窗口。

步骤 2：单击【网络和共享中心】窗口中左窗格内的【更改适配器设置】链接，打开【网络连接】窗口，右击【本地连接】图标，在弹出的快捷菜单中选择【属性】命令，打开【本地连接 属性】对话框，如图 9.33 所示。

步骤 3：在【此连接使用下列项目】列表框中，勾选【Internet 协议版本 4 (TCP/IPv4)】复选框，单击【属性】按钮，或者直接双击【Internet 协议版本 4 (TCP/IPv4)】选项，打开【Internet 协议版本 4 (TCP/IPv4)属性】对话框，选中【使用下面的 IP 地址】单选按钮，在【IP 地址】编辑框中输入客户机的 IP 地址“192.168.38.10”，在【子网掩码】编辑框中输入客户机的子网掩码“255.255.255.0”，选中【使用下面的 DNS 服务器地址】单选按钮，在【首选 DNS 服务器】编辑框中输入 DNS 服务器的 IP 地址“192.168.38.1”，如图 9.34 所示。

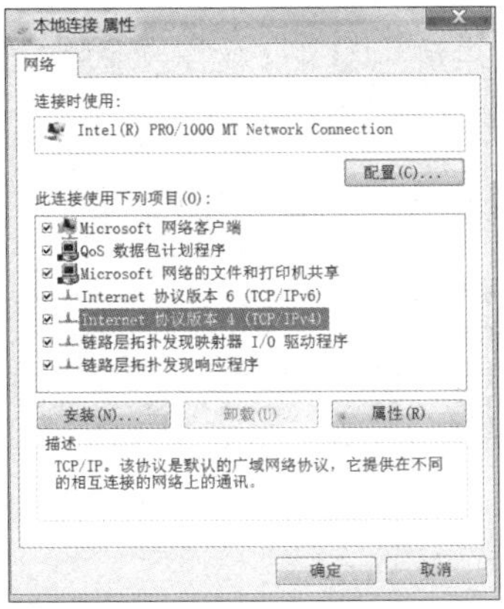

图 9.33　【本地连接 属性】对话框

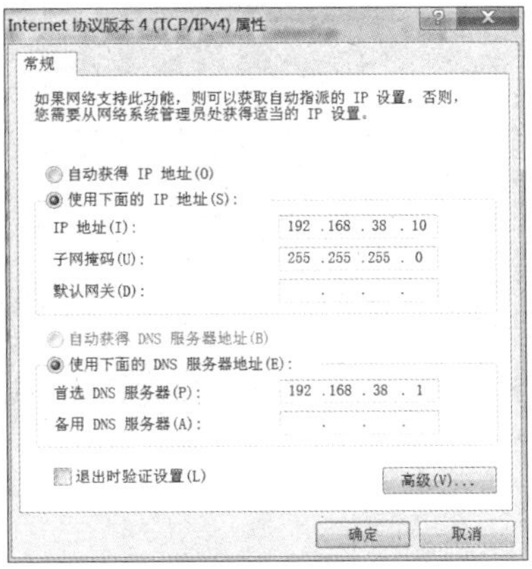

图 9.34　【Internet 协议版本 4 (TCP/IPv4)属性】对话框

2. 测试 DNS 服务

由于尚未架设 Web、FTP 等服务器，无法通过在浏览器中使用域名访问站点的方法来测试域名解析，因此，下面介绍使用命令来测试 DNS 域名解析是否成功的方法。具体测试步骤如下所述。

步骤 1：正向解析测试。在客户机上按 Win+R 组合键，打开【运行】对话框，在【打开】文本框中输入“cmd”，单击【确定】按钮。在打开的命令提示符窗口中，输入“nslookup”命令后按 Enter 键，在窗口中会显示当前的 DNS 服务器的域名和 IP 地址，本例分别为“server.cap.com”和“192.168.38.1”。接下来，在提示符“>”后输入相关的域名进行正向 DNS 域名解析测试。在本例中分别输入“server.cap.com”、“www.cap.com”和“mail.cap.com”，可以看到解析到的对应的 IP 地址分别为“192.168.38.1”、“192.168.38.2”和“192.168.38.3”，如图 9.35 所示。

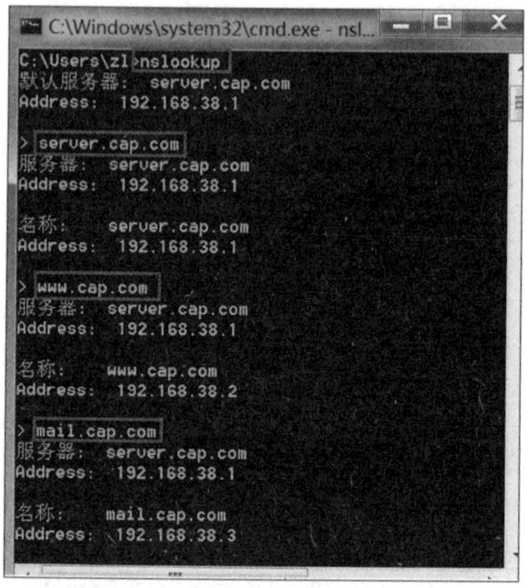

图 9.35　使用 nslookup 命令进行测试

注意：nslookup 命令用于测试域名正向解析，如果解析不成功，则会提示找不到服务器、未发现域名或对应 IP 地址等信息。在这种情况下，应仔细检查客户机与服务器之间的网络是否连通，以及 DNS 服务器的每个配置步骤是否正确、是否开启了防火墙等。

步骤 2：反向解析测试。在命令提示符窗口中，输入“set type=ptr”命令后按 Enter 键。接下来，在提示符“>”后输入相关的 IP 地址进行反向解析测试。在本例中分别输入 IP 地址“192.168.38.1”和“192.168.38.2”，可以看到解析到的对应的 DNS 域名分别为“server.cap.com”和“www.cap.com”，在输入 IP 地址“192.168.38.3”时提示找不到相关域名，是因为该条记录没有创建指针记录，所以无法进行反向解析，如图 9.36 所示。

步骤 3：邮件交换器解析测试。在命令提示符窗口中，输入“set type=mx”命令后按 Enter 键。接下来，在提示符“>”后输入相关的邮件交换器记录进行邮件交换器解析测试。在本例中输入“smtp.cap.com”，可以看到解析到的对应的域名为“mail.cap.com”，IP 地址为“192.168.38.3”，优先级别为 10，如图 9.37 所示。

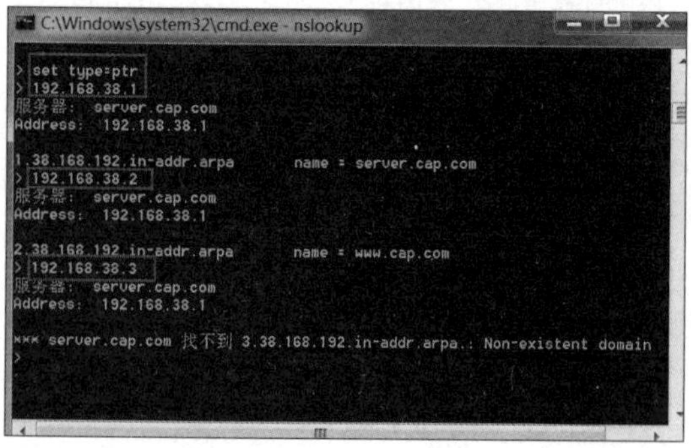

图 9.36　使用 set type=ptr 命令进行测试

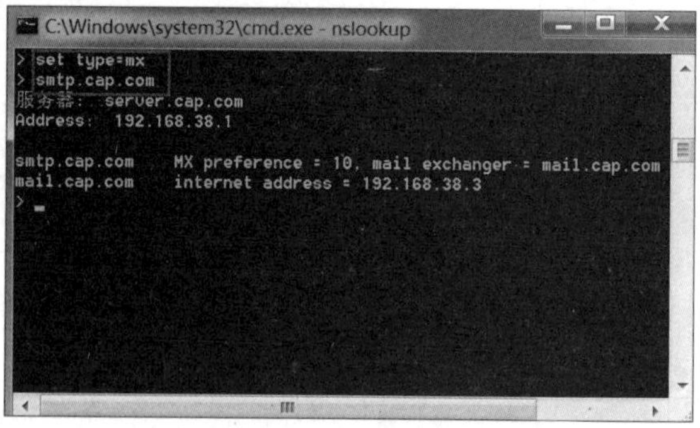

图 9.37　使用 set type=mx 命令进行测试

9.4 项目实训9 配置与管理DNS服务器

【实训目的】

安装DNS服务器；配置与管理DNS服务器；在客户机中测试DNS服务器。

【实训环境】

每人1台Windows 10物理机，1台Windows Server 2012虚拟机，VMware Workstation 16及以上版本的虚拟机软件，虚拟机网卡连接至VMnet8虚拟交换机。

【实训拓扑】

实训拓扑图如图9.38所示。

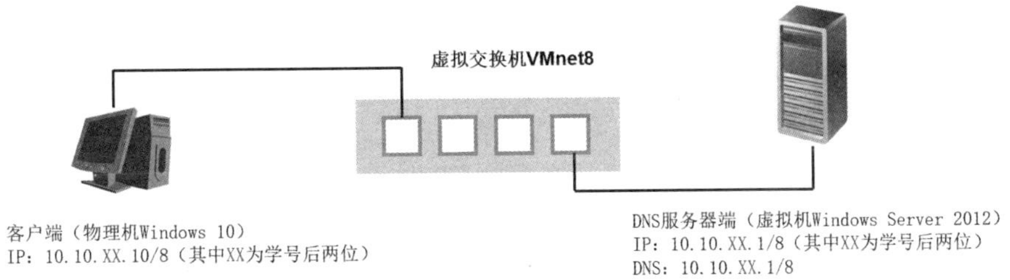

图9.38　实训拓扑图

【实训内容】

1．安装

在Windows Server 2012系统中安装DNS服务器，并设置其IP地址为10.10.xx.1/8，DNS服务器的IP地址为10.10.xx.1。（其中xx为学号后两位。）

2．配置

在DNS服务器上创建一个主要区域yy.com（其中yy为自己姓名的首字母），在该区域中创建3条主机记录，主机名分别为www（对应的IP地址为10.10.xx.2，具有反向解析）、ftp（对应的IP地址为10.10.xx.3，具有反向解析）、mail（对应的IP地址为10.10.xx.4，不具有反向解析）；创建别名记录，别名为web，指向www站点；创建邮件交换器记录，主机名为pop3，指向mail站点，优先级别为5。

3．测试

在客户机上测试DNS服务器的运行情况，测试DNS服务器的正向解析、反向解析、别名、邮件交换器记录。

9.5 项目习题

一、填空题

1．能提供域名服务的服务器称为________________。

2．由所有域名组成的树状结构的逻辑空间称为______________，是负责分配、改写、查询域名的综合性服务系统。

3．在域名空间中，最上层也是最大的域（空间）被形象地称为________________。

4．在树状域名空间中，位于末端的计算机名称被称为________________。

5．把计算机的主机名与其所在的域的完整域名组合在一起，从而构成在整个域名空间中唯一确定的计算机名称，这个计算机名称被称为________________。

6．按照查询内容进行分类，查询模式可以分为____________________和反向查询。

二、单选题

1．在互联网中使用 DNS 的好处是（　　）。

A．友好性高，比 IP 地址易于记忆

B．域名比 IP 地址更具有持续性

C．没有任何好处

D．访问速度比直接使用 IP 地址更快

2．FQDN 是（　　）的英文缩写。

A．相对域名　　B．绝对域名　　C．完全合格域名 D．基本域名

3．在安装 DNS 服务时，下列哪个条件不是必需的？（　　）

A．有固定的 IP 地址

B．安装并启动 DNS 服务

C．有区域文件，或者配置转发器，或者配置根提示

D．要授权

4．下列关于 DNS 记录的描述不正确的是（　　）。

A．A 记录将主机名映射为 IP 地址　　B．MX 记录标识域的邮件交换服务

C．PTR 记录将 IP 地址指向主机名　　D．NS 记录规定主机的别名

5．小明在公司查询域名 www.cap.com 对应的 IP 地址时，其正确的查询过程是（　　）。

① 查询公司默认的 DNS 服务器

② 查询根域 DNS 服务器

③ 查询.com 域的 DNS 服务器

④ 查询.cap.com 域的 DNS 服务器

⑤ 查询.www.cap.com 域的 DNS 服务器

A．①②③④⑤　　B．①③④⑤②　　C．①⑤　　D．⑤④③②①

6．下列关于主 DNS 服务器和辅助 DNS 服务器的描述不正确的是（　　）。

A．当主 DNS 服务器没有相关资源记录时，客户机可使用辅助 DNS 服务器解析

B．配置主 DNS 服务器和辅助 DNS 服务器的目的是减轻负载，以及提高可靠性

C．当主 DNS 服务器上的区域发生变化时，该变化会通过区域传输复制到辅助 DNS 服务器

D．将一个区域文件复制到多个 DNS 服务器上的过程叫作“区域传输”

7．下列（　　）命令用于显示本地计算机的 DNS 缓存。

A．ipconfig /registerdns　　B．ipconfig /flushdns

C．ipconfig /showdns　　D．ipconfig /displaydns

三、问答题

1．当用户访问 Internet 中的资源时，为什么需要域名解析？

2．简述 DNS 客户机通过 DNS 服务器对域名 www.sina.com.cn 的解析过程。

3．DNS 服务器有几种查询模式？分别是什么？

4．DNS 服务器有哪些类型？各有什么特点？

项目 10

配置与管理 Web 服务器

学习目标

短信钓鱼攻击——2021 年 2 月，自春节起，全国多地连续发生通过群发短信方式，以手机银行失效或过期等为由，诱骗用户点击钓鱼网站链接而盗取资金的安全事件。这是 Web 服务常见的一种安全问题，通过伪造页面从而骗取用户个人信息。经检测，发现大批钓鱼网站在 2 月 9 日后被注册并陆续投入使用，钓鱼网站的域名为农信社、城商行等金融机构的客服电话+字母，或者与金融机构网站相似域名的形式，多为境外域名注册商注册并托管。

知识目标

- 了解 Web 服务的概念、虚拟目录的概念
- 熟悉主流的 Web 服务软件
- 掌握 Web 服务器的工作原理

能力目标

- 具备根据项目需求和总体规划对 Web 服务器方案进行合理设计的能力
- 具备安装和配置 Web 服务器的能力
- 具备使用不同主机头名、不同端口和不同 IP 地址在一台服务器上架设多个 Web 网站的能力
- 具备对 Web 服务器进行基本的安全管理与维护的能力

素养目标

- 培养学生网络强国的意识
- 培养学生勇于探索、忘我献身的科学精神
- 培养学生爱岗敬业、无私奉献的精神
- 培养学生的网络安全意识

10.1 项目背景

目前，通过计算机和智能手机在 Internet 上浏览信息、搜索资料和发布信息已成为人们日常生活的一部分，而这些都是通过访问 Web 服务器来完成的。Web 服务是 Internet 上最热门的服务之一，它通过网页将文字、图片、声音和影像等多媒体信息高度结合在一起，是功能最强大的媒体传播手段之一。

成都航院已经建立好了自己的校园 Web 网站，用来实现信息发布、教师办公、学生远程教育、数据处理等功能。接下来，需要将网站部署在 Web 服务器上，开展网上业务活动，并采取一系列安全措施保证网站正常运行。

10.2 项目知识

10.2.1 Web 的基本知识

1. Web

Web 也经常表述为 WWW、3W 或 W3，是 World Wide Web（环球信息网）的缩写，中文名字为“万维网”。Web 中的信息资源主要以 Web 文档（或称 Web 页）为基本元素构成。这些 Web 页采用超文本（HyperText）的格式，即可以含有指向其他 Web 页或其本身内部特定位置的超链接（简称“链接”）。可以将链接理解为指向其他 Web 页的“指针”，链接使得 Web 页交织为网状。这样，如果 Internet 上的 Web 页和链接非常多，就构成了一个巨大的信息网。

Web 服务器是在网络中为实现信息发布、资料查询、数据处理等诸多应用搭建基本平台的服务器。Web 服务器的应用范围十分广泛，从个人主页到各种规模的企业和政府网站，管理员需要根据它所运行的应用程序、面向的对象、用户的点击率、性价比、安全性、易用性等许多因素来综合考虑其配置。

2. URL

在 Web 服务器上可以建立 Web 站点，网页就存放在 Web 站点中。Internet 中有成千上万的 Web 站点和不计其数的各种类型信息资源，为了准确查找这些信息资源，人们采用统一资源定位符（Uniform Resource Locator，URL）来唯一标识和定位信息资源。URL 不仅要标识信息资源的位置，还要明确浏览器访问信息资源时采用的方式或协议。因此，URL 的一般格式为“协议类型://主机域名[:端口号]/[路径]/[文件名]”。

1）协议类型

在 URL 中，冒号前面的部分指出资源的访问协议类型。可用的协议类型包括 HTTP、HTTPS、Gopher、FTP、Mailto、Telnet、File 等。使用这些协议，就可以在浏览器中访问 HTTP、FTP 或 Gopher 服务器资源，也可以在浏览器中使用 Telnet、电子邮件，还可以直接在浏览器中访问本地的文件。

2）主机域名

主机域名指提供信息服务或资源的计算机的地址，既可以用它的完全合格域名，也可以用它的 IP 地址表示，如 www.baid*.com。

3）端口号

端口号指进入服务器的通道，一般为默认端口，如 HTTP 协议的端口号为 80，FTP 协议的端口号为 21。如果输入 URL 时省略端口号，则使用默认端口号。有时候为了安全，不希望任何用户都能访问服务器上的资源，就可以在服务器上对端口号重新定义，即使用非标准端口号，此时访问 URL 时就不能省略该端口号。例如，“http://www.baid*.com:80”和“http://www.baid*.com”的效果是一样的，因为 80 是 HTTP 服务的默认端口号。再如，“http://www.baid*.com:8080”和“http://www.baid*.com”是不同的，因为两个 URL 的端口号不同。

4）路径/文件名

路径/文件名指明服务器上某信息资源的具体位置，即所在的目录和文件的名称，其格式通常由“目录/子目录/文件名”这样的结构组成。如果路径/文件名省略，则打开该信息资源的默认位置下的默认文件。

3. HTTP 协议

Web 上的信息资源是通过超文本传送协议（Hypertext Transfer Protocol，HTTP）传送给用户的，而用户则是通过单击链接来获得资源的。HTTP 协议是 Internet 上应用非常广泛的一种网络传输协议，所有的 Web 文件都必须遵守这个标准。HTTP 是 Web 服务器和浏览器（客户机）通过 Internet 发送与接收数据的协议。它是请求和响应协议——客户端发出一个请求，服务器响应这个请求。在默认情况下，HTTP 协议通常使用 TCP 端口 80，HTTPS 协议使用 TCP 端口 443。它的第一个版本是 HTTP 0.9，然后被 HTTP 1.0 取代。HTTP 协议当前的版本是 HTTP 1.1，由 RFC2616 定义。

通过 HTTP 协议，HTTP 客户机（如 Web 浏览器）能够从 Web 服务器请求信息和服务，使浏览器更加高效，使网络传输时间减少。它不仅能保证计算机正确、快速地传输超文本文档，还能确定传输文档中的哪一部分，以及哪部分内容首先显示（如文本先于图形）等。HTTP 协议的主要特点可概括如下：

（1）支持客户机/服务器（C/S）模式。

（2）简单、快速。当客户机向服务器请求服务时，只需传送请求方法和路径。常用的请求方法有 GET、HEAD、POST。每种请求方法规定了客户机与服务器联系的类型不同。由于 HTTP 协议简单，使得 HTTP 服务器的程序规模较小，因此通信速度很快。

（3）灵活。HTTP 协议允许传输任意类型的数据对象。正在传输的类型由 Content-Type 加以标记。

（4）无连接。无连接是指限制每次连接只处理一个请求。服务器处理完客户机的请求，并收到客户机的应答后，就断开连接。采用这种方式可以节省传输时间。

（5）无状态。HTTP 协议是无状态协议。无状态是指协议对于事务处理没有记忆能力。缺少状态意味着如果后续处理需要前面的信息，则它必须重传，这样可能导致每次连接传送的数据量增大。

4. HTML

当用户通过 URL 定位 Web 资源，并利用 HTTP 协议访问 Web 服务器获取该 Web 资源后，需要在自己的屏幕上将其正确无误地显示出来。由于 Web 服务器并不知道将来阅读这个文件的用户到底会使用哪一种类型的计算机或终端，因此要保证每个用户在屏幕上都能读到正确显示的文件，必须以各种类型的计算机或终端都能“看懂”的方式来描述文件，于是就产生了超文本标记语言（Hypertext Markup Language，HTML）。

Web 通过超文本的方式，把分布在网络上的不同计算机中的文字、图像、声音、视频等多媒体信息利用 HTML 有机地结合在一起，让用户通过浏览器实现信息的检索。超文本文件是一种以叙述某项内容为主体的文本文件，在 HTTP 协议的支持下，其文本中的被选词可以扩充到所关联的其他信息，这种关联称为“超链接”。被链接的文档又可以包含其他文档的链接，而且文档可以分布在世界各地的其他计算机上。由于人们的思维通常是跳跃式、联想式的，因此阅读和浏览这种超文本非常符合人们的思维习惯。

5．Web 浏览器

Web 浏览器的作用就在于读取 Web 页上的 HTML 文档，对其中的代码进行解释，然后根据这类文档中的描述组织并显示相应的 Web 页面。

10.2.2　Web 服务的工作原理

Web 服务采用浏览器/服务器（B/S）工作模式。其中，浏览器就是客户计算机上的客户程序；服务器是提供网页数据的、分布在网络上的成千上万台计算机，这些计算机运行服务器程序，所以也被称为 Web 服务器。

Web 服务器通过 HTML 把信息组织成图文并茂的超文本；客户机浏览器程序（如 IE、Firefox、Chrome 等）使用户可以在浏览器的地址栏内输入 URL 来访问远端 Web 服务器上的 Web 文档，解释这个文档，并将文档内容以图形化界面的形式显示出来；Web 服务器和客户机浏览器之间的通信遵循 HTTP 协议，它可以传输任意类型的数据对象，是 Internet 发布多媒体信息的主要应用层协议。

Web 服务的工作原理如图 10.1 所示。

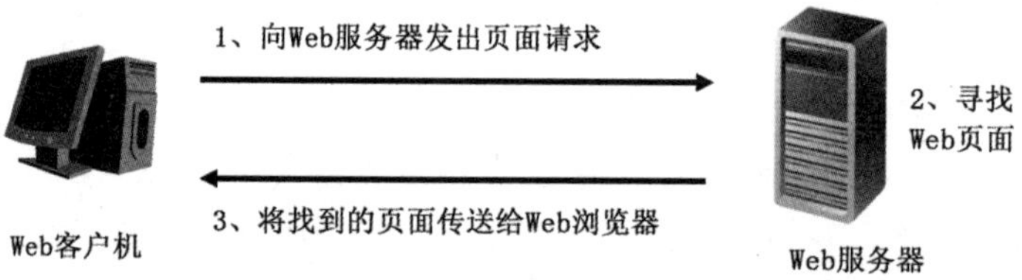

图 10.1　Web 服务的工作原理

（1）Web 客户机和 Web 服务器建立 TCP 连接，然后向 Web 服务器发出访问请求（该请求中包含了 Web 客户机的 IP 地址、浏览器的类型和请求的 URL 等一系列信息）。

（2）Web 服务器在收到请求后，先寻找所请求的 Web 页面（如果是动态网页，则执行程序代码生成静态网页），然后将静态网页内容返回给 Web 客户机。如果出现错误，则返回错误代码。

（3）Web 客户机的浏览器接收到所请求的 Web 页面，并将其显示出来。

10.2.3　主流 Web 服务器软件

如今互联网的 Web 平台种类繁多，下面介绍三大主流 Web 服务器软件。

1．IIS

IIS（Internet Information Services，互联网信息服务）是 Microsoft 公司开发的功能完善的

信息发布软件。经过多个版本的发展，IIS 已经成为目前功能较为完善的 Web 服务组件，其中包括 Web 服务器、FTP 服务器、NNTP 服务器和 SMTP 服务器等，分别用于网页浏览、文件传输、新闻服务和邮件发送等方面，并且还支持服务器集群和动态页面扩展（如 ASP、ASP.NET）等功能。通过 IIS 提供的图形化控制台界面，管理员无须记忆烦琐的服务器配置指令，就能够轻松搭建基于网络的 Web 服务器。

IIS 8.0 作为目前的最新版本已经内置在 Windows Server 2012 系统中，开发者利用 IIS 8.0 可以在本地系统上搭建测试服务器，进行网络服务器的调试与开发测试，如部署 WCF 服务和搭建文件下载服务。相比较之前的版本，IIS 8.0 提供了以下新特性。

- 集中式证书：为服务器提供一个 SSL 证书存储区，并且简化了对 SSL 绑定的管理。
- 动态 IP 地址限制：可以让管理员配置 IIS 以阻止访问超过指定请求数的 IP 地址。
- FTP 登录尝试限制：限制在指定时间范围内尝试登录 FTP 账户失败的次数。
- 支持 WebSocket：支持部署 WebSocket 调试应用程序。
- NUMA 感应的可伸缩性：提供对 NUMA 硬件的支持，允许 32～128 个 CPU 核心。
- CPU 节流：通过为不同的应用程序池设置不同的资源使用限制，从而实现 CPU 节流。

2. Apache

Apache 取自“a patchy server”的读音，意思是“充满补丁的服务器”，因为它是自由软件，所以不断有人来为它开发新的功能、新的特性及修复原来的缺陷。Apache 的特点是速度快、适应高负荷、吞吐量大、性能稳定、支持跨平台应用（可以运行在几乎所有的操作系统平台上）、可移植性强等。其不足之处是本身仅提供 HTML 静态页面的功能，不能支持 JSP、Java Servlet、ASP 等功能，但可以通过同其他应用服务器一起工作或添加插件来支持。

3. Nginx

Nginx 是一款很强大的高性能 Web 和反向代理服务器，由俄罗斯的程序设计师 Igor Sysoev 开发。其特点是占用内存少、并发能力强，可以在 UNIX、Windows 和 Linux 等主流系统平台上运行。

10.3 项目实施

10.3.1 任务 10-1 架设单个 Web 网站

1. 安装 IIS

Windows Server 2012 系统的 Web 服务器角色是 IIS 8.0 的组件之一，在安装 Windows Server 2012 系统时，系统默认不会安装 IIS，因此需要对其进行安装，步骤如下所述。

步骤 1：打开【服务器管理器】窗口，在左窗格中选择【仪表板】选项，在右窗格中单击【添加角色和功能】选项，打开【添加角色和功能向导】窗口，进入【开始之前】界面，连续单击【下一步】按钮，直至进入【选择服务器角色】界面，在【角色】列表框中勾选【Web 服务器(IIS)】复选框，在自动弹出的【添加角色和功能向导】对话框中单击【添加功能】按钮，单击【下一步】按钮，如图 10.2 所示。

步骤 2：继续单击【下一步】按钮，直至进入【选择角色服务】界面，在【角色服务】列表框中勾选所需的角色服务选项左侧的复选框（本例勾选“Windows 身份验证”和“基本身份验证”复选框），如图 10.3 所示，单击【下一步】按钮。

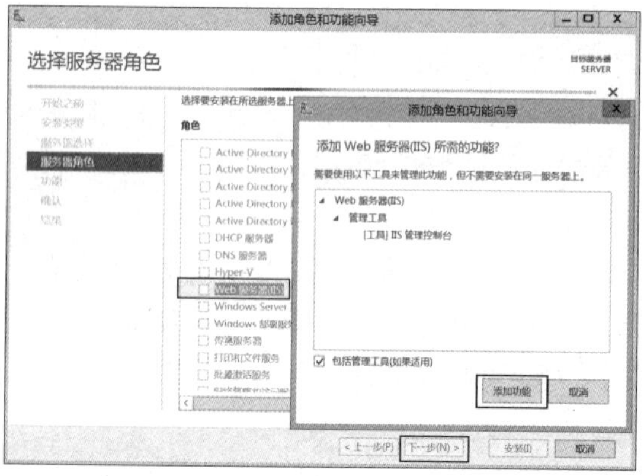

图 10.2 【选择服务器角色】界面

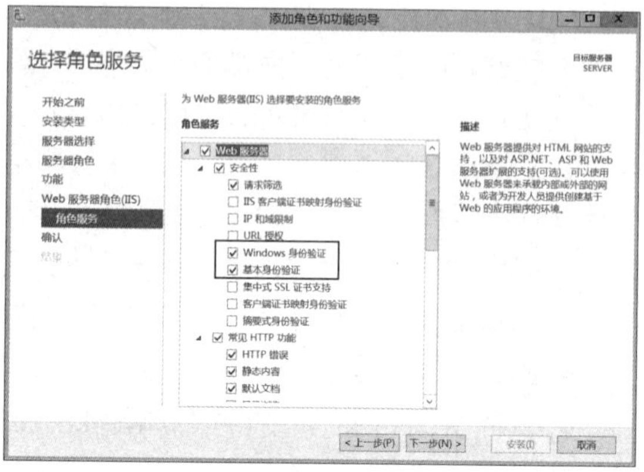

图 10.3 【选择角色服务】界面

步骤 3：进入【确认安装所选内容】界面，单击【安装】按钮，进入【安装进度】界面，系统开始安装 IIS，安装完成后单击【关闭】按钮即可。

步骤 4：安装完 IIS 后，还应该对 Web 服务器进行测试，检查 IIS 是否正确安装并运行。启动 Internet Explorer 浏览器，在地址栏中输入“http://localhost”或“http://127.0.0.1”，如果 IIS 安装成功，则会显示默认站点的首页，如图 10.4 所示。如果没有显示出该网页，则需要检查 IIS 是否出现问题或重新启动 IIS 服务。

图 10.4 IIS 安装成功

提示：上述在浏览器的地址栏内输入的网址中的“localhost”或“127.0.0.1”通常被称为本地回环地址（Loopback Address），不属于任何一个有类别地址类。它代表设备的本地虚拟接口，所以默认被看作永远不会断掉的接口。在 Windows 系统中也有相似的定义，所以通常在安装网卡前就可以 ping 通这个本地回环地址。一般用于检查本地网络协议、基本数据接口等是否正常，也可以用于在 Web 服务器中检查 IIS 是否正确安装。

2. 架设单个 Web 网站

IIS 安装完成后，系统会自动建立一个名为“Default Web Site”的默认 Web 网站，默认首页就是 IIS 安装成功页面。接下来，我们可以在 Web 服务器上架设一个新的 Web 网站，其 IP 地址为 192.168.38.1，域名为 www.cap.com，使用默认的 80 端口，网站的首页文件存放在 C:\web 目录下，首页文件名为 index.html。架设一个 Web 网站的主要工作就是创建首页文件、配置 IP 地址和端口、设置主目录和默认文档等，具体步骤如下所述。

步骤 1：停止默认网站。打开【服务器管理器】窗口，在【工具】菜单中选择【Internet Information Services(IIS)管理器】命令，打开【Internet 信息服务(IIS)管理器】窗口，在左窗格中依次展开服务器名称（如 SERVER）→【网站】节点，右击【Default Web Site】节点，在弹出的快捷菜单中选择【管理网站】→【停止】命令，如图 10.5 所示，即可停止正在运行的默认网站。停止后默认网站的状态显示为“已停止”。

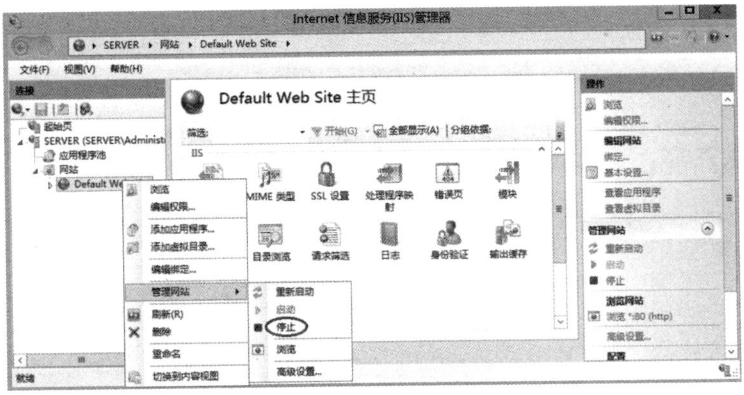

图 10.5 停止默认网站

另外，还可以在此修改网站名称，网站名称是为了便于系统管理员识别不同的网站而给网站起的一个名字。右击【Default Web Site】节点，在弹出的快捷菜单中选择【重命名】命令，可以将网站默认名称“Default Web Site”修改为任意名字。

步骤 2：创建测试网站的首页文件。Web 网站的内容是由保存到主目录中的网页文件构成的，可以使用 Dreamweaver、Visual Studio Code 等专业工具制作，这里介绍使用记事本制作网页的方法。操作步骤如下：

在 Web 服务器桌面按 Win+R 组合键，在打开的【运行】对话框的【打开】文本框中输入“notepad”，单击【确定】按钮，打开【无标题-记事本】窗口，输入网页内容，在【文件】菜单中选择【保存】命令，打开【另存为】对话框，选择保存的位置（与设置的主目录相同，即 C:\web 主目录），设置文件名为“index.html”，如图 10.6 所示，单击【保存】按钮。

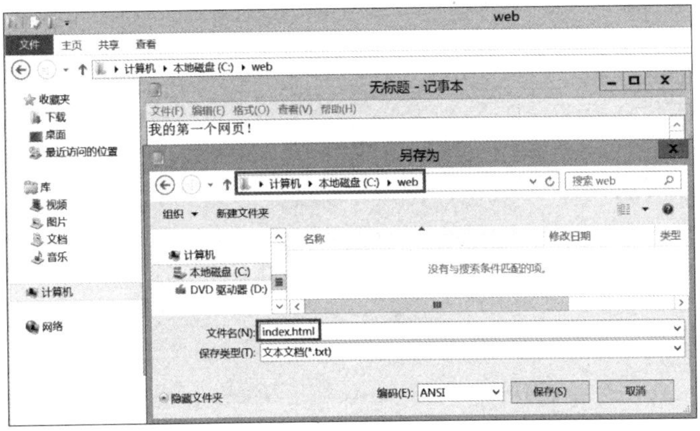

图 10.6 使用记事本创建测试网站的首页文件

步骤 3：创建 Web 网站。在左窗格中右击【网站】节点，在弹出的快捷菜单中选择【添加网站】命令，如图 10.7 所示。

步骤 4：设置 Web 网站参数。打开【添加网站】对话框，在该对话框中可以指定网站名称、应用程序池、网站内容目录、传递身份验证、网站类型、IP 地址、端口、主机名及是否启动网站。在此设置网站名称为“成都航院”，物理路径为“C:\web”，网站类型为“http”，IP 地址为“192.168.38.1”，端口为“80”，如图 10.8 所示。设置完成后，单击【确定】按钮，完成 Web 网站的创建。

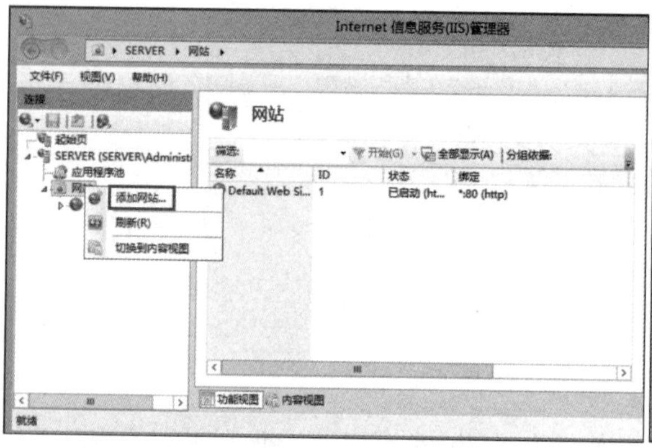

图 10.7　选择【添加网站】命令

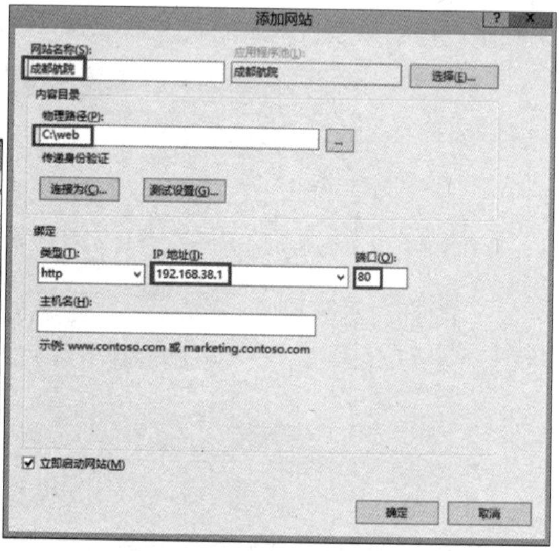

图 10.8　设置 Web 网站参数

步骤 5：返回【Internet 信息服务(IIS)管理器】窗口，可以看到刚才所创建的网站已经启动成功，如图 10.9 所示。

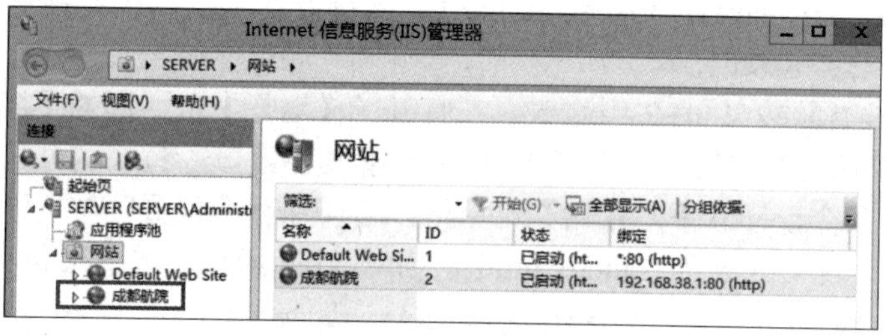

图 10.9　Web 网站创建成功

3．测试 Web 网站

至此，一个基本的 Web 网站已创建与配置完成。用户在客户机上打开浏览器，并在地址栏上输入“http://192.168.38.1”，就可以访问之前创建的 Web 网站的首页，如图 10.10 所示。

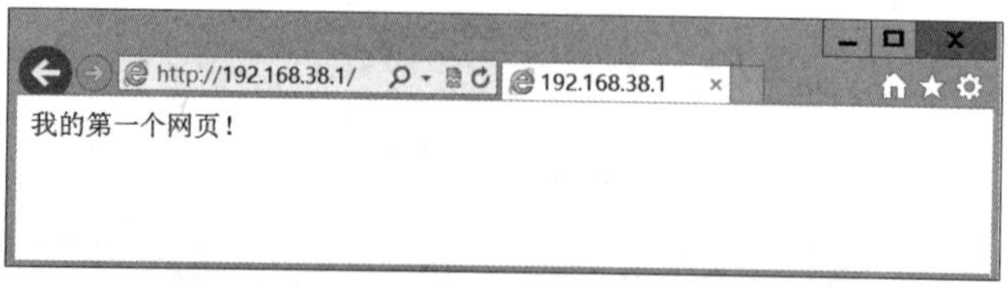

图 10.10　在客户机上访问 Web 网站的首页

4．使用域名访问 Web 网站

如果要使用域名 www.cap.com 访问 Web 网站，则具体步骤如下所述。

步骤 1：打开【服务器管理器】窗口，在【工具】菜单中选择【DNS】命令，打开【DNS 管理器】窗口，创建正向查找区域“cap.com”和反向查找区域“38.168.192.in-addr.arpa”（可参考本书中的任务 9-1）。

步骤 2：在正向查找区域中创建一条主机记录，主机名为“www”，对应的 IP 地址为“192.168.38.1”，如图 10.11 所示。

步骤 3：用户在客户机上打开浏览器，并在地址栏上输入“http://www.cap.com”，就可以访问之前创建的 Web 网站的首页，如图 10.12 所示。

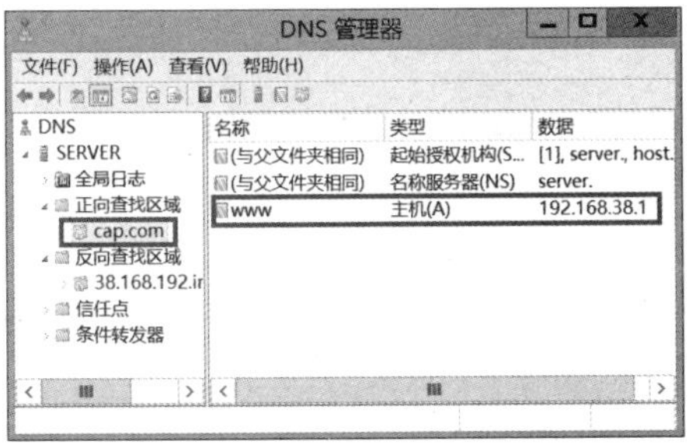

图 10.11 在正向查找区域中创建一条主机记录

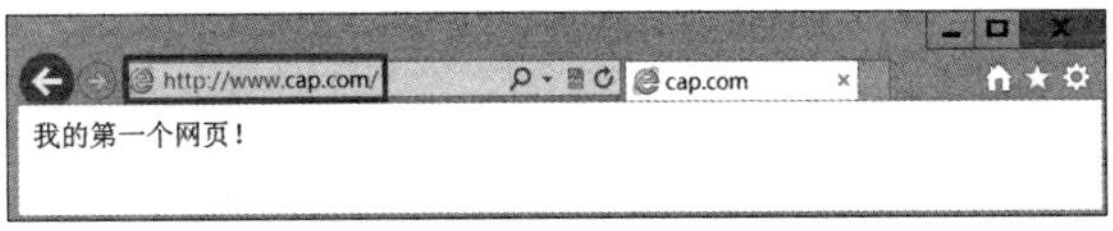

图 10.12 使用域名访问 Web 网站的首页

5．管理 Web 网站

1）配置 IP 地址和端口

每个 Web 网站都绑定了一个 IP 地址和端口号，如果一台计算机配有多个 IP 地址，则需要为计算机中的 Web 网站指定唯一的 IP 地址和端口号。配置步骤如下：

打开【Internet 信息服务(IIS)管理器】窗口，在左窗格中单击【成都航院】节点，在右窗格中单击【绑定...】链接，打开【网站绑定】对话框，即可看到默认 Web 网站的参数，选中该行参数，单击【编辑】按钮，打开【编辑网站绑定】对话框，在【IP 地址】下拉列表中选择要绑定的 IP 地址，在【端口】文本框中输入或保留默认的端口号，如图 10.13 所示，单击【确定】按钮后单击【关闭】按钮。

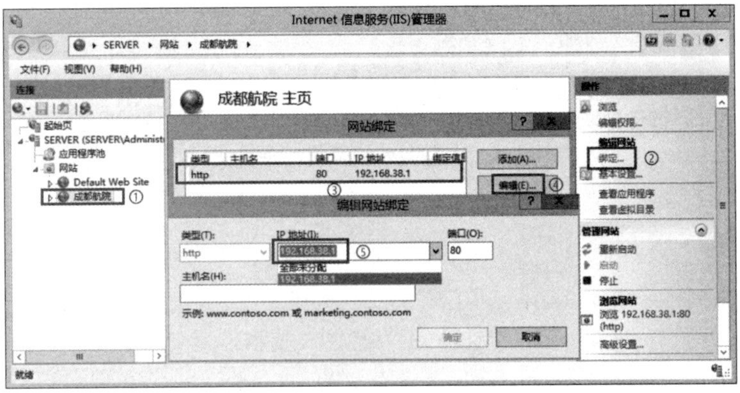

图 10.13 配置 IP 地址和端口

2）网页存储位置——主目录的配置

主目录是存放网站网页文件的文件夹，配置主目录的步骤如下：

在【Internet 信息服务(IIS)管理器】窗口的左窗格中单击【成都航院】节点，在右窗格中单击【基本设置...】链接，打开【编辑网站】对话框，在【物理路径】文本框中输入主目录所在路径，或者单击【物理路径】文本框右侧的【...】按钮，在打开的【浏览文件夹】对话框中选择相应的目录（如 C:\web），如图 10.14 所示，单击【确定】按钮，系统返回【编辑网站】对话框，单击【确定】按钮。

图 10.14　配置主目录

3）网站首页文件——默认文档的配置

在浏览器的地址栏中输入一个 Web 网站的域名或 IP 地址并按 Enter 键后，打开的第一个网页称为该网站的首页。此时并不需要在网站地址的后面指定要访问的主页文档的名称，这是因为每个 Web 网站都被事先指定了一个默认访问的主页文档，简称“默认文档”。但如果要直接访问网站主页以外的其他网页，就必须在网站地址的后面指定要访问的网页文档的名称。默认文档的配置就是为网站的首页（主页）文件指定一个名称，步骤如下：

在【Internet 信息服务(IIS)管理器】窗口的左窗格中单击【成都航院】节点，在中间窗格中通过移动垂直滚动条找到【默认文档】图标并双击，在中间窗格的任意空白处右击，在弹出的快捷菜单中选择【添加】命令，打开【添加默认文档】对话框，在【名称】文本框中输入默认文档的名称（本例为 test.html），单击【确定】按钮，如图 10.15 所示。

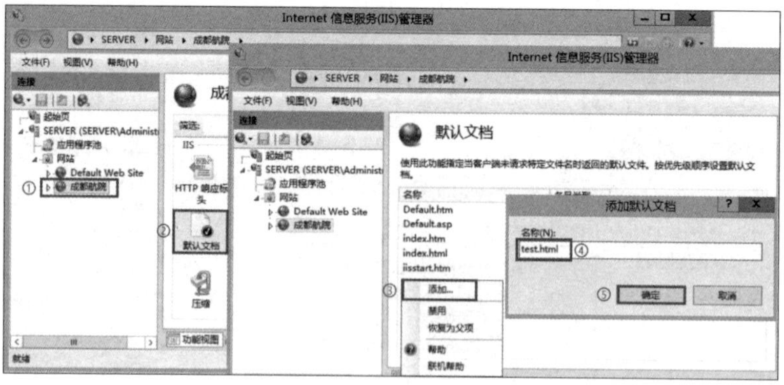

图 10.15　配置默认文档

在图 10.15 中，可以看到 IIS 8.0 默认文档的文件名有 5 种，分别为 Default.htm、Default.asp、index.htm、index.html 和 iisstart.htm。这也是一般网站中常用的主页名。如果 Web 网站无法找到这 5 个文件中的任何一个，则将在 Web 浏览器上显示提示信息“该页无法显示”。默认文档既可以是一个，也可以是多个。当设置多个默认文档时，IIS 将按照排列的前后顺序依次调用这些文档。当第一个文档存在时，将直接把它显示在用户的浏览器上，而不再调用后面的文档；当第一个文档不存在时，则将第二个文档显示在用户的浏览器上，以此类推。

6．建立、配置与访问虚拟目录

可以将 Web 网站中的网页及其相关文件全部存储在网站的主目录下，也可以在主目录下建立多个子文件夹，然后将 Web 网站中的网页及其相关文件按照网站不同栏目或不同网页文件类型分别存放到各个子文件夹中。主目录及主目录下的子文件夹都称为“实际目录”或“物理目录”。然而随着网站内容的不断丰富，主目录所在磁盘分区的空间可能不足。此时，可以将一部分网页文件存放到本地计算机其他磁盘分区的文件夹或其他计算机的共享文件夹中。这种物理位置上不在网站主目录下，但逻辑上归属于同一个网站的文件夹被称为“虚拟目录”。

1）建立虚拟目录

使用虚拟目录技术为成都航院的信息工程学院建立一个二级学院子站点，步骤如下所述。

步骤 1：打开【Internet 信息服务(IIS)管理器】窗口，在左窗格中右击【成都航院】节点，在弹出的快捷菜单中选择【添加虚拟目录】命令，如图 10.16 所示。

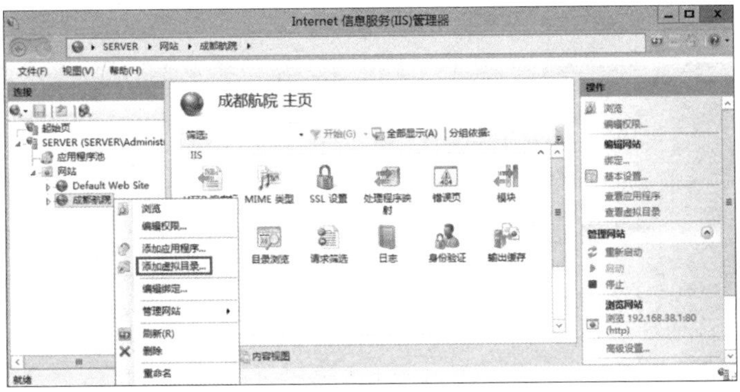

图 10.16 选择【添加虚拟目录】命令

步骤 2：打开【添加虚拟目录】对话框，在【别名】文本框中输入一个能够反映该虚拟目录用途的名称（本例为“信息工程学院”），在【物理路径】文本框内输入该虚拟目录的主目录所在路径（本例为“C:\web1”），如图 10.17 所示，或者单击【物理路径】文本框右侧的【...】按钮，在打开的【浏览文件夹】对话框中选择该虚拟目录的主目录所在的位置，该位置既可以是本地计算机的其他磁盘分区，也可以是网络中其他计算机的共享文件夹，如图 10.18 所示，单击【确定】按钮，结束虚拟目录的创建。

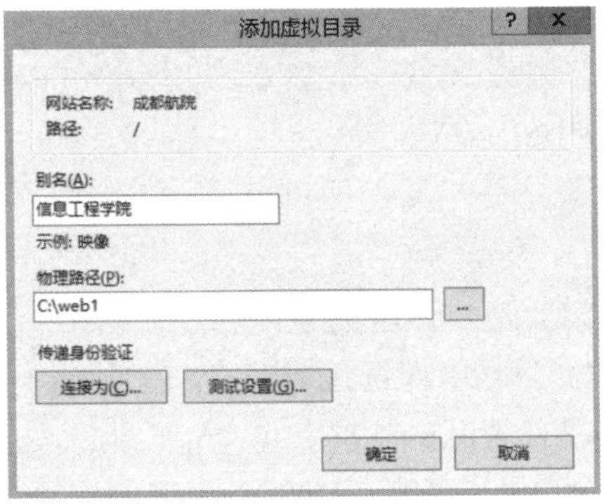

图 10.17 【添加虚拟目录】对话框

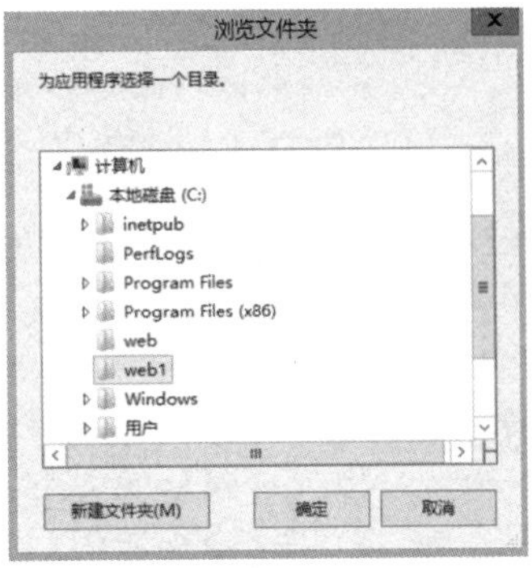

图 10.18 【浏览文件夹】对话框

2）配置虚拟目录

虚拟目录和宿主网站一样，可以配置自己的主目录、默认文档及身份验证等，并且操作方法和宿主网站的操作方法完全相同。所不同的是，不能为虚拟目录指定 IP 地址、端口等。实际上，虚拟目录与宿主网站共用了 IP 地址和端口。配置虚拟目录的步骤如下所述。

步骤 1：打开【Internet 信息服务(IIS)管理器】窗口，在左窗格中单击新建立的虚拟目录的名称节点（本例为“信息工程学院”），在中间窗格中移动垂直滚动条，找到【默认文档】图标并双击，在中间窗格的任意空白处右击，在弹出的快捷菜单中选择【添加】命令，在弹出的【添加默认文档】对话框的【名称】文本框中输入“xxgc.html”文件名，如图 10.19 所示，单击【确定】按钮。

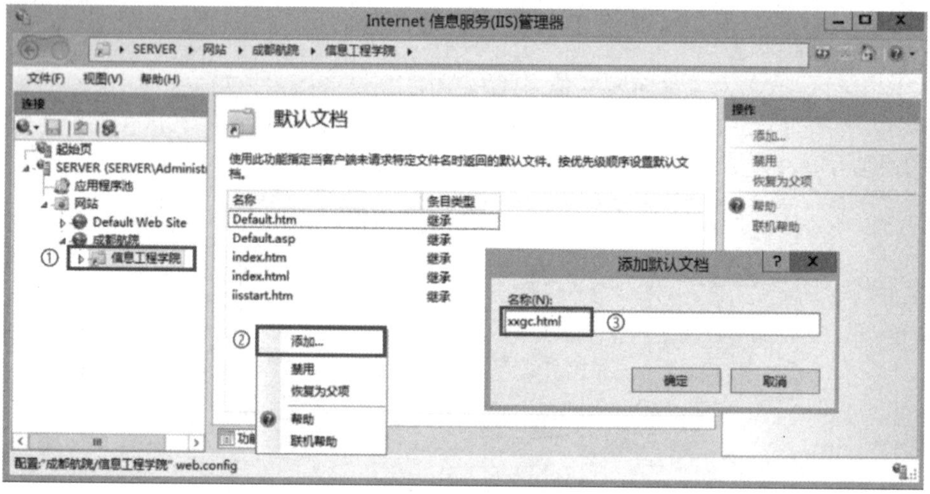

图 10.19　为“信息工程学院”虚拟目录添加默认文档

步骤 2：将创建的页面内容复制到虚拟目录的物理路径所指的文件夹中，然后根据 Web 页面的文件名设置默认文档。

3）访问虚拟目录

用户在客户机浏览器的地址栏中按照“http://IP 地址或域名/虚拟目录别名/”格式输入地址（本例为“http://192.168.38.1/信息工程学院/”），即可访问该虚拟目录下的默认网页，如图 10.20 所示。

图 10.20　访问虚拟目录下的默认网页

10.3.2　任务 10-2 架设多个 Web 网站

使用 IIS 8.0 可以很方便地架设 Web 网站。虽然在安装 IIS 时系统已经建立了一个现成的默认 Web 网站，直接将网站内容放到其主目录或虚拟目录中即可直接浏览，但是最好还是要重新设置，以保证网站的安全。为了节约硬件资源、节省空间、降低能源成本，还可以在同一台物理服务器上架设多个独立的 Web 网站（站点），并且每个网站都拥有各自的 IP 地址和域名，这些网站称为“虚拟主机”。当用户进行访问时，看起来就像是访问多个不同的服务器一样。利用虚拟主机技术在同一台服务器上架设多个 Web 网站，是中小型企业最理想的网站搭建方式，这种方式除可以节省设备投资以外，还具有以下优点：

（1）便于管理。虚拟站点与 Web 服务器的默认标准站点架设和管理方式基本相同。

（2）分级管理。不同的虚拟站点可以指定不同的人员管理。

（3）性能和带宽调节。当一台服务器上配置有多个站点时，可以按照需求为每个虚拟站点分配性能和带宽。

使用 IIS 8.0 的虚拟主机技术，通过分配主机头名、TCP 端口和 IP 地址，可以在一台服务器上架设多个虚拟 Web 网站。每个网站都具有唯一的由主机头名、TCP 端口和 IP 地址 3 部分组成的网站标识。不同的 Web 网站可以提供不同的 Web 服务，而且每个虚拟主机和一台独立的主机完全一样。可以通过以下 3 种方式架设多个 Web 网站：

- 使用不同的主机头名架设多个 Web 网站。
- 使用不同的端口号架设多个 Web 网站。
- 使用不同的 IP 地址架设多个 Web 网站。

在创建一个 Web 网站时，要根据企业本身现有的条件（如投资的多少、IP 地址的多少、网站性能的要求等）选择不同的虚拟主机技术。

1. 使用不同的主机头名架设多个 Web 网站

当一台服务器上仅有一个 IP 地址，并且希望多个网站使用相同的 TCP 端口时，就可以考虑为每个网站分配不同的主机头名来架设多个 Web 网站。表 10.1 所示为不同主机头名 Web 网站的配置参数。

表 10.1　不同主机头名 Web 网站的配置参数

网站描述	主机名	TCP 端口	IP 地址	主目录
成都航院龙泉校区	www.cap.com	80	192.168.38.1	C:\web1
成都航院新都校区	ftp.cap.com	80	192.168.38.1	C:\web2

下面针对表 10.1 所示的配置参数来说明架设网站的方法和步骤。

步骤 1：打开【DNS 管理器】窗口，创建正向查找区域“cap.com”和反向查找区域“38.168.192.in-addr.arpa”（可参考本书中的任务 9-1），在正向查找区域中创建两条主机记录，主机名分别为“www”和“ftp”，对应的 IP 地址均为“192.168.38.1”，如图 10.21 所示。

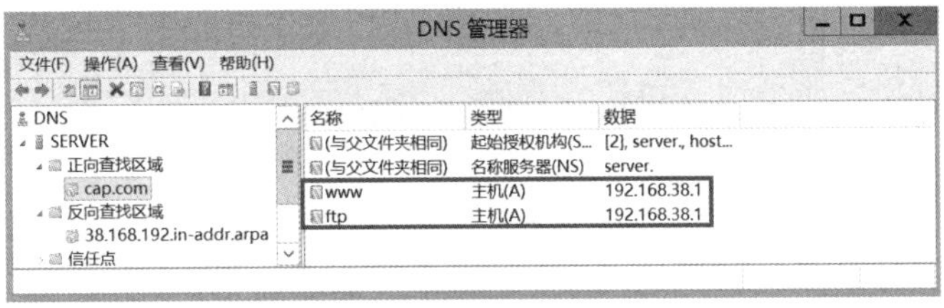

图 10.21　在正向查找区域中创建两条主机记录

步骤 2：在【Internet 信息服务(IIS)管理器】窗口的左窗格中右击【网站】节点，在弹出的快捷菜单中选择【添加网站】命令，打开【添加网站】对话框，在【网站名称】文本框中输入“龙泉校区”，在【物理路径】文本框中输入“C:\web1”，在【IP 地址】下拉列表中选择“192.168.38.1”选项，在【主机名】文本框中输入“www.cap.com”，如图 10.22 所示，设置完成后，单击【确定】按钮。

步骤 3：再次打开【添加网站】对话框，在【网站名称】文本框中输入“新都校区”，在【物理路径】文本框中输入“C:\web2”，在【IP 地址】下拉列表中选择“192.168.38.1”选项，在【主机名】文本框中输入“ftp.cap.com”，如图 10.23 所示，设置完成后，单击【确定】按钮。

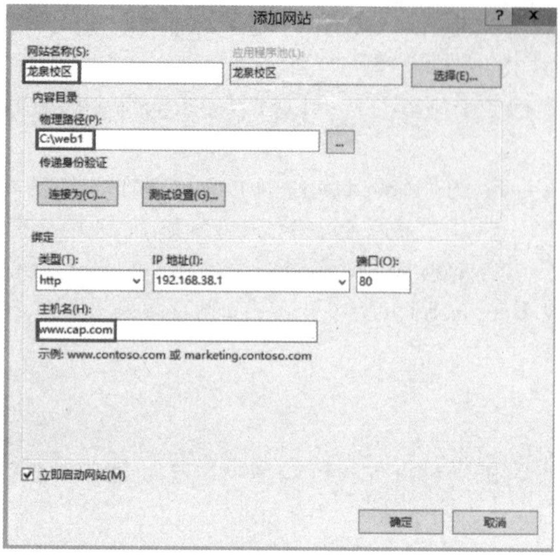

图 10.22　使用不同的主机头名架设网站 1

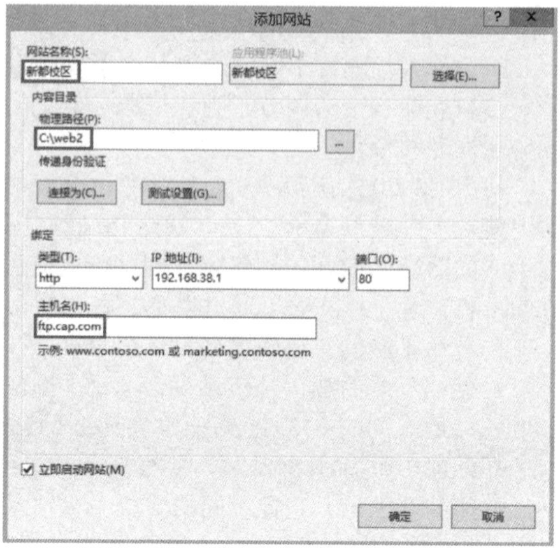

图 10.23　使用不同的主机头名架设网站 2

步骤 4：系统返回【Internet 信息服务(IIS)管理器】窗口，可以看到在【网站】节点下创建了两个 Web 网站。在客户机浏览器的地址栏中输入“http://www.cap.com”，可以打开龙泉校区的网站首页，如图 10.24 所示。

步骤 5：在客户机浏览器的地址栏中输入“http://ftp.cap.com”，可以打开新都校区的网站首页，如图 10.25 所示。

图 10.24　使用域名访问网站 1

图 10.25　使用域名访问网站 2

2. 使用不同的端口号架设多个 Web 网站

如今 IP 地址资源越来越紧张，有时需要在 Web 服务器上架设多个网站，但计算机却只有一个 IP 地址，这时该怎么办呢？此时，利用这一个 IP 地址，使用不同的端口号也可以达到架设多个网站的目的。

其实，用户访问所有的网站都需要使用相应的 TCP 端口。不过，Web 服务器默认的 TCP 端口是 80，用户在使用网址访问网站时不需要在网址中添加端口号。但如果网站的 TCP 端口不是 80，则用户在使用网址访问网站时就必须在网址中添加端口号，而且用户在上网时也会经常遇到必须使用端口号才能访问网站的情况。利用 Web 服务的这个特点可以架设多个网站，每个网站均使用不同的端口号。使用这种方式创建的网站的域名或 IP 地址部分完全相同，仅端口号不同。只是用户在使用网址访问网站时，必须添加相应的端口号。表 10.2 所示为不同端口 Web 网站的配置参数。

表 10.2　不同端口 Web 网站的配置参数

网站描述	主机名	TCP 端口	IP 地址	主目录
成都航院龙泉校区	www.cap.com	80	192.168.38.1	C:\web1
成都航院新都校区	www.cap.com	8080	192.168.38.1	C:\web2

下面针对表 10.2 所示的配置参数来说明架设网站的方法和步骤。

步骤 1：打开【DNS 管理器】窗口，创建正向查找区域“cap.com”和反向查找区域“38.168.192.in-addr.arpa”，在正向查找区域中创建一条主机记录，主机名为“www”，对应的 IP 地址为“192.168.38.1”。

步骤 2：在【Internet 信息服务(IIS)管理器】窗口的左窗格中右击【网站】节点，在弹出的快捷菜单中选择【添加网站】命令，打开【添加网站】对话框，在【网站名称】文本框中输入“龙泉校区”，在【物理路径】文本框中输入“C:\web1”，在【IP 地址】下拉列表中选择“192.168.38.1”选项，在【端口】文本框中输入“80”，如图 10.26 所示，设置完成后，单击【确定】按钮。

步骤 3：再次打开【添加网站】对话框，在【网站名称】文本框中输入“新都校区”，在【物理路径】文本框中输入“C:\web2”，在【IP 地址】下拉列表中选择“192.168.38.1”选项，在【端口】文本框中输入“8080”，如图 10.27 所示，设置完成后，单击【确定】按钮。

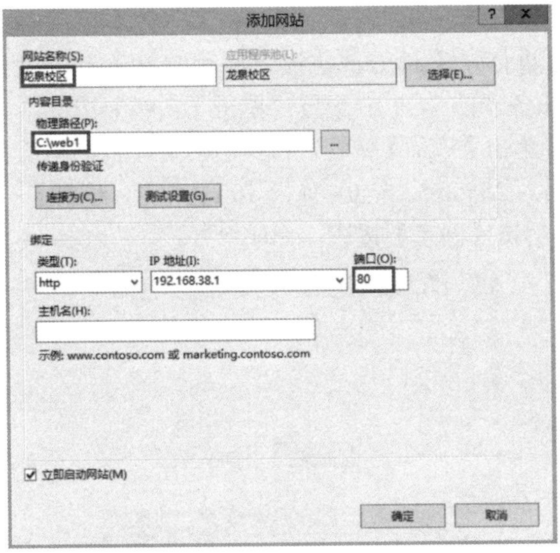

图 10.26　使用不同的端口号架设网站 1

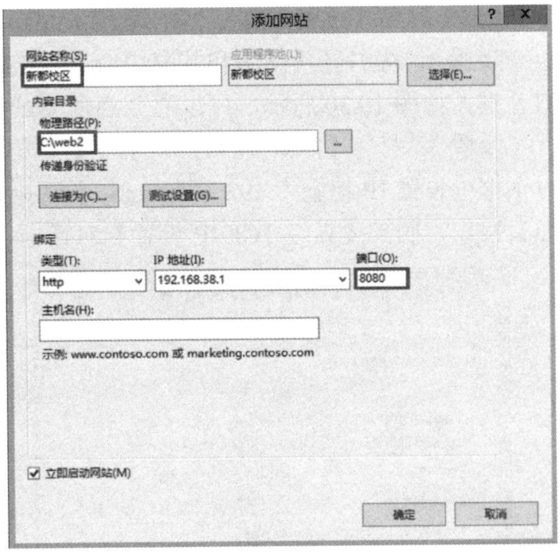

图 10.27　使用不同的端口号架设网站 2

步骤 4：系统返回【Internet 信息服务(IIS)管理器】窗口，可以看到在【网站】节点下创建了两个 Web 网站。接下来，在客户机浏览器的地址栏中分别输入“http://www.cap.com:80”和“http://192.168.38.1:80”，都可以打开龙泉校区的网站首页，如图 10.28 所示。

步骤 5：在客户机浏览器的地址栏中分别输入“http://www.cap.com:8080”和“http://192.168.38.1:8080”，都可以打开新都校区的网站首页，如图 10.29 所示。

图 10.28　分别使用域名和 IP 地址访问网站 1

图 10.29　分别使用域名和 IP 地址访问网站 2

3．使用不同的 IP 地址架设多个 Web 网站

如果要在一台 Web 服务器上架设多个网站，则为了使每个网站的域名都能对应于独立的 IP 地址，一般会使用多个 IP 地址。这种方案称为“IP 虚拟主机技术”，是比较传统的解决方案。

要使用多个 IP 地址架设多个网站，首先需要在一台服务器上绑定多个 IP 地址（Windows Server 2012 系统支持一台服务器上安装多块网卡，一块网卡可以绑定多个 IP 地址），然后将这些 IP 地址分配给不同的虚拟网站，就可以达到在一台服务器上使用多个 IP 地址架设多个 Web 网站的目的。表 10.3 所示为不同 IP 地址 Web 网站的配置参数。

表 10.3　不同 IP 地址 Web 网站的配置参数

网站描述	主机名	TCP 端口	IP 地址	主目录
成都航院龙泉校区	www.cap.com	80	192.168.38.1	C:\web1
成都航院新都校区	www.cap.com	80	192.168.38.2	C:\web2

下面针对表 10.3 所示的配置参数来说明架设网站的方法和步骤。

步骤 1：打开【DNS 管理器】窗口，创建正向查找区域“cap.com”和反向查找区域“38.168.192.in-addr.arpa”，在正向查找区域中创建一条主机记录，主机名为“www”，对应的 IP 地址为“192.168.38.1”。

步骤 2：先打开【网络和共享中心】窗口，再打开【Internet 协议版本 4 (TCP/IPv4)属性】对话框，如图 10.30 所示，可以看到当前 Web 服务器的 TCP/IP 配置，单击【高级】按钮。

步骤 3：打开【高级 TCP/IP 设置】对话框，单击【添加】按钮，在弹出的【TCP/IP 地址】对话框中设置 IP 地址为 192.168.38.2，子网掩码为 255.255.255.0，如图 10.31 所示，单击【添加】按钮，回到【高级 TCP/IP 设置】对话框，单击【确定】按钮，完成设置。

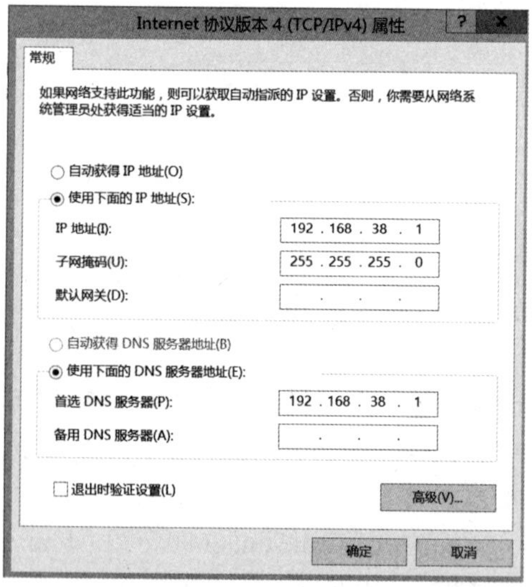

图 10.30　【Internet 协议版本 4 (TCP/IPv4)属性】对话框

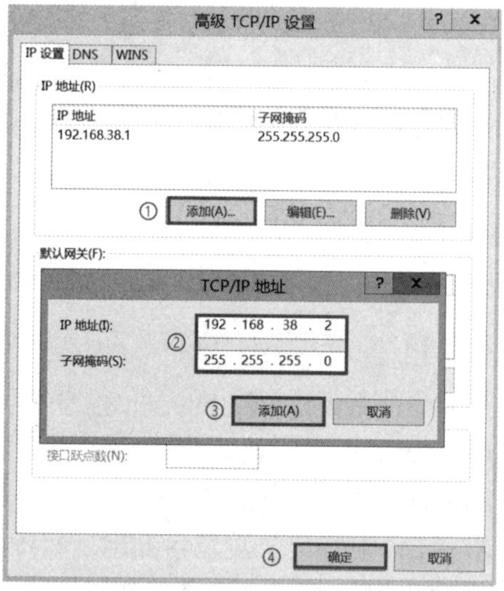

图 10.31　添加第二个 IP 地址

步骤 4：在【Internet 信息服务(IIS)管理器】窗口的左窗格中右击【网站】节点，在弹出的快捷菜单中选择【添加网站】命令，打开【添加网站】对话框，在【网站名称】文本框中输入“龙泉校区”，在【物理路径】文本框中输入“C:\web1”，在【IP 地址】下拉列表中选择“192.168.38.1”选项，如图 10.32 所示，设置完成后，单击【确定】按钮。

步骤 5：再次打开【添加网站】对话框，在【网站名称】文本框中输入“新都校区”，在【物理路径】文本框中输入“C:\web2”，在【IP 地址】下拉列表中选择“192.168.38.2”选项，如图 10.33 所示，设置完成后，单击【确定】按钮。

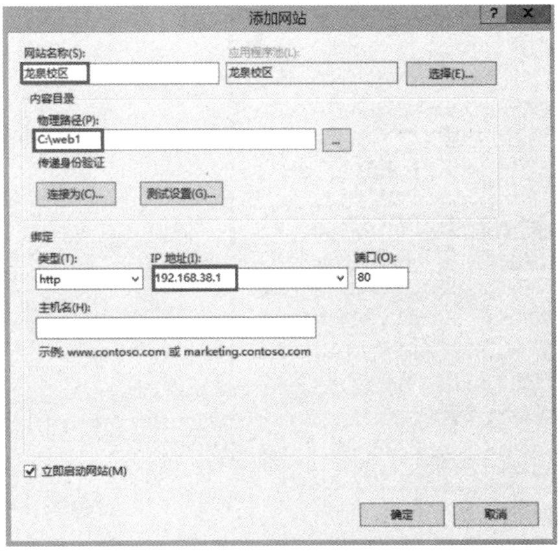

图 10.32　使用不同的 IP 地址架设网站 1

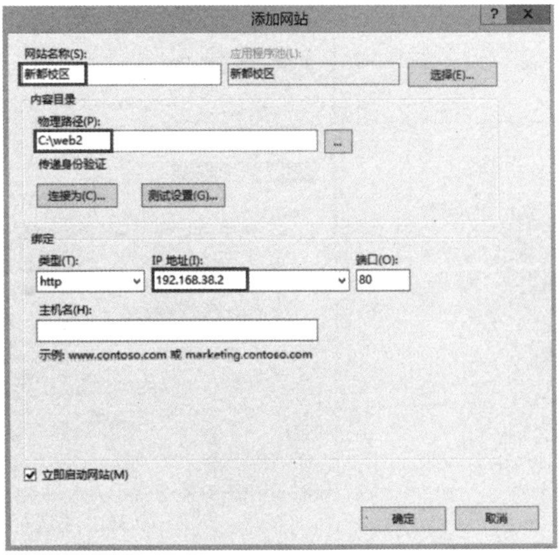

图 10.33　使用不同的 IP 地址架设网站 2

步骤 6：系统返回【Internet 信息服务(IIS)管理器】窗口，可以看到在【网站】节点下创建了两个 Web 网站。在客户机浏览器的地址栏中输入“http://192.168.38.1”，可以打开龙泉校区的网站首页，如图 10.34 所示。

步骤 7：在客户机浏览器的地址栏中输入“http://192.168.38.2”，可以打开新都校区的网站首页，如图 10.35 所示。

图 10.34　使用 IP 地址访问网站 1

图 10.35　使用 IP 地址访问网站 2

10.3.3　任务 10-3　管理 Web 网站的安全

Web 网站安全的重要性是由 Web 应用的广泛性和 Web 在网络信息系统中的重要地位决定的。尤其是当 Web 网站中的信息非常敏感，只允许特殊用户浏览时，数据的加密传输和用户的授权就成为网络安全的重要组成部分。

IIS 8.0 提供了多种安全措施来强化 Web 网站的安全性，下面介绍其中几种方法。在管理和配置 Web 网站的安全之前，需要先对 Web 服务器增加相对应的服务器角色，具体配置步骤如下：

打开【服务器管理器】窗口，在左窗格中选择【仪表板】选项，在右窗格中单击【添加角色和功能】选项，打开【添加角色和功能向导】窗口，进入【开始之前】界面，连续单击【下一步】按钮，直至进入【选择服务器角色】界面，在【角色】列表框中，依次展开【Web 服务器（IIS)】→【Web 服务器】→【安全性】节点，勾选所需的安全性功能选项左侧的复选框（本例为全部勾选），如图 10.36 所示，连续单击【下一步】按钮，直至进入【确认安装所选内容】界面，单击【安装】按钮，进入【安装进度】界面，系统开始安装，安装完成后单击【关闭】按钮。

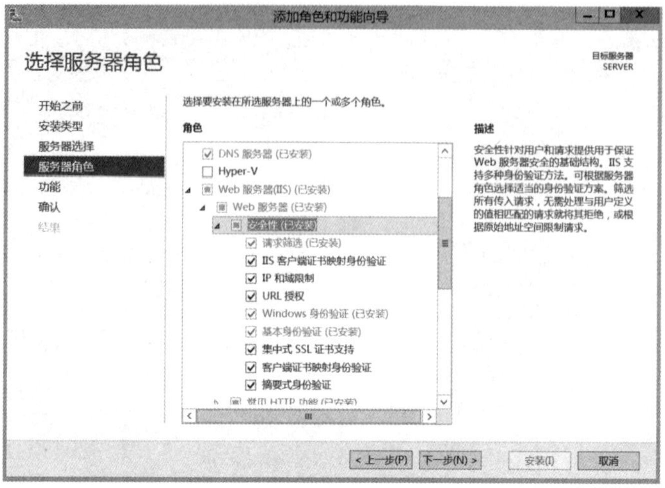

图 10.36　【选择服务器角色】界面

1. 通过身份验证进行访问控制

系统默认只启用了匿名身份验证，即在访问网站的内容时不需要用户名和密码。但有时为了安全，要求访问者输入用户名和密码，经过验证后才可访问，其配置步骤如下所述。

步骤 1：重启 Web 服务器，打开【Internet 信息服务(IIS)管理器】窗口，在左窗格中单击需要配置身份验证的网站的名称节点（如“龙泉校区”），在中间窗格中通过移动垂直滚动条找到【身份验证】图标并双击，在切换出的新的中间窗格中单击【Windows 身份验证】，在右窗格中单击【启用】链接；在中间窗格中单击【匿名身份验证】，在右窗格中单击【禁用】链接，如图 10.37 所示。

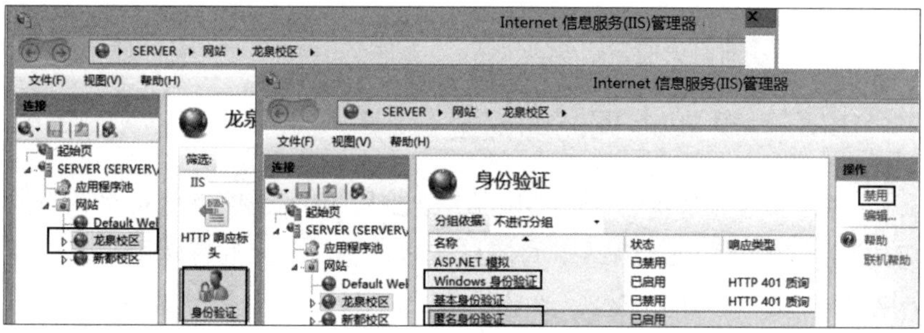

图 10.37　设置身份验证方式

由图 10.37 可以看到，IIS 8.0 支持以下几种 Web 身份验证方式。

- 【ASP.NET 模拟】：如果要在非默认安全上下文中运行 ASP.NET 应用程序，则可以使用 ASP.NET 模拟身份验证。如果对某个 ASP.NET 应用程序启用了模拟，则该应用程序可以运行在两种不同的上下文中：作为通过 IIS 身份验证的用户、作为用户设置的任意账户。
- 【Windows 身份验证】：该方式比基本身份验证方式安全，因为发送的用户名和密码事先进行了哈希加密。该方式使用 NTLM 或 Kerberos v5 协议进行身份验证。
- 【基本身份验证】：该方式虽然要求访问者输入用户名和密码，但用户发送给网站的用户名和密码并没有被加密，容易被一些恶意破坏者拦截并捕获这些信息，造成身份泄露，所以安全性很低。如果要使用该方式，则应搭配其他确保数据传输安全的措施（如

SSL 连接)。

- 【匿名身份验证】：允许网络中的任意用户进行访问，不需要使用用户名和密码登录，在默认情况下，匿名身份验证在 IIS 8.0 中处于启用状态，当用户访问此类 Web 网站时，Web 网站会使用预配置的“IUSR”账户代替用户进行身份验证。
- 【摘要式身份验证】：该方式使用域控制器对请求访问网站的用户进行身份验证，并且用户名和密码经过 MD5 加密处理。该方式只能在域网络环境中使用，并要使用域账户。

步骤 2：在客户机浏览器的地址栏中输入网站或虚拟目录的访问地址，将会弹出【Windows 安全】对话框，在该对话框中输入网络管理员分配的用户名和密码（该账号是 Web 服务器中的而非客户机中的），如图 10.38 所示，单击【确定】按钮，待验证通过后方可显示网页内容。

图 10.38 【Windows 安全】对话框

2. 基于 IP 地址和域名限制用户访问

对于 Web 网站，可以设置允许或拒绝特定的一台或一组计算机访问。由于 IIS 会检查每个访问者的 IP 地址，因此可以通过限制 IP 地址的访问来防止或允许某些特定的计算机、计算机组、域甚至整个网络访问 Web 站点，具体步骤如下所述。

步骤 1：确保系统已添加了“IP 和域限制”角色服务项。如果先前安装 IIS 时已安装了该服务项，就不需要安装；如果未安装，则在“服务器角色”中添加此服务项即可。

步骤 2：在【Internet 信息服务(IIS)管理器】窗口的左窗格中单击 Web 网站或虚拟目录的名称节点（本例为“龙泉校区”），在中间窗格中双击【IP 地址和域限制】图标，在右窗格中单击【编辑功能设置...】链接，在弹出的【编辑 IP 和域限制设置】对话框中，勾选【启用域名限制】复选框，单击【确定】按钮，在打开的【编辑 IP 和域限制设置】对话框中单击【是】按钮，如图 10.39 所示，此后系统就可以基于 IP 地址和域名进行允许或拒绝访问 Web 网站或虚拟目录的设置。

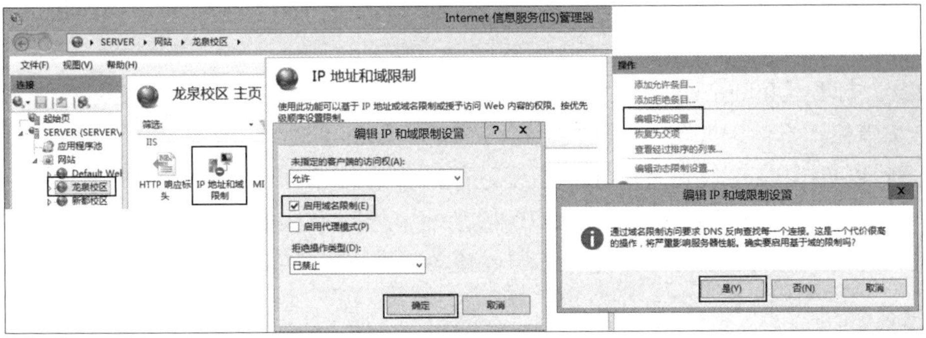

图 10.39 编辑 IP 和域限制设置

步骤 3：接下来可以基于某个 IP 地址、一段 IP 地址或域名设置允许（拒绝）访问的对象。在【Internet 信息服务(IIS)管理器】窗口的右窗格中，单击【添加允许条目】链接，弹出【添加允许限制规则】对话框，选中【IP 地址范围】单选按钮，在下面的文本框中输入“192.168.38.0”，如图 10.40 所示，表示只允许 192.168.38.0 网段中的所有客户机访问。

步骤 4：在【Internet 信息服务(IIS)管理器】窗口的右窗格中，单击【添加拒绝条目】链接，弹出【添加拒绝限制规则】对话框，选中【特定 IP 地址】单选按钮，在下面的文本框中输入“192.168.38.10”，如图 10.41 所示，表示拒绝 IP 地址为 192.168.38.10 的客户机的访问。

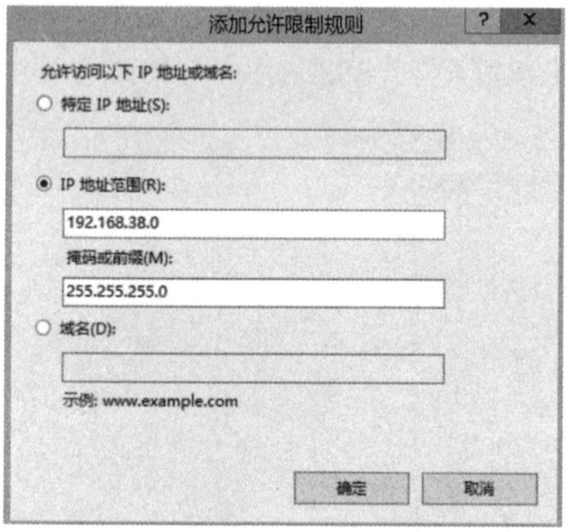

图 10.40　【添加允许限制规则】对话框

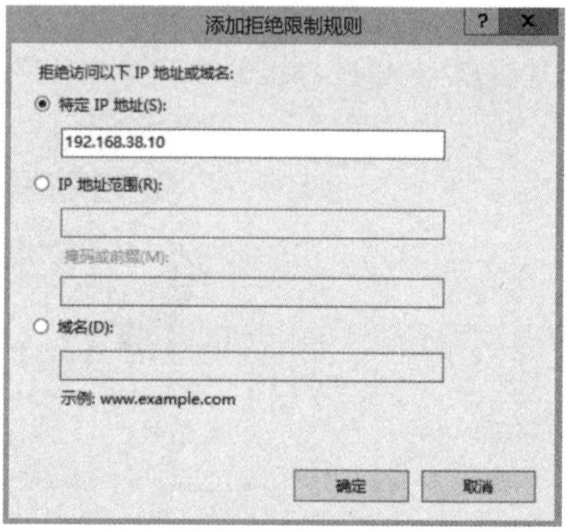

图 10.41　【添加拒绝限制规则】对话框

步骤 5：当用户在被拒绝的 IP 地址或域名的计算机上访问网站时，其浏览器会显示如图 10.42 所示的页面。

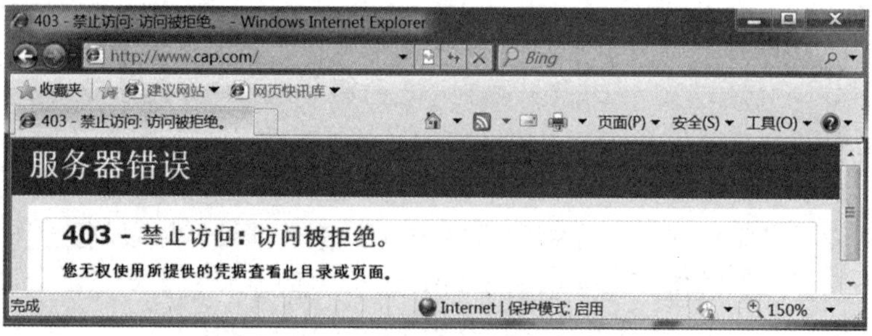

图 10.42　客户机的 IP 地址被拒绝

3．限制访问 Web 网站的客户机的数量

在 Web 网站中，出于安全性的考虑，经常会限制访问 Web 网站的客户机的数量，具体步骤如下所述。

步骤 1：打开【Internet 信息服务(IIS)管理器】窗口，在左窗格中单击要进行设置的 Web 网站的名称节点（本例为“龙泉校区”），在右窗格中单击【限制…】链接，在打开的【编辑网站限制】对话框中，勾选【限制连接数】复选框，并设置 Web 网站要限制的连接数（本例设置为 1），最后单击【确定】按钮，如图 10.43 所示，即可完成 Web 网站限制连接数的设置。

步骤 2：在计算机 1 上打开浏览器，访问该 Web 网站，访问正常。

步骤 3：在计算机 2 上打开浏览器，访问该 Web 网站，浏览器中会显示如图 10.44 所示的页面，表示超过网站限制连接数。

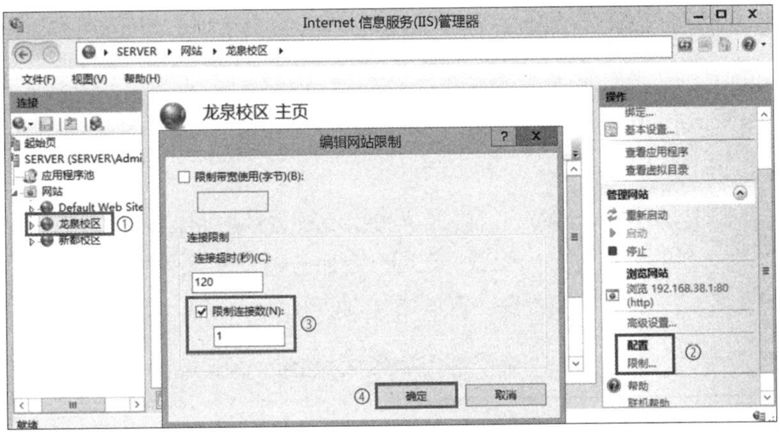

图 10.43　设置 Web 网站限制连接数

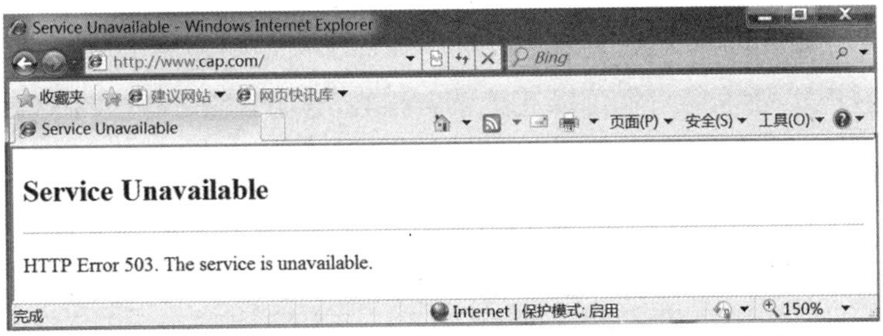

图 10.44　访问 Web 网站的客户机的数量超过限制连接数

10.4　项目实训 10　配置与管理 Web 服务器

【实训目的】

安装 Web 服务器；架设单个 Web 网站；使用不同的主机头名、端口号、IP 地址等架设多个 Web 网站；管理与配置 Web 网站的安全。

【实训环境】

每人 1 台 Windows 10 物理机，1 台 Windows Server 2012 虚拟机，VMware Workstation 16 及以上版本的虚拟机软件，虚拟机网卡连接至 VMnet8 虚拟交换机。

【实训拓扑】

实训拓扑图如图 10.45 所示。

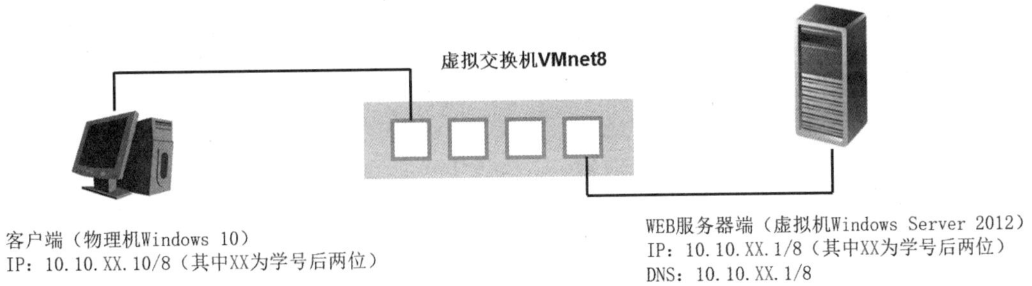

图 10.45　实训拓扑图

【实训内容】

1．安装

在 Windows Server 2012 系统中安装 Web 服务器。

2．配置

在 Web 服务器上创建多个 Web 网站。（其中 xx 为学号后两位，yy 为自己姓名的首字母。）

（1）基于主机头名的虚拟主机的配置：在同一台服务器上配置两个 Web 站点，两个 Web 站点使用不同的主机头名，要求客户机可以通过域名分别访问这两个 Web 站点，规划如表 10.4 所示。

表 10.4　基于主机头名的虚拟主机的配置规划

网站域名	IP 地址	端口号	物理路径
www.yy.com	10.10.xx.1	80	C:\web1
ftp.yy.com	10.10.xx.1	80	C:\web2

（2）基于端口号的虚拟主机的配置：在同一台服务器上配置两个 Web 站点，两个 Web 站点使用不同的端口号，要求客户机可以通过域名和 IP 地址分别访问这两个 Web 站点，规划如表 10.5 所示。

表 10.5　基于端口号的虚拟主机的配置规划

网站域名	IP 地址	端口号	物理路径
www.yy.com	10.10.xx.1	80	C:\web1
www.yy.com	10.10.xx.1	8080	C:\web2

（3）基于 IP 地址的虚拟主机的配置：在同一台服务器上配置两个 Web 站点，两个 Web 站点使用不同的 IP 地址，要求客户机可以通过 IP 地址分别访问这两个 Web 站点，规划如表 10.6 所示。

表 10.6　基于 IP 地址的虚拟主机的配置规划

网站域名	IP 地址	端口号	物理路径
www.yy.com	10.10.xx.1	80	C:\web1
www.yy.com	10.10.xx.2	80	C:\web2

3．测试

在客户机上测试 Web 服务器的运行情况。

10.5　项目习题

一、填空题

1．Web 服务器采用______________模式工作。

2．三大主流 Web 服务器软件分别为______________、Apache 和 Nginx。

3．在测试是否成功安装 Web 服务器时，经常在浏览器的地址栏中输入“http://localhost”或“http://127.0.0.1”，其中的“localhost”或“127.0.0.1”通常被称为______________。

4．在 IIS 8.0 中默认文档的文件名有 5 种，分别为 default.htm、default.asp、index.htm、______________和 iisstart.htm。

5．使用 IIS 8.0 的虚拟主机技术，通过分配主机头名、TCP 端口和________________，可以在一台服务器上架设多个虚拟 Web 网站。

6．IIS 8.0 支持的 Web 身份验证方式有匿名身份验证、________________、Windows 身份验证、摘要式身份验证、ASP.NET 模拟。

二、单选题

1．Web 服务器使用以下哪个协议为客户机提供 Web 浏览服务？（　　）

A．FTP　　B．HTTP　　C．SMTP　　D．NNTP

2．关于互联网中的 Web 服务，以下哪种说法是错误的？（　　）

A．Web 服务器中存储的通常是符合 HTML 规范的结构化文档

B．Web 服务器必须具有创建和编辑 Web 页面的功能

C．Web 客户机程序也被称为 Web 浏览器

D．Web 服务器也被称为 Web 站点

3．Web 网站的默认 TCP 端口为（　　）。

A．21　　B．1024　　C．8080　　D．80

4．如果希望在用户访问网站时，在没有指定具体的网页文档名称时也能为其提供一个网页，则需要为这个网站设置一个默认网页，这个网页往往被称为（　　）。

A．首页　　B．链接　　C．映射　　D．文档

5．虚拟目录的用途是（　　）。

A．作为一个模拟主目录的假文件夹

B．以一个假的目录来避免感染病毒

C．以一个固定的别名来指向实际的路径，当主目录变动时，对用户而言是不变的

D．以上说法都不对

6．如果要在一个网络中创建一台 Web 服务器实现网页浏览服务，为了限制用户的访问，你希望只有知道特定端口的用户才可以访问该主页，可修改站点的属性设置此站点通过 8080 端口提供服务，但在客户机上通过 IE 浏览器访问该主页时发现无须指定端口仍然可以访问，则此时应采取（　　）措施才能使新端口生效。

A．在 Web 服务器上删除 80 端口

B．在 Web 服务器上停止 Web 站点并重新启动

C．在客户机的浏览器上指定 8080 端口来访问 Web 站点

D．在 Web 服务器上将 8080 端口和服务器的 IP 地址绑定

7．Web 主目录的 Web 访问权限不包括（　　）。

A．读取　　B．更改　　C．写入　　D．目录浏览

三、问答题

1．Web 服务器是如何工作的？

2．人们采用 URL 在全世界唯一标识某个网络资源，请描述其格式。

3．在 Web 网站上设置默认文档有什么用途？

4．什么是虚拟目录？它的作用是什么？

5．在一台服务器上架设多个 Web 网站的方法有哪些？

项目 11

配置与管理 FTP 服务器

学习目标

匿名登录 FTP 服务器，擅自公布新生名单——2020 年 8 月 25 日，暑期留校的一名学生因为心情烦闷，在校园网中用软件搜索可以匿名登录的 FTP 主机，结果在某台主机上（经查为学校招生办公室主机）发现了未经公开的 2021 级新生名单，出于好奇该学生将此名单下载，并在未经仔细思考的情况下将该名单公布到了学校 BBS 快讯版，造成了学校招生录取工作信息的泄露，侵犯了他人的隐私权。该学生的行为违反了《学院关于学生网上违纪行为处理的规定》第十四条的规定。大学生不仅要加强校规校纪的学习，严格遵守学校的规章制度，还要增强法律意识，避免犯下不必要的错误，以此警醒同学们，在网络上发布内容时，应注意所发布内容的合法性，应认识到该内容是否属于机密、发布该内容是否会侵犯他人的隐私权等。

知识目标

- 了解 FTP 的组成结构和传输模式
- 熟悉 FTP 服务的概念和登录方式
- 掌握 FTP 协议的工作原理和工作模式

能力目标

- 具备根据项目需求和总体规划对 FTP 服务器方案进行合理设计的能力
- 具备安装和配置 FTP 服务器的能力
- 具备管理和维护 FTP 服务器的能力
- 具备创建隔离用户的 FTP 站点的能力

素养目标

- 培养学生的法治意识
- 培养学生的网络安全意识

11.1 项目背景

成都航院搭建了自己的 Web 服务器和存放学校文档资料的文件服务器。Web 服务器需要经常更新页面和随时增加新的消息条目；文件服务器是各个二级学院和行政部门文档资料的集中存放地，学校师生不仅需要经常从文件服务器上下载资料到本地计算机，也需要从各自的计算机上传数据到文件服务器。虽然共享文件夹可以实现资源的互通有无，但它仅限于局域网内的计算机，并不适合互联网。上述更新、下载和上传文档资料的功能要求，可以通过搭建 FTP 服务器来实现。不仅如此，FTP 服务器还可以通过访问权限的设置来确保数据来源的正确性和数据存取的安全性。

11.2 项目知识

11.2.1 FTP 简介

1. FTP 概述

用户联网的主要目的是实现信息共享，文件传输正是实现信息共享的重要途径之一。早期在 Internet 上传输文件并不是一件容易的事，因为接入 Internet 的计算机有 PC、工作站、苹果 Mac 电脑和大型机等，种类非常繁杂，并且数量十分庞大。这些计算机运行的可能是不同的操作系统，如既有运行 UNIX 系统的服务器，也有运行 DOS、Windows 系统的 PC 和运行 macOS 系统的苹果电脑等。为了使各种操作系统之间能够进行文件交流，就必须建立一个统一的、共同遵守的文件传输协议（File Transfer Protocol，FTP）。

基于不同的操作系统可以有不同的 FTP 应用程序，但所有这些 FTP 应用程序都应该遵守同一种协议。这样，用户就可以把自己的文件传送给其他用户，或者从其他的用户环境中获得文件。简而言之，FTP 就是专门用来传输文件的协议，负责将文件从一台计算机传送到另一台计算机，而与这两台计算机所处的位置、联系的方式及使用的操作系统无关。FTP 服务器是在互联网上提供存储空间的计算机，并依照其协议提供服务，用户既可以连接到 FTP 服务器并从中下载文件，也可以将自己的文件上传到 FTP 服务器中。

FTP 是在局域网或互联网中的计算机之间，实现跨平台高效地传输文件，并支持断点续传功能的标准协议。FTP 服务采用的是客户机/服务器工作模式，FTP 客户机是指用户的本地计算机，FTP 服务器是指为用户提供上传与下载服务的计算机。上传是指将文件从 FTP 客户机传输到 FTP 服务器的过程；下载是指将文件从 FTP 服务器传输到 FTP 客户机的过程。

由于 FTP 服务的特点是传输数据量大、控制信息相对较少，因此在设计上采用对控制信息与数据分别进行处理的方式，这样用于通信的 TCP 连接也相应地有两条：控制连接与数据连接。其中，控制连接用于在通信双方之间传输命令与响应信息，完成连接的建立、身份认证与异常处理等控制操作；数据连接用于在通信双方之间传输文件或目录信息。

2. FTP 用户

要传输文件的用户登录服务器后才能访问服务器上的文件资源。登录方式有两种：匿名登录和授权账户登录。

（1）匿名登录：匿名登录的 FTP 站点允许任意一个用户免费登录，并从其中复制一些免费的文件。所谓匿名，是系统管理员建立的一个特殊的用户 ID，名为 anonymous，Internet 上的任何用户在任何地方都可以使用该 ID，即在访问远程主机时，不需要账户或密码就能访问信息资源，用户不需要经过注册就可以与远程主机连接，并且可以进行上传或下载文件的操作，通常这种访问限制在公共目录下。

（2）授权账户登录：登录时所使用的账户和密码，必须已经由系统管理员在被登录的服务器上注册并进行过权限设置。

注意：当远程主机提供匿名 FTP 服务时，会指定某些目录向公众开放，允许匿名存取文件，系统中的其余目录则处于隐匿状态。作为一种安全措施，大多数匿名 FTP 主机都允许用户从其中下载文件，而不允许用户向其上传文件。也就是说，用户可以将匿名 FTP 主机上的所有文件全部复制到自己的计算机上，但不能将自己计算机上的任何一个文件复制到匿名 FTP 主机上。即使有些匿名 FIP 主机确实允许用户上传文件，用户也只能将文件上传至某个指定目录中。

3. FTP 服务系统的组成

FTP 服务系统由服务器软件、客户机软件和 FTP 通信协议 3 部分组成。常用的 FTP 服务器软件有 Windows 系统自带的组件 IIS FTP、第三方软件 Serv-U 等。常用的客户机软件有：功能简单易用的浏览器，支持多线程下载、断点续传、功能强大的 CuteFTP，不支持上传但下载速度超快的迅雷、FlashGet（网际快车）等，如图 11.1 所示。

图 11.1 FTP 服务系统的组成

11.2.2 FTP 协议的工作原理

FTP 协议大大简化了文件传输的复杂性，它能够使文件通过网络从一台计算机传送到另一台计算机上，却不受计算机和操作系统类型的限制。无论是 PC、服务器、大型机，还是 macOS、Linux、Windows 系统，只要双方都支持 FTP 协议，就可以方便、可靠地进行文件传送。

FTP 协议的工作原理如图 11.2 所示。

（1）FTP 客户机向 FTP 服务器发出连接请求，同时 FTP 客户机动态地打开一个大于 1024 的端口（如 1031 端口）等候 FTP 服务器连接。

（2）如果 FTP 服务器在 21 端口侦听到该请求，则会在 FTP 客户机的 1031 端口和 FTP 服务器的 21 端口之间建立起一个 FTP 会话连接。

（3）当需要传输数据时，FTP 客户机再动态地打开一个大于 1024 的端口（如 1032 端口）连接到 FTP 服务器的 20 端口，并在这两个端口之间进行数据传输。在数据传输完成后，这两个端口会自动关闭。

（4）当 FTP 客户机断开与 FTP 服务器的连接时，FTP 客户机上动态分配的端口将自动释放。

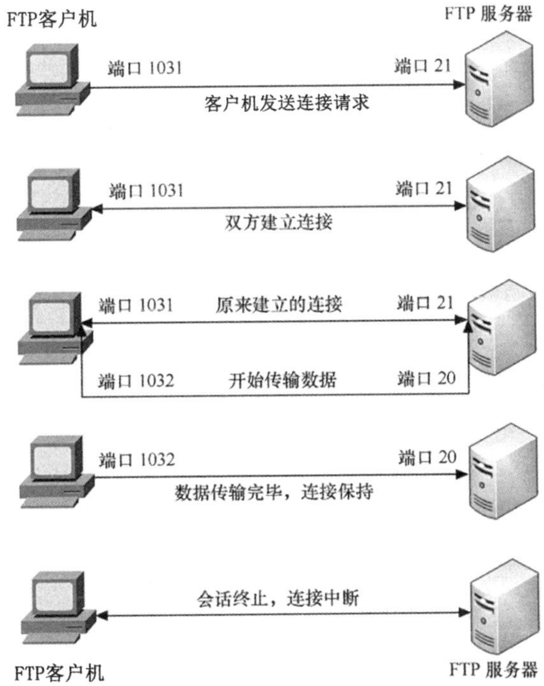

图 11.2　FTP 协议的工作原理

11.2.3　FTP 协议的工作模式

在客户机与服务器之间建立连接时，HTTP 协议只需要一个服务端口，而 FTP 协议则需要两个服务端口：一个是控制连接端口（简称“控制端口”或“命令端口”），用来发送指令给服务器及等待服务器响应，其默认端口号为 21；另一个是数据传输端口（简称“数据端口”），用来建立数据传输通道，即从客户机向服务器发送文件、从服务器向客户机发送文件，以及从服务器向客户机发送文件目录的列表，其默认端口号为 20（仅 PORT 模式）。由此可见，从 FTP 协议的连接过程来看，最初总是由客户机向服务器的命令端口发起连接请求，但在服务器做出响应后，应该由谁来主动发起数据传输的连接呢？于是，从服务器的角度来说就有了 FTP 协议的两种工作模式，即主动模式（PORT）和被动模式（PASV）。

1．主动模式

在主动模式下，FTP 客户机随机开启一个大于 1024 的端口 N（如 1031），并向 FTP 服务器的 21 端口发起连接，然后开放 N+1 端口（1032）进行监听，并向 FTP 服务器发出 PORT 1032 命令。FTP 服务器在接收到命令后，会用其本地的 FTP 数据端口（通常是 20 端口）来连接 FTP 客户机指定的端口（1032）进行数据传输，如图 11.3 所示。

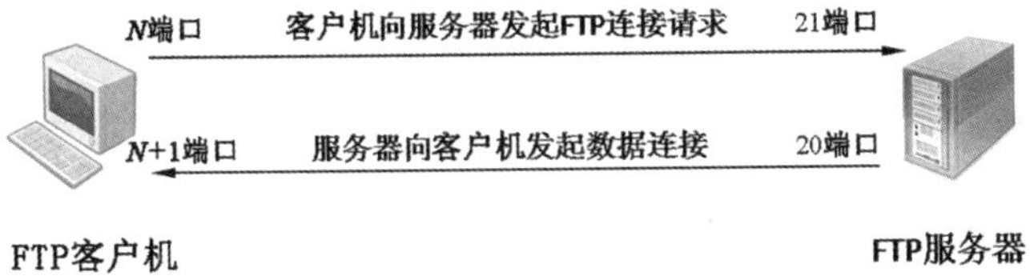

图 11.3　主动模式

2．被动模式

在被动模式下，FTP 客户机随机开启一个大于 1024 的端口 *N*（如 1031），并向 FTP 服务器的 21 端口发起连接，同时会开启 *N*+1 端口（1032），然后向 FTP 服务器发送 PASV 命令，通知 FTP 服务器自己处于被动模式。FTP 服务器在收到命令后，会开放一个大于 1024 的端口 *P*（如 1521）进行监听，然后用 PORT 命令通知 FTP 客户机，自己的数据端口是 *P*。FTP 客户机收到命令后，会通过 *N*+1 端口连接 FTP 服务器的 *P* 端口，在两个端口之间进行数据传输，如图 11.4 所示。

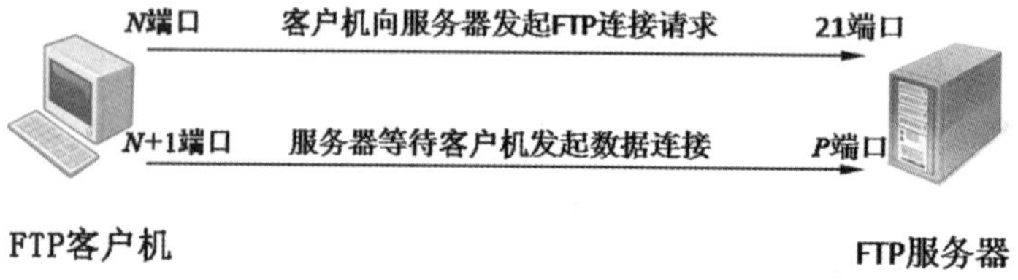

图 11.4　被动模式

总之，主动模式的 FTP 是指服务器主动连接客户机的数据端口，被动模式的 FTP 是指服务器被动地等待客户机连接自己的数据端口。

主动模式对 FTP 服务器的安全管理有利，但对客户机的安全管理不利。因为在主动模式下，FTP 服务器企图与 FTP 客户机的高位随机端口建立连接，而这个端口很可能被 FTP 客户机的防火墙阻塞掉。被动模式对 FTP 客户机的安全管理有利，但对 FTP 服务器的安全管理不利。因为 FTP 客户机要与 FTP 服务器建立两个连接，其中一个连接会连到一个高位随机端口，而这个端口很有可能被 FTP 服务器的防火墙阻塞掉。

11.2.4　FTP 协议的传输模式

FTP 协议的传输模式有两种：ASCII 传输模式和二进制传输模式。

1．ASCII 传输模式

ASCII 传输模式将文件以 ASCII 字符的形式进行传输，适用于那些对数据传输的实时性要求不高，但对数据传输的可靠性和易读性有较高要求的场景。假定用户正在复制的文件包含简单的 ASCII 码文本，如果在远程计算机上运行的是不同的操作系统，则当文件传输时，FTP 服务器通常会自动调整文件的内容，以便将文件存储为另一台计算机上的 ASCII 码文本文件。但是常常有这样的情况，用户正在传输的文件包含的不仅有文本文件，还有程序、数据库、字处理文件或压缩文件（尽管字处理文件包含的内容大部分是文本，但其中也包含指示页尺寸、字库等信息的非打印字符），这时就需要使用二进制传输模式。

2．二进制传输模式

二进制传输模式将文件作为二进制编码的数据流来传输，适用于传输非文本文件，如图像、程序等。在二进制传输模式中，文件的位序被保存，以便原始文件和复制的文件逐位一一对应。由于二进制传输模式逐位对应地传输文件，因此它可以确保文件在传输过程中的完整性。

如果在 ASCII 传输模式下传输二进制文件，则即使不需要也仍会转译。这不仅会使传输速率略微变慢，也会损坏数据，使文件变得不能用。由此可知，用户知道传输的是什么类型的数据是非常重要的。

11.3 项目实施

11.3.1 任务 11-1 安装 FTP 服务器

FTP 服务组件是 IIS 8.0 集成的组件之一，利用 IIS 8.0 可以搭建 FTP 服务器。如果系统还未安装 IIS 8.0，则可以通过添加角色来安装 FTP 服务，安装步骤如下所述。

步骤 1：在前面架设 DNS 服务器时，已经建立了 ftp.cap.com 对应的 IP 地址 192.168.38.1 的正向和反向解析资源记录，这里不再赘述。接下来，只需在打开【Internet 协议版本 4 (TCP/IPv4) 属性】对话框后，在相应的编辑框中设置 IP 地址为"192.168.38.1"、子网掩码为"255.255.255.0"、默认网关为"192.168.38.254"、首选 DNS 服务器的 IP 地址为"192.168.38.1"，单击【确定】按钮逐层关闭对话框即可。

步骤 2：打开【服务器管理器】窗口，在左窗格中选择【仪表板】选项，在右窗格中单击【添加角色和功能】选项，打开【添加角色和功能向导】窗口，进入【开始之前】界面，连续单击【下一步】按钮，直至进入【选择服务器角色】界面，在【角色】列表框中勾选【Web 服务器(IIS)】复选框，自动弹出【添加角色和功能向导】对话框，单击【添加功能】按钮，单击【下一步】按钮，如图 11.5 所示。

步骤 3：连续单击【下一步】按钮，直至进入【选择角色服务】界面，在【角色服务】列表框中勾选【FTP 服务器】、【FTP 服务】和【FTP 扩展】复选框，如图 11.6 所示，单击【下一步】按钮。

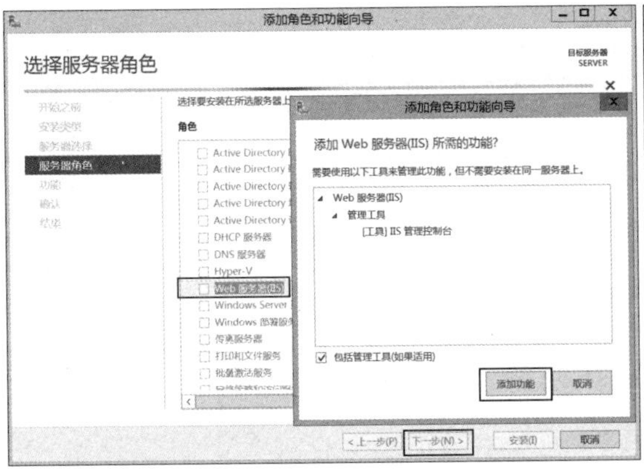

图 11.5 【选择服务器角色】界面

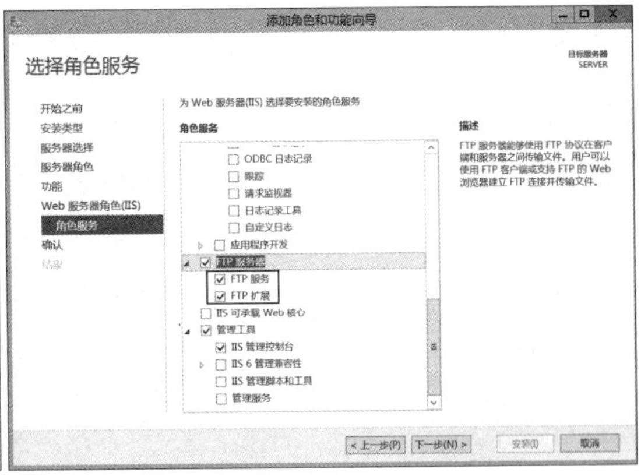

图 11.6 【选择角色服务】界面

步骤 4：进入【确认安装所选内容】界面，单击【安装】按钮，进入【安装进度】界面，系统开始安装，安装完成后单击【关闭】按钮。FTP 服务器安装完成后，打开【服务器管理器】窗口，在左窗格中选择【IIS】选项，在右窗格的详细信息列表中拖动右侧的滚动条至【角色和功能】列表区域，其中列出了所有已安装的 IIS 角色和功能信息，可以看到【FTP 服务器】选项，如图 11.7 所示。

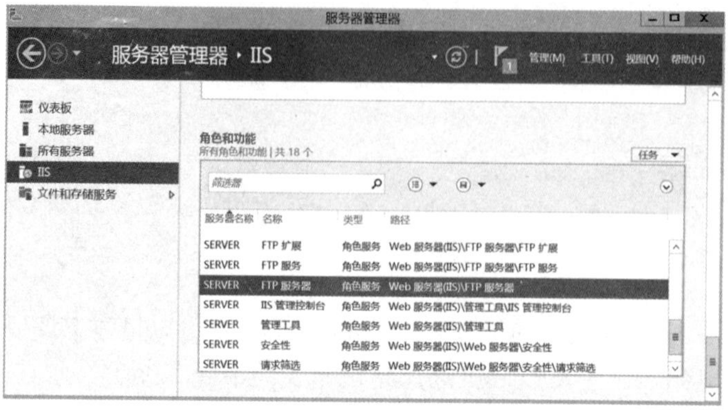

图 11.7　检查 FTP 角色服务

11.3.2　任务 11-2 架设 FTP 站点

1. 创建 FTP 站点

由于本任务的 FTP 站点的根目录设置为 C:\ftp，因此在添加 FTP 站点之前需要先自行创建好 C:\ftp 目录，并在该目录下创建好若干个文件夹和文件。创建 FTP 站点的具体步骤如下所述。

步骤 1：打开【Internet 信息服务(IIS)管理器】窗口，在左窗格中展开服务器名称节点（如 SERVER），右击【网站】节点，在弹出的快捷菜单中选择【添加 FTP 站点…】命令，或者在右窗格中单击【添加 FTP 站点…】链接，如图 11.8 所示。

步骤 2：打开【添加 FTP 站点】对话框，根据提示架设 FTP 站点。首先进入【站点信息】界面，在【FTP 站点名称】文本框中输入 FTP 站点的名称（本例为“成都航院 FTP 站点”），在【内容目录】选区的【物理路径】文本框中输入（或者单击【…】按钮，在弹出的【浏览文件夹】对话框中选择）存放资源的物理路径（本例为“C:\ftp”），如图 11.9 所示，单击【下一步】按钮。

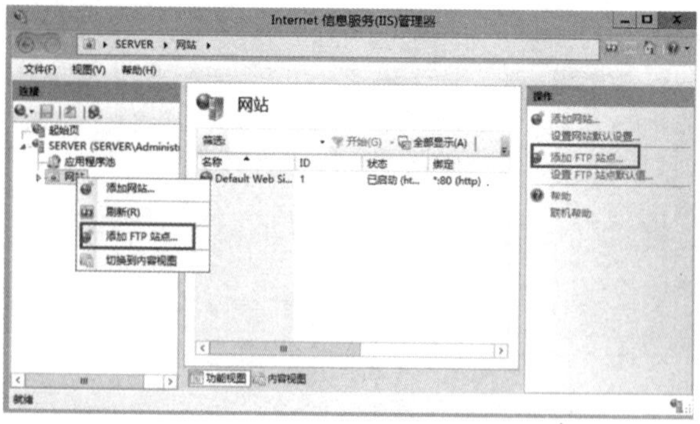

图 11.8　选择【添加 FTP 站点…】命令或单击【添加 FTP 站点…】链接

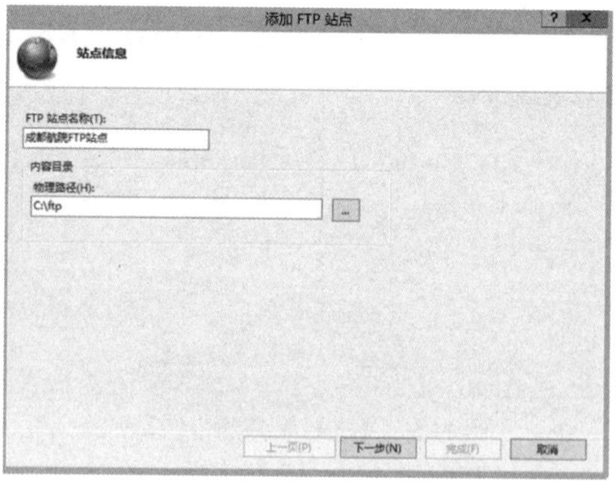

图 11.9　【站点信息】界面

注意：FTP 站点名称只是 IIS 控制台用于唯一标识“网站”文件夹下的站点，与客户机访问站点时显示的内容无关，站点一旦创建就不可更改。内容目录的物理路径是指新建 FTP 站点的根目录所在位置，必须输入此前已创建的一个目录路径，否则会提示错误信息“路径不存在或不是一个目录”。

步骤 3：进入【绑定和 SSL 设置】界面，在【IP 地址】下拉列表中选择本站点绑定的 IP 地址（本例为“192.168.38.1”），在【端口】文本框中保留默认的端口号或输入一个新的端口号（本例为使用默认端口 21），并勾选【自动启动 FTP 站点】复选框，选中【无 SSL】单选按钮，如图 11.10 所示，单击【下一步】按钮。

【绑定和 SSL 设置】界面中各个设置项的说明如下。

- 【IP 地址】：该下拉列表中包含这台服务器的所有 IP 地址选项及一个“全部未分配”选项。如果在该下拉列表中选择“全部未分配”选项，并且这台服务器配置有多个 IP 地址，则在客户机访问 FTP 服务器时，无论通过哪一个 IP 地址都可以访问。
- 【端口】：指定 FTP 站点用于侦听建立控制连接请求的端口，默认值为 21。该项必须设置，不能为空。如果更改此端口（如改为 2121），则用户在连接该 FTP 站点时，必须输入该 FTP 站点所使用的端口号，如“ftp://192.168.38.1:2121”。
- 【启用虚拟主机名】：为 FTP 站点设置一个域名，这样在连接 FTP 站点时，就能通过域名访问。设置不同的域名，可以实现在单个 IP 地址的服务器上托管多个 FTP 站点。
- 【自动启动 FTP 站点】：指定是否在启动 FTP 服务时自动启动 FTP 站点。如果要手动启动 FTP 站点，则取消勾选该复选框。
- 【SSL】：设置在服务器和客户机之间的通信是否进行 SSL 加密。其中，“无 SSL”表示不使用 SSL 加密；“允许 SSL”表示允许 FTP 服务器支持与客户机的非 SSL 和 SSL 连接；“需要 SSL”表示要求使用 SSL 加密，这是默认设置。
- 【SSL 证书】：在该下拉列表中可以选择实施加密的证书，并验证有关所选证书的信息。如果没有安装 SSL 证书，则该下拉列表中为空。

步骤 4：进入【身份验证和授权信息】界面，在【身份验证】选区中勾选身份验证方式左侧的复选框（本例勾选【匿名】和【基本】复选框），在【允许访问】下拉列表中选择可访问的用户类型或范围（本例选择【所有用户】选项），在【权限】选区中勾选访问权限左侧的复选框（本例只勾选【读取】复选框），如图 11.11 所示，单击【完成】按钮，即可完成 FTP 站点的创建。

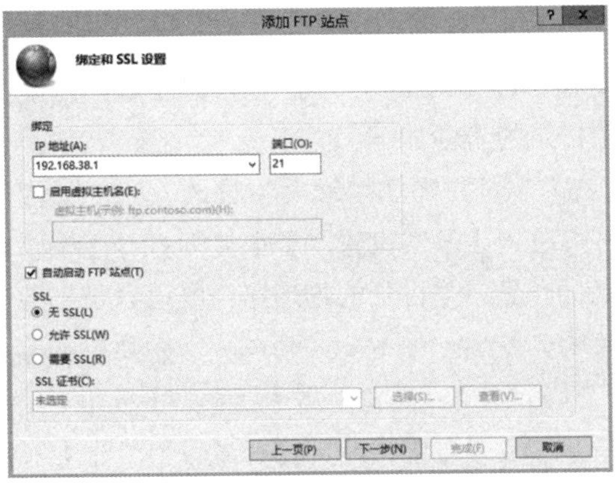

图 11.10 【绑定和 SSL 设置】界面

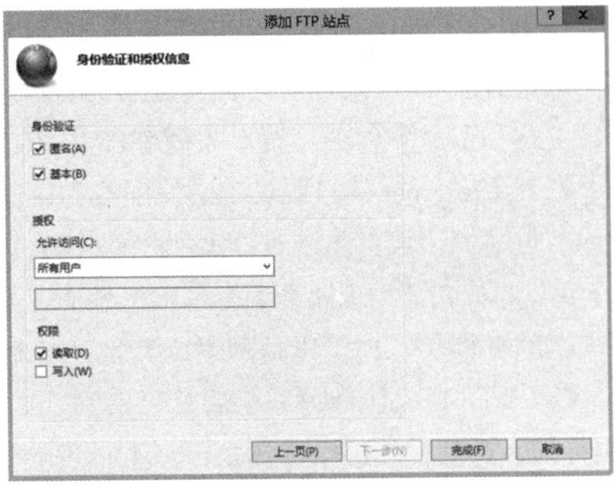

图 11.11 【身份验证和授权信息】界面

【身份验证和授权信息】界面中各个设置项的说明如下。

- 【匿名】：指定是否启用匿名身份验证。如果勾选该复选框，则 FTP 站点接受任何用户对该站点的访问。

- 【基本】：指定是否启用基本身份验证。如果勾选该复选框，则需要提供有效用户名和密码才能访问 FTP 站点。
- 【允许访问】：指定经授权可以登录到 FTP 站点的用户。
- 【读取】：指定是否允许用户读取目录中的内容，即用户是否可以从主目录中下载文件。
- 【写入】：指定是否允许用户写入目录，即用户是否可以在主目录内添加、修改、上传文件。

步骤 5：回到【Internet 信息服务(IIS)管理器】窗口，就可以看到创建的成都航院 FTP 站点且该站点处于运行状态。在左窗格中单击【成都航院 FTP 站点】节点，中间窗格内会显示【成都航院 FTP 站点 主页】界面，右窗格中会显示针对该站点进行各种操作的链接，如图 11.12 所示。

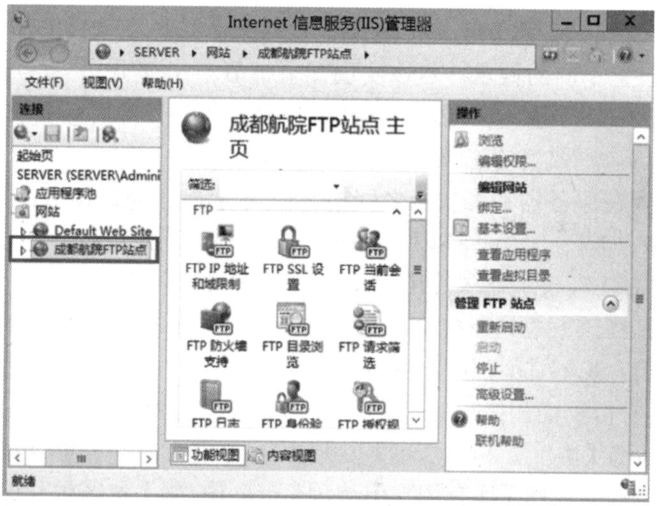

图 11.12　FTP 站点创建成功

2. 管理 FTP 站点

1）设置 FTP 站点的主目录

用户登录 FTP 站点后，首先进入的目录就是该 FTP 站点的主目录（或根目录），它是存储、上传和下载文件的位置。设置 FTP 站点的主目录的步骤如下：

打开【Internet 信息服务(IIS)管理器】窗口，在左窗格中单击要设置主目录的 FTP 站点的名称节点（如“成都航院 FTP 站点”），在右窗格中单击【基本设置...】链接，打开【编辑网站】对话框，在【物理路径】文本框中输入主目录的位置，主目录的物理路径既可以是本地计算机中的文件夹，也可以是网络中其他计算机中共享文件夹的 UNC 路径，当为共享文件夹时，必须提供有权访问该共享文件夹的用户名和密码，因此，需要单击【连接为】按钮，打开【连接为】对话框，选中【特定用户】单选按钮，单击【设置】按钮，打开【设置凭据】对话框，输入有权访问共享文件夹的用户名（如 administrator）和密码，连续两次单击【确定】按钮，返回【编辑网站】对话框，单击【测试设置】按钮，打开【测试连接】对话框，检测是否可以正常连接该共享文件夹，如图 11.13 所示。

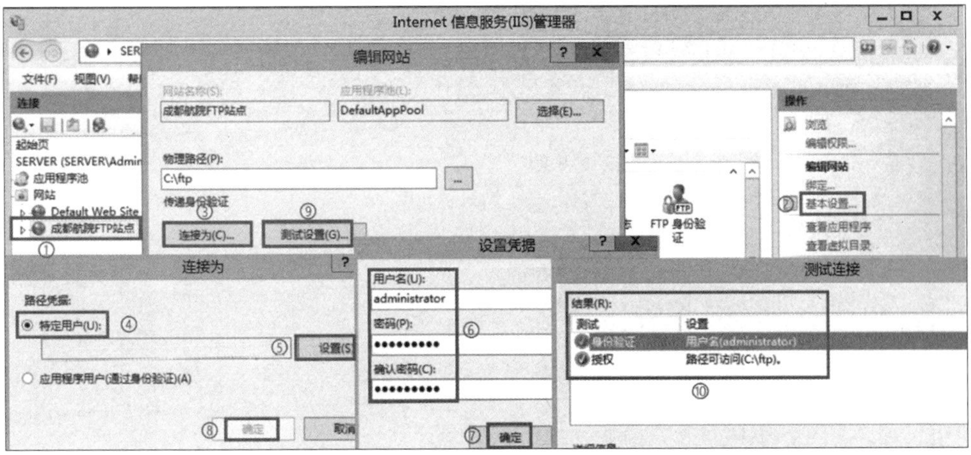

图 11.13　设置 FTP 站点的主目录

2）设置 FTP 站点绑定的 IP 地址、端口和主机名

一台计算机内可以创建多个 FTP 站点，区分不同的 FTP 站点的信息有 IP 地址、端口号和主机名（域名），绑定 FTP 站点的这 3 个设置值的步骤如下：

打开【Internet 信息服务(IIS)管理器】窗口，在左窗格中单击要设置的 FTP 站点的名称节点（如“成都航院 FTP 站点”），在右窗格中单击【绑定...】链接，打开【网站绑定】对话框，单击 FTP 站点所在行，单击【编辑】按钮，在打开的【编辑网站绑定】对话框中，选择或输入 IP 地址、端口和主机名的设置值，如图 11.14 所示。

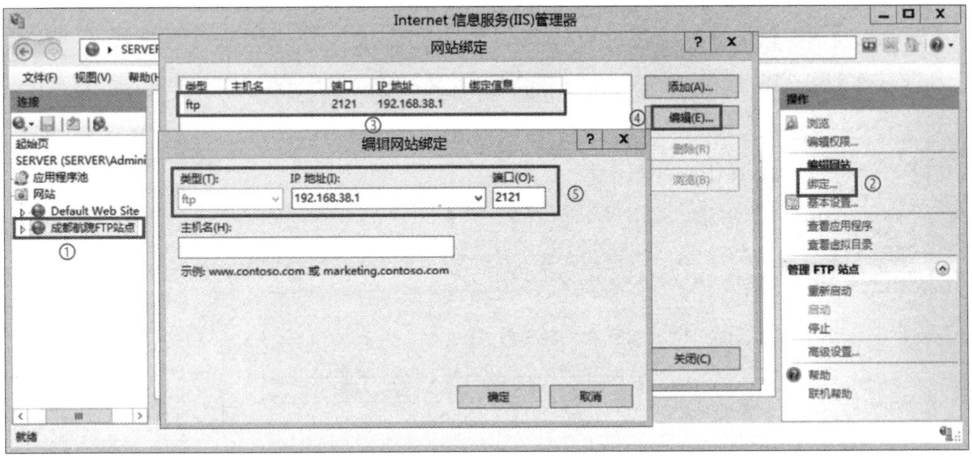

图 11.14　设置 FTP 站点绑定的 IP 地址、端口和主机名

3）设置 FTP 消息

通过设置 FTP 消息，可以显示用户在连接 FTP 站点时的横幅、欢迎使用和退出等消息。另外，如果 FTP 站点有连接数限制，并且目前连接数已经达到限制值，则新的访问者会收到“最大连接数”处填写的信息，此时，新的用户连接会被断开。设置步骤如下：

打开【Internet 信息服务(IIS)管理器】窗口，在左窗格中单击要设置消息的 FTP 站点的名称节点（如“成都航院 FTP 站点”），在中间窗格中双击【FTP 消息】图标，中间窗格会切换为【FTP 消息】界面，在各个文本框（如【横幅】、【欢迎使用】和【退出】等文本框）中输入相应的消息文字，在右窗格中单击【应用】链接以保存当前设置值，如图 11.15 所示。

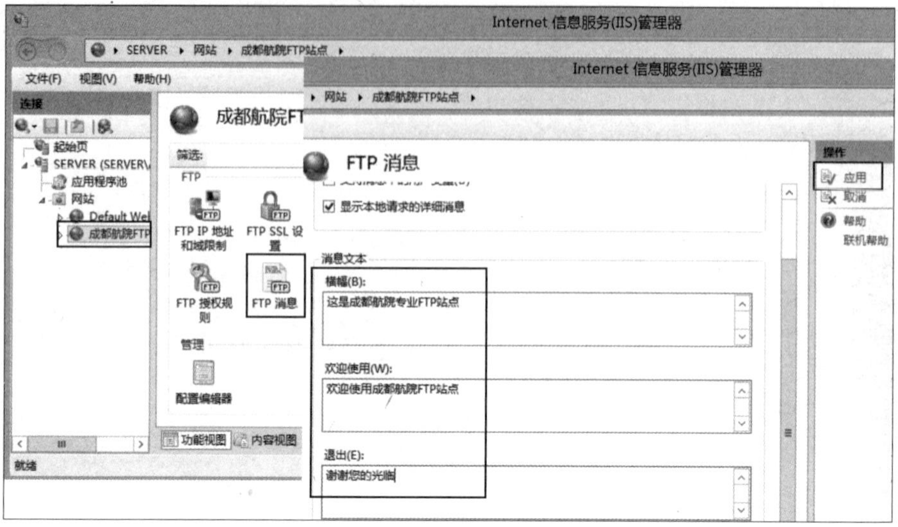

图 11.15　设置 FTP 消息

4）设置 FTP 授权规则

通过设置 FTP 授权规则，可以控制访问 FTP 站点的访问者及其访问权限。设置步骤如下：

打开【Internet 信息服务(IIS)管理器】窗口，在左窗格中单击要设置授权规则的 FTP 站点的名称节点（如“成都航院 FTP 站点”），在中间窗格中双击【FTP 授权规则】图标，中间窗格会切换为【FTP 授权规则】界面，在右窗格中通过单击【添加允许规则...】、【添加拒绝规则...】、【编辑...】和【删除】链接，可以实现规则的添加、修改和删除，如图 11.16 所示。

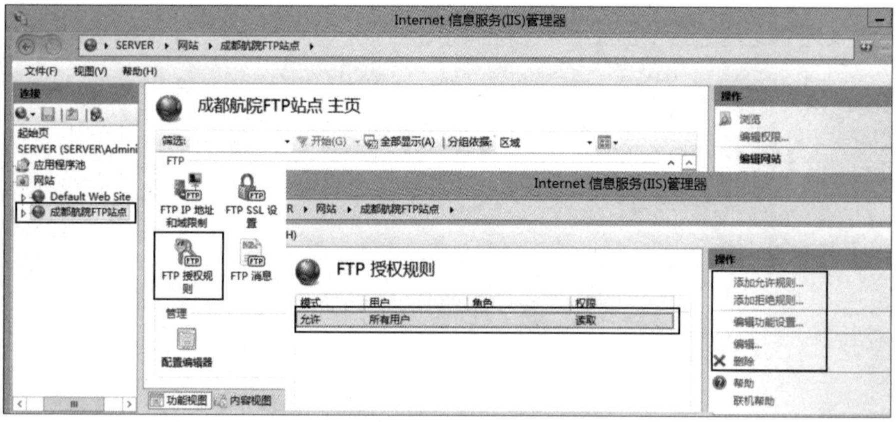

图 11.16　设置 FTP 授权规则

5）设置 FTP 身份验证

通过设置 FTP 身份验证，可以设置访问用户的身份是匿名用户还是基本用户。设置步骤如下：

打开【Internet 信息服务(IIS)管理器】窗口，在左窗格中单击要设置身份验证的 FTP 站点的名称节点（如“成都航院 FTP 站点”），在中间窗格中双击【FTP 身份验证】图标，中间窗格会切换为【FTP 身份验证】界面，选择【基本身份验证】或【匿名身份验证】，在右窗格中通过单击【禁用】和【编辑...】链接，可以实现用户的身份验证设置，如图 11.17 所示。

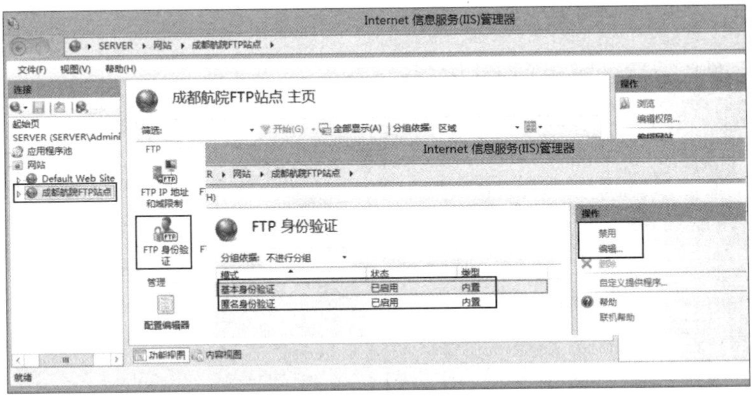

图 11.17　设置 FTP 身份验证

6）通过 IP 地址或域来限制访问

通过设置 FTP IP 地址和域限制，可以允许或拒绝某台特定的计算机、某一组计算机连接 FTP 站点。设置步骤如下：

打开【Internet 信息服务(IIS)管理器】窗口，在左窗格中单击要设置限制访问的 FTP 站点的名称节点（如“成都航院 FTP 站点”），在中间窗格中双击【FTP IP 地址和域限制】图标，中间窗格会切换为【FTP IP 地址和域限制】界面，在右窗格中单击【添加允许条目...】链接或【添加拒绝条目...】链接，在打开的对话框中可以指定特定的 IP 地址或 IP 地址范围来允许或拒绝对 FTP 站点的访问，如图 11.18 所示。

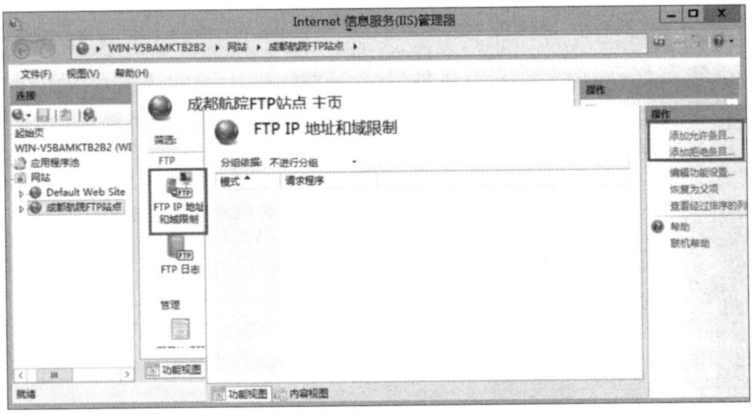

图 11.18　通过 IP 地址或域来限制访问

3．测试 FTP 站点

客户机访问 FTP 站点的方式主要有以下 3 种：

- 在命令提示符窗口中使用命令访问。
- 在图形化界面中通过浏览器或文件资源管理器访问。
- 采用第三方 FTP 客户机软件（如 FlashFXP、CuteFTP、LeapFTP 等）访问。

下面仅介绍在客户机上使用浏览器或文件资源管理器访问 FTP 站点的具体操作步骤。

步骤 1：在客户机浏览器的地址栏中输入“ftp://ftp.cap.com”或“ftp://192.168.38.1”并按 Enter 键后，浏览器会自动以匿名用户 anonymous 登录 FTP 站点，并在页面中列出站点根目录下的文件目录，如图 11.19 所示。

步骤 2：打开客户机的文件资源管理器，在地址栏中输入地址后同样会自动以匿名用户 anonymous 登录 FTP 站点，如图 11.20 所示。

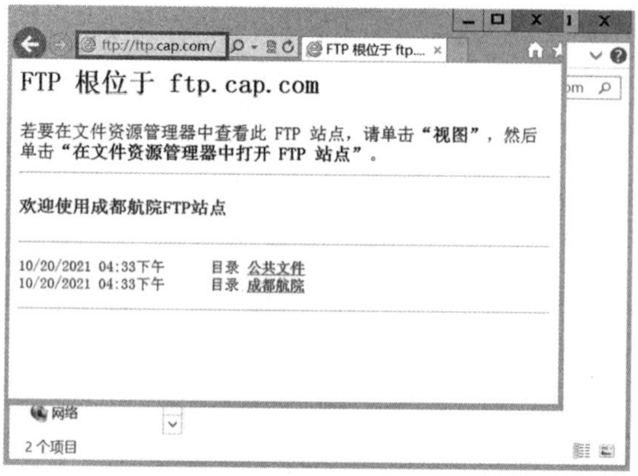

图 11.19 使用浏览器匿名登录 FTP 站点

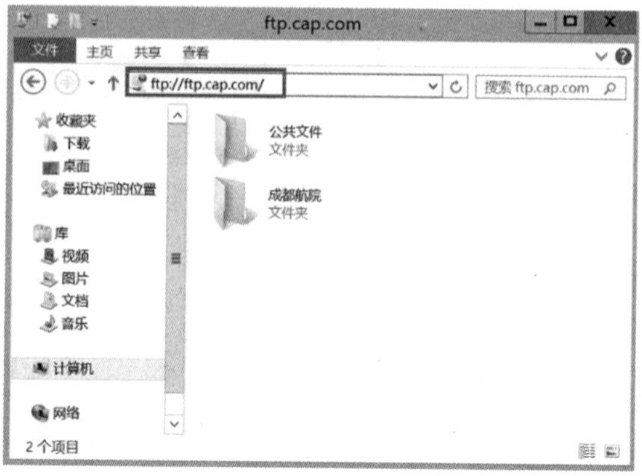

图 11.20 使用文件资源管理器匿名登录 FTP 站点

11.3.3 任务 11-3 管理 FTP 站点安全访问

1. 设置授权用户登录 FTP 站点

登录 FTP 站点的方式有两种：匿名登录和授权用户登录。前面已经介绍了匿名登录，接下来介绍如何设置授权用户登录 FTP 站点，步骤如下所述。

步骤 1：打开【Internet 信息服务(IIS)管理器】窗口，在左窗格中单击要设置的 FTP 站点的名称节点（如“成都航院 FTP 站点”），在中间窗格中双击【FTP 身份验证】图标，中间窗格会切换为【FTP 身份验证】界面，选中【匿名身份验证】所在行，默认为已启用，单击右窗格中的【禁用】链接，将【匿名身份验证】的状态设置为【已禁用】，如图 11.21 所示。

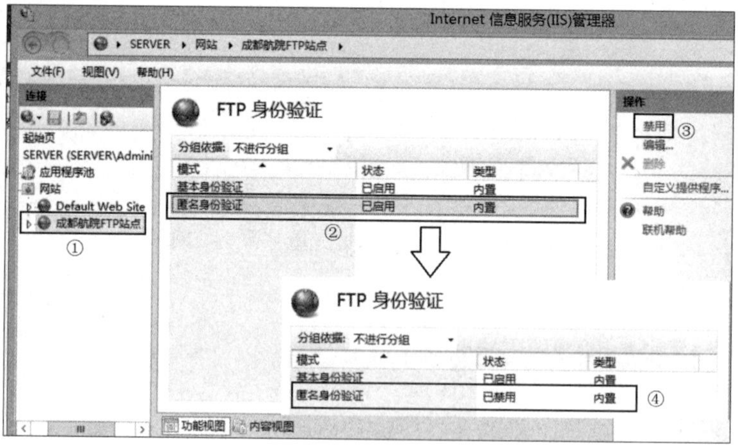

图 11.21 设置匿名身份验证禁用

步骤 2：在左窗格中继续单击 FTP 站点的名称节点（如“成都航院 FTP 站点”），在中间窗格中双击【FTP 授权规则】图标，中间窗格会切换为【FTP 授权规则】界面，双击【允许所有用户】所在行，弹出【编辑允许授权规则】对话框，在该对话框内选中【指定的用户】单选按钮，在下方的文本框内输入指定的用户具有访问 FTP 站点的权限（本例为

“administrator”），单击【确定】按钮，则【FTP 授权规则】界面中就变为【允许 administrator】，如图 11.22 所示。

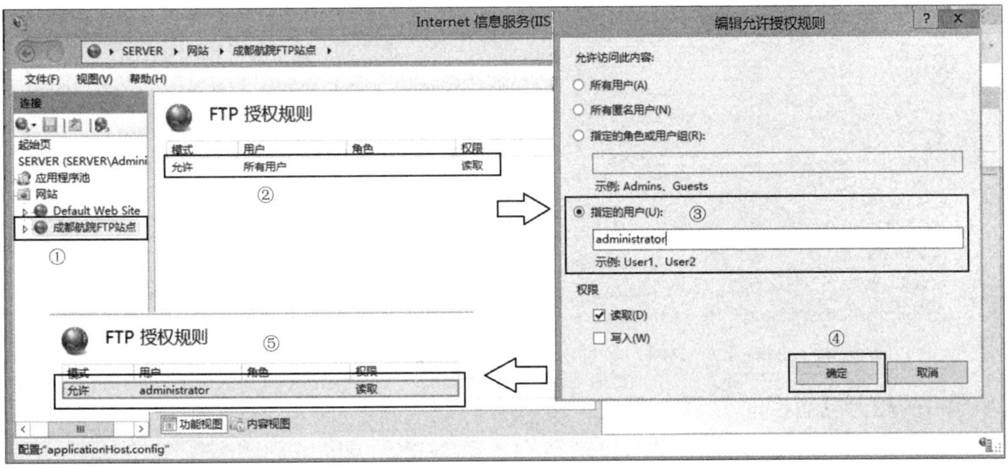

图 11.22 设置允许指定的用户具有访问 FTP 站点的权限

步骤 3：在客户机的文件资源管理器的地址栏中输入“ftp://ftp.cap.com”后，不能直接访问 FTP 站点，会弹出【登录身份】对话框，进行授权用户身份的验证，在【用户名】文本框中输入“administrator”，在【密码】文本框中输入设置的密码，如图 11.23 所示，单击【登录】按钮。

步骤 4：授权用户身份验证通过后，就可以直接访问该 FTP 站点目录下的内容，如图 11.24 所示。

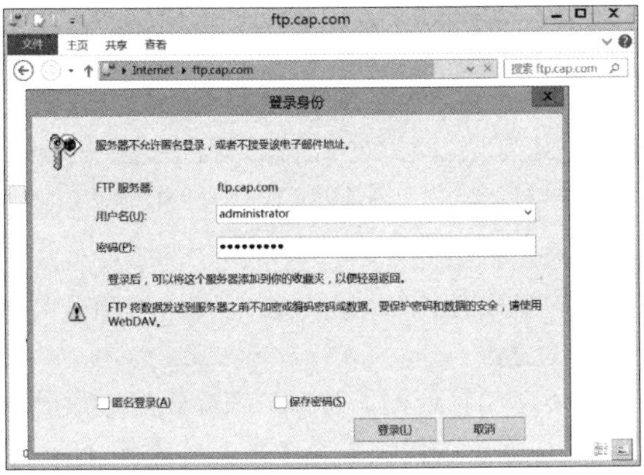

图 11.23 【登录身份】对话框

图 11.24 授权用户访问 FTP 站点

2．用户隔离访问的 FTP 站点

所谓用户隔离访问的 FTP 站点，是指用户在访问该类 FTP 站点时，每个用户（包括匿名用户）登录后只能进入与用户名匹配的专属主目录，并且被限制在该主目录内，无法切换到其他用户的主目录，以防止用户查看或覆盖其他用户的内容，从而提高 FTP 站点的安全性。创建用户隔离访问的 FTP 站点的步骤如下所述。

步骤 1：在 FTP 服务器上创建登录的用户 cap1，如图 11.25 所示。

步骤 2：在 FTP 服务器上创建登录的用户 cap2，如图 11.26 所示。

图 11.25　创建用户 cap1

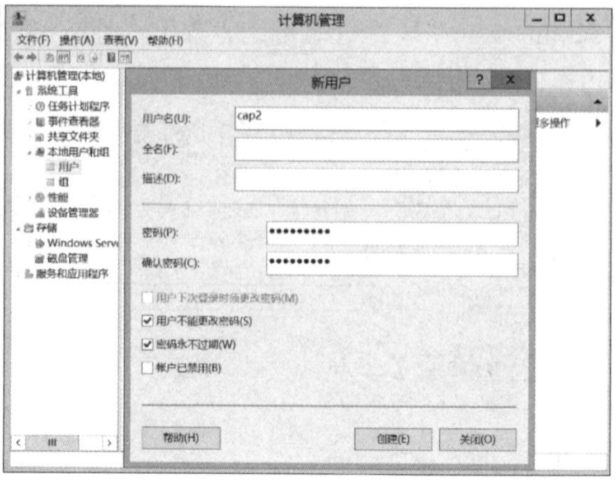

图 11.26　创建用户 cap2

步骤 3：打开【计算机管理】窗口，可以看到创建好的用户的名称，如图 11.27 所示。

步骤 4：规划并创建登录用户的目录结构。在 NTFS 分区中创建一个文件夹作为 FTP 站点的主目录（本例为“C:\ftproot”），在“C:\ftproot”文件夹下创建一个名为“localuser”的子文件夹，在“localuser”文件夹下创建若干个与用户名同名的文件夹（本例创建了两个文件夹，名称分别为“cap1”和“cap2”）。如果允许匿名登录访问，则匿名用户对应的文件夹的名称为“public”。用户隔离的 FTP 站点的目录结构如图 11.28 所示。

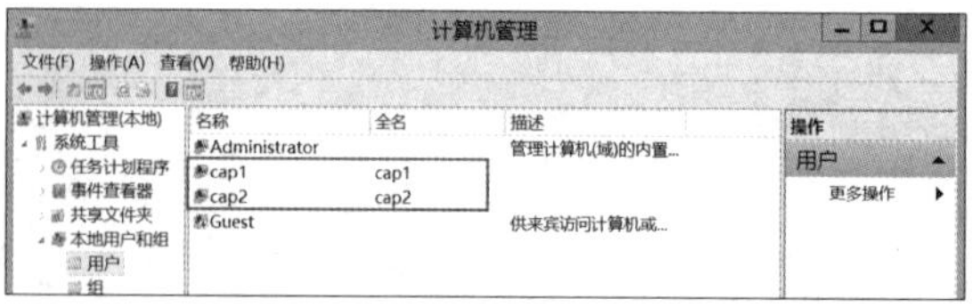

图 11.27　创建好的用户的名称

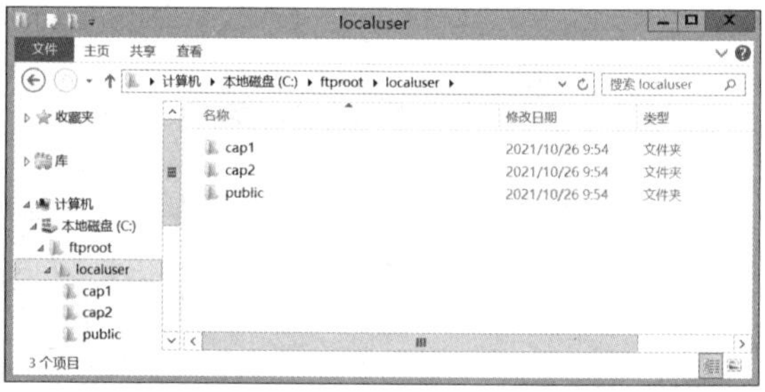

图 11.28　用户隔离的 FTP 站点的目录结构

提示：主目录 C:\ftproot 所在的分区必须为 NTFS 格式；FTP 站点主目录下的子文件夹的名称必须为“localuser”，并且在其下创建的文件夹的名称必须与相应用户名相同（除匿名用户特指的 public 以外），否则将无法使用该用户账户登录。

步骤 5：创建 FTP 站点。打开【Internet 信息服务(IIS)管理器】窗口，在左窗格中展开服务器名称节点（如 SERVER），右击【网站】节点，在弹出的快捷菜单中选择【添加 FTP 站点…】命令，打开【添加 FTP 站点】对话框，首先进入【站点信息】界面，在【FTP 站点名称】文本框中输入 FTP 站点的名称（本例为“成都航院用户隔离 FTP 站点”），在【内容目录】选区的【物理路径】文本框中设置存放资源的物理路径（本例为“C:\ftproot”），如图 11.29 所示，单击【下一步】按钮。

步骤 6：进入【绑定和 SSL 设置】界面，在【IP 地址】下拉列表中选择本站点绑定的 IP 地址，在【端口】文本框中保留默认的端口号，选中【无 SSL】单选按钮，单击【下一步】按钮。

步骤 7：进入【身份验证和授权信息】界面，在【身份验证】选区中勾选【匿名】和【基本】复选框，在【允许访问】下拉列表中选择【所有用户】选项，在【权限】选区中勾选【读取】复选框，如图 11.30 所示，单击【完成】按钮，即可完成 FTP 站点的创建。

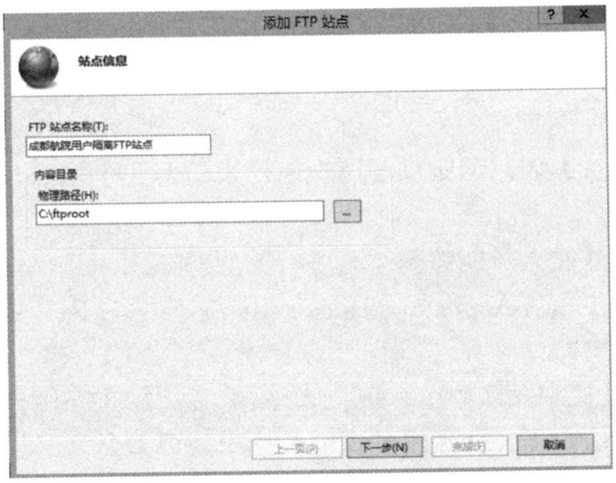

图 11.29　【站点信息】界面

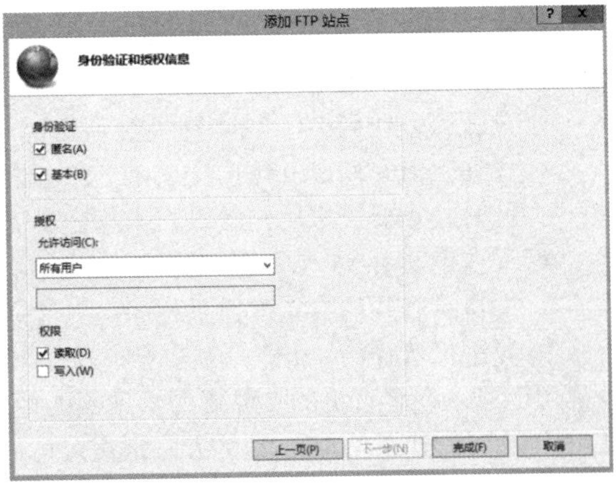

图 11.30　【身份验证和授权信息】界面

步骤 8：回到【Internet 信息服务(IIS)管理器】窗口，在左窗格中单击需要设置为用户隔离访问的 FTP 站点的名称节点（本例为“成都航院用户隔离 FTP 站点”），在中间窗格中双击【FTP 用户隔离】图标，中间窗格会切换为【FTP 用户隔离】界面，选中【用户名目录(禁用全局虚拟目录)】单选按钮，在右窗格中单击【应用】链接，如图 11.31 所示，如果显示提示信息“已成功保存更改”，则表示完成当前的设置。

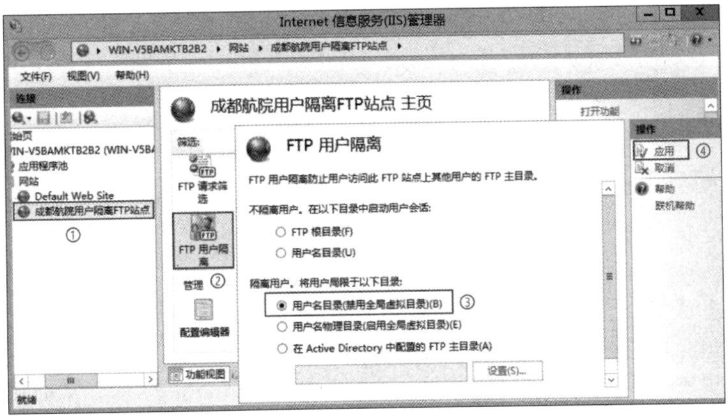

图 11.31　设置用户隔离访问的 FTP 站点

注意：FTP 用户隔离分为不隔离用户模式和隔离用户模式。

（1）不隔离用户模式。这是一种允许 FTP 用户访问其他用户名目录的模式，但当以合法的用户名和密码登录 FTP 站点时，不隔离用户又分为“FTP 根目录”和“用户名目录”两种模式。

- 【FTP 根目录】：该模式为默认模式，表示所有用户登录后都会进入 FTP 站点的主目录。
- 【用户名目录】：用户登录后首先进入自己的主目录，但并不隔离用户，即只要有适当的权限，用户就可以切换到其他用户的主目录。

（2）隔离用户模式。隔离用户是为了防止用户访问 FTP 站点上的其他用户名目录，但这种模式要求 FTP 站点的根目录必须建立在 NTFS 分区上。隔离用户模式又分为以下几种模式。

- 【用户名目录(禁用全局虚拟目录)】：用户登录后都会进入与用户名同名的物理目录或虚拟目录（匿名用户进入 public 目录），用户只能看见自己的主目录及其子目录，无法向上浏览物理目录树或虚拟目录树。用户无法访问 FTP 站点内在根级别配置的全局虚拟目录，只能访问用户自己主目录下的虚拟目录。

- 【用户名物理目录(启用全局虚拟目录)】：将用户会话隔离到与用户名同名的物理目录中。用户只能看见自己的主目录，无法向上浏览物理目录树。只要有适当的权限，用户就可以访问 FTP 站点在根级别配置的所有虚拟目录。
- 【在 Active Directory 中配置的 FTP 主目录】：访问者必须使用域用户来访问 FTP 站点，此时，需要在域用户的账户内指定其专属的主目录。
- 【自定义】：该选项是一项高级功能，使开发人员能够基于其唯一的业务需求创建提供主目录查找的自定义提供程序。只能通过修改 ApplicationHost.config 文件中的 FTP 配置进行选择。

步骤 9：在客户机的文件资源管理器的地址栏中输入“ftp://ftp.cap.com”后，如果在站点的主目录下创建了 public 文件夹，则直接可以访问该文件夹下的内容，由于访问者是匿名用户，因此不需要输入任何用户名和密码，即可访问该 FTP 站点。如果要访问该站点下的其他目录，则在空白处右击，在弹出的快捷菜单中选择【登录】命令，如图 11.32 所示。如果在站点的主目录下没有创建 public 文件夹，则这一步可以省略，直接进入步骤 10。

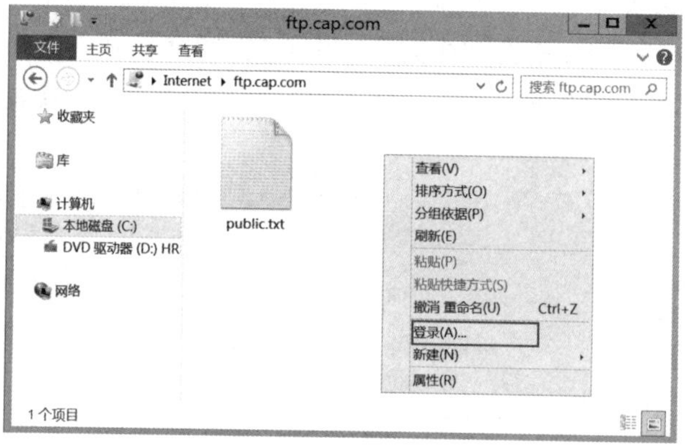

图 11.32　选择【登录】命令

步骤 10：打开【登录身份】对话框，输入用户名“cap1”和相应的密码，如图 11.33 所示，单击【登录】按钮。可以看到此时访问的是该站点目录“cap1”文件夹中的内容，如图 11.34 所示。同理，如果要访问其他用户所对应的目录，则在空白处右击，在弹出的快捷菜单中选择【登录】命令。

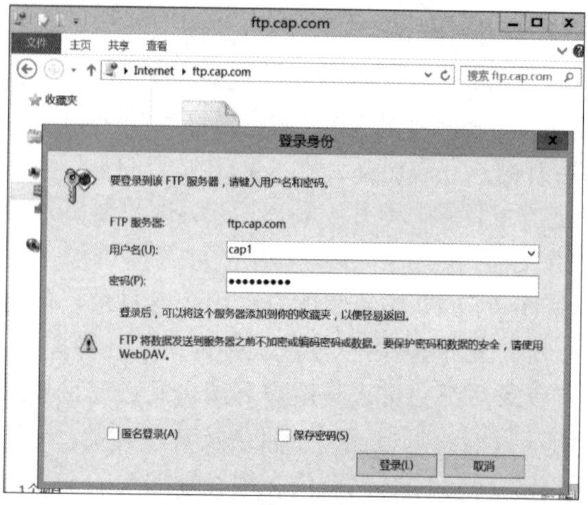

图 11.33　cap1 用户登录

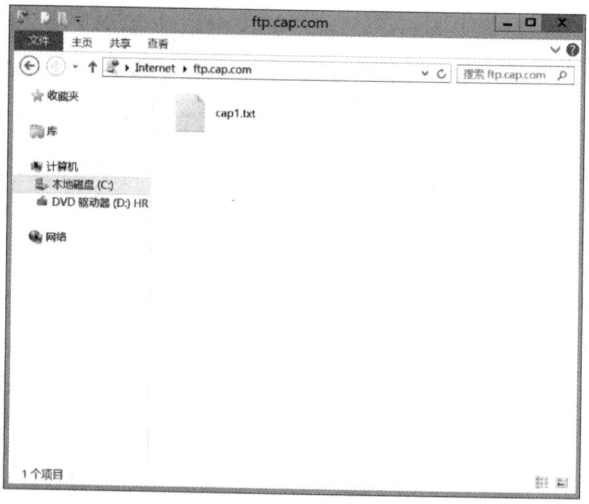

图 11.34　cap1 用户访问自己所对应的目录中的内容

步骤 11：再次打开【登录身份】对话框，输入用户名“cap2”和相应的密码，如图 11.35 所示，单击【登录】按钮。可以看到此时访问的是该站点目录“cap2”文件夹中的内容，如图 11.36 所示。

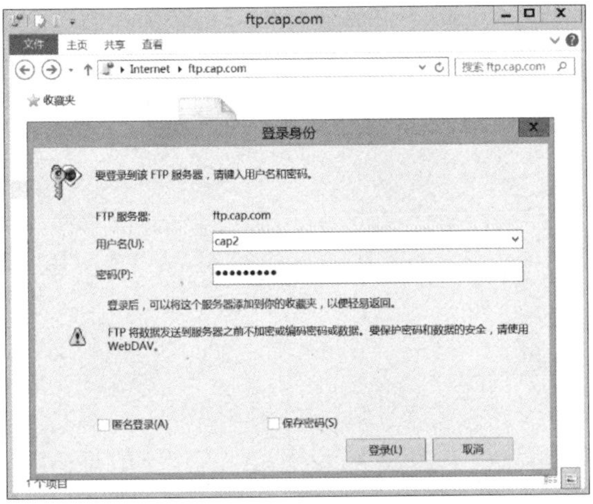

图 11.35　cap2 用户登录

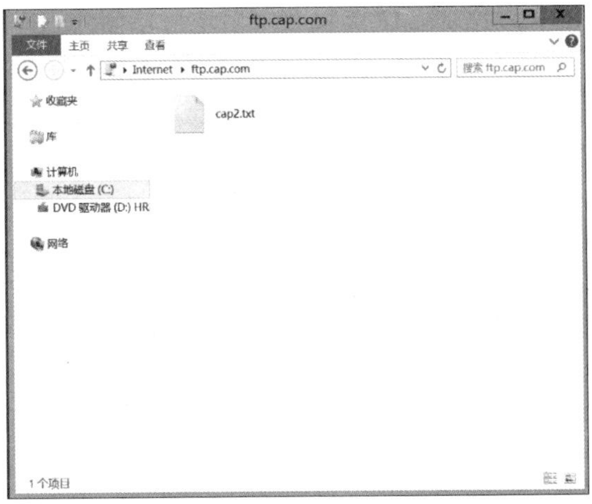

图 11.36　cap2 用户访问自己所对应的目录中的内容

11.4　项目实训 11　配置与管理 FTP 服务器

【实训目的】

安装 FTP 服务器；设置匿名用户和授权用户访问 FTP 站点；管理与配置 FTP 站点的安全；配置隔离用户访问的 FTP 站点。

【实训环境】

每人 1 台 Windows 10 物理机，1 台 Windows Server 2012 虚拟机，VMware Workstation 16 及以上版本的虚拟机软件，虚拟机网卡连接至 VMnet8 虚拟交换机。

【实训拓扑】

实训拓扑图如图 11.37 所示。

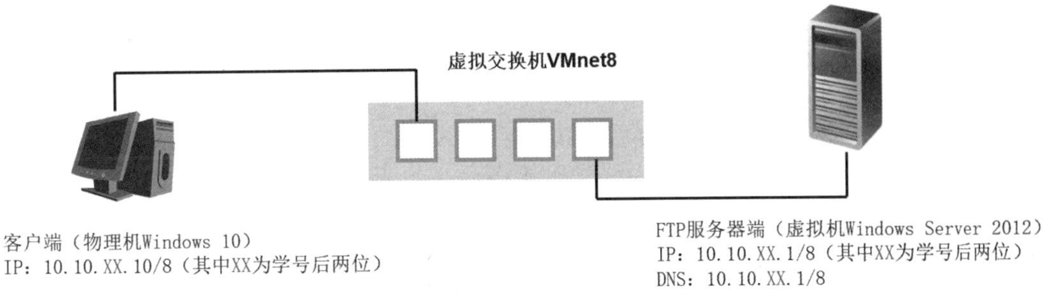

图 11.37　实训拓扑图

【实训内容】

1．安装

在 Windows Server 2012 系统中安装 FTP 服务器，并设置其 IP 地址为 10.10.xx.1/8，DNS

服务器的 IP 地址为 10.10.xx.1（xx 为学号后两位），域名为 yy.com（yy 为自己姓名的首字母）。

2．配置

在服务器上创建 FTP 站点，使其具有以下功能：

（1）使用 IP 地址和域名均可访问该 FTP 站点。

（2）匿名用户可以访问公共文件夹中的内容，不可以访问私有文件夹中的内容。

（3）本地用户 yy1 和 yy2 均只能访问自己私有文件中的内容，并且只能下载，不能上传。

3．测试

在客户机上测试 FTP 服务器的运行情况。

11.5 项目习题

一、填空题

1．FTP 服务就是________________服务。

2．FTP 服务的登录方式有两种：匿名登录和______________。

3．匿名登录是指系统管理员建立的一个特殊的用户 ID，名为________________。

4．FTP 服务系统由服务器软件、客户机软件和_________________3 部分组成。

5．FTP 的两种工作连接模式为主动模式（PORT）和_______________。

6．FTP 身份验证方式有匿名和_________________两种。

二、单选题

1．FTP 服务实际上就是将各种类型的文件资源存放在（　　）服务器中，用户计算机上需要安装一个 FTP 客户机程序，通过该程序实现对文件资源的访问。

A．HTTP　　B．POP3　　C．SMTP　　D．FTP

2．用户将文件从 FTP 服务器复制到自己计算机的过程称为（　　）。

A．上传　　B．下载　　C．共享　　D．打印

3．如果没有特殊声明，则匿名登录 FTP 站点的用户的名称为（　　）。

A．user　　B．用户的电子邮件地址　　C．anonymous　　D．guest

4．以下关于 FTP 服务器的描述正确的是（　　）。

A．授权访问用户可以上传和下载文件

B．FTP 协议不允许双向传输数据

C．FTP 对象包括授权访问和匿名访问

D．匿名用户访问 FTP 站点时需输入密码

5．有一台系统为 Windows Server 2012 的 FTP 服务器，其 IP 地址为 192.168.1.1，如果要让客户机能使用“ftp://192.168.1.1”地址访问站点中的内容，则需将站点的端口配置为（　　）。

A．80　　B．21　　C．8080　　D．2121

6．每个 FTP 站点均有主目录，在主目录中存放的是该站点所需要的文件夹和（　　）。

A．文件　　B．文档　　C．连接　　D．快捷方式

7．下列关于 FTP 虚拟目录的描述不正确的是（　　）。

A．虚拟目录和主目录可以不在同一个分区上

B．虚拟目录和主目录必须属于同一个目录

C．虚拟目录的作用是扩展磁盘空间

D．用户访问虚拟目录的方法是在客户机浏览器的地址栏中按照“http://FTP 服务器的 IP 地址/虚拟目录名”格式输入地址

8．用户在 FTP 客户机上可以使用（　　）下载 FTP 站点中的文件资源。

A．UNC 路径　　B．浏览器　　C．网上邻居　　D．网络驱动器

三、问答题

1．简述 FTP 服务的主要功能。

2．简述用户隔离访问的 FTP 站点的特征。

3．如果要禁止 IP 地址为 192.168.1.0 的计算机访问 FTP 站点，则应如何设置？

4．简述 FTP 协议的工作原理。

项目 12

配置与管理邮件服务器

学习目标

高校遭受钓鱼邮件攻击——2022 年 4 月 12 日，西北工业大学报警称：该校电子邮件系统发现一批以“科研评审”、“答辩邀请”和“出国通知”等为主题的钓鱼邮件，内含木马程序，引诱部分师生单击链接，非法获取师生电子邮箱的登录权限，致使相关邮件数据出现被窃取的风险。报警后，经公安机关初步判定，在此次网络攻击事件中，有来自境外的黑客组织和不法分子向西北工业大学师生发送包含木马程序的钓鱼邮件，企图窃取相关师生的邮件数据和他们的个人信息。同时，部分教职工的个人计算机中也发现遭受网络攻击的痕迹。上述发送钓鱼邮件和发起网络攻击的行为对西北工业大学校内信息系统和广大师生的重要数据造成重大安全威胁。因此，企业、高校、政府等机构一定要对员工、师生等进行网络安全意识培训，通过钓鱼邮件演练强化员工、师生等的网络安全意识。

知识目标

- 了解电子邮件的使用方式、组成方式
- 熟悉电子邮件的概念、常用协议、电子邮件系统的组成
- 掌握电子邮件的工作过程

能力目标

- 具备根据项目需求和总体规划对邮件服务器方案进行合理设计的能力
- 具备安装和配置邮件服务器的能力
- 具备管理和维护邮件服务器的能力
- 具备使用邮件客户端软件收发邮件的能力

素养目标

- 培养学生的社会责任感，以及为国担当、为国分忧的精神
- 培养学生的网络安全意识

12.1 项目背景

电子邮件（Electronic Mail，E-mail）是 Internet 上出现得最早的服务之一，是人们利用计算机网络进行信息传递的一种简便、迅速、廉价的现代通信方式，它不但可以传送文本，还可以传递图像、声音、视频等多媒体信息。此外，附加网络硬盘的邮箱存储、兼顾收发贺卡等服务功能的移动邮箱，还让用户可以通过手机随时随地收发邮件信息。随着互联网应用的日益深入，邮件系统显得越来越重要。由于免费的邮件系统存在垃圾邮件过多、不能及时维护、容易使重要信息泄露等缺点，因此越来越多的企业纷纷建立自己的电子邮件系统。

成都航院的师生以前使用的是新浪、网易、腾讯等公司的免费电子邮件，在建设了数字化校园以后，发现其在管理与使用上存在诸多不便。随着学校业务发展及对外宣传形象的需要，成都航院决定搭建自己校园内的邮件服务器，并且采用学校域名作为电子邮件后缀。作为学校的网络管理人员，你如何创建学校自己的电子“邮局”呢？

12.2 项目知识

12.2.1 电子邮件概述

1. 电子邮件简介

1971 年 10 月，美国工程师 Ray Tomlinson 在 BBN 科技公司的剑桥研究室，首次利用与 ARPAnet 连接的计算机向指定的另一台计算机传送信息，这便是电子邮件（E-mail）的起源。此后，电子邮件系统经历了一个较长的发展历程才逐渐稳定下来，尤其是 20 世纪 80 年代后，随着个人计算机（PC）和 Internet 的广泛流行与普及应用，E-mail 以其使用简易、投递快捷、成本低廉、易于保存等优势，成为 Internet 上最基本、最重要、最被广泛应用的服务。用户通过电子邮件系统不仅可以在几秒内与世界上任何一个角落的其他网络用户联系，传递文字、图形、图像、声音等各种形式的信息，还可以得到大量免费的新闻、专题邮件，并轻松实现信息搜索。

E-mail 像普通信件一样也需要地址，但 E-mail 使用的地址必须是遵循 Internet 规范的电子邮箱地址。Internet 上的用户要收发电子邮件，首先要向 E-mail 服务器的系统管理人员申请注册，获得具有唯一性的 E-mail 地址。E-mail 服务器就是根据这些地址将每封电子邮件传送到各个用户的信箱中的。E-mail 地址采用的统一的标准格式是“用户名@主机域名”。其中，用户名是指用户在某个邮件系统上申请并获得的合法登录名，即用户在该邮件系统上的邮箱账号；主机域名是指该邮件系统的 E-mail 服务器域名；而间隔符“@”是英文 at 的意思。因此，一个 E-mail 地址表达的其实就是“某用户在某主机”的意思。例如，邮件地址 liangzhang@163.com 中的“liangzhang”是用户名或邮箱账号，“163.com”是网易公司 E-mail 服务器的域名。

企业电子邮箱是指供企业内部员工之间相互收发电子邮件的邮箱，一般由网络管理员在 E-mail 服务器上为每个员工开设，可以根据不同的需求设定邮箱的空间大小，也可以随时关闭、删除这些邮箱。企业电子邮箱地址通常以企业的域名作为后缀，这样既能体现企业的品牌和形象，又便于企业员工及有信函往来的客户记忆，也方便企业网络管理人员对员工的邮箱进行统一、安全、有效的管理。

2. 电子邮件组成

和所有的普通邮件一样，电子邮件也主要由两部分构成，即收件人的姓名和地址、信件的正文。在电子邮件中，所有的姓名和地址信息称为信头（Header），邮件的内容称为正文（Text）。在邮件的末尾还有一个可选的部分，即用于进一步注明发件人身份的签名（Signature）。

信头是由几行文字组成的，一般包含下列几行内容（具体情况可能随电子邮件程序的不同而有所不同）：

- 收件人（To），即收信人的 E-mail 地址，可以有多个收件人，用“;”或“,”分隔。
- 抄送（CC），即抄送者的 E-mail 地址，可以有多个收件人，用“;”或“,”分隔。
- 密送（BCC），即密送者的 E-mail 地址，可以有多个收件人，用“;”或“,”分隔。
- 主题（Subject），即邮件的主题，由发信人填写。
- 发信日期（Date），由电子邮件程序自动添加。
- 发信人地址（From），由电子邮件程序自动填写。

一般来说，只需在“收件人”这一行填写收件人完整的 E-mail 地址即可，“主题”这一行可填可不填。但是如果有了这个主题，收件人便会一目了然地知道电子邮件的主要内容。由于许多电子邮件程序在安装时都需要定义用户的姓名、单位、E-mail 地址等信息，因此在信头中没有发信人的 E-mail 地址等信息，它由电子邮件程序自动填写。

3. 电子邮件的使用方式

按照用户使用电子邮件的方式不同，可以将电子邮件的收发分为以下两种方式。

（1）网页邮件（Web Mail）：网页邮件是指用户使用浏览器，以 Web 网页方式来收发电子邮件。这种方式使用起来相对比较麻烦，因为用户每次要收发电子邮件都需打开相应的 Web 页面，然后输入自己的用户名和密码，才能进入自己的电子邮箱进行操作。

（2）基于客户端的 E-mail：基于客户端的 E-mail 是指通过邮件客户端软件来收发电子邮件。这种方式使用起来相对比较简单，用户安装、配置好邮件客户端软件后，使用时只需打开邮件客户端软件，在窗口中使用鼠标操作便可进行电子邮件的收发。目前，较为常见的邮件客户端软件有 Outlook Express、Foxmail、DreamMail 等。

上述两种使用方式的主要区别在于：当用户使用网页邮件方式来撰写、发送、接收和阅读电子邮件等所有工作时，需要打开 Web 页面并用自己的电子邮箱账号登录后才能进行；当用户使用基于客户端的 E-mail 方式时，则要利用安装在本地计算机上的邮件客户端软件来撰写和阅读电子邮件，此时并不会使用 E-mail 服务器，只有在发送已写好的电子邮件或接收自己的电子邮件时，邮件客户端软件才会自动用事先设定的用户名和密码登录到指定的 E-mail 服务器。

12.2.2 电子邮件系统的组成

电子邮件系统是一种能够书写、发送、接收和存储信件的电子通信系统。该系统由 MUA、MTA、MDA、电子邮件协议 4 部分组成，如图 12.1 所示。

图 12.1 电子邮件系统的组成

1．MUA

MUA（Mail User Agent，邮件用户代理）是用户与电子邮件系统之间的接口，通常是客户端运行的程序，主要负责撰写、阅读、发送、接收电子邮件等工作。常用的 MUA 软件有 Outlook、Foxmail、Windows Live Mail 等。

2．MTA

MTA（Mail Transfer Agent，邮件传输代理）负责电子邮件的转发，即将电子邮件从一台计算机传送到另一台计算机。它运行在邮件服务器上。常用的 MTA 软件有 Windows Server 系统自带的 SMTP 组件、多数 Linux 系统自带的 Sendmail 和 Postfix 等，其默认监听端口是 25。

3．MDA

MDA（Mail Delivery Agent，邮件递交代理）负责将电子邮件投递到用户的电子邮箱，通常是挂在 MTA 下面的一个小程序，其主要功能是：分析由 MTA 所收到的电子邮件的信头或内容等数据，从而决定这封电子邮件的去向。MTA 把电子邮件投递到电子邮件接收者所在的邮件服务器，MDA 则负责把电子邮件按照接收者的用户名投递到电子邮箱中。此外，MDA 还具有电子邮件过滤与其他相关的功能，如丢弃某些特定主题的广告或垃圾电子邮件、自动回复电子邮件等。例如，Windows Server 2003 系统中采用系统自带的 POP3 组件实现 MDA 功能，RHEL、CentOS 系统中采用系统自带的 Dovecot 程序实现 MDA 功能等，其默认监听端口为 110。

注意：MTA 和 MDA 是邮件服务器端软件，也是电子邮件系统的核心构件，在实现电子邮件转发和分发的同时，还要向发件人报告电子邮件的传送情况，如已交付、被拒绝或丢失等。由于 MTA 是邮件服务器最重要的功能，因此人们习惯上把 MTA 软件直接称为邮件服务器，如 SMTP 邮件服务器。

4．电子邮件协议

为了确保电子邮件在各种不同电子邮件系统之间的传输，电子邮件的收发与转发传输都要遵循共同的规则或协议，下一节将单独介绍电子邮件系统常用的协议。

12.2.3 电子邮件系统常用的协议

电子邮件系统常用的协议有以下 4 种。

1．SMTP

SMTP（Simple Mail Transfer Protocol，简单邮件传输协议）是一组用于由源地址到目的地址传送电子邮件的规则，用来控制电子邮件中转方式的请求响应协议。SMTP 属于 TCP/IP 协议族，它帮助计算机在发送或中转电子邮件时找到下一个目的地，默认使用的 TCP 端口为 25，使用的 SSL 端口是 465 或 587。SMTP 协议的工作有两种情况：一是将电子邮件从客户机传输到服务器，即工作在 MUA 与 MTA 之间完成电子邮件的发送；二是将电子邮件从某个服务器传输至另一个服务器，即工作在 MTA 与 MTA 之间完成电子邮件的转发。所谓 SMTP 服务器，就是遵循 SMTP 协议的邮件服务器，用来发送或中转电子邮件，最终把电子邮件传送到指定收件人所属的服务器上。

2．POP3

POP3（Post Office Protocol 3，邮局协议的第 3 版）是 Internet 上传输电子邮件的第一个标准协议，它是一个离线协议。该协议规定怎样将个人计算机连接到 Internet 上的邮件服务器，并允许用户从服务器上把电子邮件下载到本地主机上，同时删除保存在服务器上的电子邮件，即工作在 MUA 与 MDA 之间完成电子邮件的接收工作。

所谓 POP3 服务器，就是遵循 POP3 协议的接收邮件服务器，它默认使用的 TCP 端口为 110，管理员可以使用 POP3 服务存储及管理邮件服务器上的电子邮件账户。在邮件服务器上安装 POP3 服务后，用户可以使用支持 POP3 协议的邮件客户端软件（如 Microsoft Outlook）连接到邮件服务器，并将电子邮件检索到本地计算机。POP3 服务与 SMTP 服务可以一起使用，但 SMTP 服务用于发送电子邮件。

3. IMAP4

IMAP4（Internet Message Access Protocol 4，网际消息访问协议的第 4 版）除具备 POP 协议的基本功能以外，还具备对电子邮箱同步的支持，即提供如何远程维护服务器上的电子邮件的功能。当邮件客户端软件通过拨号网络访问互联网和电子邮件时，IMAP4 协议比 POP3 协议更为适用。IMAP4 协议的出现是因为 POP3 协议的一个缺陷，即当用户使用 POP3 协议接收电子邮件时，所有的电子邮件都从服务器上删除，然后下载到本地硬盘，即使通过一些专门的客户端软件设置在接收电子邮件时在邮件服务器保留副本，客户端管理邮件服务器上的电子邮件的功能也是很简单的。当使用 IMAP4 协议时，用户可以有选择地下载电子邮件，甚至只是下载部分电子邮件。因此，IMAP4 协议比 POP3 协议更加复杂，它默认使用的 TCP 端口为 143。

4. MIME

Internet 上的 SMTP 传输机制是以 7 位二进制编码的 ASCII 码为基础的，适合传送文本邮件，语音、图像、中文等使用 8 位二进制编码的电子邮件需要进行 ASCII 转换（编码）才能够在 Internet 上正确传输。MIME（Multipurpose Internet Mail Extensions，多用途因特网邮件扩展协议）作为对电子邮件的标准格式 RFC 822 的扩展，增强了定义电子邮件报文的传输能力，允许传输二进制数据，其编码技术用于将数据从 8 位编码格式转换成 7 位的 ASCII 码格式。

12.2.4 电子邮件系统的工作过程

用户要收发电子邮件，首先要在各自的 POP3 服务器注册一个 POP3 信箱，获得 POP3 和 SMTP 服务器的地址信息。假设两个服务器的域名分别为 163.com 和 sina.com，注册用户分别为 user1 和 user2，则 E-mail 地址分别为 user1@163.com 和 user2@sina.com。下面以 user1@163.com 发送给 user2@sina.com 的电子邮件为例，介绍电子邮件系统的工作过程，如图 12.2 所示。

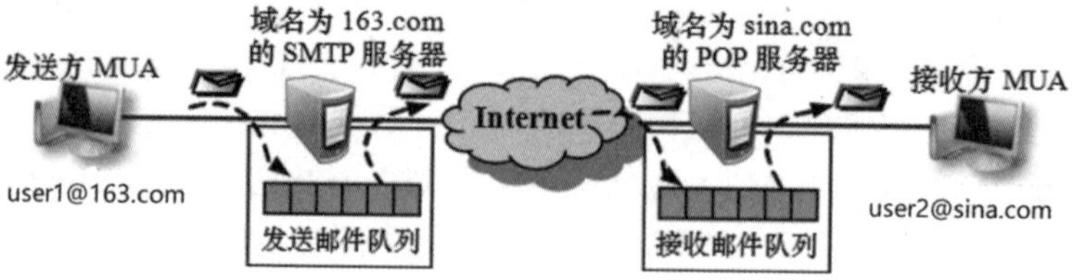

图 12.2　电子邮件系统的工作过程

① 当 163.com 域的 user1 用户向 user2@sina.com 发送电子邮件时，user1 用户首先使用 MUA 编辑要发送的电子邮件，然后将电子邮件发送至 163.com 域（本地域）的 SMTP 服务器。

② 163.com 域的 SMTP 服务器在收到电子邮件后，将电子邮件放入缓冲区，等待发送。

③ 163.com 域的 SMTP 服务器每隔一定的时间就处理一次缓冲区中的电子邮件队列，如

果是自己负责域（本地域）的电子邮件，则根据自身的规则决定接收或拒绝此电子邮件；否则 163.com 域的 SMTP 服务器根据目的 E-mail 地址，使用 DNS 服务器的 MX（邮件交换器资源记录）查询解析目的域 sina.com 的 SMTP 服务器地址，并通过网络将电子邮件传送给目标域的 SMTP 服务器。

④ sina.com 域的 SMTP 服务器在收到转发的电子邮件后，根据邮件地址中的用户名判断用户的电子邮箱，并通过 MDA 将电子邮件投递到 user2 用户的电子邮箱中保存，等待用户登录来读取或下载。

⑤ sina.com 域的 user2 用户利用客户机的 MUA 软件登录至 sina.com 域的 POP3 服务器，从其电子邮箱中下载并浏览电子邮件。

12.3　项目实施

12.3.1　任务 12-1　安装邮件服务器

1. 在 DNS 服务器中创建邮件交换器记录

首先配置域名为“cap.com”并指向 IP 地址 192.168.38.1 的 DNS 服务器（具体配置步骤请参考项目 9），然后在 DNS 服务器中创建主机记录和邮件交换器记录，具体步骤如下所述。

步骤 1：打开【DNS 管理器】窗口，在左窗格中展开【正向查找区域】节点，右击【cap.com】节点，在弹出的快捷菜单中选择【新建主机】命令，弹出【新建主机】对话框，在【名称】文本框中输入“mail”，在【IP 地址】文本框中输入“192.168.38.1”，勾选【创建相关的指针(PTR)记录】复选框，如图 12.3 所示。

步骤 2：右击【cap.com】节点，在弹出的快捷菜单中选择【新建邮件交换器(MX)】命令，弹出【新建资源记录】对话框，在【主机或子域】文本框中输入“pop3”，在【邮件服务器的完全限定的域名(FQDN)】文本框中输入“mail.cap.com”，即邮件服务器 IP 地址对应的 A 记录域名，在【邮件服务器优先级】文本框中输入“5”；如果对邮件服务器的优先级没有特别需求，也可以保持默认的优先级数值 10 不变（数值越小则优先级越高），如图 12.4 所示。

图 12.3　创建主机记录

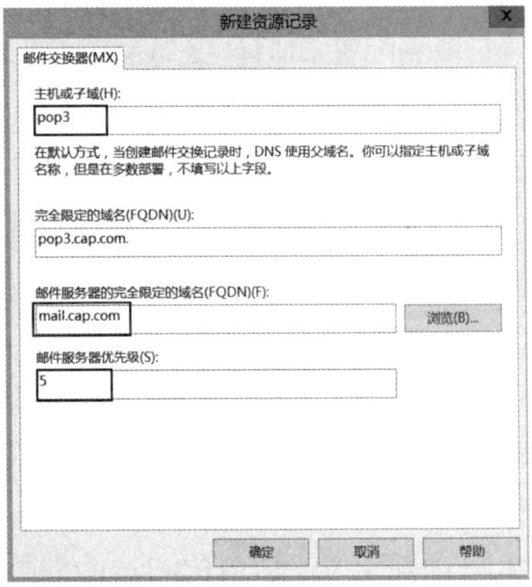

图 12.4　创建邮件交换器记录 1

步骤 3：再次选择【新建邮件交换器(MX)】命令，打开【新建资源记录】对话框，在【主机或子域】文本框中输入“smtp”，在【邮件服务器的完全限定的域名(FQDN)】文本框中输入“mail.cap.com”，在【邮件服务器优先级】文本框中保持默认数值 10 不变，如图 12.5 所示。

步骤 4：回到【DNS 管理器】窗口，可以看到在右窗格中已经创建好 3 条 DNS 记录，一条为主机记录，两条为邮件交换器记录，如图 12.6 所示。

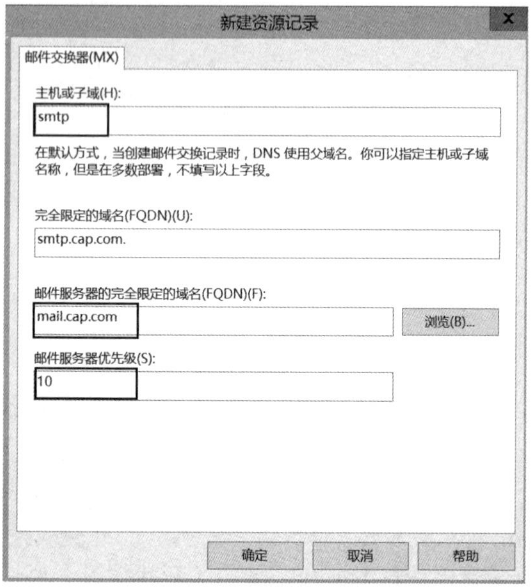

图 12.5　创建邮件交换器记录 2

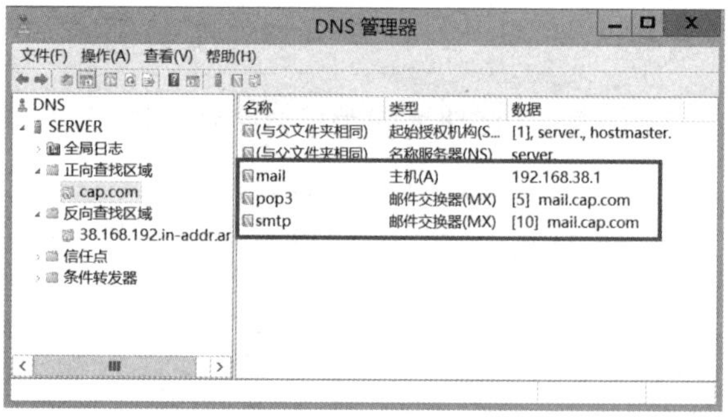

图 12.6　主机记录和邮件交换器记录添加完成后的【DNS 管理器】窗口

注意：在大型邮件系统中，SMTP 和 POP3 服务可能架设在不同的服务器上，这就需要在 DNS 服务器中创建两条不同的主机记录（通常以 smtp 和 pop3 命名）。但对于邮箱用户数及邮件收发量较小的企业，可以把 SMTP 和 POP3 服务架设在同一台服务器上（如本例），此时只需在 DNS 服务器中创建一条主机记录（通常以 mail 命名），并且让邮件交换器记录指向 mail 主机。当然，从使用习惯上也可以将 smtp 和 pop3 两条记录指向同一台物理服务器地址来配置。

2. 安装和配置 SMTP 服务器

以前各种版本的 Windows 系统在电子邮件服务方面是一个薄弱环节，如果要组建一个邮件服务器，则还需借助第三方软件。但是在 Windows Server 2012 系统中强化了 SMTP 服务器功能，用户可以很方便地搭建出一个功能强大的邮件发送服务器。Windows Server 2012 系统默认没有安装 SMTP 服务器功能，因此首先需要安装 SMTP 服务器，具体的操作步骤如下：

打开【服务器管理器】窗口，在左窗格中选择【仪表板】选项，在右窗格中单击【添加角色和功能】选项，打开【添加角色和功能向导】窗口，进入【开始之前】界面，连续单击【下一步】按钮，直至进入【选择功能】界面，在【功能】列表框中勾选【SMTP 服务器】复选框，自动弹出【添加角色和功能向导】对话框，单击【添加功能】按钮，单击【下一步】按钮，如图 12.7 所示。连续单击【下一步】按钮，直至进入【确认安装所选内容】界面，单击【安装】按钮，进入【安装进度】界面，系统开始安装，安装完成后单击【关闭】按钮。

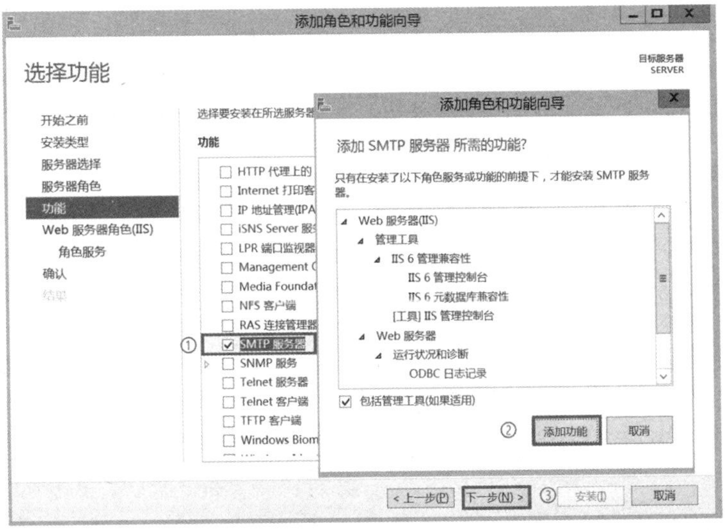

图 12.7　安装 SMTP 服务器

SMTP 服务器安装完成之后还不能提供相应的服务，需要对 SMTP 服务器进行相应的配置，具体步骤如下所述。

步骤 1：打开【服务器管理器】窗口，选择【工具】菜单中的【Internet 信息服务(IIS) 6.0 管理器】命令，打开【Internet 信息服务(IIS) 6.0 管理器】窗口，在左窗格中依次展开【SERVER(本地计算机)】→【SMTP Virtual Server #1】节点，右击【域】节点，在弹出的快捷菜单中选择【新建】→【域...】命令，如图 12.8 所示。

步骤 2：弹出【新建 SMTP 域向导】对话框，根据向导提示在 SMTP 服务器上创建一个新域。首先在【指定域类型】选区内选中【别名】单选按钮，如图 12.9 所示，单击【下一步】按钮。

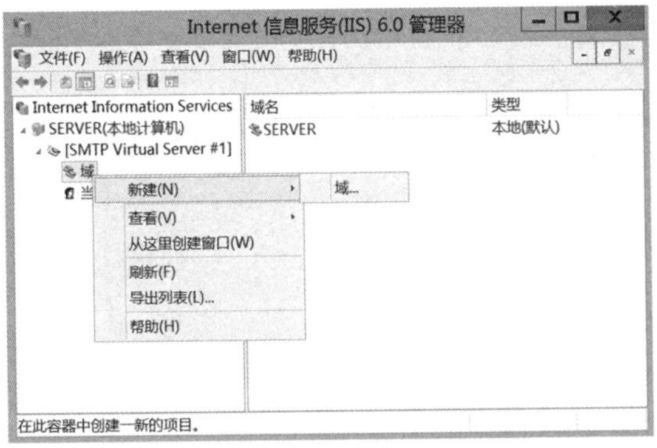

图 12.8　选择【新建】→【域...】命令

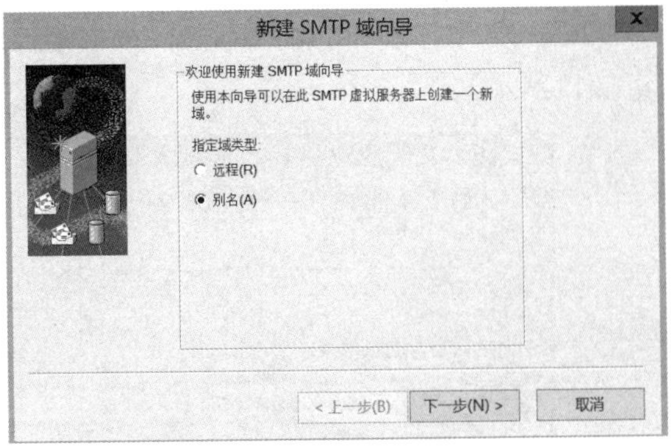

图 12.9　设置指定域类型

步骤 3：进入【域名】界面，在【名称】文本框中输入 SMTP 服务器的域名“cap.com”，如图 12.10 所示，单击【完成】按钮，完成域的创建。

步骤 4：回到【Internet 信息服务(IIS) 6.0 管理器】窗口，右击【[SMTP Virtual Server #1]】节点，在弹出的快捷菜单中选择【属性】命令，如图 12.11 所示。

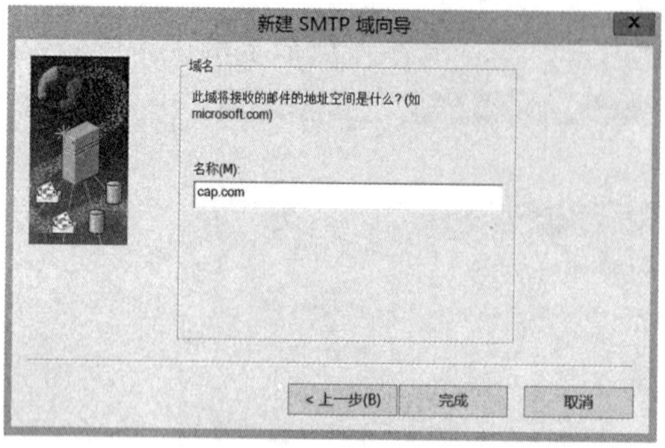

图 12.10　新建域名

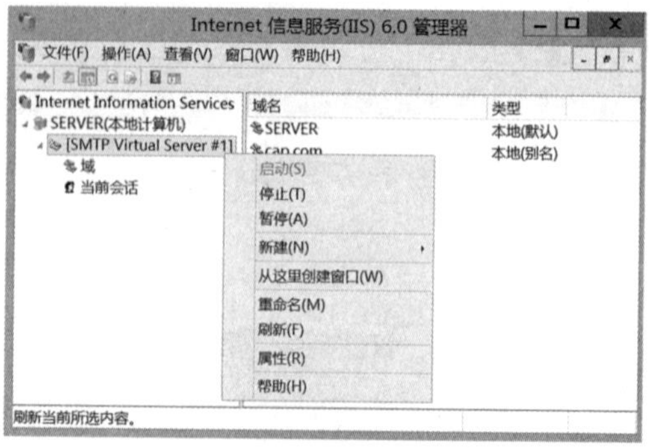

图 12.11　选择【属性】命令

步骤 5：打开【[SMTP Virtual Server #1]属性】对话框，选择【常规】选项卡，单击【IP 地址】下拉按钮，在弹出的下拉列表中选择本 SMTP 服务器的 IP 地址“192.168.38.1”，如图 12.12 所示，单击【确定】按钮。另外，该对话框中共有 6 个选项卡，各个选项卡的相关设置分别说明如下。

（1）【常规】选项卡。

- 【IP 地址】下拉列表：选择服务器的 IP 地址，利用【高级】按钮可以设置 SMTP 服务器的端口号，或者添加多个 IP 地址。
- 【限制连接数不超过】复选框：如果勾选该复选框，则可以在该复选框右侧的文本框中设置允许同时连接的用户数，这样可以避免由于并发用户数太多而造成服务器效率太低的问题。
- 【连接超时(分钟)】文本框：在该文本框中输入一个数值来定义用户连接的最长时间，超过这个数值，如果一个连接始终处于非活动状态，则 SMTP 服务器将关闭此连接。
- 【启用日志记录】复选框：如果勾选该复选框，则服务器将记录客户机使用服务器的情况，而且在【活动日志格式】下拉列表中可以选择活动日志的格式。

注意：如果勾选【启用日志记录】复选框，则【活动日志格式】下拉列表就变为有效，在该下拉列表中可选择采用 Microsoft IIS 日志文件格式、NCSA 公用日志文件格式、ODBC 日志记录或 W3C 扩展日志文件格式（默认），单击【活动日志格式】下拉列表右侧的【属性】按钮，如图 12.13 所示。

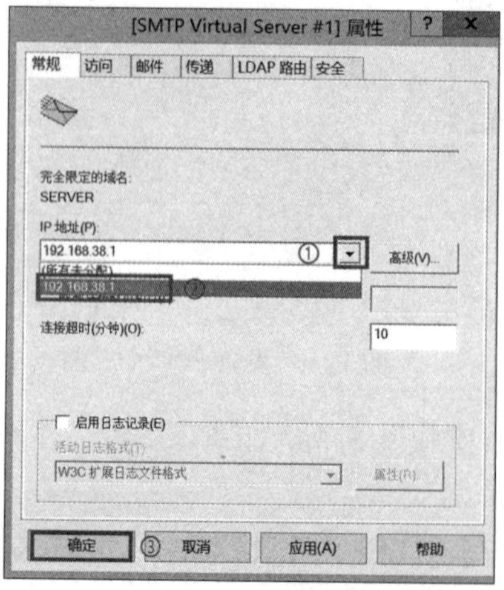

图 12.12　【常规】选项卡 1

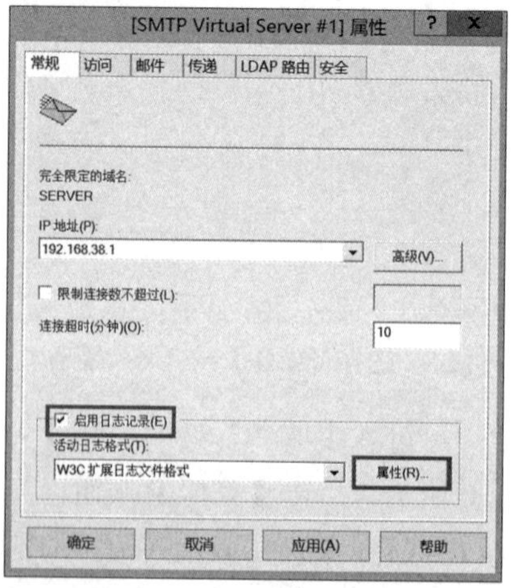

图 12.13　勾选【启用日志记录】复选框

打开【日志记录属性】对话框，在【常规】选项卡中可以对新日志计划、日志文件目录等进行设置，如图 12.14 所示；在【高级】选项卡中可以对扩展日志记录选项（日志中记录的数据项）等进行设置，如图 12.15 所示。

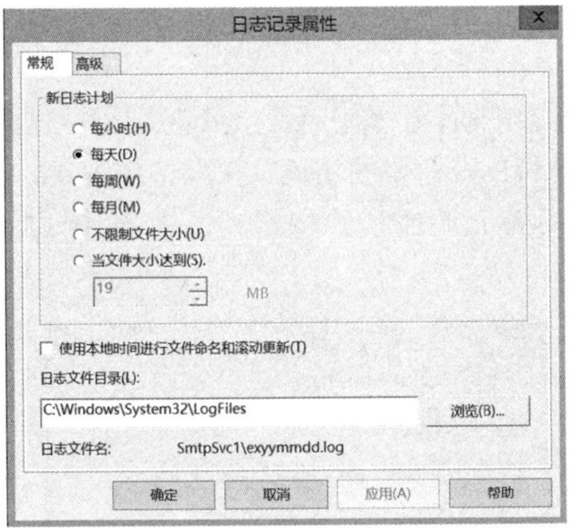

图 12.14 【常规】选项卡 2

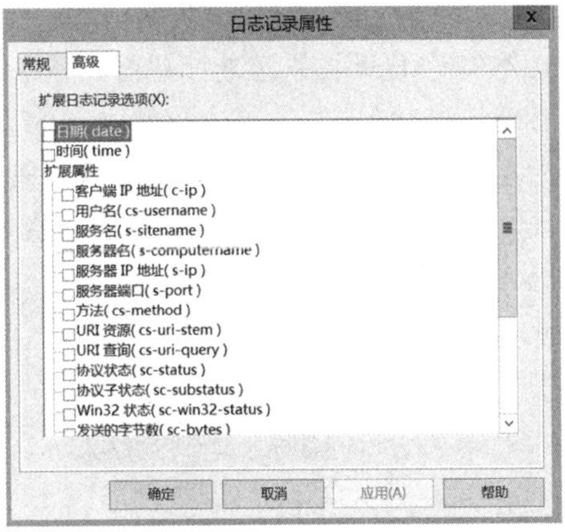

图 12.15 【高级】选项卡

（2）【访问】选项卡。

在【[SMTP Virtual Server #1]属性】对话框中选择【访问】选项卡，如图 12.16 所示，可以设置客户端使用 SMTP 服务器的方式和数据传输安全属性，该选项卡中各个选项的功能说明如下。

- 【访问控制】选区：单击该选区中的【身份验证】按钮，在弹出的【身份验证】对话框中，可以设置用户使用 SMTP 服务器的身份验证方法，如图 12.17 所示。

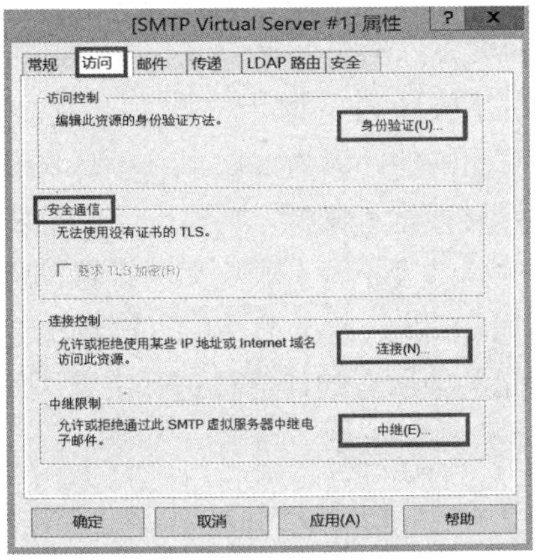

图 12.16 【访问】选项卡

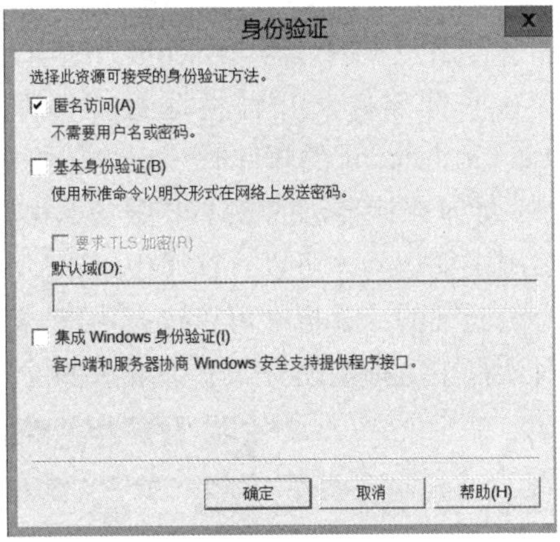

图 12.17 【身份验证】对话框

① 匿名访问：匿名访问方法允许任意用户使用 SMTP 服务器，不询问用户名和密码。如果勾选该复选框，则需要取消勾选其余两个复选框。

② 基本身份验证：基本身份验证方法要求提供用户名和密码才能够使用 SMTP 服务器，由于密码在网络上是以明文（未加密的文本）的形式发送的，这些密码很容易被截取，因此可以认为基本身份验证方法的安全性很低。为了测试基本身份验证的功能，先取消勾选【匿名访问】复选框，然后勾选【基本身份验证】复选框，单击【确定】按钮后，会弹出【基本身份验证】对话框，如图 12.18 所示。

③ 集成 Windows 身份验证：集成 Windows 身份验证是一种安全的身份验证方法，这是因为在通过网络发送用户名和密码之前会先对它们进行哈希加密。

- 【安全通信】选区：如果在进行基本身份验证时要使用 TLS 加密，则必须先创建密钥对，并配置密钥证书，然后客户端才能够使用 TLS 将加密邮件提交给 SMTP 服务器，接着由 SMTP 服务器进行解密。
- 【连接控制】选区：单击该选区中的【连接】按钮，会弹出【连接】对话框，如图 12.19 所示。可以按客户端的 IP 地址来限制对 SMTP 服务器的访问。在默认情况下，所有 IP 地址都有权访问 SMTP 服务器，也可以设置允许或拒绝特定列表中的 IP 地址访问 SMTP 服务器。

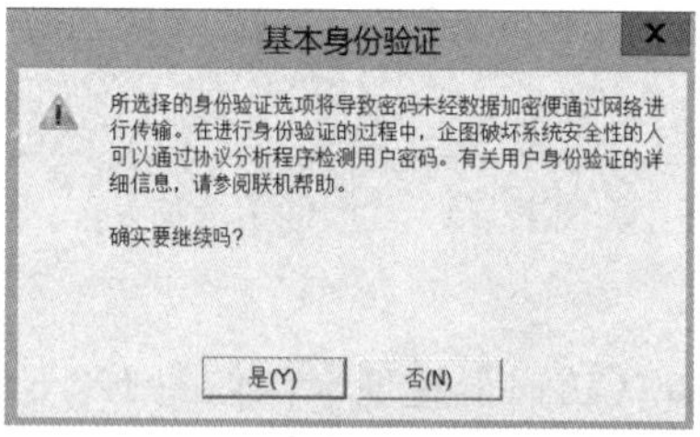

图 12.18 【基本身份验证】对话框

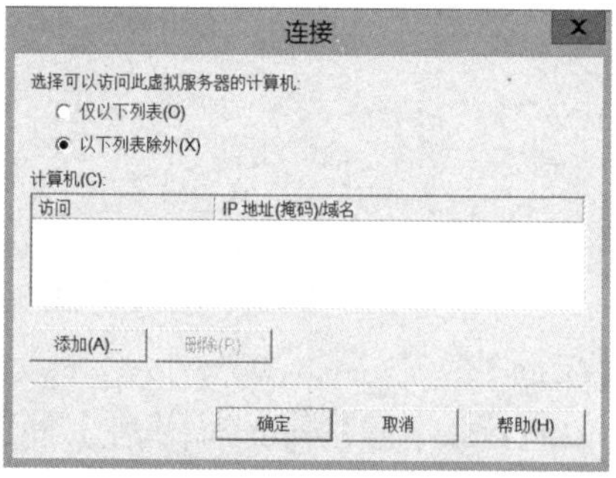

图 12.19 【连接】对话框

- 【中继限制】选区：单击该选区中的【中继】按钮，会弹出【中继限制】对话框，如图 12.20 所示。在默认情况下，SMTP 服务禁止计算机通过虚拟服务器中继不需要的邮件，也就是说，只要收到的邮件不是寄给它所负责的域，就一律拒绝转发。例如，如果 SMTP 服务器所负责的域为 cap.com，则当它收到一封要发送给 user1@cap.com 的邮件时，它会接收此邮件，并且将这封邮件存放在邮件存放区内，但当它收到一封要发送给 user1@abc.com 的邮件时，它将拒绝接收和转发此邮件，因为 abc.com 不是它所负责的域。如果想让自己的 SMTP 服务器可以替客户端转发远程邮件，则要通过 SMTP 服务器启用中继访问才可以，在【中继限制】对话框中勾选【不管上表中如何设置，所有通过身份验证的计算机都可以进行中继。】复选框即可。在默认情况下，除了符合【中继限制】对话框中所指定的身份验证要求的计算机，禁止其他所有的计算机进行中继访问。

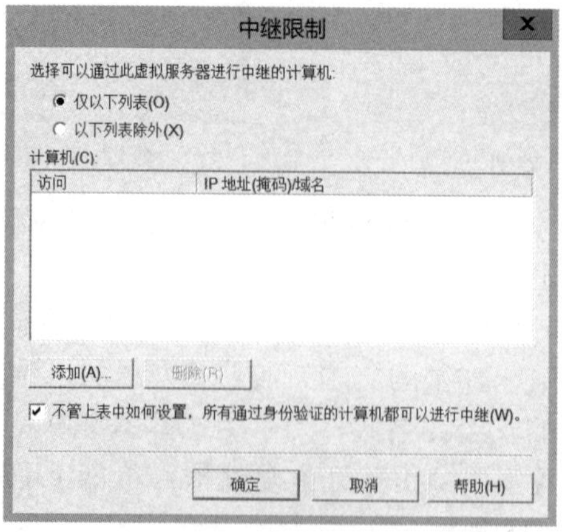

图 12.20 【中继限制】对话框

(3)【邮件】选项卡。

在【[SMTP Virtual Server #1]属性】对话框中选择【邮件】选项卡，如图 12.21 所示，可以设置邮件限制，通过设置可以提高 SMTP 服务器的整体效率。

- 限制邮件大小不超过：限制每封进出系统的邮件的最大容量值，系统默认为 2048KB（2MB）。
- 限制会话大小不超过：限制系统中所允许的可以进行会话的用户最大容量。
- 限制每个连接的邮件数不超过：限制一个连接一次可以发送的邮件的最大数目。
- 限制每封邮件的收件人数不超过：限制每封邮件同时发送的人数，即同一封邮件可以抄送的最多用户数。
- 死信目录：当邮件无法传递时，SMTP 服务将此邮件与未传递报告（NDR）一起返回给发件人，也可以指定将 NDR 的副本发送到选定的位置。

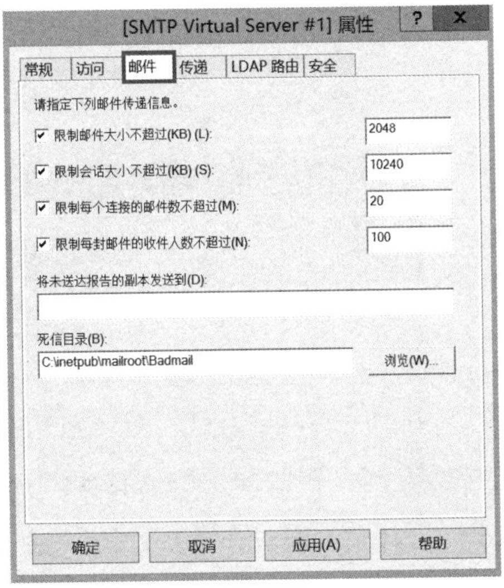

图 12.21 【邮件】选项卡

(4)【传递】选项卡。

在【[SMTP Virtual Server #1]属性】对话框中选择【传递】选项卡，如图 12.22 所示。用户在发送邮件时，首先需要和 SMTP 服务器进行连接，连接成功并得到 SMTP 服务器准备接收数据的响应后，就开始发送邮件，同时进行传递。【传递】选项卡中各个选项的功能说明如下。

- 【出站】选区：可设置重试间隔时间和远程传递延迟时间。
- 【本地】选区：可设置本地延迟时间和超时时间。
- 【出站安全】按钮：单击此按钮，会弹出【出站安全】对话框，如图 12.23 所示，在该对话框中可设置对待发邮件使用身份验证和 TLS 加密等。

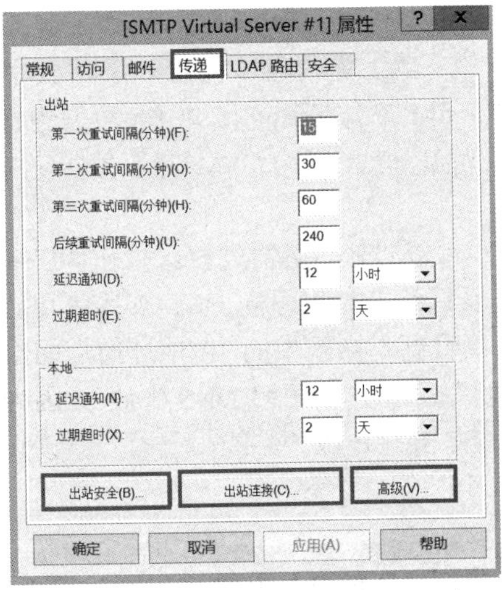

图 12.22 【传递】选项卡

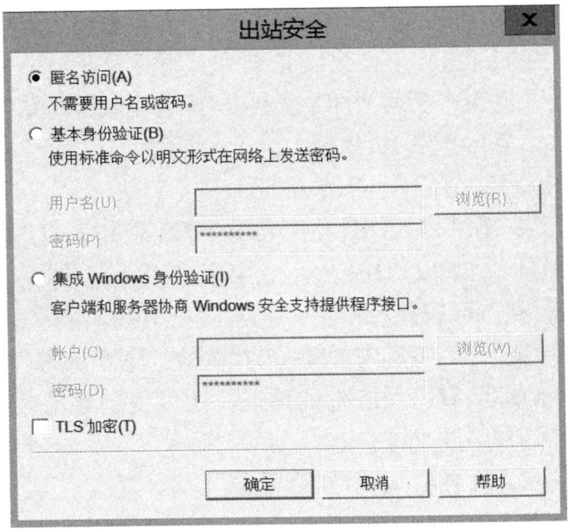

图 12.23 【出站安全】对话框

- 【出站连接】按钮：单击此按钮，会弹出【出站连接】对话框，如图 12.24 所示，在该对话框中可配置 SMTP 服务器传出连接的常规设置，如限制连接数、TCP 端口等。

- 【高级】按钮：单击此按钮，会弹出【高级传递】对话框，如图 12.25 所示，在该对话框中可配置 SMTP 服务器的路由选项，各参数说明如下。

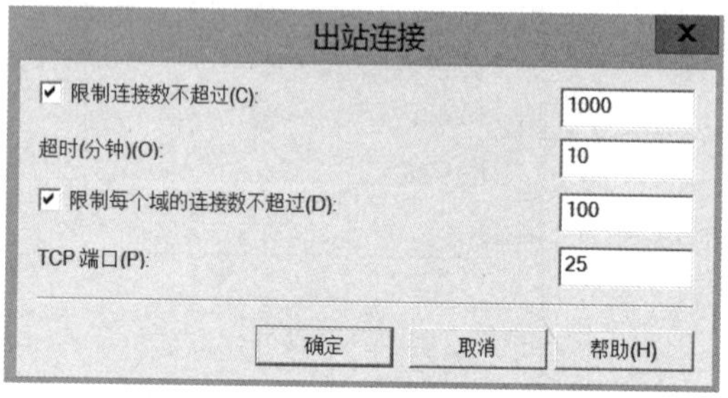

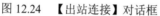

图 12.24　【出站连接】对话框

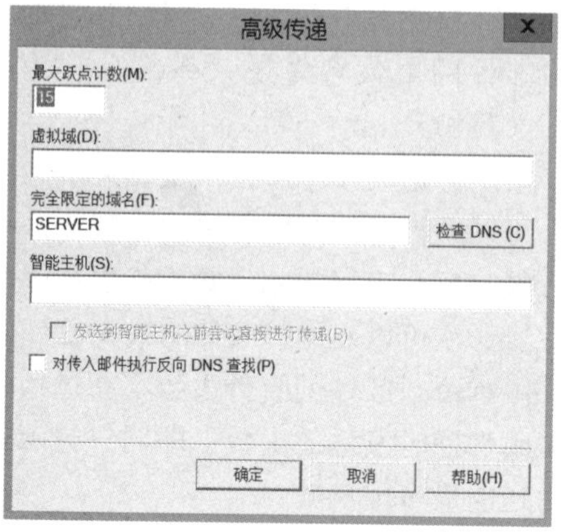

图 12.25　【高级传递】对话框

① 【最大跃点计数】文本框：在该文本框中可输入一个值，它表示邮件在源服务器和目标服务器之间的跃点计数，默认值为 15。

② 【虚拟域】文本框：在该文本框中可输入虚拟的域名。

③ 【完全限定的域名】文本框：在该文本框中可输入 SMTP 服务器的完全合格域名，默认的就是这台计算机的完全合格域名。

④ 【智能主机】文本框：在该文本框中可输入 IP 地址或域名。当 SMTP 服务器要发送远程邮件（即收件人的邮箱在另一台服务器上）时，它会通过 DNS 服务器来寻找远程邮件的 SMTP 服务器（邮件交换器记录），然后将邮件发送给这台 SMTP 服务器。但是 SMTP 服务器也可以不通过 DNS 服务器而直接将邮件发送给特殊的 SMTP 服务器，然后由这台 SMTP 服务器负责发送邮件。这台特定的 SMTP 服务器被称为“智能主机”。如果勾选【发送到智能主机之前尝试直接进行传递】复选框，则 SMTP 服务器会先通过 DNS 服务器寻找远程 SMTP 服务器，以便直接将邮件发送给它，如果失败，则再改传给智能主机。可以按照完全合格域名或 IP 地址指定智能主机（但如果更改该 IP 地址，则还要在每个 SMTP 服务器上更改该 IP 地址）。如果使用 IP 地址，则用中括号“[]”括上该 IP 地址以提高系统性能。SMTP 服务器一般会先检查服务器的名称，然后检查 IP 地址，由于中括号“[]”会将值标识为 IP 地址，因此 SMTP 服务器会跳过 DNS 查找，直接检查 IP 地址。

⑤ 【对传入邮件执行反向 DNS 查找】复选框：表示 SMTP 服务器将尝试验证客户端的 IP 地址与 EHLO/HELO 命令中客户端提交的主机/域是否匹配。如果反向 DNS 查找成功，则“已收到”标题保持不变。如果验证失败，则在邮件“已收到”标题中的 IP 地址的后面出现“未验证”。如果反向 DNS 查找失败，则在邮件“已收到”标题中出现“RDNS 失败”。因为此功能验证所有待发邮件的地址，所以使用此功能可能影响 SMTP 服务性能，取消勾选该复选框可以禁用此功能。

（5）【LDAP 路由】选项卡。

在【[SMTP Virtual Server #1]属性】对话框中选择【LDAP 路由】选项卡，如图 12.26 所示。LDAP（Lightweight Directory Access Protocol，轻型目录访问协议）是一个 Internet 协议，可用来访问 LDAP 服务器中的目录信息。如果拥有使用 LDAP 的权限，则可以浏览、读取和搜索 LDAP 服务器上的目录列表。可以使用【LDAP 路由】选项卡配置 SMTP 服务，以便向 LDAP 服务器询问，从而解析发件人和收件人。

（6）【安全】选项卡。

在【[SMTP Virtual Server #1]属性】对话框中选择【安全】选项卡，如图 12.27 所示。在该选项卡中，用户可以指派哪些用户账户具有 SMTP 服务器的操作员权限，默认情况下有 3 个用户账户具有操作员权限。在设置 Windows 用户账户后，可以通过在【操作员】列表中选择用户账户来授予其权限；在【操作员】列表中删除用户账户，可以撤销其权限。

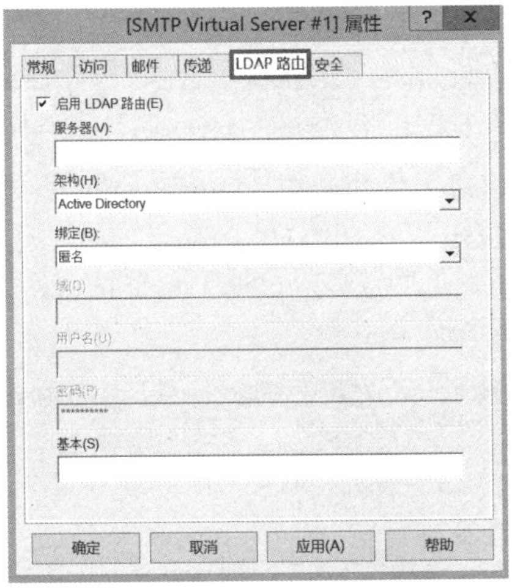

图 12.26 【LDAP 路由】选项卡

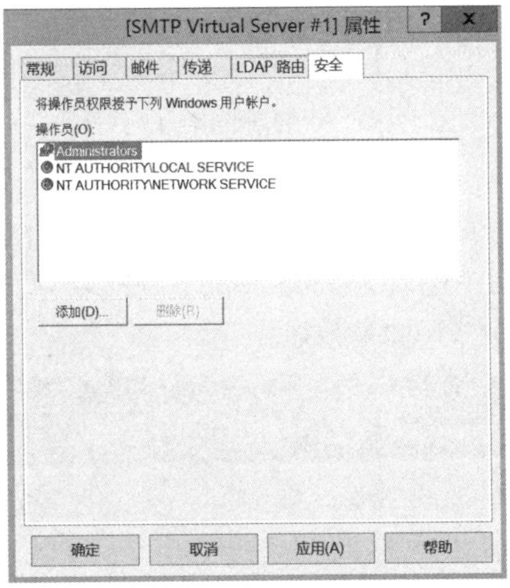

图 12.27 【安全】选项卡

12.3.2 任务 12-2 配置与管理邮件服务器

POP3 是规定个人计算机如何连接到互联网上的邮件服务器进行收发邮件的协议。它是 Internet 电子邮件的第一个离线协议标准，允许用户从服务器上把邮件存储到本地主机（即自己的计算机）上，同时根据客户端的操作删除或保存邮件服务器上的邮件，而 POP3 服务器则是遵循 POP3 协议的接收邮件服务器，用来接收电子邮件。POP3 协议主要用于支持使用客户端远程管理服务器上的电子邮件。由于 Windows Server 2012 系统没有集成 POP3 服务，因此需要从网上进行下载。本任务使用的第三方 POP3 软件为 VisendoSMTPExtender_x86，安装和配置 POP3 服务器的具体步骤如下所述。

步骤 1：在桌面上找到第三方 POP3 软件“VisendoSMTPExtender_x86”，如图 12.28 所示，双击该软件进行安装。

步骤 2：出现准备安装提示框，如图 12.29 所示。

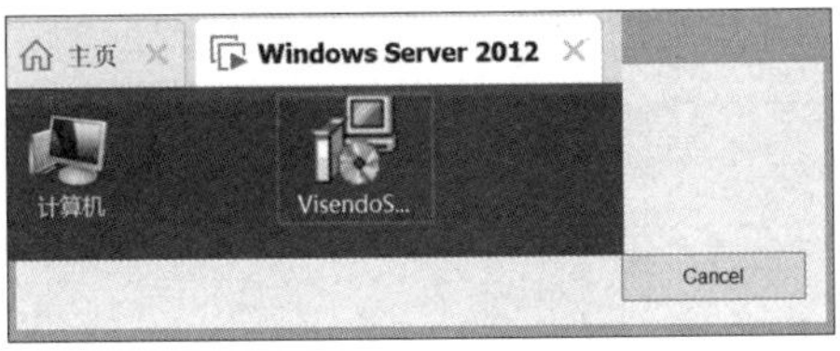

图 12.28 POP3 软件

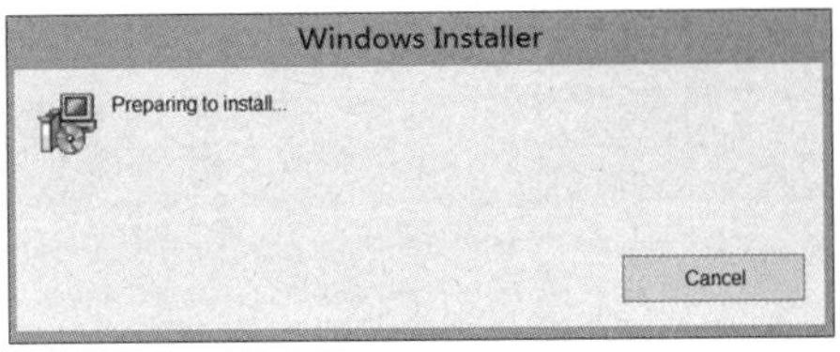

图 12.29 准备安装提示框

步骤 3：进入欢迎安装界面，如图 12.30 所示，单击【Next】按钮。

步骤 4：进入【License Agreement】（协议许可）界面，如图 12.31 所示，单击【Next】按钮。

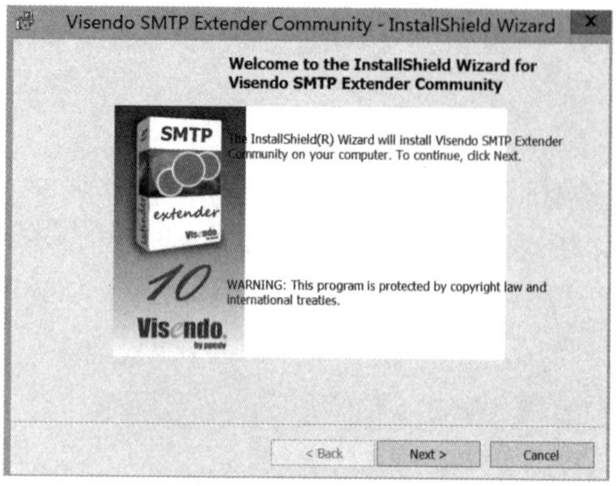

图 12.30　欢迎安装界面

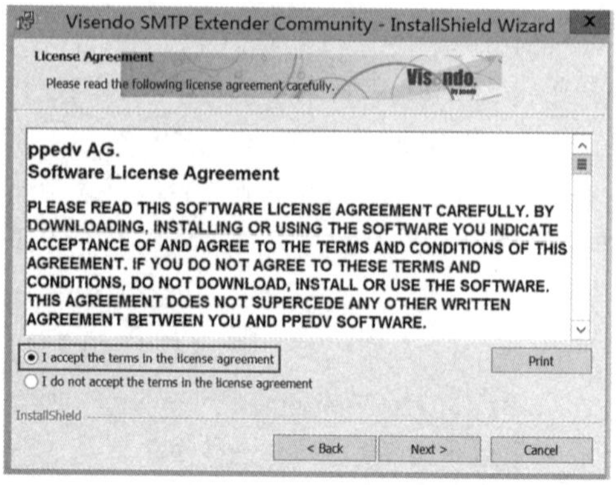

图 12.31　【License Agreement】（协议许可）界面

步骤 5：进入【Customer Information】（客户信息）界面，在【Organization】文本框中输入“成都航院”，如图 12.32 所示，单击【Next】按钮。

步骤 6：进入【Setup Type】（安装类型）界面，选中【Complete】单选按钮，如图 12.33 所示，单击【Next】按钮。

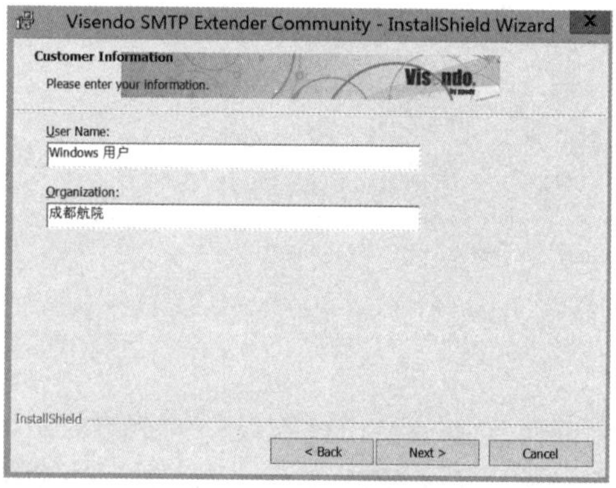

图 12.32　【Customer Information】（客户信息）界面

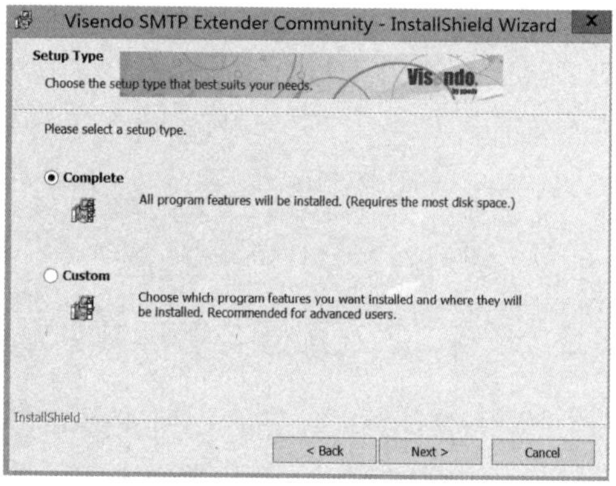

图 12.33　【Setup Type】（安装类型）界面

步骤 7：进入【Ready to Install the Program】（准备安装程序）界面，如图 12.34 所示，单击【Install】按钮。

步骤 8：进入【InstallShield Wizard Completed】（安装完成）界面，如图 12.35 所示，单击【Finish】按钮。

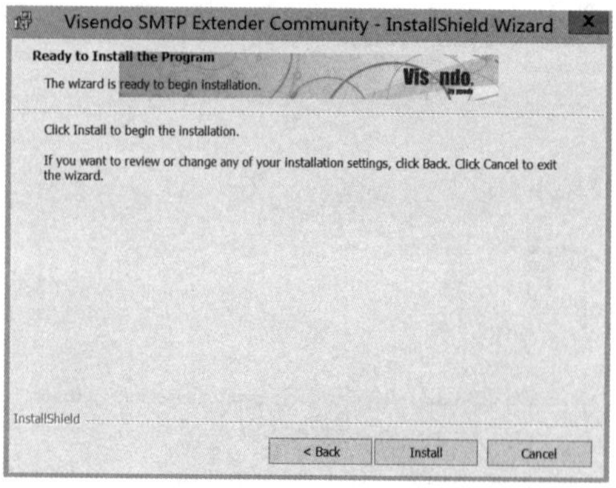

图 12.34　【Ready to Install the Program】（准备安装程序）界面

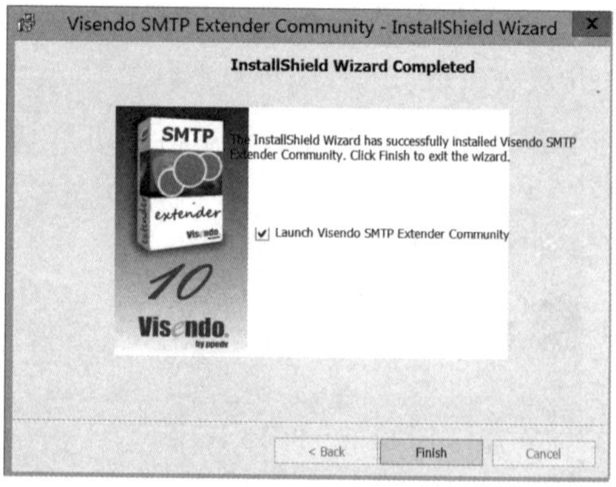

图 12.35　【InstallShield Wizard Completed】（安装完成）界面

步骤 9：弹出 POP3 界面，在左窗格中单击【Accounts】节点，会弹出创建邮箱账号的对话框，在【E-Mail address】文本框中输入“user1@cap.com”，在【Password】文本框中输入相应账号的密码，设置好后单击【完成】按钮，如图 12.36 所示。

步骤 10：返回 POP3 界面，在右窗格中可以看到刚才创建的邮箱账号，单击【New Account】按钮，在弹出的创建邮箱账号的对话框中创建新的邮箱账号 user2@cap.com，操作与上面的步骤 9 类似，设置好后单击【完成】按钮，如图 12.37 所示。

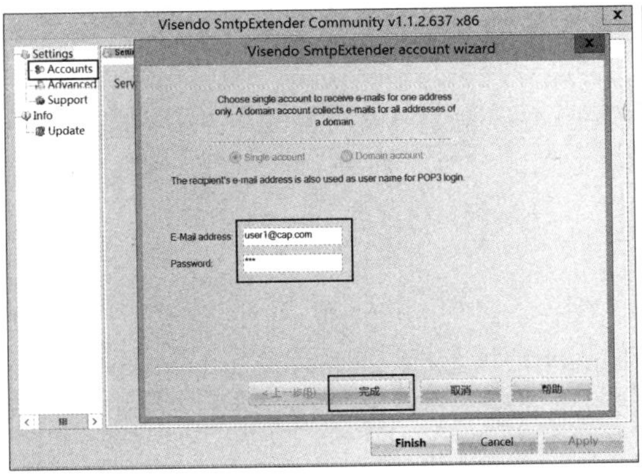

图 12.36　创建邮箱账号 user1@cap.com

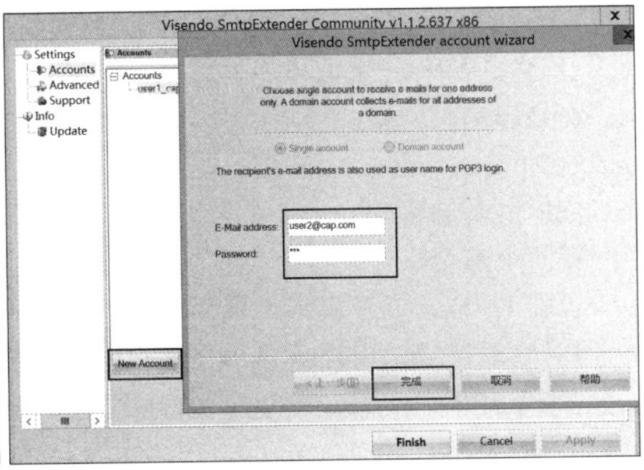

图 12.37　创建邮箱账号 user2@cap.com

步骤 11：回到 POP3 界面，在右窗格中可以看到所有创建的邮箱账号，如图 12.38 所示。

步骤 12：在左窗格中单击【Settings】节点，在右窗格中会显示相应的设置，单击【Start】按钮启动服务，会弹出提示对话框，单击【是】按钮，当【Start】按钮变成灰色时表示服务已启动，单击【Finish】按钮，如图 12.39 所示。

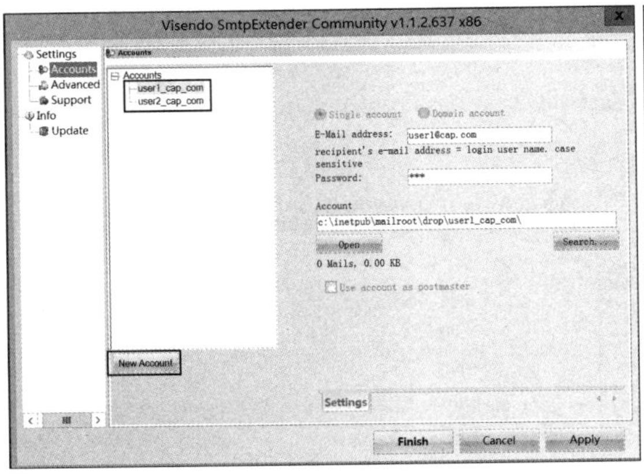

图 12.38　创建完成的邮箱账号

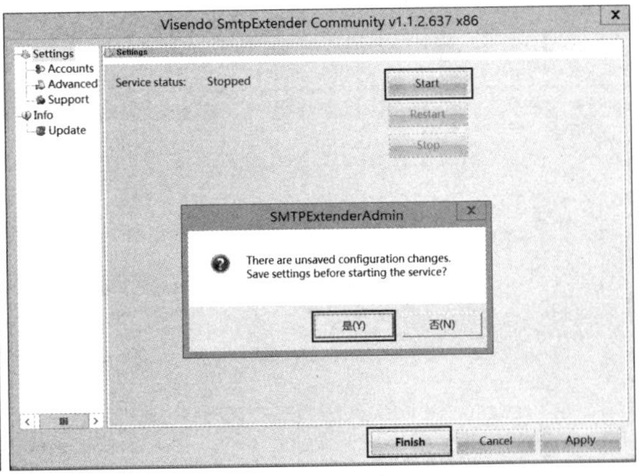

图 12.39　启动服务

12.3.3　任务 12-3 测试邮件服务器

对于熟知命令操作的专业人员来说，在字符界面中使用 telnet 或 ssh 命令连接邮件服务器并进行邮件的收发，是一种测试邮件服务器配置是否成功的较为快捷的方法；而对于习惯图形化界面操作的用户来说，通过配置邮件客户端软件并收发邮件来进行测试可能更加直观、简便，这也是人们日常工作中管理自己邮箱的常用方法。运行于图形化界面中的邮件客户端软件有很多，如 Windows 系统中常用的 Outlook Express 和

Foxmail、Linux 桌面系统 GNOME 自带的 Evolution 等。这些软件的配置方法大致相同，下面在 Windows 7 客户机中使用 Foxmail 来测试邮件服务器。

注意：Microsoft 公司的 Outlook Express 在 Windows XP 系统及以前的版本中是系统自带且默认安装的邮件客户端软件，但在 Windows Vista 系统以后使用了 Windows Mail，而在 Windows 7 系统以后又将 Windows Mail 加入 Windows Live 并成为它的一个组件，其配置与 Outlook Express 类似。Foxmail 是一款免费、精致且性能优秀的国产邮件客户端软件，深受大批用户的青睐，它不仅可以同时管理用户的多个邮箱账号，还可以为每个邮箱账号设置访问密码。

1．在 Foxmail 中创建邮箱账号

在搭建的邮件服务器上已经为 user1 和 user2 两个用户配置了各自的邮箱，他们的邮箱账号分别为 user1@cap.com 和 user2@cap.com。在实际测试时，应使用两台客户机分别安装 Foxmail，并各自创建自己的邮箱账号。但这里为了节省篇幅，通过在同一台客户机的 Foxmail 中配置两个邮箱账号来进行收发邮件的测试。

步骤 1：双击客户机系统桌面上的“Foxmail”图标，启动 Foxmail 后，会直接打开【新建账号】对话框①，要求用户新建一个邮箱账号。在【E-mail 地址】文本框中输入“user1@cap.com”，在【密码】文本框中输入在创建 user1 用户时为其设置的密码，设置完成后单击【创建】按钮，如图 12.40 所示。

步骤 2：弹出【新建账号】对话框，相应的参数会自动填上。在【接收服务器类型】下拉列表中选择“POP3”选项；【邮件账号】和【密码】文本框中会自动填入内容，分别为创建的邮箱账号和对应的密码；由于用于中转邮件的 SMTP 服务和接收邮件的 POP3 服务都配置在同一台邮件服务器上，因此【POP 服务器】和【SMTP 服务器】文本框中会自动填入内容，均为“mail.cap.com”；【POP 服务器】文本框右侧的【端口】文本框中的数值为“110”，【SMTP 服务器】文本框右侧的【端口】文本框中的数值为“25”，如图 12.41 所示，设置完成后单击【创建】按钮，自动进行邮箱账号的验证。

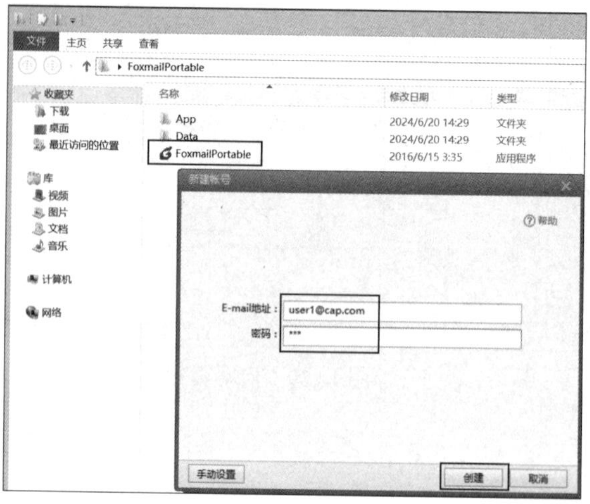

图 12.40　启动 Foxmail

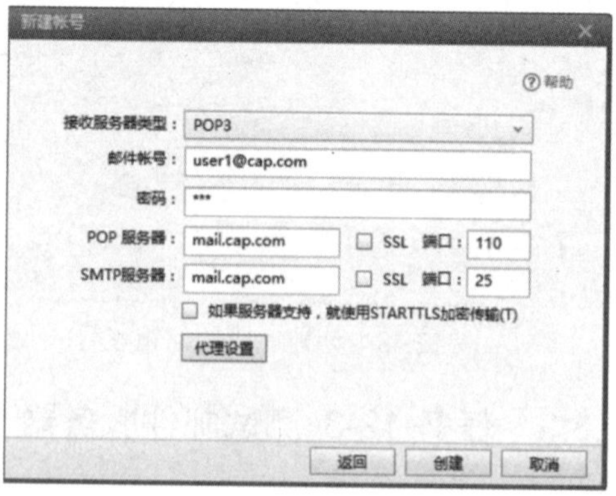

图 12.41　新建邮箱账号 user1@cap.com

步骤 3：如果验证通过，则会显示提示信息“设置成功”，如图 12.42 所示，单击【完成】按钮，即可完成邮箱账号的创建。

① 本书图片中的“帐号”为错误写法，正确写法应为“账号”。后文同。

步骤 4：进入 Foxmail 主窗口，在左窗格中可以看到邮箱名称“cap(user1)”。如果还要继续创建其他新的邮箱账号，则可以单击主窗口右上角的菜单，选择【账号管理】命令，弹出【系统设置】对话框，单击【新建】按钮，如图 12.43 所示，继续完成其他新的邮箱账号的创建，具体步骤不再重述。

图 12.42 显示提示信息【设置成功】

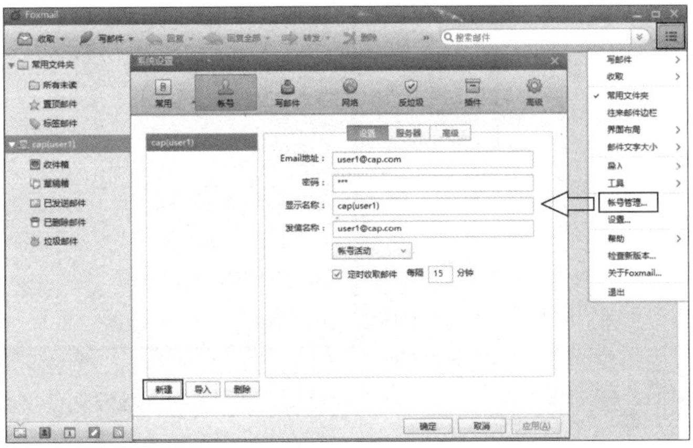

图 12.43 新建邮箱账号 user2@cap.com

2. 使用 Foxmail 测试邮件的收发

假设 user1 用户要向 user2 用户发送一封邮件，则首先应在 user1 用户的邮箱账号上撰写这封邮件并进行发送，然后在 user2 用户的邮箱账号上接收该邮件，具体步骤如下所述。

步骤 1：撰写邮件。在 Foxmail 主窗口的左窗格中选择邮箱名称“cap(user1)”，然后单击工具栏中的【写邮件】按钮，打开【未命名-写邮件】窗口。因为在创建邮箱账号时已默认设置为 user1，所以此时发件人名称“user1@cap.com”及撰写邮件的日期（即系统日期）已经出现在邮件正文内容文本框的尾部。这里只需在【收件人】文本框中输入邮件地址“user2@cap.com”，在【主题】和【邮件正文】文本框中分别输入想要发送的主题（本例为“你好”，输入完成后，【未命名-写邮件】窗口的标题栏会变为【你好-写邮件】）和正文内容（本例为“这是我的第一封邮件，请查收！”）。如果有需要，则还可以单击【附件】按钮来添加附件。

步骤 2：发送邮件。在撰写完邮件后，单击【你好-写邮件】窗口中的【发送】按钮，如图 12.44 所示，邮件就会立即被发送并返回 Foxmail 主窗口。此时如果在左窗格中选择邮箱名称“cap(user1)”下的【已发送邮件】文件夹，就可以看到这封已被发送的邮件。

注意：在撰写邮件时，如果邮件内容尚未写完或尚未决定是否要发送出去，只是想暂时保存这封邮件，则可以通过单击【保存】按钮将其保存为草稿，邮件就会存放到发件人邮箱账号的【草稿箱】文件夹，以便下次继续进行编辑。事实上，Foxmail 非常人性化的实用功能还有很多，由于这里只是利用它来测试邮件服务器的功能实现，对这些功能的具体使用不再详细介绍。

步骤 3：接收邮件。在 Foxmail 主窗口的左窗格中选择邮箱名称“cap(user2)”，然后单击工具栏中的【收取】按钮，就可以收取选定邮箱账号的邮件。已收取的邮件被保存在邮箱账号的【收件箱】文件夹中，此时双击右窗格上方已收取的邮件列表中指定的邮件，即可查看该邮件的详细信息，如图 12.45 所示。

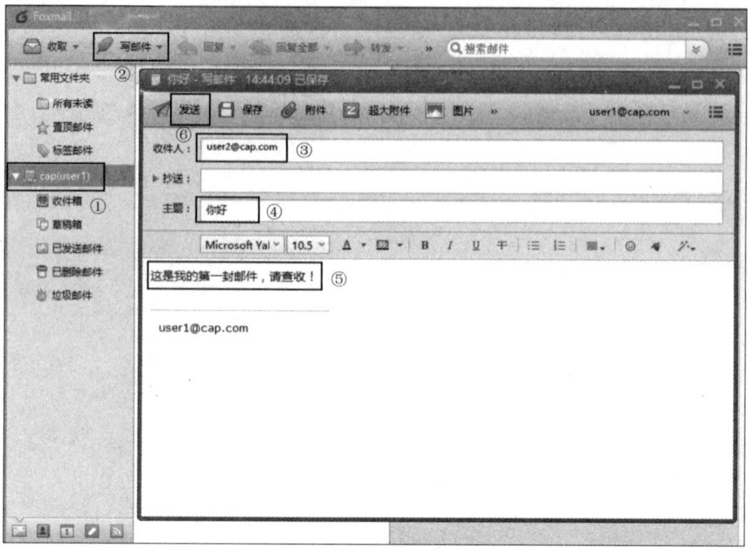

图 12.44　撰写和发送邮件

图 12.45　查看已收取的邮件的详细信息

上述测试表明，邮件系统基本功能已成功实现。另外，也可以反过来进行一次由 user2 用户向 user1 用户发送一封邮件的测试，并在 user1 用户的邮箱账号上接收该邮件，这里不再赘述，读者可以自行完成。

12.4　项目实训 12　配置与管理邮件服务器

【实训目的】

搭建邮件服务器；配置邮件服务器；使用邮件客户端软件实现电子邮件的收发。

【实训环境】

每人 1 台 Windows 10 物理机，1 台 Windows Server 2012 虚拟机，VMware Workstation 16

及以上版本的虚拟机软件，虚拟机网卡连接至 VMnet8 虚拟交换机。

【实训拓扑】

实训拓扑图如图 12.46 所示。

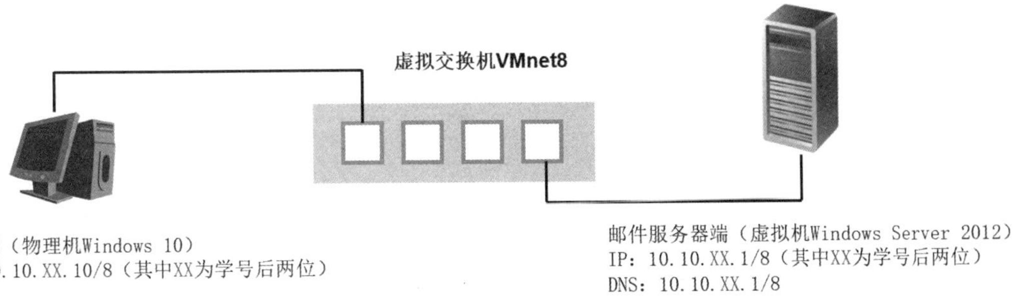

图 12.46 实训拓扑图

【实训内容】

1. 安装

在 Windows Server 2012 系统中安装 SMTP 服务和 POP3 服务，搭建邮件服务器，并设置其 IP 地址为 10.10.xx.1/8，DNS 服务器的 IP 地址为 10.10.xx.1（xx 为学号后两位），域名为 yy.com（yy 为自己姓名的首字母）。

2. 配置

配置邮件服务器，创建两个邮箱账号，分别为 yy1@yy.com 和 yy2@yy.com。

3. 测试

在客户机上使用邮件客户端软件完成电子邮件的发送与接收功能。

12.5 项目习题

一、填空题

1. 电子邮件主要由两部分构成，即收件人的姓名和地址、________________。

2. ________________负责电子邮件的转发，即将电子邮件从一台计算机传送到另一台计算机。

3. 电子邮件系统由 4 部分组成：MUA、MTA、MDA 和________________。

4. SMTP 也被称为________________。

5. ________________负责将电子邮件投递到用户的电子邮箱，通常是挂在 MTA 下面的一个小程序。

二、单选题

1. 要在 Internet 上收发电子邮件，用户必须有一个电子邮件地址，该地址可以在网上向电子邮件服务提供商申请，下列电子邮件地址的格式正确的是（　　）。

A. 用户名@电子邮件服务器域名　　B. 用户名#电子邮件服务器域名

C. 用户名$电子邮件服务器域名　　D. 用户名*电子邮件服务器域名

2. 电子邮件系统主要由 MUA 和 MTA 两部分组成，以下软件中不属于 MUA 的是（　　）。

A. Foxmail　　B. Windows Live Mail

C. Outlook　　D. Postfix

3. （　　）协议用于发送电子邮件。

A. HTTP　　B. POP3　　C. SMTP　　D. FTP

4. SMTP 服务使用的端口是（　　）。

A. 21　　B. 23　　C. 25　　D. 53

5. POP3 服务使用的端口是（　　）。

A. 21　　B. 23　　C. 25　　D. 110

6. （　　）是用户与电子邮件系统之间的接口，通常是客户端运行的程序，主要负责撰写、阅读、发送、接收电子邮件等工作。

A. MUA　　B. MTA　　C. MDA　　D. SMTP

7. （　　）是 Internet 上传输电子邮件的第一个标准协议，它是一个离线协议。

A. POP3　　B. SMTP　　C. RFC 822　　D. IMAP4

8. 下列哪一个不是 Windows 系统中常用的邮件客户端软件？（　　）

A. DreamMail　　B. VMware　　C. Outlook　　D. Foxmail

三、问答题

1. 简述电子邮件系统的组成。
2. 简述电子邮件系统的工作过程。
3. 在 Internet 上传输电子邮件是通过哪些协议完成的？

项目 13

配置与管理 VPN 服务器

学习目标

私自开发与售卖 VPN“翻墙”软件——王某、蒲某、肖某在互联网上浏览制作 VPN“翻墙”软件的教学视频，在掌握 VPN“翻墙”技术后，制作了名为“Y 云”的“翻墙”软件。此后，王某等 3 人在未获得国家相关部门许可、未获得相应资质的情况下将“翻墙”软件通过网站对外出售，从中牟利。网民通过网络购买王某等 3 人提供的“翻墙”软件，利用该软件绕开国家防火墙，访问国内 IP 地址不能访问的外国网站。截至案发，该软件的注册用户达 2 万余人，王某等 3 人非法获利人民币共计 140 余万元。日前，法院以提供侵入、非法控制计算机信息系统程序、工具罪判处被告人王某、蒲某、肖某 3 人有期徒刑 1 年至有期徒刑 4 年不等，并处罚金 5 000 元至 20 000 元不等。为了能够访问一些境外网站，部分网民会通过购买“翻墙”软件进行访问，由此产生了开发、售卖“翻墙”软件的群体。但是，中华人民共和国工业和信息化部明确规定，未经电信主管部门批准，不得自行建立或租用 VPN。公民个人私自建立 VPN 并以此牟利的行为可能触犯相关法律规定。

知识目标

- 了解 VPN 的优缺点
- 熟悉 VPN 的概念、常用的 VPN 隧道协议、VPN 的身份认证协议
- 掌握 VPN 的工作原理

能力目标

- 具备根据项目需求和总体规划对 VPN 服务器方案进行合理设计的能力
- 具备安装和配置 VPN 服务器的能力
- 具备管理和维护 VPN 服务器的能力
- 具备配置 Windows 客户机并进行 VPN 连接与访问测试的能力

素养目标

- 培养学生的防间保密意识
- 培养学生的网络安全意识

13.1 项目背景

成都航院建设智慧校园网后，所有业务都要求在网上进行办理。因此，教师经常需要在家里或外地访问校园内网资源、在 OA 上收发信件、填写教学日志等，为了保证学校师生在校外也能够访问校园内部服务器的数据，实现安全的数据传输，学校信息中心决定在不增加额外硬件成本的前提下，在已有的服务器上搭建 VPN 服务器，让全校师生能够随时随地通过 VPN 访问学校内网资源。

13.2 项目知识

13.2.1 VPN 概述

1. VPN 的定义

许多企业往往在不同地域开设有多家分公司，企业总部通常配置有多台应用服务器，并搭建服务完善的企业内网，而各家分公司也建设有自己的局域网。企业需要实现总部与各家分公司之间的协同办公，分公司的员工要能访问集成在企业总部的文件服务器、Web 站点、电子邮件系统等信息服务，实现各部门之间的信息交互。

虽然移动用户或远程用户通过拨号访问企业内部专用网络的实现方法有许多种，但传统的远程访问方式不但花费的通信费用比较高，而且在与企业内部专用网络中的计算机进行数据传输时，不能保证企业内部私有数据的通信安全。近些年来，VPN 作为一种虚拟网络技术得到了广泛的应用，企业通过部署 VPN 系统，利用公用网络实现企业总部与异地分公司之间的异地组网，这是目前最廉价且最理想的解决方案。

VPN（Virtual Private Network，虚拟专用网络）是一种利用公用网络来构建私人专用网络的技术，也是一条穿越公用网络的安全、稳定的“隧道”。它涵盖了跨共享网络或公用网络的封装、加密和身份验证链接的专用网络的扩展，从而避开了各种安全问题的干扰。之所以称为虚拟网，主要是因为整个 VPN 的任意两个节点之间的连接并没有传统专用网络所需要的端到端的物理链路，而是架构在公用网络服务商所提供的网络平台，如 Internet、ATM（异步传输模式）、Frame Relay（帧中继）等之上的逻辑网络，用户数据在逻辑链路中传输。因此，VPN 借助于公用网络，可以使本来只能局限在很小地理范围内的企业内网扩展到世界上的任何一个角落。

2. VPN 的优缺点

1）VPN 的优点

- 成本低：与传统的广域网相比，VPN 是以公用网络为基础建立的，因而可以避免建设传统网络所需的高额软件和硬件投资。此外，VPN 还可以大大节约链路租用费用及网络维护费用，从而降低企业的运营成本。
- 安全性高：VPN 提供高水平的安全措施，使用高级的加密和身份识别协议，防止数据窃贼和其他非授权的用户窥探数据。
- 可扩充性和灵活性：VPN 较传统专线连接的架构而言灵活性更高，用户可以自由扩充网络或变更网络架构。VPN 还可以支持通过各种网络的任何类型数据流，支持多种类型的传输媒介，可以同时满足传输语音、图像和数据等的需求。

- 管理便利：构建 VPN 不但只需要很少的网络设备及物理线路，而且网络管理十分简单方便。无论是分公司还是远程访问用户，都只需要通过一个公用网络端口或 Internet 路径即可进入企业网络。

2）VPN 的缺点

- 基于互联网的 VPN 的可靠性和性能不在企业的直接控制之下。企业必须依靠提供 VPN 的互联网服务提供商保持服务的启动和运行。这个因素对于与互联网服务提供商进行协商，从而创建一个保证各种性能指标的协议是非常重要的。
- 企业创建和部署一个 VPN 并不容易，需要对网络和安全问题有高水平的理解，以及认真地规划和配置。因此，选择一个互联网服务提供商处理更多的具体运营问题是一个好主意。
- 不同厂商的 VPN 产品和解决方案有时不能相互兼容，因为许多厂商不愿意或没有能力遵守 VPN 技术标准。因此，设备的混合搭配可能引起技术难题。另一方面，使用一家厂商的设备也许会增加成本。

VPN 在与无线设备一起使用时会产生安全风险。接入点之间的漫游特别容易出现问题。当用户在接入点之间漫游时，任何依靠高水平加密的解决方案都会被攻破，某些第三方解决方案能够解决这个缺陷。

13.2.2 VPN 的工作原理

VPN 服务器有独立的 CPU、内存、宽带等，使用 VPN 服务器上网不会出现网络时强时弱的情况。借助 VPN，企业外出人员可以随时连到企业的 VPN 服务器，进而连接到企业内部网络。VPN 通过公用网络（如 Internet）建立一个临时的、安全的、模拟的点对点连接。这是一条穿越公用网络的“隧道”，数据可以通过这条“隧道”在公用网络中安全地传输，因此也可以形象地称之为“网络中的网络”。

VPN 基于 Windows Server 2012 系统，通过 ADSL 接入 Internet 的服务器和客户端，连接方式为客户端通过 Internet 与服务器建立 VPN 连接。在通常情况下，VPN 服务器需要两块网卡，一块网卡连入内网，另一块网卡连入外网。假定连入外网的网卡使用公网 IP 地址接入 Internet。VPN 具体的工作原理如下：

① 网络一（假定为公网 Internet）的终端 A 访问网络二（假定为公司内网）的终端 B，其发出的访问数据包的目标地址为终端 B 的内部 IP 地址。

② 网络一的 VPN 网关在接收到终端 A 发出的访问数据包时，对其目标地址进行检查，如果目标地址属于网络二的地址，则将该数据包进行封装，封装的方式根据所采用的 VPN 技术的不同而不同，同时 VPN 网关会构造一个新 VPN 数据包，并将封装后的原数据包作为 VPN 数据包的负载，VPN 数据包的目标地址为网络二的 VPN 网关的外部地址。

③ 网络一的 VPN 网关将 VPN 数据包发送到 Internet，由于 VPN 数据包的目标地址是网络二的 VPN 网关的外部地址，因此该数据包将被 Internet 中的路由器正确地发送到网络二的 VPN 网关。

④ 网络二的 VPN 网关对接收到的数据包进行检查，如果发现该数据包是从网络一的 VPN 网关发出的，就可以判定该数据包为 VPN 数据包，并对该数据包进行解包处理。解包的

过程主要是先将 VPN 数据包的包头剥离，再将数据包反向处理，还原成原始的数据包。

⑤ 网络二的 VPN 网关将还原后的原始数据包发送至目标终端 B，由于原始数据包的目标地址是终端 B 的 IP 地址，因此该数据包能够被正确地发送到终端 B。在终端 B 看来，它收到的数据包就和从终端 A 直接发过来的一样。

⑥ 从终端 B 返回终端 A 的数据包的处理过程和上述过程一样，这样两个网络内的终端就可以相互通信了。

13.2.3 VPN 隧道协议

VPN 是采用隧道技术实现通信的。所谓隧道技术，就是当数据包经过源局域网与公网的接口处时，由特定的设备将这些数据包作为负载封装在一种可以在公网上传输的数据报文中；而当数据报文到达公网与目的局域网的接口处时，再由相应的设备将数据报文解封装，取出原来在源局域网中传输的数据包并放入目的局域网。被封装的局域网数据包穿越公网传递时所经过的逻辑路径被形象地称为“隧道”。

客户机和服务器必须使用相同的协议才能建立隧道并实现隧道通信。目前，VPN 使用的协议主要有第二层隧道协议 PPTP 和 L2TP，以及第三层隧道协议 IPSec。

（1）PPTP（Point-to-Point Tunneling Protocol，点对点隧道协议）在 RFC 2637 中定义，可看作对 PPP（点对点协议）的扩展，它将 PPP 数据帧封装成 IP 数据包，并提供在 PPTP 客户机与服务器之间的加密通信，其前提是通信双方有连通且可用的 IP 网络。PPTP 客户机与服务器交换的报文有控制报文和数据报文两种。其中，控制报文负责 PPTP 隧道的建立、维护和断开，控制连接由 PPTP 客户机首先发起，它向 PPTP 服务器监听的 TCP 端口（默认为 1723 端口）发送连接请求，得到回应后建立控制连接，然后通过协商建立 PPTP 隧道，用于传送数据报文；数据报文负责传送真正的用户数据，承载用户数据的 IP 数据包经过加密、压缩之后，依次经过 PPP 协议、GRE（通用路由封装）协议、IP 协议的封装，最终得到一个可以在 IP 网络中传输的 IP 数据包，并将其送达 PPTP 服务器。PPTP 服务器在接收到该 IP 数据包后，经过层层解包、解密和解压缩，最终得到承载用户数据的 IP 数据包，并将其转发到内部网络上。PPTP 协议采用 RSA 公司的 RC4 作为数据加密算法，保证了隧道通信的安全性。

（2）L2TP（Layer 2 Tunneling Protocol，第二层隧道协议）由 RFC 2661 定义，结合了 L2F（第二层转发）协议和 PPTP 协议的优点，由 Cisco、Ascend、Microsoft 等公司在 1999 年联合制定，已成为第二层隧道协议的工业标准，得到了众多网络厂商的支持。L2TP 协议支持 IP、X.25、帧中继或 ATM 等作为传输协议，但目前使用最多的还是基于 IP 网络的 L2TP 协议。与 PPTP 协议类似，L2TP 客户机与服务器之间交换的报文也包括控制报文和数据报文两种，并且也使用 PPP 协议，可以对多种不同协议的用户数据包进行封装，然后添加运输协议的包头，以便能在互联网上传输。

L2TP 协议与 PPTP 协议的不同之处主要有：①L2TP 协议的两种报文都是把 PPP 帧使用 UDP 协议进行封装，默认监听 1701 端口进行隧道维护，而 PPTP 协议使用 TCP 协议进行封装，默认监听端口为 1723；②L2TP 协议允许在任何支持点对点传输的媒介中发送数据包，而 PPTP 协议要求传输网络必须是 IP 网络；③L2TP 协议支持在两端使用多条隧道，而 PPTP 协议则只能在两端建立一条隧道；④L2TP 协议可以提供隧道验证，而 PPTP 协议则不支持；⑤L2TP 协议依靠 IPSec 协议为其提供加密服务，二者的组合称为 L2TP/IPSec，提供了封装和加密专用数据的主要 VPN 服务，而 PPTP 协议自身就提供 RC4 数据加密。

（3）IPSec（Internet Protocol Security，Internet 协议安全）是由 IETF 标准定义的 Internet 安全通信的一系列规范，它提供了私有信息通过公用网络的安全保障。由于 IPSec 协议所处的 IP 层是 TCP/IP 协议的核心层，因此可以有效地保护各种上层协议，并为各种应用层服务提供一个统一的安全平台。IPSec 也是构建第三层隧道最常用的一种协议，将来有可能成为 IP VPN 的标准。IPSec 协议的基本思想是把与密码学相关的安全机制引入 IP 协议，通过使用现代密码学所创立的方法来支持保密和认证服务，使用户可以有选择地使用它提供的功能，以获得所要求的安全服务。IPSec 协议是随着 IPv6 协议的制定而产生的，但由于 IPv4 协议的应用仍非常广泛，因此在 IPScc 协议的制定过程中也增加了对 IPv4 协议的支持。IPSec 协议相当复杂，其包含的许多标准还在不断完善中，主要内容有安全关联和安全策略、IPSec 协议的运行模式、AH（Authentication Header，认证头）协议、ESP（Encapsulate Security Payload，封装安全载荷）协议、IKE（Internet Key Exchange，Internet 密钥交换）协议等。

13.2.4 VPN 的身份认证协议

PPTP 协议和 L2TP 协议都是先对 PPP 帧进行封装，以便能通过公网到达目的地，然后解除封装还原成 PPP 帧。从这个角度来说，也可以认为隧道双方是通过 PPP 协议进行通信的。在 PPP 链路的建立过程中，有个重要阶段就是对用户的身份进行认证，即要求链路连接发起方在认证选项中填写认证信息，只有得到接收方的许可后才能建立链路，这样可以防止非法用户的连接。VPN 隧道通信除使用 PPP 协议本身的 PAP 和 CHAP 两种认证方式以外，还可以使用另一种支持多种链路（包括 PPP）的更加灵活的 EAP 认证方式。

（1）PAP（Password Authentication Protocol，密码认证协议）由 RFC 2865 定义，只在建立链路时进行 PAP 认证，一旦链路建立成功，就不再进行认证检测。PAP 认证采用简单的二次握手机制，即被验证方发送明文的用户名和密码到验证方，验证方根据自己的网络用户配置信息验证用户名和密码是否正确，然后做出允许或拒绝连接的选择。因为明文的用户名和密码在网络传输过程中很容易被第三者截获，从而对网络安全造成威胁，所以 PAP 认证并不是一种安全的认证方法，它仅适用于对安全要求较低的网络环境。

（2）CHAP（Challenge-Handshake Authentication Protocol，质询握手认证协议）由 RFC 1994 定义，不仅在链路的建立过程中会进行 CHAP 认证，在链路建立成功后还会进行多次认证检测。CHAP 认证过程采用较为复杂的三次握手机制：①主认证方发送包含一个随机数和认证用户名的挑战（Challenge）消息到被认证方；②被认证方在接收到主认证方的认证请求后，在本地用户表中查找该用户名对应的密码（如果没有设置密码，则使用默认密码），并根据该密码及主认证方发来的报文 ID 和随机数采用 MD5 算法生成一个 Hash 值，将该 Hash 值与用户名一起作为响应（Response）消息发回给主认证方；③主认证方在接收到响应消息后，在本地用户表中查找被认证方发来的认证用户名对应的密码，同样根据该密码及报文 ID 和随机数采用 MD5 算法生成一个 Hash 值，然后将该 Hash 值与被认证方发来的 Hash 值进行比较，如果一致，则向被认证方发送一个承认（Acknowledge）消息表示认证通过，否则就向被认证方发送一个不承认（Not Acknowledge）消息，表示认证失败而终止链路。由此可见，CHAP 认证虽然要求双方都知道用户的密码明文，但密码从不在网络上传输。只要链路还存在，CHAP 认证过程随时都可能发生，并且链路两端谁都可以作为主认证方向对方发起认证，并且通过使用递增的报文 ID 和随机数，可以防止对方的重放攻击。

（3）MS-CHAP 是微软版的 CHAP，起初的 MS-CHAPv1 由 RFC 2433 定义，后来的 MS-CHAPv2 由 RFC 2759 定义。MS-CHAPv2 在 Windows 2000 系统中引入，并在更新 Windows 95/98 系统时也提供了对 MS-CHAPv2 的支持，而从 Windows Vista 系统后就去掉了对 MS-CHAPv1 的支持。与标准 CHAP 相比，MS-CHAP 的主要特点有 3 个方面：①双方可以通过协商启用 MS-CHAP；②提供了一种由认证发起方控制的密码修改和重试机制；③定义了认证失败时的出错代码。

（4）EAP（Extensible Authentication Protocol，可扩展认证协议）实际上是一系列认证方式的集合，其设计理念是满足任何链路层的认证需求，可以提供不同的方法分别支持 PPP、以太网、无线局域网的链路认证。

13.3 项目实施

13.3.1 任务 13-1 安装 VPN 服务器

在 Windows Server 2012 系统中，“DirectAccess 和 VPN”是“远程访问”服务器角色中的一个角色服务，它通过虚拟专用网络（VPN）或拨号连接为远程用户提供对专用网络上资源的访问。因此，如果要在 IP 地址为 192.168.38.1 的服务器上架设 VPN 服务，则首先就要添加“DirectAccess 和 VPN”这个角色服务，具体步骤如下所述。

步骤 1：打开【服务器管理器】窗口，在左窗格中选择【仪表板】选项，在右窗格中单击【添加角色和功能】选项，打开【添加角色和功能向导】窗口，进入【开始之前】界面，连续单击【下一步】按钮，直至进入【选择服务器角色】界面，在【角色】列表框中勾选【远程访问】复选框，在弹出的【添加角色和功能向导】对话框中单击【添加功能】按钮，如图 13.1 所示，单击【下一步】按钮。

步骤 2：进入【选择功能】界面，在【功能】列表框中勾选【RAS 连接管理器管理工具包(CMAK)】复选框，如图 13.2 所示，单击【下一步】按钮。

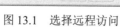

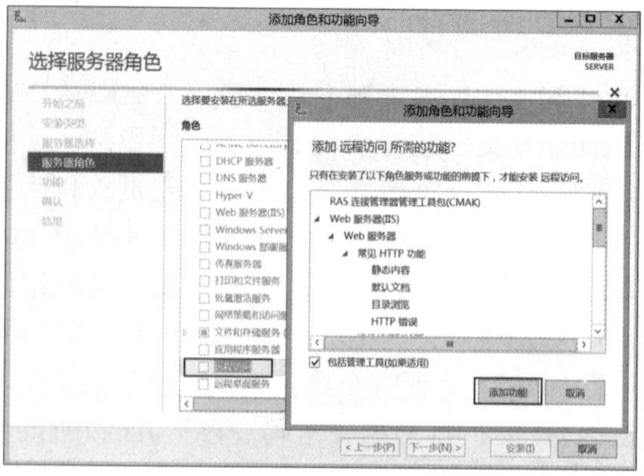

图 13.1 选择远程访问

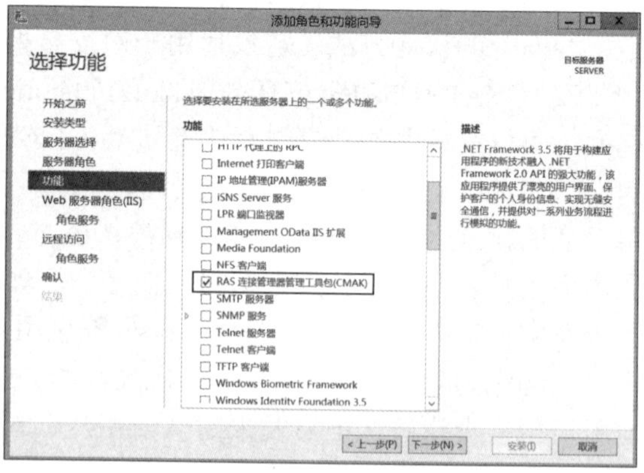

图 13.2 【选择功能】界面

步骤 3：进入【远程访问】界面，介绍 DirectAccess、VPN 和 Web 应用程序代理的功能。继续单击【下一步】按钮，进入【选择角色服务】界面，勾选【DirectAccess 和 VPN(RAS)】和【路由】复选框，如图 13.3 所示，单击【下一步】按钮。

步骤 4：连续单击【下一步】按钮，直至进入【确认安装所选内容】界面，如图 13.4 所示，单击【安装】按钮，进入【安装进度】界面，系统开始安装，安装完成后单击【关闭】按钮。

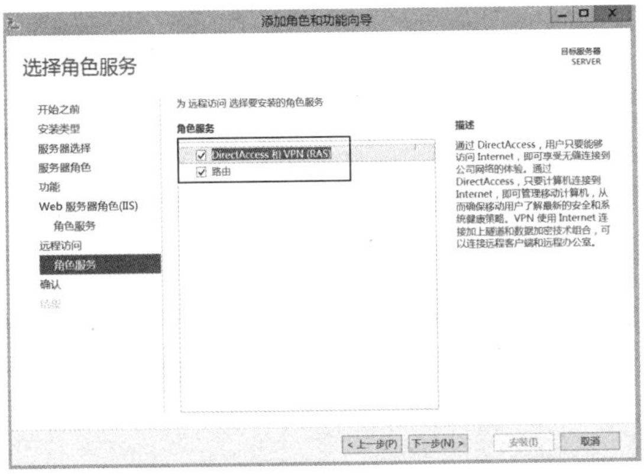

图 13.3　【选择角色服务】界面

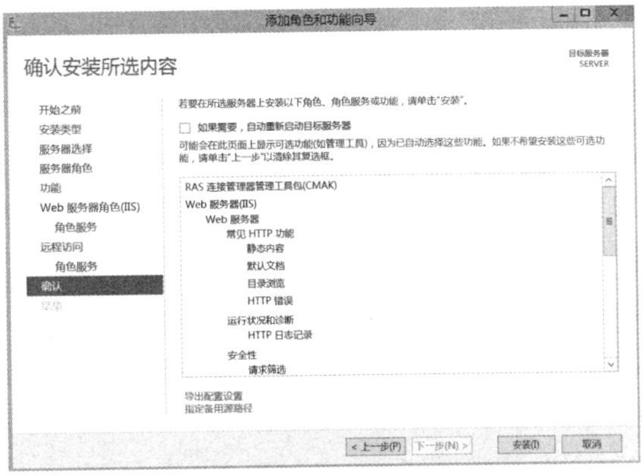

图 13.4　【确认安装所选内容】界面

13.3.2　任务 13-2 配置与管理 VPN 服务器

在此计算机添加路由和远程访问服务后，VPN 服务器还需要进行以下 3 项配置：

- 配置“VPN 访问”服务，并启用路由和远程访问服务。
- 设置隧道通信双方在建立 VPN 连接时自动获取的虚拟 IP 地址段。
- 创建具有拨入权限的用户，让客户机有权连接到 VPN 服务器。

1. 配置并启用路由和远程访问服务

成功安装【远程访问】角色后，在【服务器管理器】窗口的【工具】菜单中会增加【路由和远程访问】命令，选择该命令，会打开【路由和远程访问】窗口，在该窗口中可以进行 VPN 服务器的相关配置，步骤如下所述。

步骤 1：在【路由和远程访问】窗口中，右击【SERVER(本地)】服务器图标，在弹出的快捷菜单中选择【配置并启用路由和远程访问】命令，如图 13.5 所示。

注意：在【路由和远程访问】窗口中可以看到，左窗格中的【服务器状态】节点下面已有一个名称为【SERVER(本地)】的服务器图标，即系统已经将此计算机添加为路由和远程访问服务器。如果服务器名称左侧的图标上有一个红色箭头标记，则表示该服务器并未被启用而处于停止状态。

步骤 2：打开【路由和远程访问服务器安装向导】对话框，进入【欢迎使用路由和远程访问服务器安装向导】界面，如图 13.6 所示，单击【下一步】按钮。

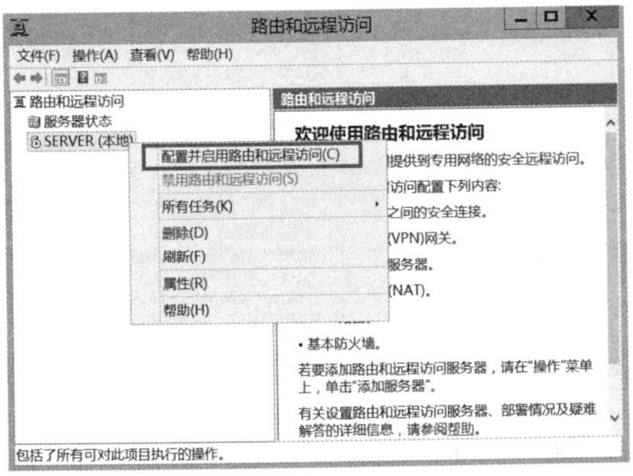

图 13.5　选择【配置并启用路由和远程访问】命令

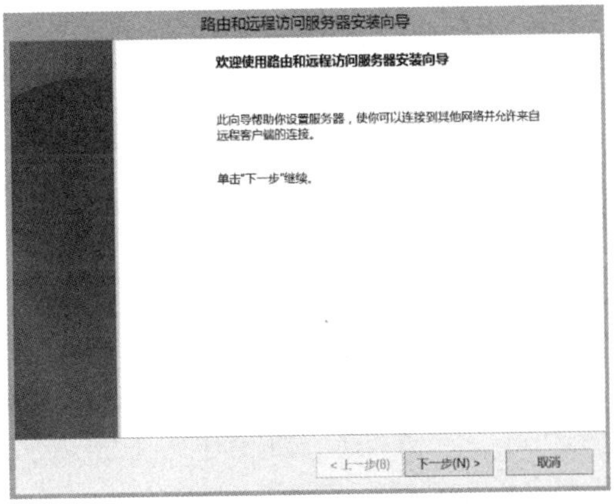

图 13.6　【欢迎使用路由和远程访问服务器安装向导】界面

步骤 3：进入【配置】界面，选中【自定义配置】单选按钮，如图 13.7 所示，单击【下一步】按钮。

注意：因为这里配置的是采用单网卡实现 VPN，所以在该步骤中必须选中【自定义配置】单选按钮，否则后续步骤将无法进行。

步骤 4：进入【自定义配置】界面，在【选择你想在此服务器上启用的服务】选区中勾选【VPN 访问】复选框，如图 13.8 所示，单击【下一步】按钮。

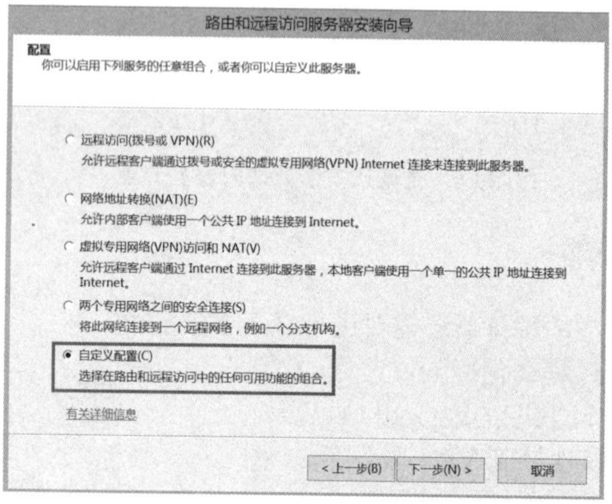

图 13.7　【配置】界面

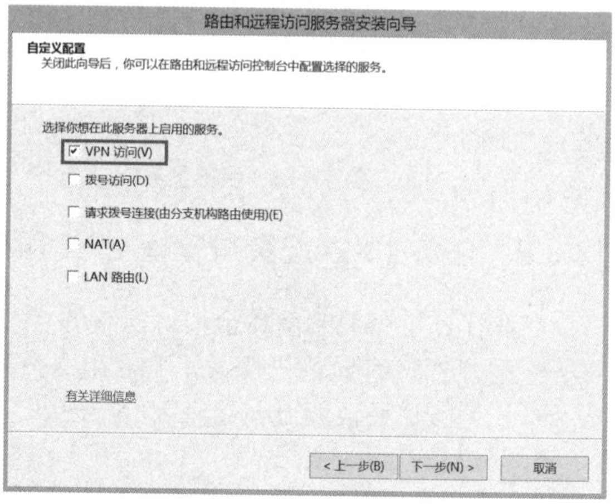

图 13.8　【自定义配置】界面

步骤 5：进入【正在完成路由和远程访问服务器安装向导】界面，在【选择摘要】列表框中会显示已选择的【VPN 访问】选项，检查无误后单击【完成】按钮，会弹出【路由和远程访问】对话框，告知用户路由和远程访问服务已处于可用状态，要求选择是否要启动服务，单击【启动服务】按钮，回到【正在完成路由和远程访问服务器安装向导】界面，再次单击【完成】按钮，VPN 服务器安装完成，如图 13.9 所示。

步骤 6：此时回到【路由和远程访问】窗口，可以看到左窗格中的【SERVER(本地)】节点左侧的服务器图标上有一个绿色箭头标记，表示该服务器已启用，展开【SERVER(本地)】节点后的窗口如图 13.10 所示。

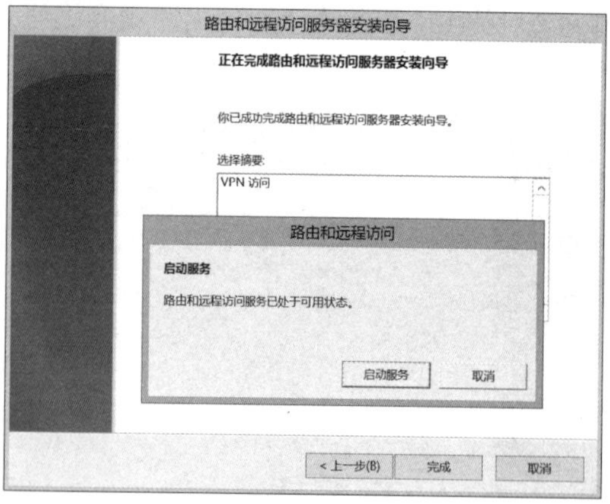

图 13.9　完成安装

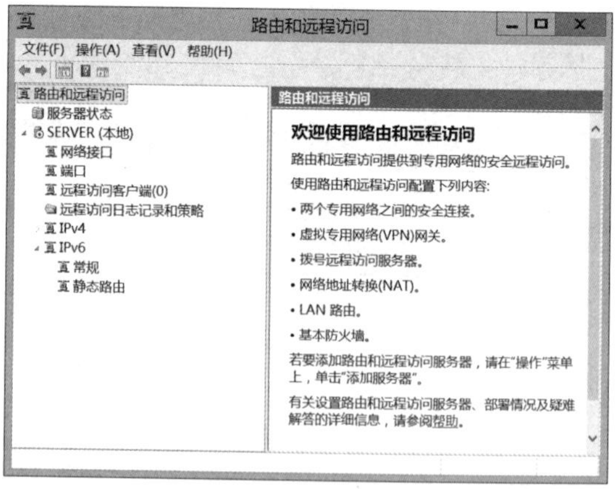

图 13.10　展开【SERVER(本地)】节点后的窗口

2. 设置虚拟 IP 地址段

在客户机远程连接 VPN 服务器时，路由和远程访问服务将为隧道通信双方自动分配虚拟

IP 地址。如果不对虚拟 IP 地址段进行设置，则建立 VPN 连接的双方将会自动获取微软保留的 169.254.0.0/16 网段的地址，相当于没有获得虚拟 IP 地址。因此，本例将虚拟 IP 地址设置为内网专门保留的 192.168.38.221～192.168.38.253，操作步骤如下所述。

步骤 1：在【路由和远程访问】窗口中，右击左窗格中的【SERVER(本地)】节点，在弹出的快捷菜单中选择【属性】命令，如图 13.11 所示。

步骤 2：打开【SERVER(本地)属性】对话框，切换到【IPv4】选项卡。在【IPv4 地址分配】选区中，默认选中【动态主机配置协议(DHCP)】单选按钮，这里应选中【静态地址池】单选按钮。单击【添加】按钮，打开【新建 IPv4 地址范围】对话框，在【起始 IP 地址】编辑框中输入“192.168.38.221”，在【结束 IP 地址】编辑框中输入“192.168.38.253”。此时在【地址数】文本框中会自动显示 IP 地址的数量为 33 个，如图 13.12 所示。

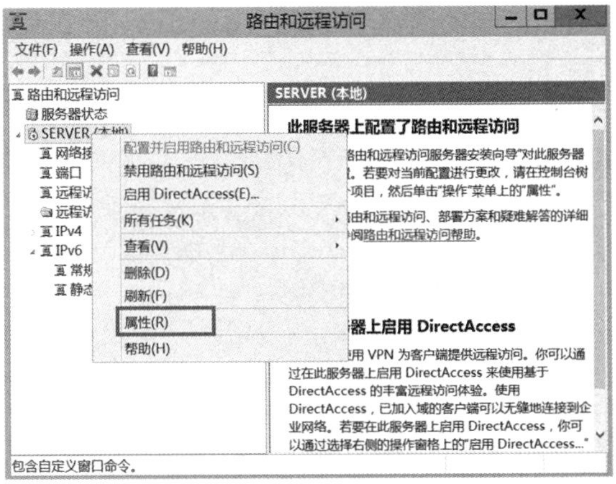

图 13.11　选择【属性】命令

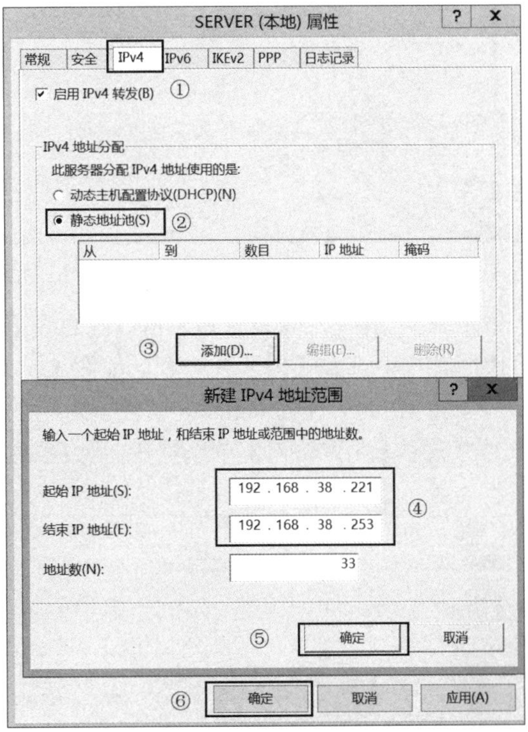

图 13.12　添加静态地址池

步骤 3：返回【SERVER(本地)属性】对话框的【IPv4】选项卡，即可看到【静态地址池】列表中显示了刚才设置的虚拟 IP 地址范围。此时先单击【应用】按钮，再单击【确定】按钮，关闭该对话框即可。

3．创建具有拨入权限的用户

为使客户机能登录 VPN 服务器，必须在该服务器上为其创建一个或多个具有拨入权限的用户，具体操作步骤如下所述。

步骤 1：打开【计算机管理】窗口，在左窗格中依次展开【系统工具】→【本地用户和组】→【用户】节点，右击【用户】节点，或者在中间窗格中显示已有用户列表的空白处右击，在弹出的快捷菜单中选择【新用户】命令，如图 13.13 所示。

步骤 2：打开【新用户】对话框后，在【用户名】文本框中输入“zhangliang”，在【密码】

文本框中输入该用户的密码。取消默认勾选的【用户下次登录时须更改密码】复选框，并勾选【用户不能更改密码】和【密码永不过期】复选框，如图 13.14 所示，单击【创建】按钮，即可完成用户 zhangliang 的创建。如果还需要创建更多新用户，则可以在【新用户】对话框中继续创建。

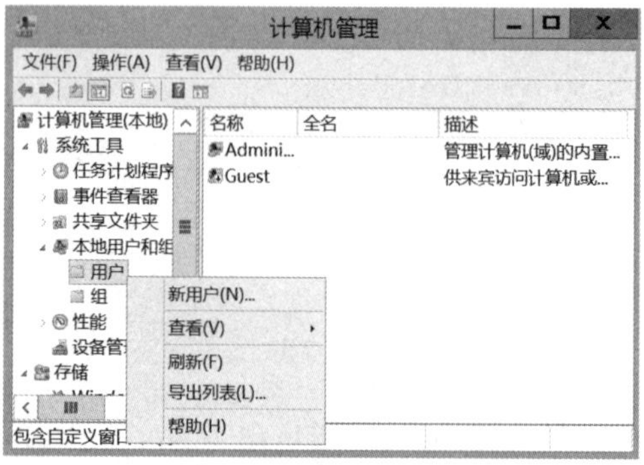

图 13.13　选择【新用户】命令

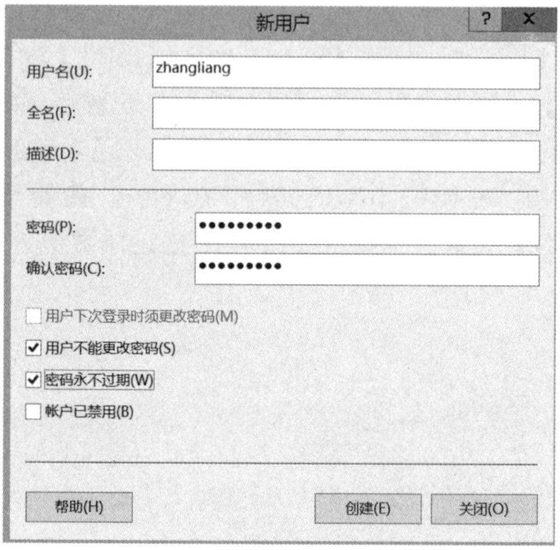

图 13.14　【新用户】对话框

步骤 3：在【计算机管理】窗口的右窗格中右击新建的用户的名称“zhangliang”，在弹出的快捷菜单中选择【属性】命令，如图 13.15 所示。

步骤 4：打开【zhangliang 属性】对话框并切换到【拨入】选项卡，在【网络访问权限】选区内选中【允许访问】单选按钮，如图 13.16 所示，单击【确定】按钮。

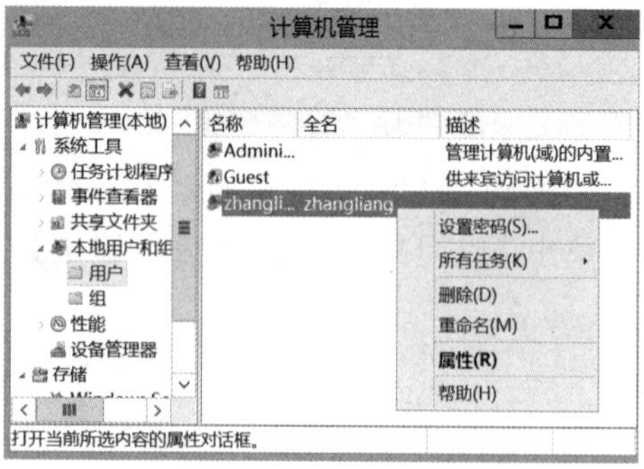

图 13.15　选择【属性】命令

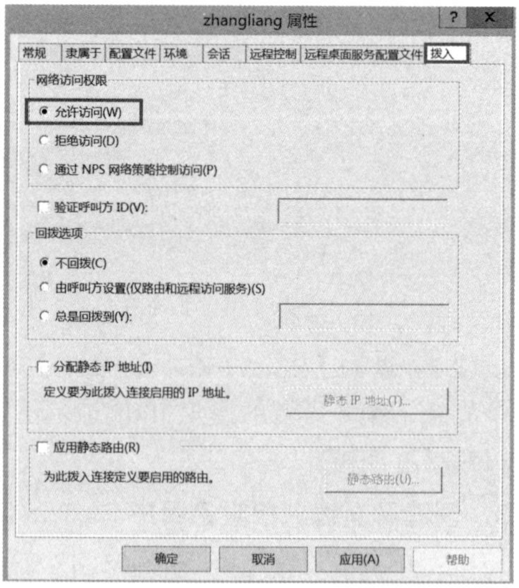

图 13.16　【拨入】选项卡

注意：因为该步骤是为新建的用户赋予拨入访问该 VPN 服务器的权限或以 VPN 方式访问该 VPN 服务器的权限，所以此处必须选中【允许访问】单选按钮，否则将无法使用这个新建的用户登录 VPN 服务器。接下来就可以在客户机上使用 zhangliang 用户连接到 VPN 服务器了。

13.3.3 任务 13-3 测试 VPN 服务器

为了验证 VPN 服务器配置的正确性，可以使用与 VPN 服务器在同一个网段的内网中的客户机进行 VPN 连接测试。下面以 IP 地址为 192.168.38.2 的 Windows 7 客户机为例，介绍创建 VPN 连接并连接到 VPN 服务器、查看 VPN 连接状态并测试隧道连通性的方法。

1. 创建 VPN 连接并连接到 VPN 服务器

步骤 1：右击桌面任务栏右侧的【网络连接】图标，在弹出的快捷菜单中选择【打开网络和共享中心】命令，或者打开【控制面板】窗口，单击【网络和 Internet】链接，在打开的【网络和 Internet】窗口中单击【网络和共享中心】链接，打开【网络和共享中心】窗口，在【更改网络设置】选区中单击【设置新的连接或网络】链接，如图 13.17 所示。

步骤 2：打开【设置连接或网络】窗口，要求用户选择一个连接选项。由于要创建 VPN 连接，因此这里选择【连接到工作区】选项，如图 13.18 所示，单击【下一步】按钮。

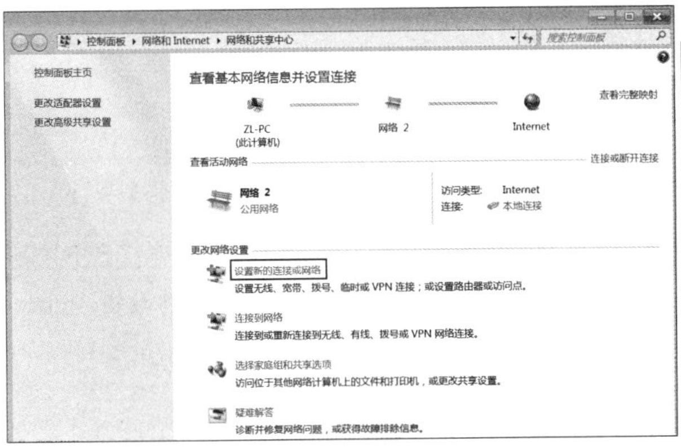

图 13.17 单击【设置新的连接或网络】链接

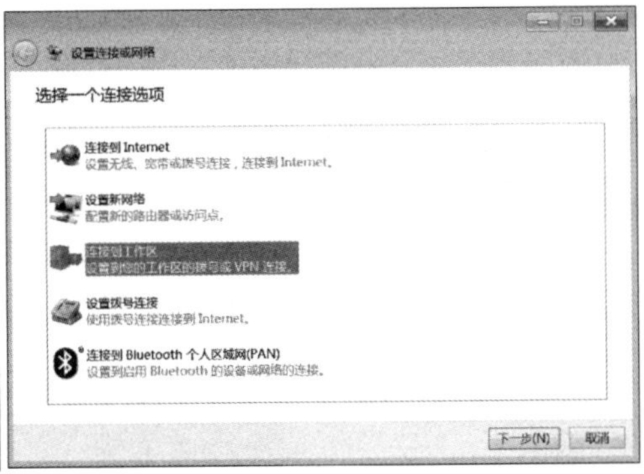

图 13.18 选择【连接到工作区】选项

步骤 3：进入【连接到工作区】窗口的【您想如何连接？】界面，要求用户选择如何连接到 VPN 服务器，这里选择【使用我的 Internet 连接(VPN)】选项，如图 13.19 所示。

步骤 4：如果只创建一个 VPN 连接，并不想立即连接到 VPN 服务器，则可以在【您想在继续之前设置 Internet 连接吗？】界面中选择【我将稍后设置 Internet 连接】选项，如图 13.20 所示。

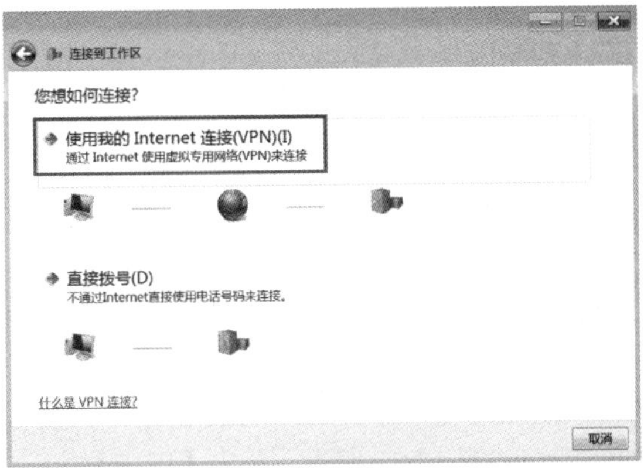

图 13.19 【您想如何连接？】界面

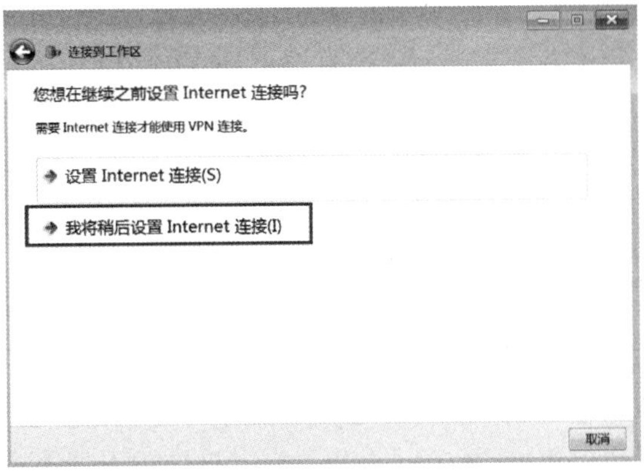

图 13.20 【您想在继续之前设置 Internet 连接吗？】界面

步骤 5：进入【键入要连接的 Internet 地址】界面，在【Internet 地址】文本框中输入 VPN 服务器的 IP 地址“192.168.38.1”，在【目标名称】文本框中输入 VPN 连接的名称“zl”，也可以使用默认名称“VPN 连接”，如图 13.21 所示，单击【下一步】按钮。

步骤 6：进入【键入您的用户名和密码】界面，在【用户名】文本框中输入“zhangliang”，这是配置 VPN 服务器时创建的具有拨入权限的 VPN 用户名（这是在任务 13-1 中创建的具有拨入权限的用户），然后在【密码】文本框中输入该用户的密码，如图 13.22 所示，单击【创建】按钮。

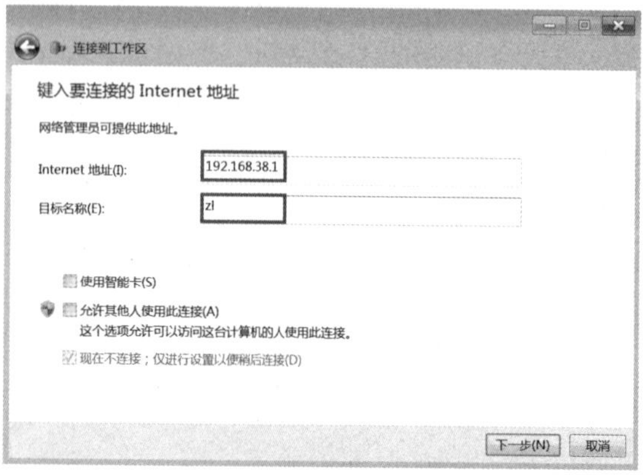

图 13.21 【键入要连接的 Internet 地址】界面

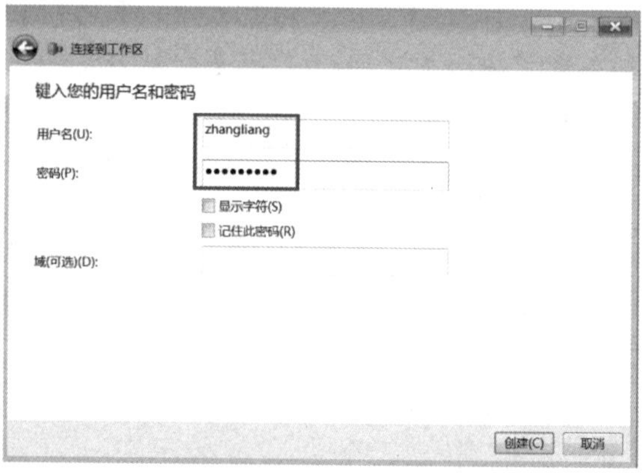

图 13.22 【键入您的用户名和密码】界面

步骤 7：进入【连接已经可以使用】界面，如图 13.23 所示，至此，VPN 连接已创建完成。由于在步骤 4 中选择【我将稍后设置 Internet 连接】选项，因此我们还需要设置 Internet 连接才能连接到 VPN 服务器。

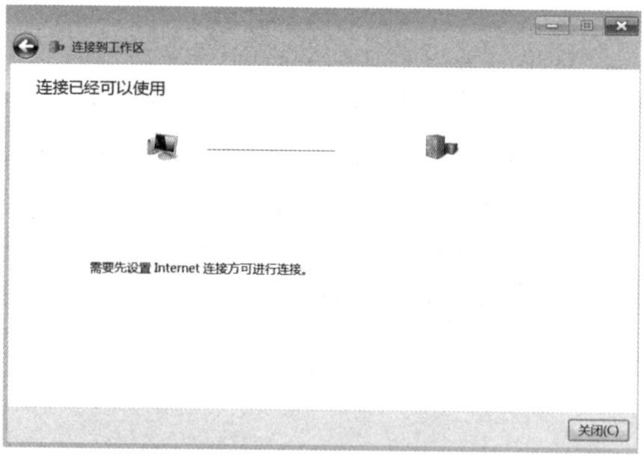

图 13.23 【连接已经可以使用】界面

2. 查看 VPN 连接状态并测试隧道连通性

步骤 1：回到【网络和共享中心】窗口，单击左窗格中的【更改适配器设置】链接，在打开的【网络连接】窗口中可以看到增加了一个名称为“zl”的连接。由于没有设置 Internet 连接，因此此时该连接显示“已断开连接”。右击 zl 连接，在弹出的快捷菜单中选择【连接】命令，如图 13.24 所示。

步骤 2：弹出【连接 zl】对话框，在【用户名】文本框中输入具有拨入权限的用户的名称“zhangliang”，在【密码】文本框中输入该用户的密码，如图 13.25 所示，单击【连接】按钮，就会立即开始连接。为了省去每次连接时都要输入用户名和密码的麻烦，也可以勾选【为下面用户保存用户名和密码】复选框。

图 13.24　选择【连接】命令

图 13.25　【连接 zl】对话框

步骤 3：此时回到【网络连接】窗口，可以看到已成功连接的 zl 连接（图标呈彩色高亮显示）显示“已连接”，如图 13.26 所示。

步骤 4：右击 zl 连接，在弹出的快捷菜单中选择【状态】命令，打开【zl 状态】对话框，在【常规】选项卡中显示了 zl 连接的状态、持续时间及活动（已发送和已接收的字节数、压缩率、错误率）等信息。切换到【详细信息】选项卡，可以看到 VPN 服务器的虚拟 IP 地址为 192.168.38.221，而 VPN 客户端从之前设置的隧道 IP 地址池 192.168.38.223～192.168.38.253 内获取到的虚拟 IP 地址为 192.168.38.223，zl 连接的目标地址（即 VPN 服务器的 IP 地址）为 192.168.38.1，如图 13.27 所示。

图 13.26　显示“已连接”

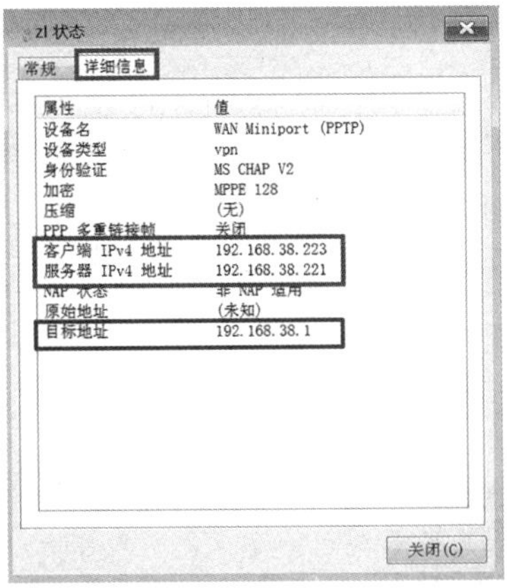

图 13.27　【详细信息】选项卡

注意：如果要断开 zl 连接，则可以右击 zl 连接，或者在【网络连接】窗口中右击【zl】图标，在弹出的快捷菜单中选择【断开】命令。在断开 zl 连接后，【网络连接】窗口中的【zl】图标就会呈灰色显示。

步骤 5：在客户机连接到 VPN 服务器后，打开命令提示符窗口，分别执行“ping 192.168.38.221”和“ping 192.168.38.223”命令，可以看到都能 ping 通，如图 13.28 所示。

注意：因为使用与 VPN 服务器（192.168.38.1）在同一个网段的客户机（如 192.168.38.2）

进行 VPN 连接测试，而且此前设置隧道通信的虚拟 IP 地址也是同一个网段的，所以可能认为 ping 通 192.168.38.221 并不奇怪。但是，此时在 VPN 服务器上也是能 ping 通 192.168.38.223 的，至少说明在建立 VPN 连接后，服务器和客户机都获取到了指定范围内的虚拟 IP 地址，即 VPN 服务器端的虚拟 IP 地址为 192.168.38.221，客户机的虚拟 IP 地址为 192.168.38.223。而在实际测试的局域网内并没有 IP 地址为 192.168.38.221 和 192.168.38.223 的两台实际机器。

步骤 6：另外，也可以在客户机的命令提示符窗口中使用“ipconfig /all”命令来查看“PPP 适配器 zl”连接的网络参数，如图 13.29 所示。

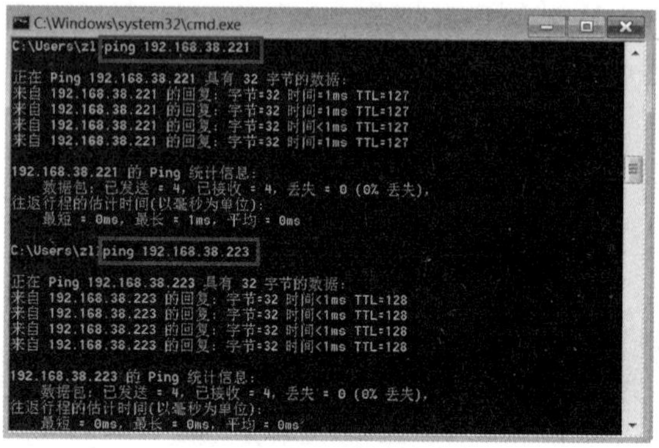

图 13.28　测试与 VPN 服务器虚拟 IP 地址的连通性

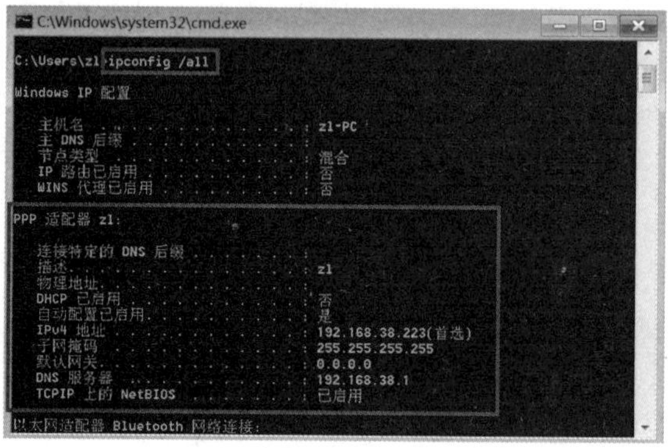

图 13.29　查看客户机的虚拟 IP 地址

13.4　项目实训 13　配置与管理 VPN 服务器

【实训目的】

搭建 VPN 服务器；配置与管理 VPN 服务器；在客户机上测试 VPN 服务器。

【实训环境】

每人 1 台 Windows 10 物理机，1 台 Windows Server 2012 虚拟机，VMware Workstation 16 及以上版本的虚拟机软件，虚拟机网卡连接至 VMnet8 虚拟交换机。

【实训拓扑】

实训拓扑图如图 13.30 所示。

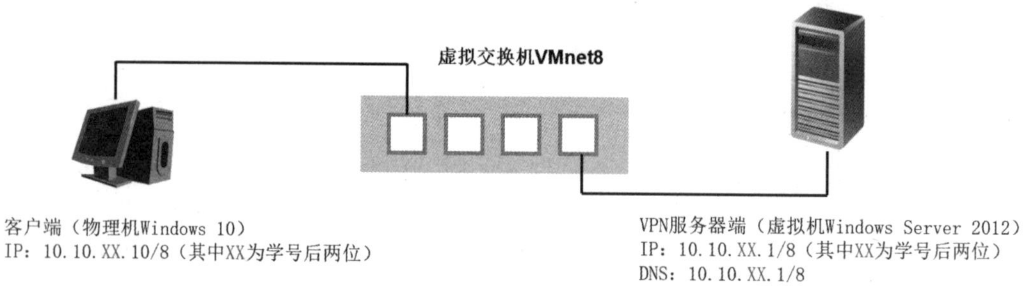

图 13.30　实训拓扑图

【实训内容】

1．安装

在 Windows Server 2012 系统中安装 VPN 服务器，设置其 IP 地址为 10.10.xx.1/8（xx 为

学号后两位）。

2．配置

在 VPN 服务器上创建虚拟 IP 地址为 10.10.xx.100～10.10.xx.120；创建具有拨入权限的用户，用户名为自己姓名的全拼（如 zhangliang）；创建一个 VPN 连接 yy（yy 为自己姓名的首字母）。

3．测试

在客户机上测试 VPN 服务器：

（1）显示 VPN 连接的详细信息。

（2）使用“ipconfig /all”命令查看“PPP 适配器 yy”连接的网络参数。

（3）使用“ping 10.10.xx.100”和“ping 10.10.xx.101”命令进行测试。

13.5 项目习题

一、填空题

1．________________是一种利用公用网络来构建私人专用网络的技术，也是一条穿越公用网络的安全、稳定的“隧道”。

2. 保证数据安全传输的关键就在于 VPN 使用了隧道协议，目前常用的隧道协议有 PPTP、L2TP 和________________。

3．PPTP 客户机与服务器交换的报文有控制报文和________________两种。

4．VPN 隧道通信主要使用 PAP、CHAP、________________认证方式。

5．VPN 服务器一般需要两块网卡，一块网卡连入内网，另一块网卡连入____________。

二、单选题

1．VPN 称为（　　）。

A．虚拟专用网络　　B．虚拟公用网络

C．模拟专用网络　　D．模拟公用网络

2．以下哪个不是 VPN 常用的隧道协议？（　　）

A．PPTP　　B．L2TP　　C．IPSec　　D．SMTP

3．PPTP 服务器监听的 TCP 端口为（　　）。

A．1701　　B．1723　　C．80　　D．21

4．以下哪个不是 IPSec 协议的主要内容？（　　）

A．HTTP 协议　　B．AH 协议　　C．ESP 协议　　D．IKE 协议

5．以下哪个不是 VPN 隧道通信的身份认证协议？（　　）

A．PAP　　B．CHAP　　C．EAP　　D．CAP

三、问答题

1．VPN 的优点是什么？

2．L2TP 协议与 PPTP 协议的不同之处有哪些？

3．计算机添加路由和远程访问服务后，VPN 服务器还需要进行哪些配置？

项目 14

配置与管理 CA 服务器

学习目标

安装数字证书避免一场骗局——龙龙有在财付通保留余额的习惯。一天，他接到一个自称是“财付通客服”的人员的电话，说他的账号被盗，为保护其资金安全，需要龙龙提供登录密码和支付密码。龙龙担心账号余额被盗，一着急就向对方告知了自己的密码信息。其实，这个所谓的“财付通客服”是一个网络骗子，他在拿到龙龙的登录密码和支付密码后，想要立刻用龙龙的财付通余额进行消费。可是他没想到龙龙的财付通账号启用了数字证书，而安装数字证书需要龙龙本人的手机短信验证。而这一边，挂断电话的龙龙收到了财付通安装数字证书的短信验证码。这不是龙龙本人的操作，他瞬间意识到，自己的登录密码和支付密码在刚刚泄露出去了。幸好，有数字证书保障了龙龙的资金安全，骗子无法安装数字证书。于是他赶紧修改了自己的登录密码和支付密码。就这样，安装数字证书避免了一场骗局。

知识目标

- 了解 HTTPS 协议的概念和加密机制
- 熟悉 CA、数字证书和 PKI 等基本概念，以及 HTTPS 协议的安全通信机制
- 掌握 CA 的业务流程

能力目标

- 具备根据项目需求和总体规划对 CA 服务器方案进行合理设计的能力
- 具备安装和配置 CA 服务器的能力
- 具备管理和维护 CA 服务器的能力
- 具备在客户端测试 CA 服务器的能力

素养目标

- 培养学生的安全防范意识，增强其自我保护意识
- 培养学生的“四个意识”
- 培养学生的网络安全意识

14.1 项目背景

随着网络的发展，越来越多的业务都在逐渐向网络迁移，但是随之而来的安全问题也越来越多。除在通信中采用更强的加密算法等措施以外，还需建立一种信任及信任验证机制，即通信双方必须有一个可以被验证的标识，这就是数字证书。

成都航院校园网的 Web 站点对外具有相关的业务，为了确保校园网以外的可信任的客户机与服务器之间可以进行信息交互，并且具有 Web 交易的安全，需将该站点配置为使用 HTTPS 协议访问的站点，在不增加额外成本的前提下，利用 PKI 技术，依靠数字证书实现身份验证和数据加密。

14.2 项目知识

14.2.1 基于 SSL 协议的 HTTPS 协议概述

1. 纯文本 HTTP 协议的安全问题

之前成都航院校园网在同一台服务器上架设了多个不同用途的普通 Web 站点。这里之所以说这些 Web 站点“普通”，是因为这些 Web 站点与人们日常访问的多数网站一样，都是基于一个纯文本的 HTTP 协议。正如其名称所暗示的，纯文本协议不会对传输中的数据进行任何形式的加密和认证，因此在安全方面存在以下 3 个重大缺陷。

（1）通信使用明文（不加密），内容可能被窃听。在基于 TCP/IP 协议的 Internet 上，当世界任何一个角落的服务器与客户机之间通信时，数据所经过的各种网络设备、通信线路和计算机等都不可能是个人的私有物，任何一个环节都可能遭到恶意窥视。要窃听相同网段上的通信并非难事，只需收集在互联网上流动的数据包（帧）即可，至于对这些数据包的解析工作，则完全可以交由抓包（Packet Capture）或嗅探器（Sniffer）等工具来完成。因为 HTTP 协议本身不具备加密的功能，所以无法做到对通信整体（包括使用 HTTP 协议通信的请求和响应内容）进行加密，也就是说，HTTP 报文都使用明文方式传送。

（2）不验证通信方的身份，有可能遭遇伪装。HTTP 协议中的请求和响应都不会对通信方进行确认，任何人都可以发起 HTTP 请求，Web 服务器在接收到 HTTP 请求后，只要发送端的 IP 地址和端口号没有被设置为限制访问，不管 HTTP 请求来自何方、出自谁手，都会返回一个响应，这样就很容易受到中间人攻击（Man-in-the-Middle Attack，MITM）。这种攻击方式就是“中间人”冒充真正的服务器接收用户传送给服务器的数据，然后冒充该用户把数据传给真正的服务器，或者说 Web 服务器和客户机都可能是“中间人”伪装的。不仅如此，Web 服务器也无法阻止海量请求下的 DoS（Denial of Service，拒绝服务）攻击，因为即使是毫无意义的请求，服务器也会“照单全收”。

（3）无法证明报文的完整性，内容可能已遭篡改。由于 HTTP 协议无法证明通信的报文的完整性，因此在请求或响应送出之后直到对方接收之前的这段时间内，如果遭到了中间人攻击，服务器和用户之间传送的数据被“中间人”篡改（请求或响应的内容被篡改），则没有任何办法获悉，即无法确认发出的请求或响应与接收到的请求或响应是前后一致的，这就会出现很严重的安全问题。

2．确保 Web 安全的 HTTPS 协议

为了统一解决 HTTP 协议使用明文传输造成数据容易被窃听、没有认证造成身份容易被伪装进而数据被篡改等安全问题，人们想方设法在 HTTP 协议的基础上加入加密处理和身份认证等机制，于是就产生了一种安全的 HTTP 协议，即 HTTPS（Hypertext Transfer Protocol Secure，超文本传输安全协议）。

HTTPS 并非应用层的一种新协议，只是把 HTTP 通信接口部分用 SSL（Secure Socket Layer，安全套接层）或 TLS（Transport Layer Security，传输层安全）协议代替而已。SSL 协议最初由浏览器开发商网景通信公司率先倡导，但由于所开发的 SSL 1.0 和 SSL 2.0 都被发现存在问题，因此很多浏览器直接废除了该协议版本。后来由 IETF（Internet Engineering Task Force，因特网工程任务组）主导开发了当前主流的 SSL 3.0，并以此为基准进一步制定了同样成为主流的 TLS 1.0、TLS 1.1 和 TLS 1.2。正因为 TLS 是以 SSL 为原型开发的协议，所以有时也统一称该协议为 SSL 协议。

其实 HTTPS 协议就是身披 SSL 协议这层外壳的 HTTP 协议。通常，应用层 HTTP 协议是直接和 TCP 协议通信的，而结合 SSL 协议后，演变成 HTTP 协议先和 SSL 协议通信，再由 SSL 协议和 TCP 协议通信了。这个通信过程中的 SSL 协议提供了认证、加密处理及摘要功能，使 HTTP 协议拥有了 HTTPS 协议可以验明对方身份及防止被窃听和篡改的功效。

注意：SSL 协议是独立于 HTTP 协议的协议，也是目前应用十分广泛的网络安全技术。实际上，不只是 HTTP 协议，其他运行在应用层的 SMTP 和 Telnet 等协议都可以配合 SSL 协议使用。一般来说，对于用户只能读取内容而不提交任何信息的只读型网站，纯文本通信的 HTTP 协议仍然是一种更高效的选择，因为加密通信的 HTTPS 协议会消耗更多 CPU 和内存资源。但对于那些保存敏感信息的网站，如用户需要登录来获得网站服务的页面、需要输入信用卡信息进行结算的购物页面等，则应使用 HTTPS 协议进行通信，以提高安全性。

3．HTTPS 协议的加密机制

要理解 HTTPS 协议的加密机制，必须先了解加密方法。近代加密方法中的加密算法是公开的，而密钥是保密的，这样就保持了加密方法的安全性。加密和解密使用同一个密钥的加密方法称为共享密钥加密（Shared Key Encryption），也叫对称密钥加密。

很显然，加密和解密都要用到密钥，没有密钥就无法对加密过的密文进行解密。但反过来说，任何人只需获取密钥就必定能解密。于是，以共享密钥加密方法加密通信时就产生了一个令人困惑的难题，如果不把密钥发送给对方，则对方就无法对收到的密文进行解密，因此必须把密钥也发送给对方；而在互联网上转发密钥时，如果通信被监听，则密钥就可能落入攻击者之手，也就失去了加密的意义。

SSL 协议采用了一种叫作公开密钥加密（Public Key Encryption）的加密处理方法，走出了共享密钥加密的困境。公开密钥加密使用一对“非对称”的密钥，一把叫作私有密钥（Private Key），简称“私钥”；另一把叫作公开密钥（Public Key），简称“公钥”。顾名思义，私钥不能让其他任何人知道，而公钥则可以随意发布，任何人都可以获得，它们是配对的一套密钥。发送密文的一方使用对方的公钥进行加密处理，对方在收到被加密的信息后，使用自己的私钥进行解密。这样就不需要发送用来解密的私钥，也不必担心密钥被攻击者窃听而盗走。

可以看出，使用公开密钥加密方法与共享密钥加密方法相比，公开密钥加密方法的处理更加复杂，如果 Web 服务器和客户机之间的所有通信全部使用公开密钥加密方法来实现，则

处理效率会进一步降低，速度会变得更慢。为此，HTTPS 协议采用共享密钥加密和公开密钥加密两者并用的混合加密机制，先使用公开密钥加密方法来交换密钥，在确保密钥是安全的前提下，再使用共享密钥加密方法进行报文的交换，这就充分结合了两种加密方法各自的优势。

14.2.2 PKI

为了确认公钥的真实性，SSL 协议采用由证书颁发机构（Certificate Authority，CA）及其相关机关颁发的公开密钥证书，简称“公钥证书”，也称“数字证书”或直呼其为证书，而 CA 是公钥基础设施（Public Key Infrastructure，PKI）的核心和信任基础。CA 是专门负责为各种认证需求提供数字证书服务的权威、公正的第三方机构，并处于客户机与服务器双方都可信赖的立场上。因此，在学习如何部署证书服务之前，需要理解 PKI 这个重要的知识。

PKI 是一种遵循既定标准的密钥管理平台，它不仅可以为所有网络应用提供数据加密和数字签名（身份验证）等服务，以及这些服务所必需的密钥和证书管理体系，还可以确定信息的完整性，即传输内容未被人非法篡改。

在计算机网络中，安全体系可以分为 PKI 安全体系和非 PKI 安全体系两大类。几年前，非 PKI 安全体系的应用更为广泛。例如，在网络中，用户经常使用的“用户名+密码”的形式就属于非 PKI 安全体系。近几年，由于非 PKI 安全体系的安全性较弱，因此 PKI 安全体系得到了越来越广泛的关注和应用。

PKI 是利用公钥技术建立的提供安全服务的基础设施，是信息安全技术的核心。PKI 包括加密、数字签名、数据完整性机制、数字信封和双重数字签名等基础技术。PKI 中最基本的元素是数字证书，所有的安全操作主要都是通过数字证书来实现的。完整的 PKI 系统必须具有证书颁发机构（CA）、数字证书库、密钥备份及恢复系统、证书作废系统和应用程序接口（Application Program Interface，API）等基本构成部分。简而言之，PKI 就是利用公钥理论和技术建立的提供安全服务的基础设施。PKI 技术是信息安全技术的核心，也是目前电子商务、电子政务、网上金融业务、企业网络安全等系统最关键和基础的技术。

14.2.3 CA

1. CA 的概念

数字证书是由一个权威的证书颁发机构（Certificate Authority，CA）所颁发的，数字证书能提供在 Internet 上进行身份验证的一种权威性电子文档，通过它可以在网络通信中证明自己的身份。数字证书包括的内容有证书所有人的姓名、证书所有人的公钥、证书颁发机构的名称、证书颁发机构的数字签名、证书序列号、证书有效期等信息。

在加密的过程中，仅仅拥有密钥是不够的，还需要拥有数字证书或某些数据标识，所以密钥和数字证书是构成加密与解密过程的两个不可或缺的元素。为了方便数字证书的管理，需要由专门的数字证书颁发管理机构负责颁发和管理数字证书。

在安全系统的基础上，CA 可以分为根 CA（Root CA）和从属 CA（Subordinate CA）。根 CA 是安全系统的最上层，既可以提供发放电子邮件的安全证书、提供网站 SSL 协议的安全传输等证书服务，也可以发放数字证书给其他 CA（从属 CA）。从属 CA 同样可以提供发放电子邮件的安全证书、提供网站 SSL 协议的安全传输等证书服务，也可以向下一层的从属 CA

发放数字证书，但是在此基础上，从属 CA 必须向其父 CA（根 CA 或从属 CA）取得数字证书后，才可以发放数字证书。

在 PKI 系统架构下，当用户 A 使用某 CA 所颁发的数字证书发送一份数字签名的电子邮件给用户 B 时，用户 B 的计算机必须信任该 CA 所颁发的数字证书，否则计算机会认为该电子邮件是有问题的电子邮件。这就是 CA 的信任关系。

2. CA 的业务流程

下面简单介绍一下 CA 的业务流程。

首先由服务器的运营人员向 CA 提出公钥申请，CA 在判明申请者的身份后，会对已申请的公钥做数字签名；然后分配这个已签名的公钥，将其放入公钥证书并绑定在一起。服务器会将这份由 CA 颁发的公钥证书发送给客户机，以公开密钥加密方法进行通信。接到证书的客户机可以使用 CA 的公钥对那张证书上的数字签名进行验证，客户机一旦验证通过就可以确认：服务器的公钥是值得信赖的，其证书颁发机构是真实有效的 CA。但在这个流程中，证书颁发机构的公钥必须安全地转交给客户机，而使用网络通信方式则很难保证。为此，大多数浏览器开发商在发布版本时，会事先在内部植入常用认证机构的公钥。

由于数字证书是一个经 CA 签名、包含公钥及其拥有者身份信息的文件，因此添加了 SSL 协议功能的 HTTPS 协议利用数字证书不仅确保了公钥的真实性，还对通信方（服务器或客户机）的身份进行了验证，确认了通信方的实际存在及真实意图，使那些蓄意攻击的“中间人”难以通过伪装和假冒来篡改通信方的请求或响应信息，毕竟伪造数字证书从技术角度来说是异常困难的事。从使用者的角度来说，也可以降低个人信息泄露的风险。

综上所述，HTTPS 协议就是基于 SSL 协议所提供的加密通信、身份认证及完整性保护之后的 HTTP 协议，解决了纯文本协议 HTTP 存在的安全问题。

14.2.4 HTTPS 协议的安全通信机制

下面说明从仅使用服务器端的公钥证书（服务器证书）建立 HTTPS 通信的整个过程。

步骤 1：客户机通过发送 Client Hello 报文开始 SSL 通信。该报文中包含客户机支持的 SSL 协议的指定版本、加密组件（Cipher Suite）列（所使用的加密算法及密钥长度等）。

步骤 2：当服务器可以进行 SSL 通信时，会以 Server Hello 报文作为应答。和客户机一样，Server Hello 报文中包含 SSL 协议的版本及加密组件列。服务器的加密组件内容是从接收到的客户机加密组件内筛选出来的。

步骤 3：服务器发送 Certificate 报文，该报文中包含公钥证书。

步骤 4：服务器发送 Server Hello Done 报文通知客户机，最初阶段的 SSL 握手协商部分结束。

步骤 5：在 SSL 第一次握手结束之后，客户机以 Client Key Exchange 报文作为回应。该报文中包含通信加密中使用的一种被称为 Pre-Master Secret 的随机密码串，并且该报文已用步骤 3 中的公钥进行加密。

步骤 6：客户机继续发送 Change Cipher Spec 报文。该报文会提示服务器在该报文之后的通信会采用 Pre-Master Secret 密钥加密（对称加密）。

步骤 7：客户机发送 Finished 报文。该报文包含连接至今全部报文的整体校验值。这次握手协商是否能够成功，要以服务器是否能够正确解密该报文作为判定标准。

步骤 8：服务器同样发送 Change Cipher Spec 报文。

步骤 9：服务器同样发送 Finished 报文。

步骤 10：服务器和客户机的 Finished 报文交换完成之后，SSL 连接就算建立完成。当然，通信会受到 SSL 协议的保护。从此处开始进行应用层协议的通信，即客户机发送 HTTP 请求。

步骤 11：服务器发送 HTTP 响应。

步骤 12：最后由客户机断开连接。当断开连接时，客户机向服务器发送 close_notify 报文。

14.3 项目实施

14.3.1 任务 14-1 安装 CA 服务器

成都航院校园网 Web 站点（http://www.cap.com）配置为基于 SSL 协议访问的 HTTPS 站点，因为采用自签名证书实现身份验证和数据加密，所以首先需要搭建 CA 证书服务器，然后向校园网的 Web 服务器颁发证书。

要想使用 SSL 安全机制的功能，首先就要在运行 Windows Server 2012 系统的服务器上安装"Active Directory 证书服务"角色，具体步骤如下所述。

步骤 1：打开【服务器管理器】窗口，在左窗格中选择【仪表板】选项，在右窗格中单击【添加角色和功能】选项，打开【添加角色和功能向导】窗口，进入【开始之前】界面，连续单击【下一步】按钮，直至进入【选择服务器角色】界面，在【角色】列表框中勾选【Active Directory 证书服务】复选框，如图 14.1 所示，单击【下一步】按钮。

步骤 2：进入【Active Directory 证书服务】界面，其中简要介绍了 Active Directory 证书服务（AD CS）及其注意事项，单击【下一步】按钮，进入【选择角色服务】界面，在【角色服务】列表框中有 6 个角色服务的复选框，这里至少应该勾选【证书颁发机构】和【证书颁发机构 Web 注册】复选框（默认勾选了前者），本例除默认勾选【证书颁发机构】复选框以外，还勾选了【证书颁发机构 Web 注册】、【证书注册 Web 服务】和【证书注册策略 Web 服务】复选框，如图 14.2 所示，单击【下一步】按钮。

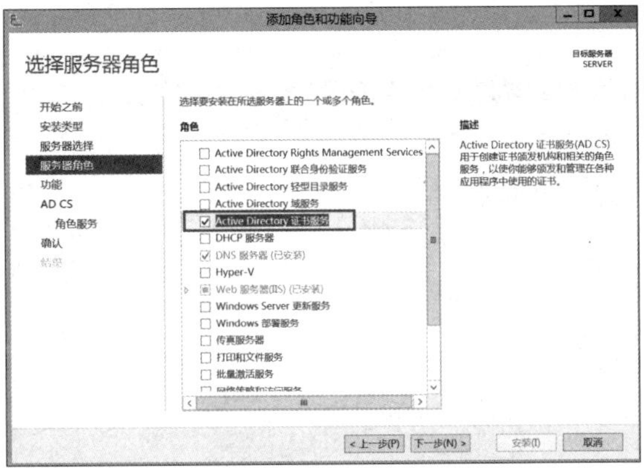

图 14.1　【选择服务器角色】界面

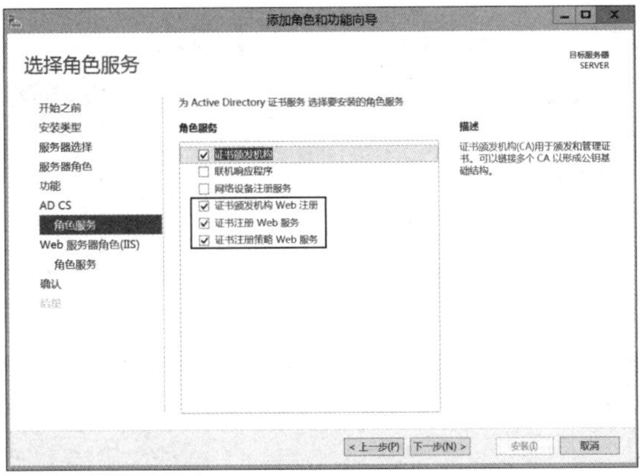

图 14.2　【选择角色服务】界面

注意：由于安装【证书颁发机构 Web 注册】角色服务必须同时安装【Web 服务器（IIS）】角色中的【HTTP 重定向】和【跟踪】两个功能，因此当勾选该角色服务的复选框时，会自动弹出一个询问是否要添加所需功能的对话框，此时只需勾选【包括管理工具（如果适用）】复选框，并单击【添加功能】按钮即可。

步骤 3：进入【确认安装所选内容】界面，列出了此前所选择的角色、角色服务或功能，在确认无误后单击【安装】按钮，进入【安装进度】界面，系统开始安装，安装过程大约会持续几分钟。待安装完成后会显示安装结果摘要，列出已成功在这台计算机（SERVER）上安装的角色、角色服务或功能，如图 14.3 所示，单击【关闭】按钮完成安装。

步骤 4：至此，虽然已成功安装【Active Directory 证书服务】角色及所需的角色服务和功能，但还必须对其进行配置。返回【服务器管理器】窗口，【管理】菜单左侧的【通知】图标会出现一个黄色的警告信息标记⚠，单击该图标会弹出一个提示信息框，单击【配置目标服务器上的 Active Directory 证书服务】链接，如图 14.4 所示。

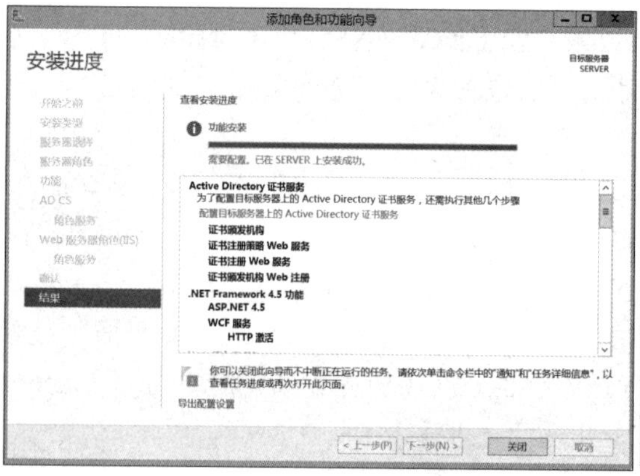

图 14.3 【安装进度】界面

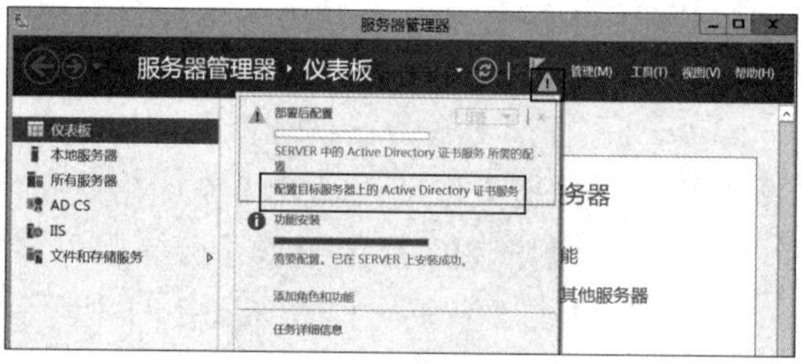

图 14.4 提示信息框

步骤 5：打开【AD CS 配置】窗口，进入【凭据】界面，配置 AD CS 的指定凭证，如果没有特殊需求，则保持默认设置即可，所以本例在【凭据】文本框中保持默认的【SERVER\Administrator】，如图 14.5 所示，单击【下一步】按钮。

步骤 6：进入【AD CS 配置】窗口的【角色服务】界面，选择要配置的角色服务，勾选前面安装的【证书颁发机构】和【证书颁发机构 Web 注册】两个角色服务对应的复选框，如图 14.6 所示，单击【下一步】按钮。

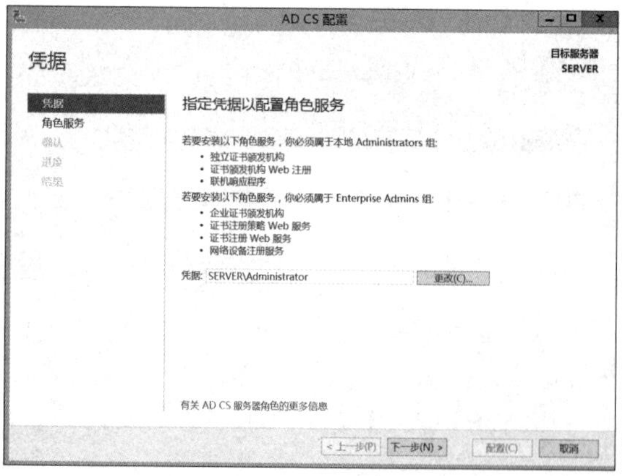

图 14.5 【凭据】界面

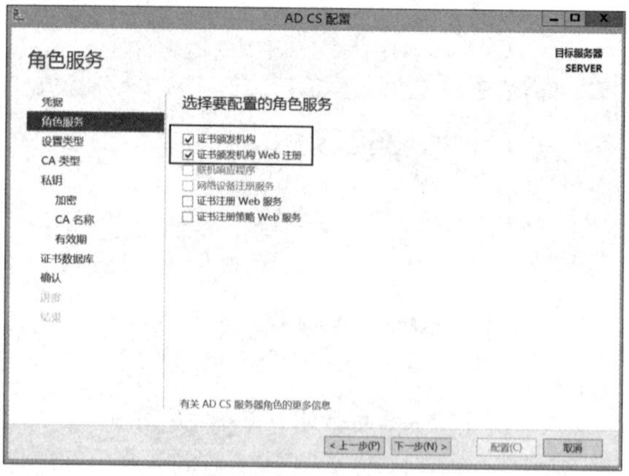

图 14.6 【角色服务】界面

步骤 7：进入【AD CS 配置】窗口的【设置类型】界面，要求指定 CA 的设置类型，这里选中【独立 CA】单选按钮，如图 14.7 所示，单击【下一步】按钮。

注意：这里虽然提供了【企业 CA】和【独立 CA】两种 CA 设置类型的单选按钮，但是因为前者是不可选择的无效选项（呈灰色），所以默认只能选择后者。【企业 CA】的前提是服务器在域环境下，并且客户机在该 AD 域中。

步骤 8：进入【AD CS 配置】窗口的【CA 类型】界面，要求指定该服务器安装的 Active Directory 证书服务（AD CS）在网络中是【根 CA】类型还是【从属 CA】类型，以此来创建或扩展公钥基础结构（PKI）的层次结构。其中，根 CA 位于 PKI 层次结构的顶部，是网络上配置的第一个并且可能是唯一的 CA，颁发自己的签名证书；从属 CA 需要已建立 PKI 层次结构，从位于其上方的 CA 接收证书。由于本例中成都航院校园网站点的认证体系是仅包含一个 CA 的简单情形，因此这里选中【根 CA】单选按钮，如图 14.8 所示，单击【下一步】按钮。

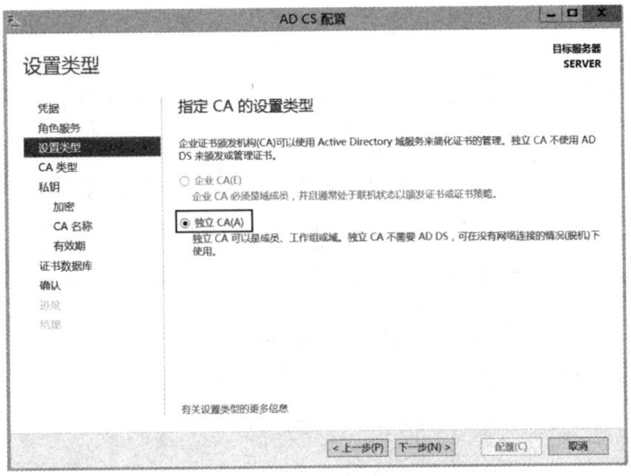

图 14.7 【设置类型】界面

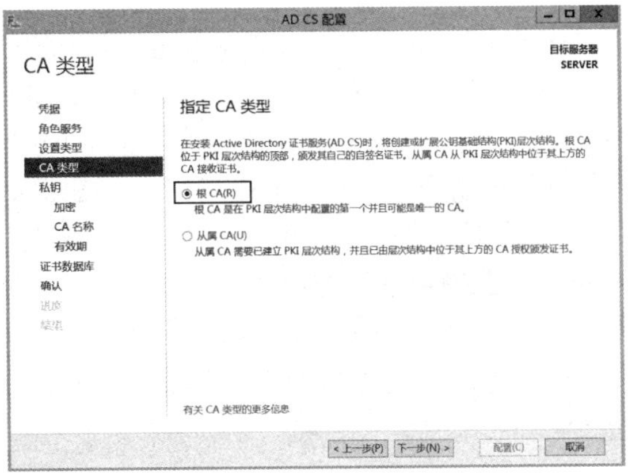

图 14.8 【CA 类型】界面

注意：Windows Server 2012 系统中的 PKI 采用分层 CA 模型，其认证体系可以由相互信任的多重 CA 构成，最简单的情况是认证体系中只包含一个 CA。CA 分为企业 CA 和独立 CA 两种设置类型。其中，企业 CA 需要活动目录的支持，因为证书服务的企业策略信息是存放在活动目录中的，所以需要使用活动目录服务来颁发和管理证书；而独立 CA 则不需要活动目录的支持。这两种设置类型分别又有“根 CA”和“从属 CA”两种 CA 类型，于是就组合成为如表 14.1 所示的 4 种类型的 CA。

表 14.1 证书颁发机构（CA）的类型说明

类型	说明
企业根 CA	企业根 CA 是认证体系中最高级别的证书颁发机构。企业根 CA 只对域中的用户和计算机颁发证书，因为它是通过活动目录来识别申请者，并确定申请者是否对特定证书有访问权限的。但在一般情况下，企业根 CA 只对其下级 CA 颁发证书，然后由下级 CA 颁发证书给用户和计算机。因此，安装企业根 CA 需要以下支持： （1）活动目录。证书服务的企业策略信息存放在活动目录中。 （2）DNS 名称解析服务。在 Windows 系统中，活动目录与 DNS 紧密集成。 （3）对 DNS 服务器、活动目录和 CA 服务器的管理权限
企业从属 CA	企业从属 CA 是组织中直接向用户和计算机颁发证书的 CA，它也需要活动目录的支持。企业从属 CA 在组织中不是最受信任的 CA，必须由上一级 CA 来确定自己的身份，即从上级 CA 获得其 CA 证书

续表

类型	说明
独立根 CA	独立根 CA 是认证体系中最高级别的证书颁发机构。独立根 CA 既可以是域中的成员，也可以不是，因此它不需要活动目录的支持。也正因为如此，独立根 CA 可以从网络中断开，置于安全的区域，这在创建安全的脱机根 CA 时非常有用。独立根 CA 可以用于向组织外部的实体颁发证书，但通常类似于企业根 CA，它只向其下一级独立 CA 颁发证书
独立从属 CA	独立从属 CA 将直接向组织外部的实体颁发证书，它必须从另一个 CA 获得其 CA 证书。独立从属 CA 既可以是域中的成员，也可以不是，因此它不需要活动目录的支持，但它需要以下支持： （1）上一级 CA。比如，组织外部的第三方商业性认证机构。 （2）因为独立 CA 不需要加入域，所以要有对本机操作的管理员权限

步骤 9：进入【AD CS 配置】窗口的【私钥】界面，要求指定私钥类型。如果要生成证书并将其颁发给客户机，则 CA 必须有一个私钥。因为此前既没有安装过 CA，也没有现有的私钥，所以这里保持默认选中【创建新的私钥】单选按钮即可，如图 14.9 所示，单击【下一步】按钮。

步骤 10：进入【AD CS 配置】窗口的【CA 的加密】界面，要求指定加密选项，包括选择加密提供程序、设置私钥的密钥长度、选择对此 CA 颁发的证书进行签名的哈希算法。默认【选择加密提供程序】下拉列表中为【RSA#Microsoft Software Key Storage Provider】选项，【密钥长度】下拉列表中为【2048】选项，【选择对此 CA 颁发的证书进行签名的哈希算法】列表框中为【SHA1】选项，如图 14.10 所示。如果勾选【当 CA 访问私钥时，允许管理员交互操作。】复选框，则每次 CA 访问该私钥时都需要和管理员进行交互，以提高安全性。如果没有特殊需求，则保持默认设置即可，单击【下一步】按钮。

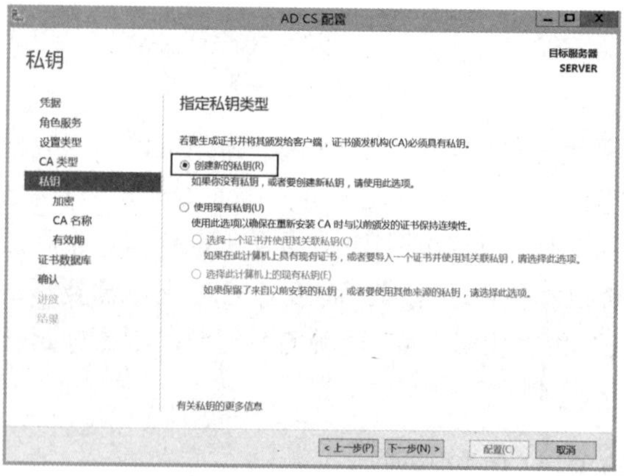

图 14.9 【私钥】界面

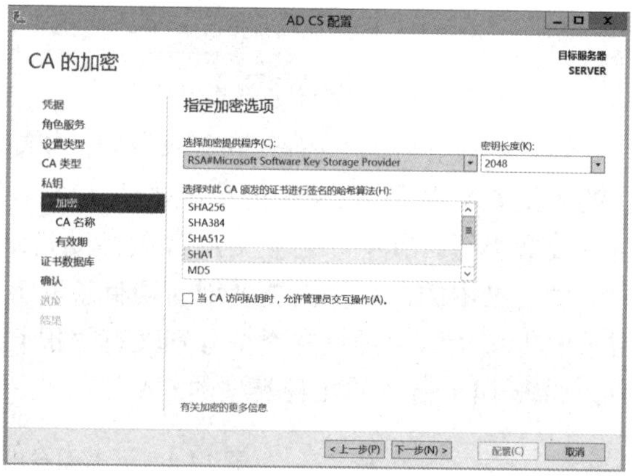

图 14.10 【CA 的加密】界面

步骤 11：进入【AD CS 配置】窗口的【CA 名称】界面，要求为正在配置的 CA 指定一个公用名称。为便于记忆，通常采用与公司名称相关的名字作为 CA 的公用名称。这里在【此 CA 的公用名称】文本框中输入“CAP-CA”，在【可分辨名称后缀】文本框中保持空白，此时会在【预览可分辨名称】文本框中自动出现“CN=CAP-CA”，如图 14.11 所示，单击【下一步】按钮。

注意：CA 的公用名称将出现在【Internet 信息服务(IIS)管理器】窗口的中间窗格的【服务器证书】界面中，作为本地 CA 的标识名称。在本站点的认证体系中，CAP-CA 也是最高级别（根）证书颁发机构的名称。

步骤 12：进入【AD CS 配置】窗口的【有效期】界面，要求指定有效期。CA 生成的证书的有效期默认为 5 年，或者说 CA 仅在从此刻起的 5 年之内能颁发有效证书。有效期长短的设置主要从企业的实际预期及 CA 的安全等角度考虑，管理员可以先选择时间的年、月等单位，然后填入时间值。这里保持默认设置，如图 14.12 所示，单击【下一步】按钮。

图 14.11　【CA 名称】界面

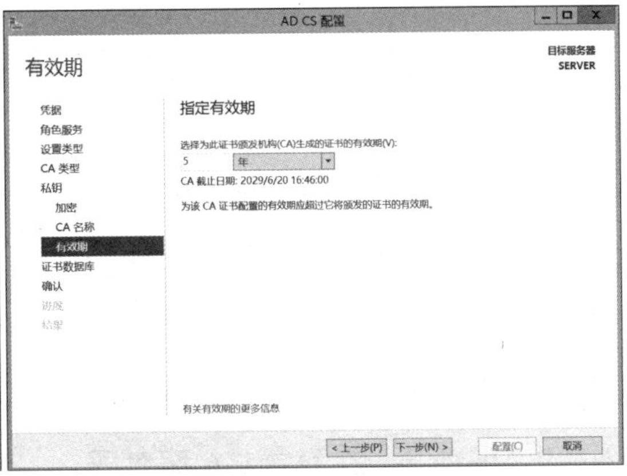

图 14.12　【有效期】界面

步骤 13：进入【AD CS 配置】窗口的【CA 数据库】界面，要求配置证书数据库和证书数据库日志存放的位置（目录路径）。证书数据库及其日志文件默认都存放在“C:\Windows\system32\CertLog”目录下，一般来说无须更改，而且只有确保证书数据库的默认存放位置，系统才会根据证书类型自动分类和调用。这里保持默认设置即可，如图 14.13 所示，单击【下一步】按钮。

步骤 14：进入【AD CS 配置】窗口的【确认】界面，该界面中会显示此前各个步骤对证书颁发机构所做的配置信息摘要，如图 14.14 所示。如果确认无误，则单击【配置】按钮，即可开始配置【Active Directory 证书服务】角色中的角色服务。

图 14.13　【CA 数据库】界面

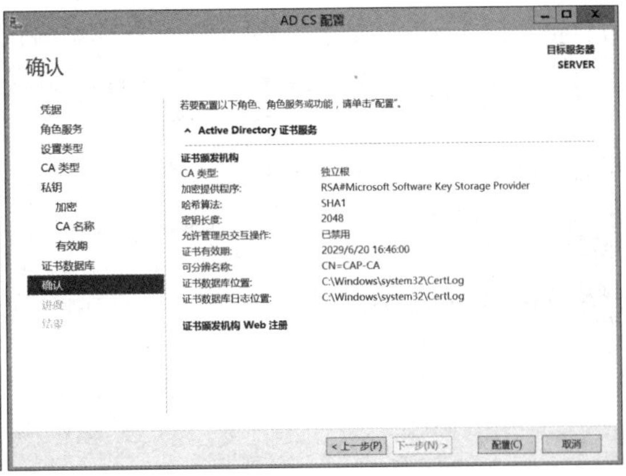

图 14.14　【确认】界面

步骤 15：最后进入【AD CS 配置】窗口的【结果】界面，显示【证书颁发机构】和【证书颁发机构 Web 注册】角色服务配置成功，如图 14.15 所示，单击【关闭】按钮。成功安装【Active Directory 证书服务】角色及所需的角色服务后，在【管理工具】窗口中就会增加一个【证书颁发机构】图标，使用户能够轻松地访问证书颁发机构的相关功能和工具，从而简化证书的管理过程。

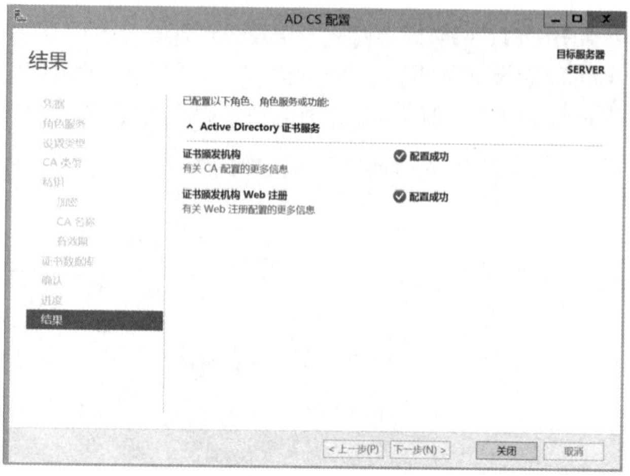

图 14.15　【结果】界面

14.3.2　任务 14-2 配置 CA 服务器

1．为 Web 服务器颁发证书

CA 服务器是根据来自其他服务器的证书申请文件来颁发证书的。因此，要为使用 SSL 安全机制的 Web 服务器颁发证书，需要做以下 3 项工作：

- 在需要使用 SSL 安全机制的 Web 服务器上生成证书申请文件。
- 凭借证书申请文件向 CA 服务器提交证书申请。
- 由 CA 服务器向提出证书申请的 Web 服务器颁发证书。

1）在 Web 服务器上生成证书申请

步骤 1：双击【管理工具】窗口中名为【Internet Information Services(IIS)管理器】的图标，或者打开【服务器管理器】窗口后选择【工具】菜单中的同名命令，打开【Internet 信息服务(IIS)管理器】窗口，在左窗格中选择服务器名称【SERVER】，在中间窗格内就会显示【SERVER 主页】界面，双击【服务器证书】图标，如图 14.16 所示。

步骤 2：中间窗格会切换为【服务器证书】界面，在列表中可以看到颁发给 CAP-CA 的证书，在右窗格中单击【创建证书申请...】链接，如图 14.17 所示。

图 14.16　双击【服务器证书】图标

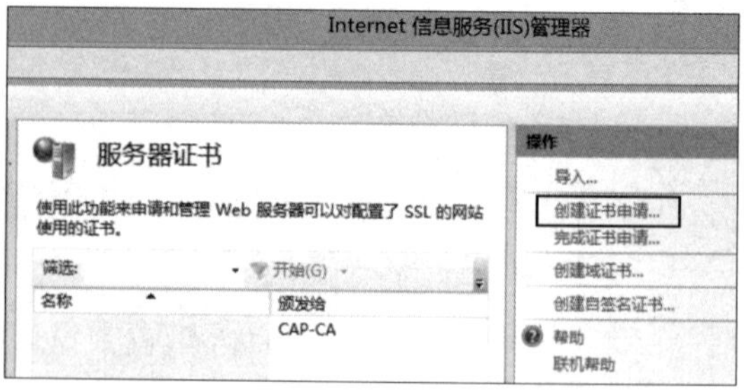

图 14.17　单击【创建证书申请...】链接

步骤 3：打开【申请证书】对话框，可以对需要配置 SSL 的网站使用的证书进行申请和管理。要求指定申请证书所必需的信息。首先进入【可分辨名称属性】界面，一般来说，如果要配置基于 SSL 访问的 Web 服务器位于 Internet 上，则通用名称可以使用此 Web 服务器的域名；如果服务器位于 Intranet 上，则通用名称可以使用其 NetBIOS 名。这里【通用名称】采用成都航院 Web 站点的域名“www.cap.com”；在【组织】、【组织单位】、【城市/地点】和【省/市/自治区】文本框中分别输入“成都航院”、“信息中心”、“成都市”和“四川省”，并在【国家/地区】下拉列表中选择【CN】选项，如图 14.18 所示，单击【下一步】按钮。

注意：如果通用名称发生变化，就需要重新获取新的证书。另外，公司名称及所在位置等信息将放在证书申请中，因此要确保其真实性和准确性。CA 将验证这些信息并将其放在证书中，用户在浏览该 Web 服务器上绑定为 SSL 访问的网站时，需要查看这些信息，以便决定他们是否接受证书。

步骤 4：进入【加密服务提供程序属性】界面，要求选择加密服务提供程序及加密密钥的位置，如果没有特殊需求，则可以使用默认设置，即【加密服务提供程序】下拉列表中为【Microsoft RSA SChannel Cryptographic Provider】选项，【位长(B)】下拉列表中为【1024】选项，如图 14.19 所示，单击【下一步】按钮。

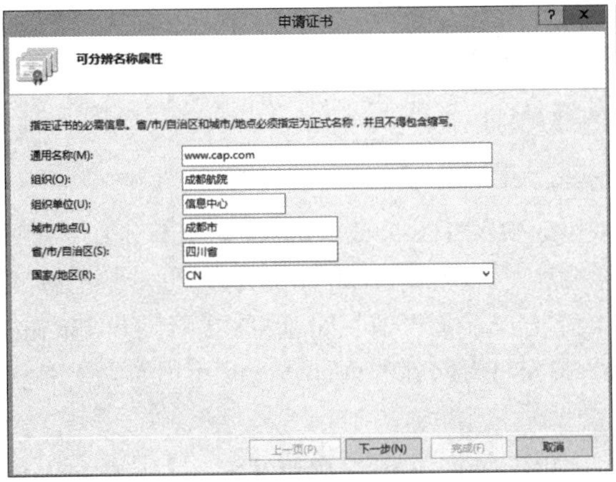

图 14.18　【可分辨名称属性】界面

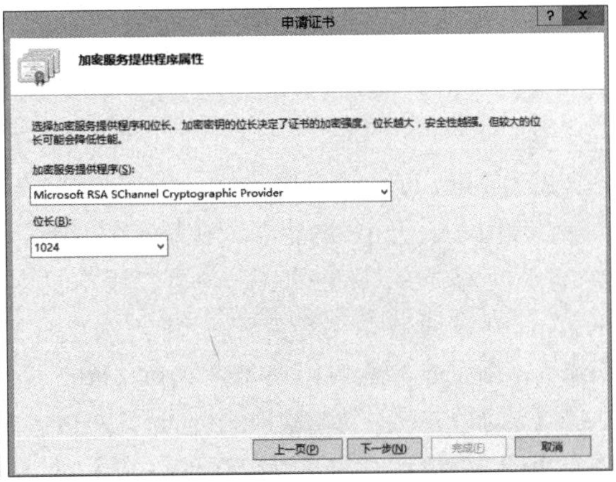

图 14.19　【加密服务提供程序属性】界面

步骤 5：进入【文件名】界面，要求指定请求证书文件的名称及保存位置。这里，在【为证书申请指定一个文件名】文本框中输入“C:\CA\certreq.txt”，如图 14.20 所示，单击【完成】按钮，即完成 Web 服务器证书申请文件的生成。

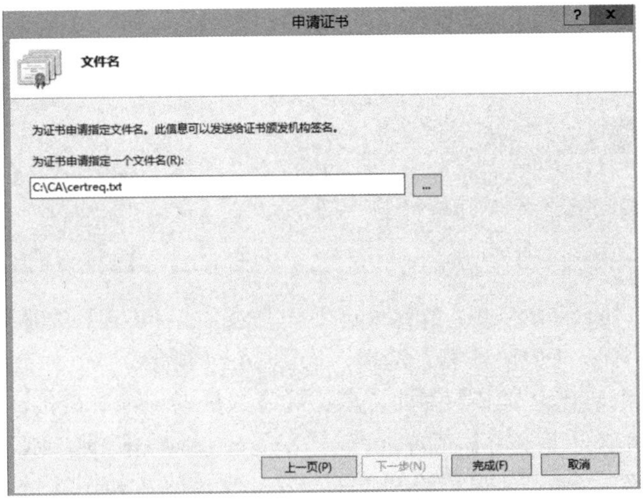

图 14.20　【文件名】界面

注意：将证书申请文件命名为“.txt”扩展名的文本文件，以便后面的步骤复制文本内容。其存放目录“C:\CA”必须事先创建好，后续产生的文件都存放在该目录下。

步骤 6：使用记事本打开刚才生成的证书申请文件，即“C:\CA\certreq.txt”文本文件，选中全部文本内容，包括第一行“----BEGIN NEW CERTIFICATE REQUEST----”和最后一行“----END NEW CERTIFICATE REQUEST----”，右击选中的文本区域，在弹出的快捷菜单中选择【复制】命令将文本复制到剪贴板，如图 14.21 所示。

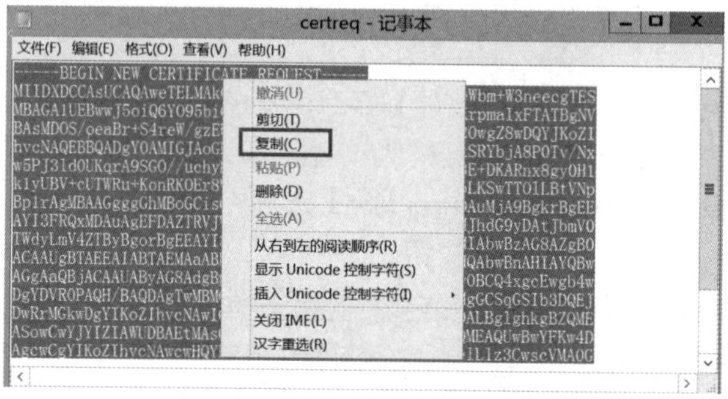

图 14.21　选择【复制】命令

2）向 CA 服务器申请证书

步骤 1：打开 IE 浏览器，在地址栏中输入“http://192.168.38.1/certsrv/”，其中，CA 服务器 IP 地址为“192.168.38.1”，也可使用本机回环地址“127.0.0.1”或“localhost”。只要 IIS 工作正常，并且证书服务安装正确，进入站点时就会弹出一个警告信息对话框，提示用户 Internet Explorer 增强安全配置正在阻止来自“http://192.168.38.1”网站的内容，此时可以单击对话框中的【添加】按钮，如图 14.22 所示。

步骤 2：继续弹出【受信任的站点】对话框，如图 14.23 所示，单击【添加】按钮后，单击【关闭】按钮，将该网站添加到可信站点区域，然后就可以正常浏览该站点。

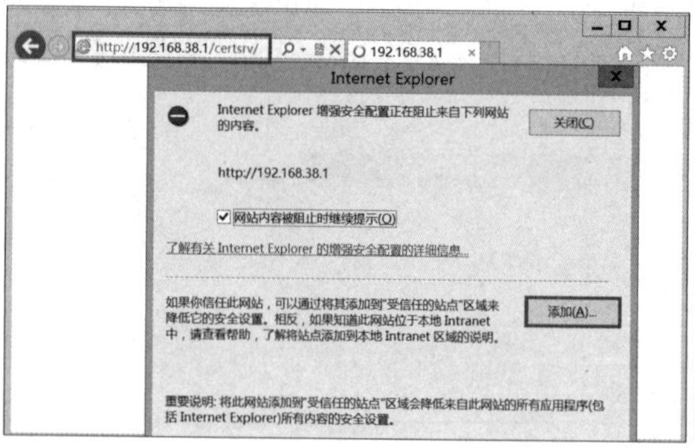

图 14.22　警告信息对话框

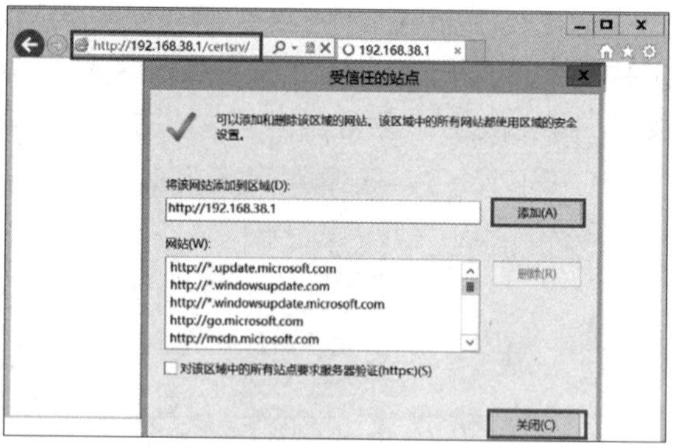

图 14.23　【受信任的站点】对话框

步骤 3：进入【Microsoft Active Directory 证书服务--CAP-CA】的【欢迎使用】界面，打开申请证书的网站，单击【申请证书】链接，如图 14.24 所示。

步骤 4：进入【申请一个证书】界面，单击【高级证书申请】链接，如图 14.25 所示。

步骤 5：进入【高级证书申请】界面，单击【使用 base64 编码的 CMC 或 PKCS #10 文件提交一个证书申请，或使用 base 64 编码的 PKCS #7 文件续订证书申请。】链接，如图 14.26 所示。

步骤 6：进入【提交一个证书申请或续订申请】界面，右击【Base-64 编码的证书申请

(CMC 或 PKCS #10 或 PKCS #7)】文本框，在弹出的快捷菜单中选择【粘贴】命令，即可将前面步骤中复制到剪贴板内的文本内容粘贴到该文本框里，如图 14.27 所示，单击【提交】按钮。

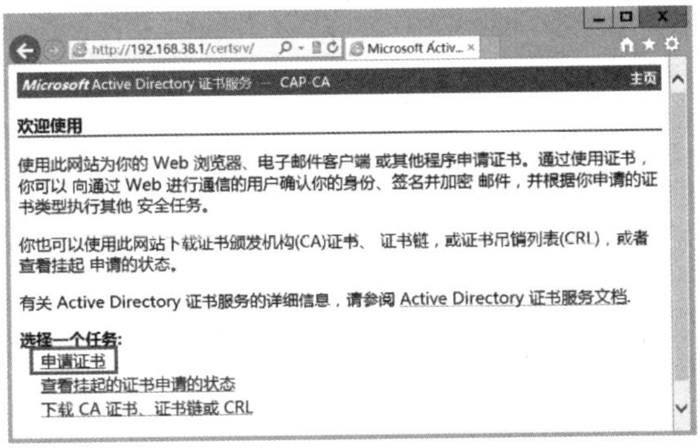

图 14.24　【欢迎使用】界面

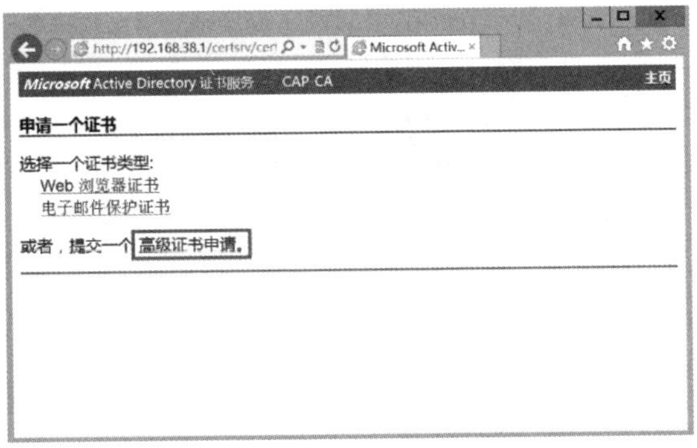

图 14.25　【申请一个证书】界面

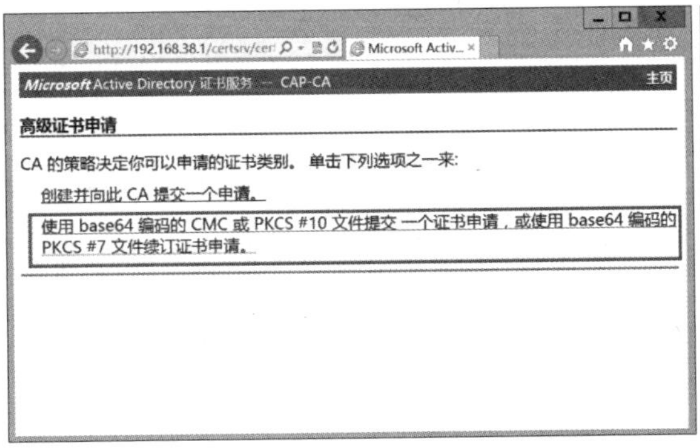

图 14.26　【高级证书申请】界面

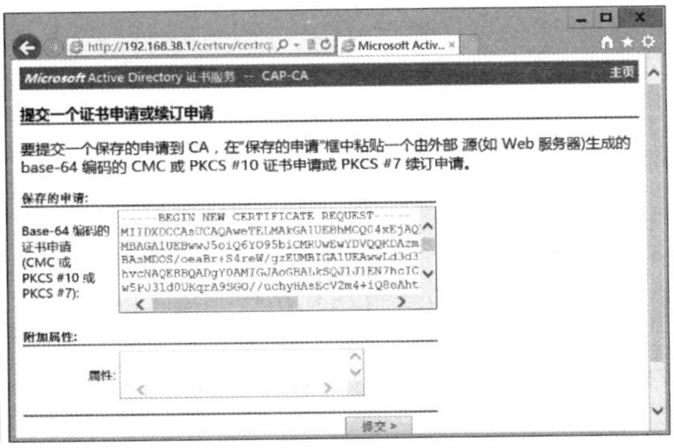

图 14.27　【提交一个证书申请或续订申请】界面

步骤 7：进入【证书正在挂起】界面，如图 14.28 所示，可以看到提交信息，告知用户证书服务器已收到证书申请，并提示证书申请正处于挂起状态和申请 ID，但必须等待管理员颁发用户所申请的证书。至此，已完成向证书服务器申请证书的过程，关闭 IE 浏览器即可。

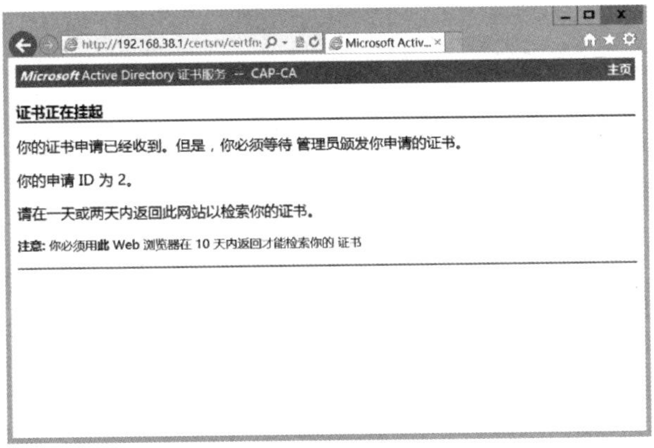

图 14.28　【证书正在挂起】界面

3）CA 服务器给 Web 服务器颁发证书

在完成证书申请工作后，接下来就要领取刚刚申请的证书，操作步骤如下所述。

步骤 1：打开【管理工具】窗口，双击【证书颁发机构】图标，打开【证书颁发机构(本地)】控制台，单击左窗格中的【挂起的申请】节点，则在右窗格中就可以看到前面所提交的证书申请（请求 ID 为 2），右击请求 ID 为 2 的这行证书申请条目，在弹出的快捷菜单中选择【所有任务】→【颁发】命令即可完成颁发证书，如图 14.29 所示。

步骤 2：此时，该证书申请就会从【挂起的证书】文件夹下消失，而后出现在【颁发的证书】文件夹中，如图 14.30 所示。

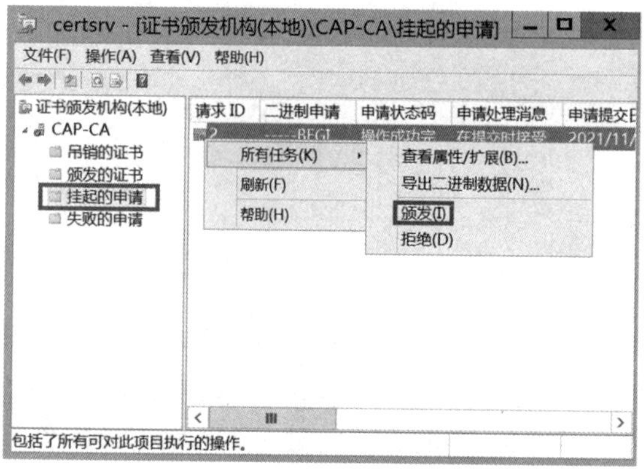

图 14.29　选择【所有任务】→【颁发】命令

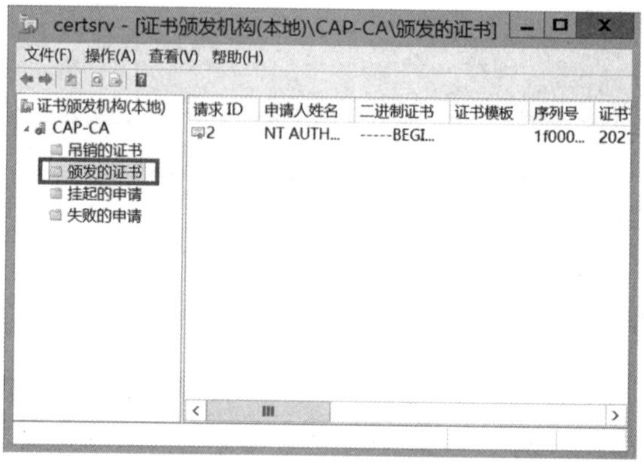

图 14.30　颁发的证书

步骤 3：在右窗格中双击刚才颁发的请求 ID 为 2 的证书，会打开【证书】对话框，【常规】选项卡如图 14.31 所示，【详细信息】选项卡如图 14.32 所示，另外，【证书路径】选项卡中会显示证书路径“CAP-CA”→“www.cap.com”及证书状态。

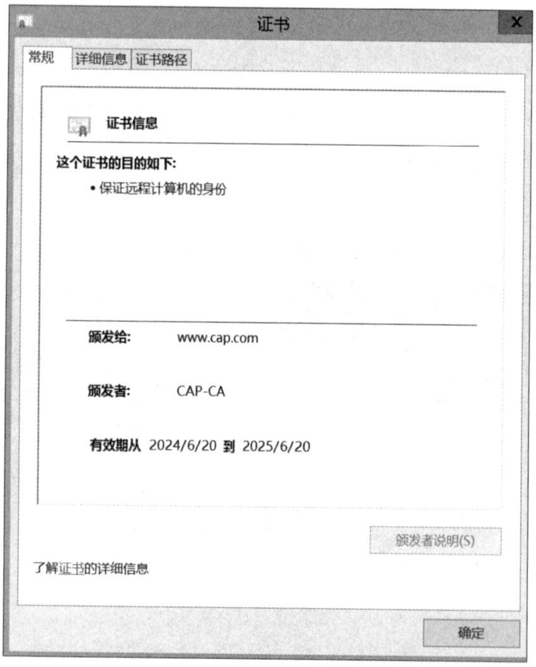

图 14.31　【常规】选项卡

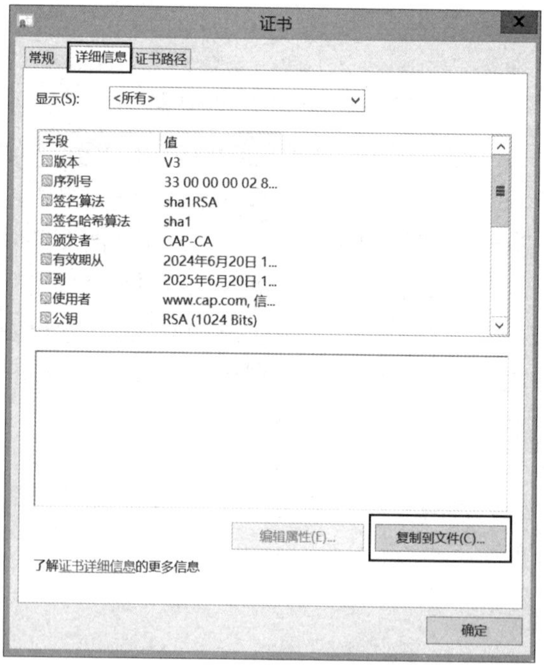

图 14.32　【详细信息】选项卡

步骤 4：选择【证书】对话框的【详细信息】选项卡，单击【复制到文件】按钮，打开【证书导出向导】对话框，进入【欢迎使用证书导出向导】界面，如图 14.33 所示，单击【下一步】按钮。

步骤 5：进入【导出文件格式】界面，这里选中【Base64 编码 X.509(.CER)】单选按钮，如图 14.34 所示，单击【下一步】按钮。

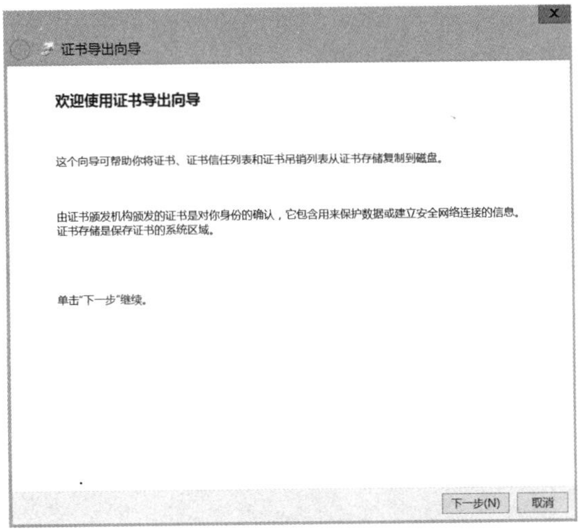

图 14.33 【欢迎使用证书导出向导】界面

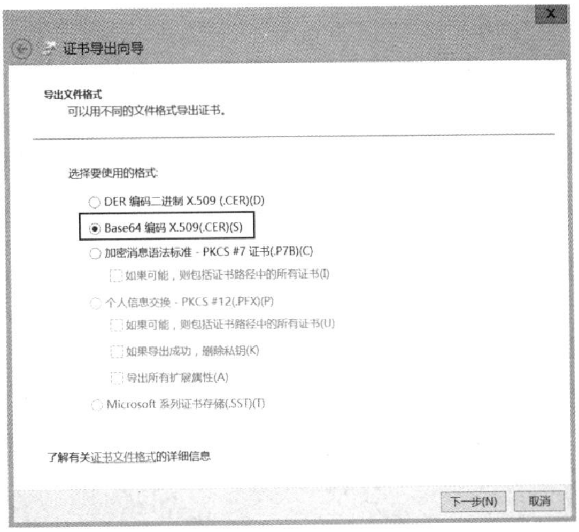

图 14.34 【导出文件格式】界面

步骤 6：进入【要导出的文件】界面，要求指定证书文件的存放位置和文件名。这里，把导出的证书文件保存为"C:\CA\cap.cer"，如图 14.35 所示，单击【下一步】按钮。

步骤 7：进入【正在完成证书导出向导】界面，单击【完成】按钮，会弹出一个信息提示对话框，提示导出成功，如图 14.36 所示，单击【确定】按钮，关闭【证书】对话框。

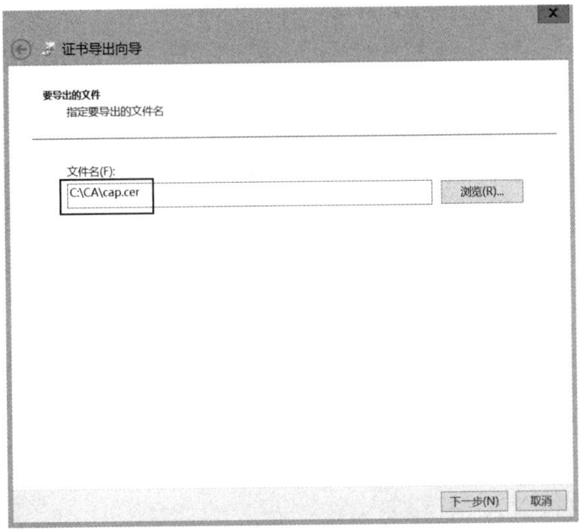

图 14.35 【要导出的文件】界面

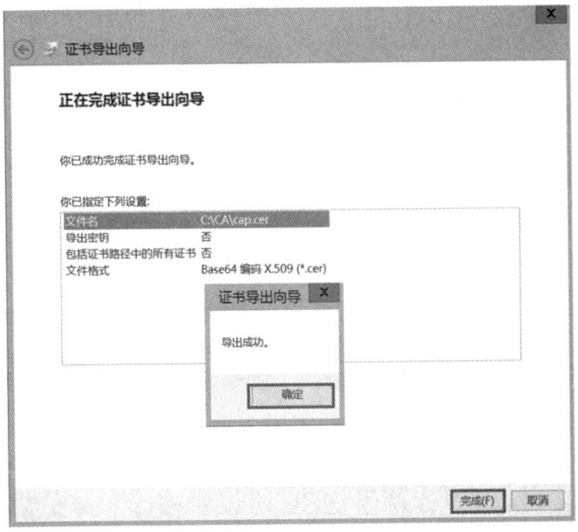

图 14.36 【正在完成证书导出向导】界面

2．在 Web 服务器上安装证书

在获得 CA 服务器为 Web 服务器颁发的证书文件后，还应该将此证书文件安装在 Web 服务器上，使得其拥有自己的证书和私钥。在 Web 服务器上安装证书的步骤如下所述。

步骤 1：与此前在 Web 服务器上生成证书申请时的步骤 1 和步骤 2 操作相同，首先打开【Internet 信息服务(IIS)管理器】窗口，然后在左窗格中单击服务器名称节点（本例为"SERVER"），在中间窗格显示的【SERVER 主页】界面中双击【服务器证书】图标，中间窗格会切换为【服务器证书】界面，在右窗格中单击【完成证书申请...】链接，如图 14.37 所示。

步骤 2：打开【完成证书申请】对话框，在【包含证书颁发机构响应的文件名】文本框中输入前面导出的证书文件路径和文件名，即“C:\CA\cap.cer”，或者通过文本框右侧的【...】按钮来选择此证书文件；在【好记名称】文本框中输入一个便于记忆的名称，这里使用名称“www.cap.com”；在【为新证书选择证书存储】下拉列表中有【个人】和【Web 宿主】两个选项，只需保持默认选择的【个人】选项即可，如图 14.38 所示，单击【确定】按钮。

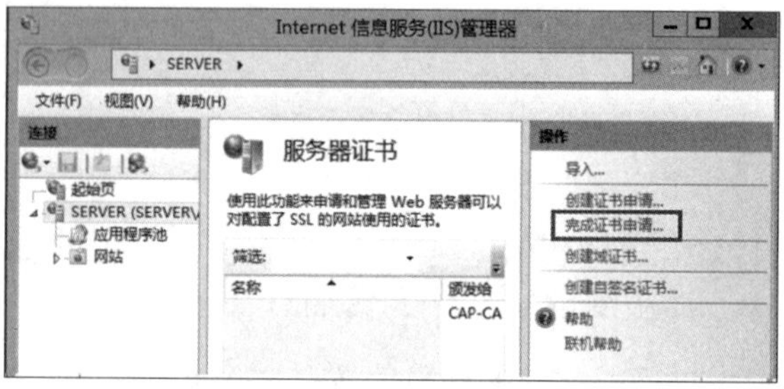

图 14.37 单击【完成证书申请...】链接

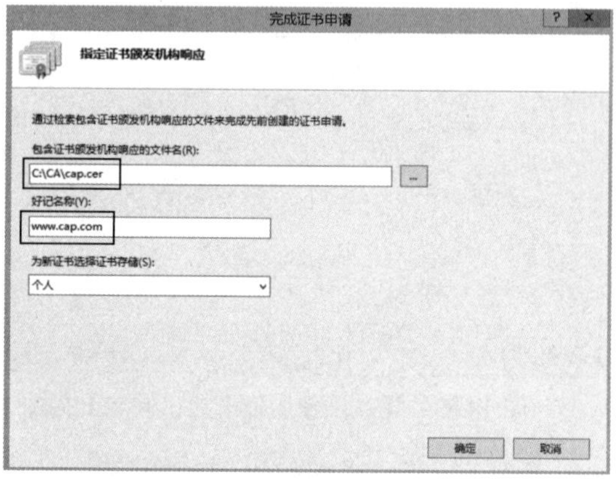

图 14.38 【完成证书申请】对话框

步骤 3：在【Internet 信息服务(IIS)管理器】窗口的中间窗格的【服务器证书】界面中就可以看到所安装的证书，【颁发者】为“CAP-CA”，【颁发给】为“www.cap.com”，如图 14.39 所示。

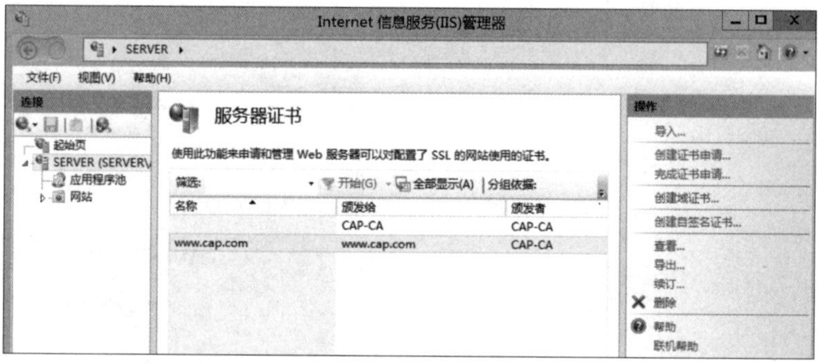

图 14.39 安装完成证书

14.3.3 任务 14-3 测试 CA 服务器

1. 创建基于 SSL 协议的安全 Web 站点并进行证书绑定

要让用户能够使用 HTTPS 方式访问指定的 Web 站点，还必须将 Web 服务器上的证书传递给客户机的浏览器，这就要 SSL 协议与 IIS 进行配合。因此，首先要完成基于 SSL 协议的安全 Web 站点的配置，步骤如下所述。

步骤 1：打开【Internet 信息服务(IIS)管理器】窗口，在左窗格中右击【网站】节点，在弹出的快捷菜单中选择【添加网站】命令，打开【添加网站】对话框，设置相关的信息。在【网站名称】文本框中输入“web”；在【物理路径】文本框中输入“C:\web”；在【绑定类型】下拉列表中选择【https】选项（绑定 HTTPS 后就无法使用 HTTP 进行访问）；在【IP 地址】下拉列表中选择【192.168.38.1】选项（此 Web 服务器的 IP 地址）；【端口】文本框中保持默认端口号为 443（这是 HTTPS 服务的标准端口）；在【SSL 证书】下拉列表中选择【www.cap.com】选项（即安装证书时设置的好记名称），其右侧的【查看】按钮可用于查看证书的信息，如图 14.40 所示，单击【确定】按钮即可完成站点的创建。

步骤 2：回到【Internet 信息服务(IIS)管理器】窗口，选择左窗格中【网站】节点下的【web】节点，在中间窗格的【web 主页】界面中双击【SSL 设置】图标，如图 14.41 所示。

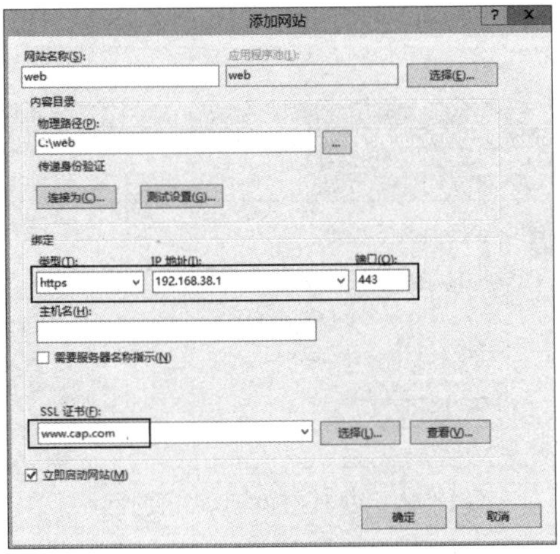

图 14.40 【添加网站】对话框

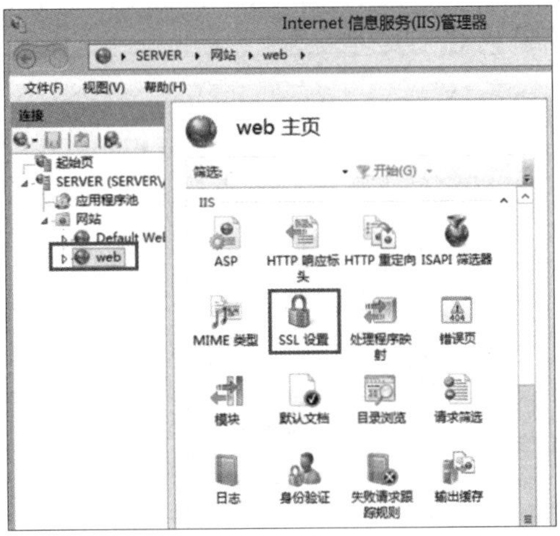

图 14.41 双击【SSL 设置】图标

步骤 3：此时中间窗格会切换为【SSL 设置】界面，勾选【要求 SSL】复选框，在【客户证书】选区内保持默认选中【忽略】单选按钮，在右窗格中单击【应用】链接，如图 14.42 所示，以保存并启用上述设置。至此，已完成将 web 站点配置为基于 SSL 协议的安全 Web 站点。

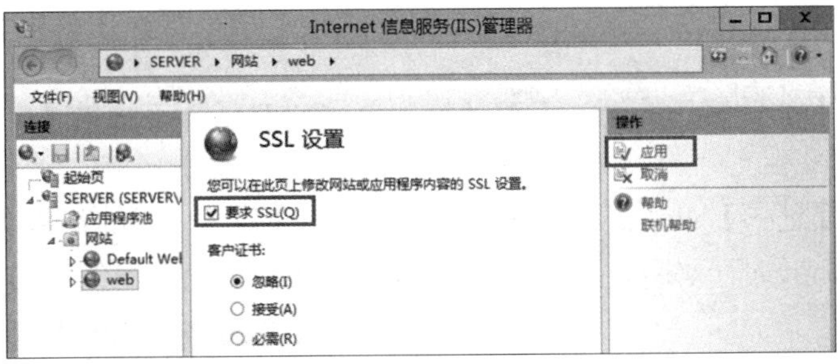

图 14.42 【SSL 设置】界面

2. 首次访问 HTTPS 站点并查看证书

这里以 Windows 7 作为客户机系统，使用 IE 浏览器对 HTTPS 站点进行访问测试。但因为在将 Web 站点配置为基于 SSL 协议的 HTTPS 站点时，并没有使用从受信任的证书颁发机构颁发的安全证书，而是采用了内部搭建的 CA 服务器颁发的自签名证书，所以当客户机第一次访问该站点时必然会提示“此网站的安全证书存在问题”的警报信息，这就需要在客户机上安装所接收到的来自 Web 服务器的证书，并将其颁发机构存储为受信任的证书颁发机构之后才能正常访问。

步骤 1：在客户机上打开 IE 浏览器，在地址栏中输入“http://www.cap.com”，发现打开的不是 Web 安全站点，Web 安全站点无法打开，原因是在 SSL 配置中设置了“要求 SSL”，所以客户端不能以 HTTP 形式访问 Web 安全站点，如图 14.43 所示。

步骤 2：再次在地址栏中输入“https://www.cap.com”（注意协议头为“https”而不是“http”）并按 Enter 键，将会显示【此网站的安全证书有问题】的安全警报页面，提示用户“此网站出具的安全证书不是由受信任的证书颁发机构颁发的”。此时可以单击【单击此处关闭该网页】或【继续浏览此网站(不推荐)】链接进行操作，也可以单击【更多信息】按钮进行查看。单击【继续浏览此网站(不推荐)】链接，如图 14.44 所示。

图 14.43　以 HTTP 形式访问 Web 安全站点

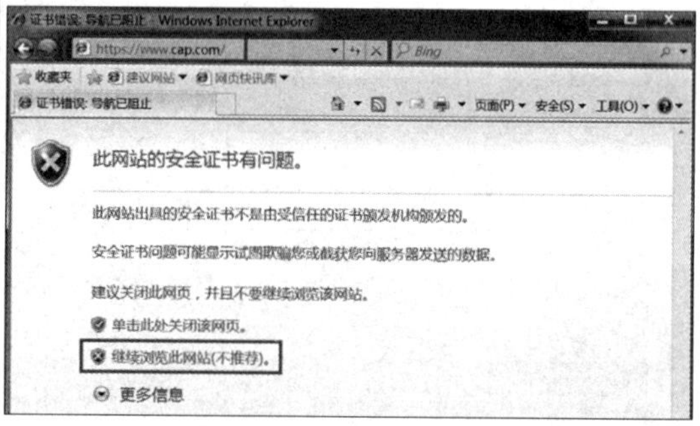

图 14.44　以 HTTPS 形式访问网站

步骤 3：打开默认 web 主站点页面，但此时的地址栏显示有底纹颜色，并且右侧会出现一个带红色“⊗”符号的“证书错误”安全标记，如图 14.45 所示，单击该安全标记。

图 14.45　提示证书错误

步骤 4：弹出【不受信任的证书】对话框，单击该对话框下方的【查看证书】链接，如图 14.46 所示。

步骤 5：打开【证书】对话框，在【常规】选项卡中显示证书的基本信息，包括颁发给谁的、颁发者是谁及证书的有效期等，如图 14.47 所示，可以看出该服务器证书未被客户机信任。

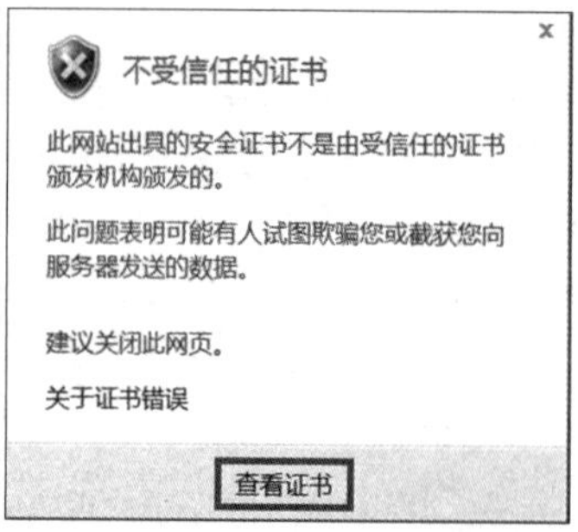

图 14.46　【不受信任的证书】对话框

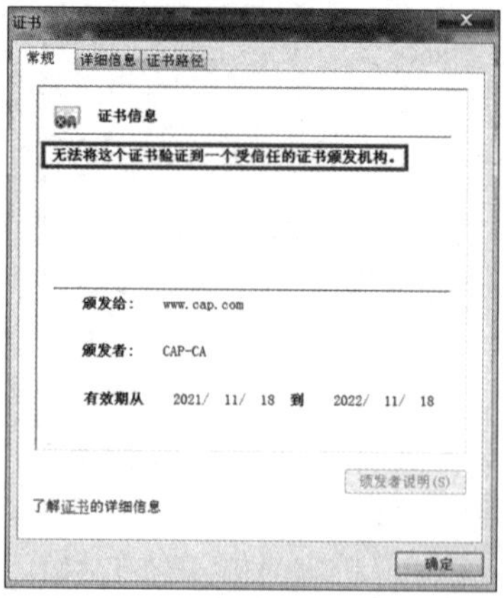

图 14.47　【证书】对话框的【常规】选项卡

注意：在【证书】对话框的【常规】选项卡中还显示了“无法将这个证书验证到一个受信

任的证书颁发机构”的证书信息，这正是因为该站点采用了自己搭建的 CA 服务器颁发自签名证书，而不是采用从受信任的证书颁发机构颁发安全证书，因此还需要在客户机上安装证书，将此 Web 服务器上的证书颁发机构存储为受信任的根证书颁发机构。

3．安装根证书使其受客户端信任

为了解决“证书错误”问题，需要在客户端中下载和导入服务器的根 CA 证书，使其受客户端信任，具体步骤如下所述。

步骤 1：打开 IE 浏览器，在地址栏中输入“http://192.168.38.1/certsrv”并按 Enter 键后，打开 CA 服务器申请证书的 Web 站点【欢迎使用】界面，单击【下载 CA 证书、证书链或 CRL】链接，如图 14.48 所示。

步骤 2：进入【下载 CA 证书、证书链或 CRL】界面，选中【编码方法】选区内的【Base 64】单选按钮，单击【下载 CA 证书】链接，会弹出【文件下载-安全警告】对话框，显示提示信息“您想打开或保存此文件吗？”，如图 14.49 所示，单击【保存】按钮，将 CA 证书保存到客户端的本地桌面上。

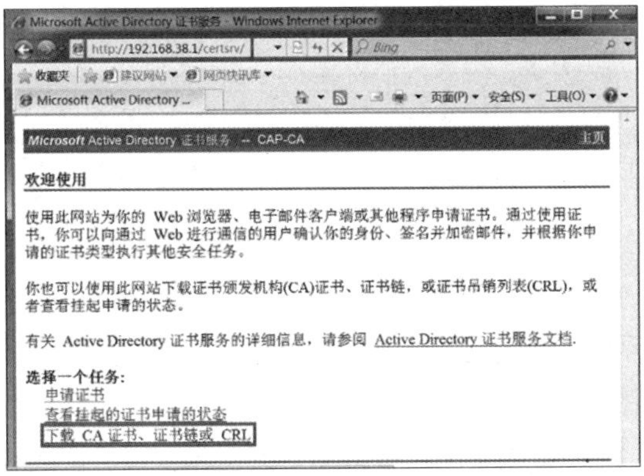

图 14.48 单击【下载 CA 证书、证书链或 CRL】链接

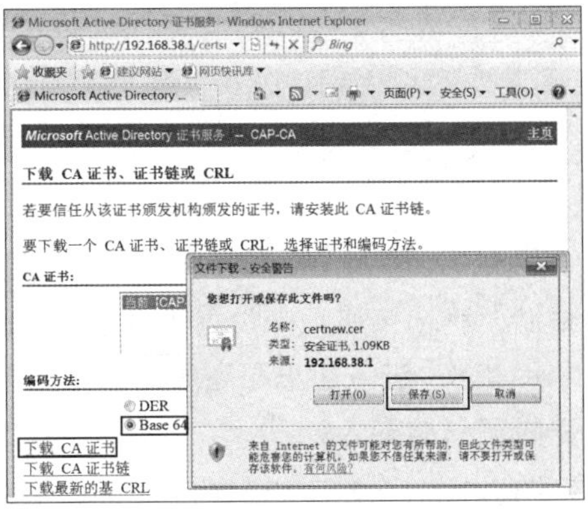

图 14.49 下载 CA 证书

步骤 3：在 IE 浏览器的【工具】菜单中选择【Internet 选项】命令，弹出【Internet 选项】对话框，选择【内容】选项卡，单击【证书】按钮，如图 14.50 所示。

步骤 4：打开【证书】对话框，选择【受信任的根证书颁发机构】选项卡，单击左下方的【导入】按钮，如图 14.51 所示。

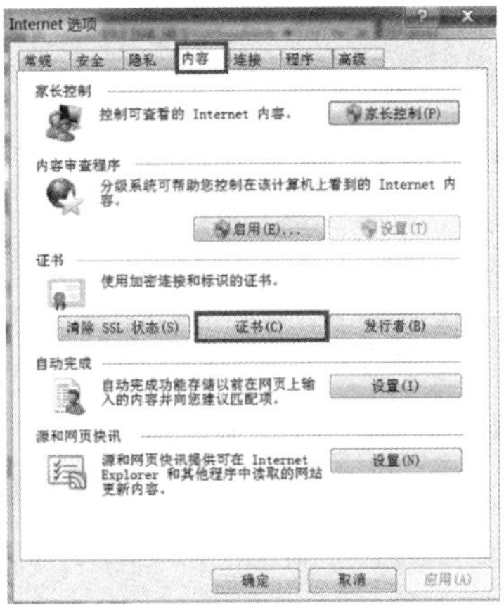

图 14.50 【内容】选项卡

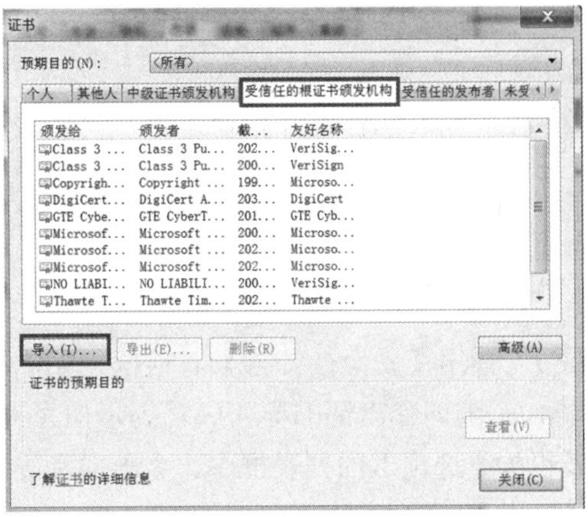

图 14.51 【受信任的根证书颁发机构】选项卡

步骤 5：弹出【证书导入向导】对话框，根据提示导入证书。首先进入【欢迎使用证书导入向导】界面，如图 14.52 所示，单击【下一步】按钮。

步骤 6：进入【要导入的文件】界面，单击【浏览】按钮，选择刚下载到本地桌面的服务器证书，如图 14.53 所示。

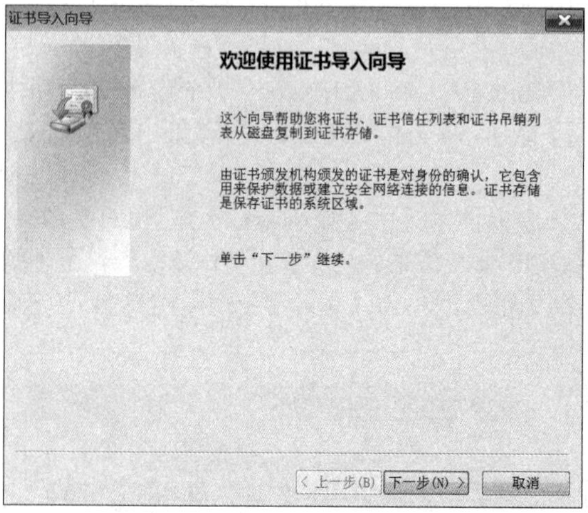

图 14.52 【欢迎使用证书导入向导】界面

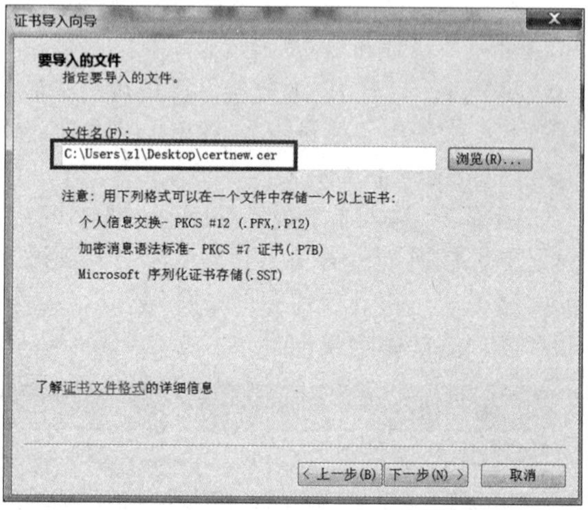

图 14.53 【要导入的文件】界面

步骤 7：进入【证书存储】界面，选择证书存储的区域，这里选中【将所有的证书放入下列存储】单选按钮，并设置【证书存储】为【受信任的根证书颁发机构】，如图 14.54 所示。

步骤 8：进入【正在完成证书导入向导】界面，如图 14.55 所示，单击【完成】按钮，即可完成证书的导入。

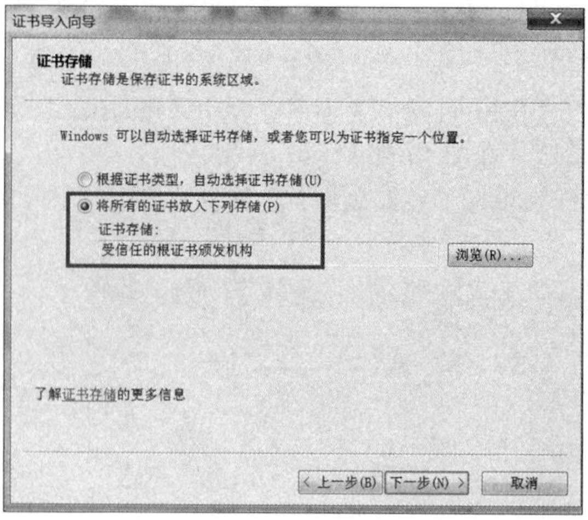

图 14.54 【证书存储】界面

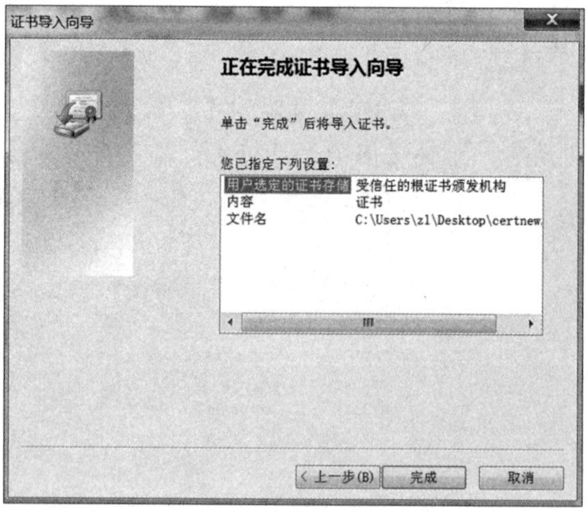

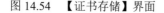

图 14.55 【正在完成证书导入向导】界面

步骤 9：弹出【安全性警告】对话框，如图 14.56 所示，单击【是】按钮。

步骤 10：随即弹出证书导入成功提示信息对话框，单击【确定】按钮，在【受信任的根证书颁发机构】选项卡的列表框中，会出现刚导入的根 CA 证书，如图 14.57 所示，之后关闭打开的【证书】对话框即可。

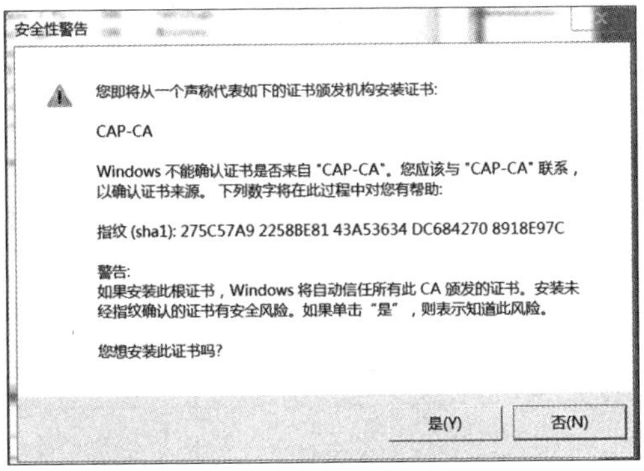

图 14.56 【安全性警告】对话框

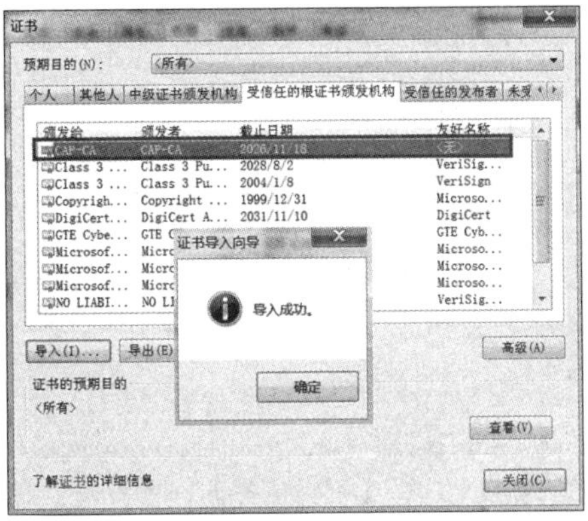

图 14.57 证书导入成功

4. 再次访问 HTTPS 站点

再次在客户机中打开 IE 浏览器，在地址栏中输入“https://www.cap.com”并按 Enter 键后，此时不再出现“证书错误”的安全警报信息，而是会直接打开基于 SSL 协议的安全 Web 站点主页，如图 14.58 所示。

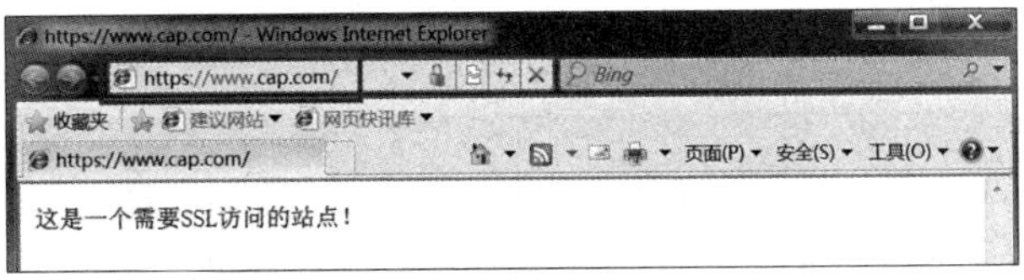

图 14.58 基于 SSL 协议的安全 Web 站点主页

14.3.4 任务 14-4 管理 CA 服务器

管理数字证书是系统管理员的一项重要工作，主要包括对证书颁发机构（CA）的备份与还原、证书的吊销与更新、用户证书的导入与导出等，通过这项工作可以确保证书的安全使用。

1. 对 CA 的备份与还原

可以使用 CA 自带的工具对整个 CA 的数据进行备份与还原。一般来说，对 CA 的备份频率取决于它所颁发的证书数量，颁发的证书越多，则备份次数就应该越多。具体操作步骤如下所述。

步骤 1：打开【管理工具】窗口，双击【证书颁发机构】图标，打开【证书颁发机构(本地)】控制台。在左窗格中右击想要备份的根证书颁发机构的名称节点（本例为“CAP-CA”），在弹出的快捷菜单中选择【所有任务】→【备份 CA】命令，如图 14.59 所示。

步骤 2：打开【证书颁发机构备份向导】对话框，进入【欢迎使用证书颁发机构备份向导】界面，如图 14.60 所示，单击【下一步】按钮。

步骤 3：进入【要备份的项目】界面，在【选择要备份的项目】选区中，根据需要勾选【私钥和 CA 证书】和【证书数据库和证书数据库日志】复选框，在【备份到这个位置】文本框中输入 CA 备份文件的存放路径“C:\CA”，如图 14.61 所示，单击【下一步】按钮。

步骤 4：进入【选择密码】界面，输入还原 CA 操作时所需的密码（也可以不设置密码），如图 14.62 所示，单击【下一步】按钮。

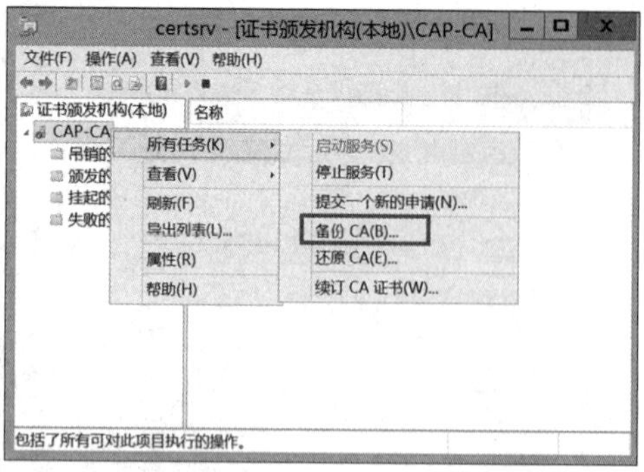

图 14.59　选择【所有任务】→【备份】命令

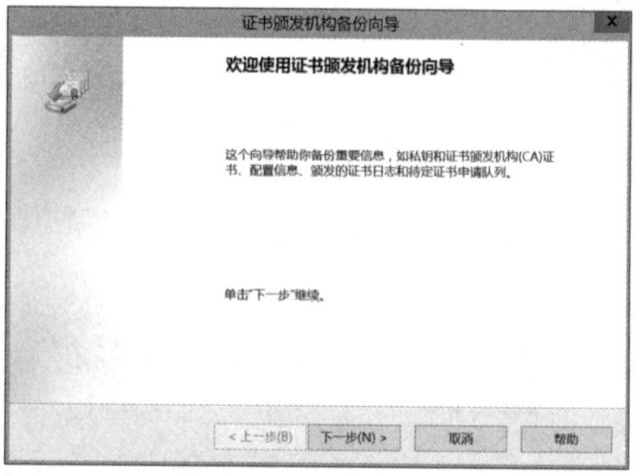

图 14.60　【欢迎使用证书颁发机构备份向导】界面

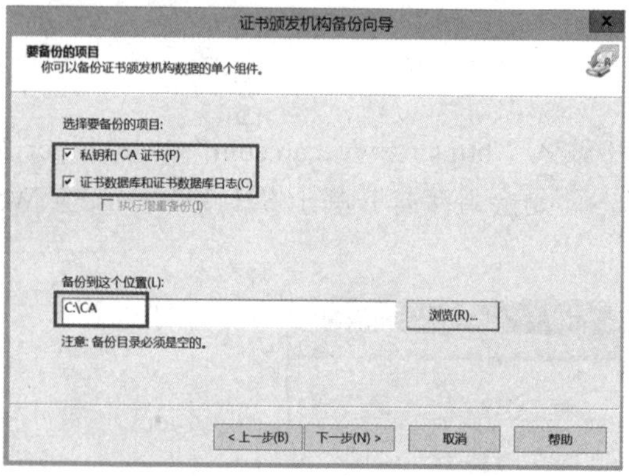

图 14.61　【要备份的项目】界面

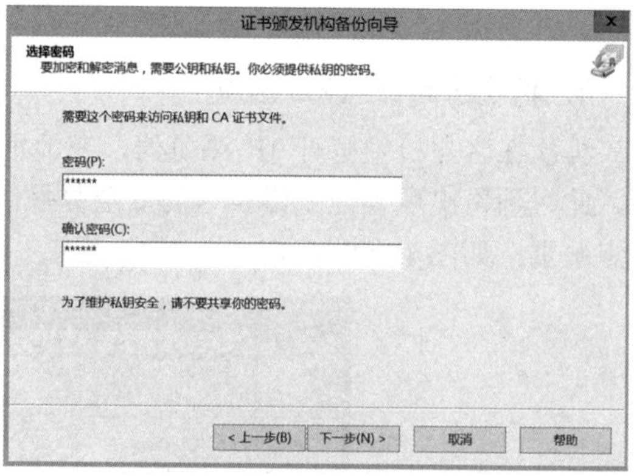

图 14.62　【选择密码】界面

步骤 5：进入【完成证书颁发机构备份向导】界面，如图 14.63 所示，单击【完成】按钮，即可完成 CA 的备份。

在对根证书颁发机构 CAP-CA 进行备份后，需要时同样可以使用 CA 自带的工具对其进行还原。在【证书颁发机构(本地)】控制台的左窗格中右击 CA 名称节点【CAP-CA】，在弹出的快捷菜单中选择【所有任务】→【还原 CA】命令，此时将弹出信息对话框，提示用户在还原 CA 操作之前需要停止 Active Directory 证书服务，单击【确定】按钮，即可打开【证书颁发机构还原向导】对话框，如图 14.64 所示。此后的步骤与备份 CA 时基本相同，在选择要还原的项目、CA 备份文件的位置并提供备份 CA 时所设置的密码之后，即可完成证书的还原。

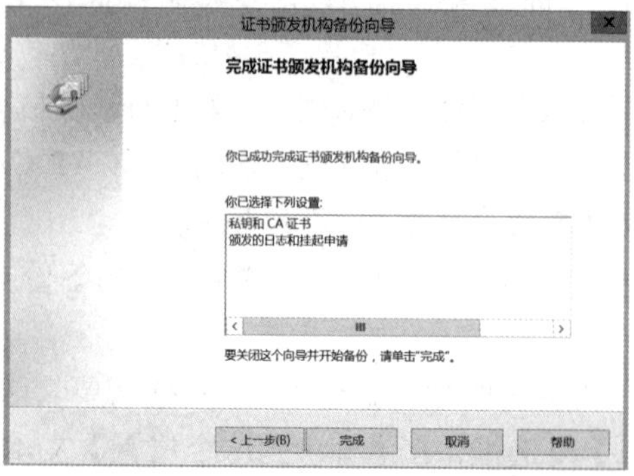

图 14.63　【完成证书颁发机构备份向导】界面

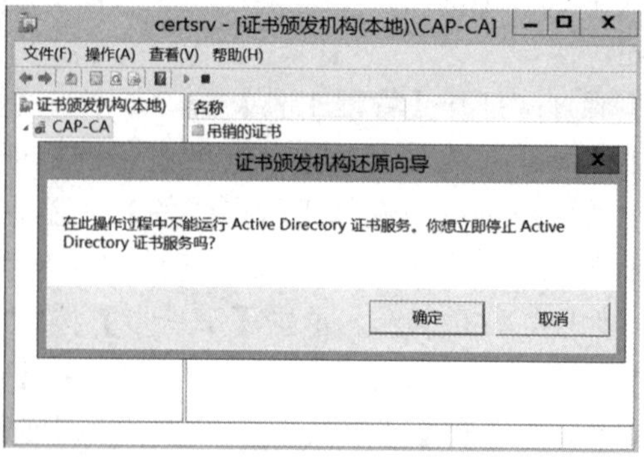

图 14.64　【证书颁发机构还原向导】对话框

2．更新证书

由于根 CA 的证书都是自己发给自己的，而从属 CA 的证书是向根 CA 申请的，因此根

CA 发放给从属 CA 证书的有效期绝对不会超过根 CA 本身的有效期限。如果 CA 本身的有效时间已剩下不多，则它发送的证书的有效时间就会更短。因此，应尽早更新 CA 的证书，而用户的证书也要在过期之前进行更新。更新证书的步骤如下所述。

步骤 1：打开【证书颁发机构(本地)】控制台，在左窗格中右击 CA 名称节点（本例为“CAP-CA”），在弹出的快捷菜单中选择【所有任务】→【续订 CA 证书】命令，如图 14.65 所示。

步骤 2：打开【续订 CA 证书】对话框，如图 14.66 所示。通过该对话框除可以为 CA 获取新的证书以外，还可以生成新的签名密钥。如果要重新建立一组新的公钥和私钥，则可以选中【是】单选按钮；如果不需要重建密钥，则可以选中【否】单选按钮。本例默认选中【是】单选按钮，然后单击【确定】按钮即可。

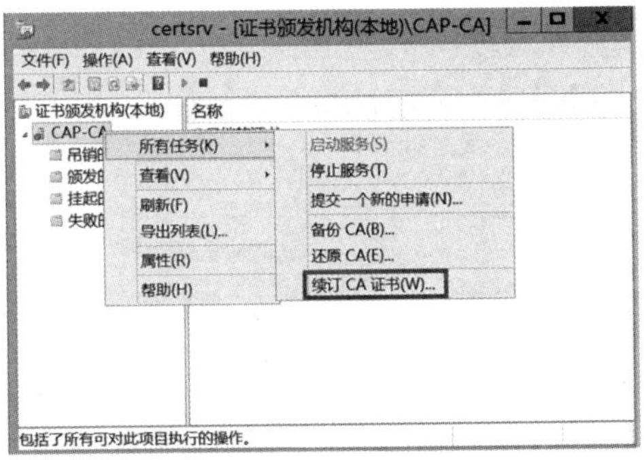

图 14.65　选择【所有任务】→【续订 CA 证书】命令

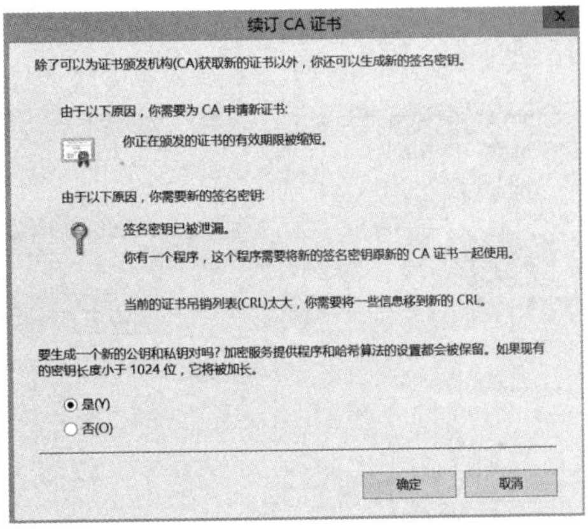

图 14.66　【续订 CA 证书】对话框

3. 用户证书的导出和导入

当用户的计算机需要重新安装或更换时，应当先将其所申请的证书导出并备份，然后将备份的证书导入新的系统。上述操作可以直接利用 Web 浏览器完成，操作步骤如下所述。

步骤 1：打开 IE 浏览器，选择【工具】菜单中的【Internet 选项】命令，弹出【Internet 选项】对话框，选择【内容】选项卡，单击【证书】按钮，如图 14.67 所示。

步骤 2：打开【证书】对话框，选择【受信任的根证书颁发机构】选项卡，在列表框中选择要导出的证书后，单击【导出】按钮即可导出证书，如图 14.68 所示。在需要导入证书时，单击【导入】按钮，选择原来已导出的证书即可。

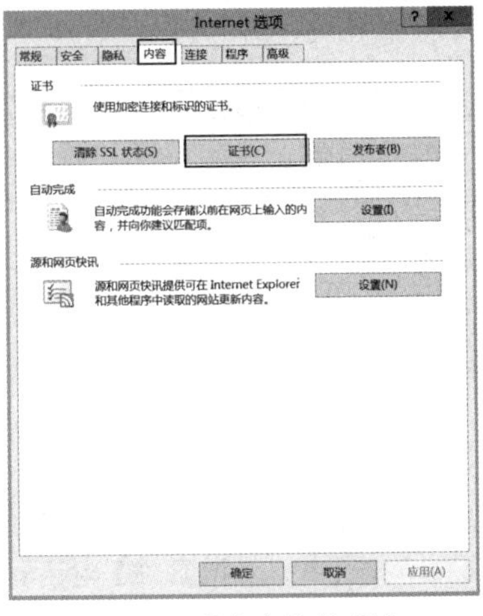

图 14.67　【内容】选项卡

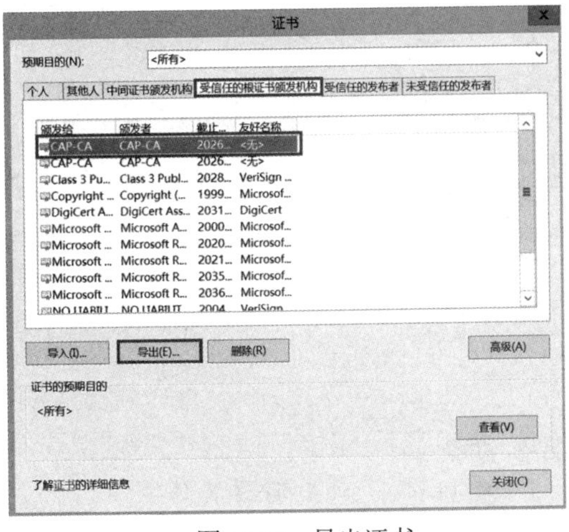

图 14.68　导出证书

4．吊销证书

用户所申请的证书都有一定的有效期，一般默认为 1 年。在用户离开企业后，证书将不能继续使用，此时应当及时予以吊销。另外，用户也可以吊销自己尚未到期的证书。吊销证书的步骤如下所述。

步骤 1：打开【证书颁发机构(本地)】控制台，在左窗格中单击【颁发的证书】节点，右窗格中就会显示所有已颁发的证书。右击想要吊销的证书，在弹出的快捷菜单中选择【所有任务】→【吊销证书】命令，如图 14.69 所示。

步骤 2：打开【证书吊销】对话框，在【理由码】下拉列表中选择一个吊销该证书的原因，本例选择【证书待定】选项，并指定吊销的日期和时间，如图 14.70 所示，单击【是】按钮，进行吊销证书。

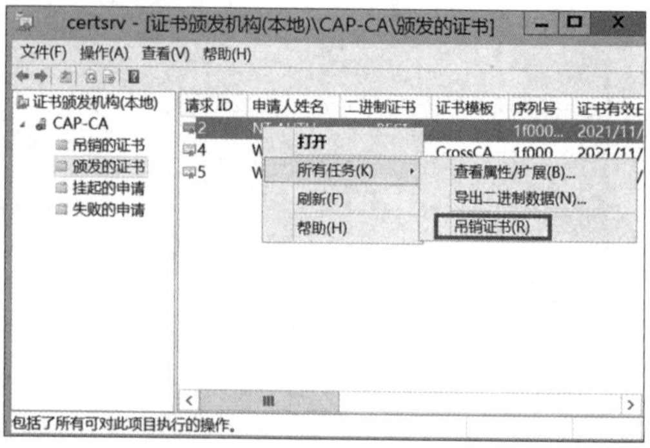

图 14.69　选择【所有任务】→【吊销证书】命令

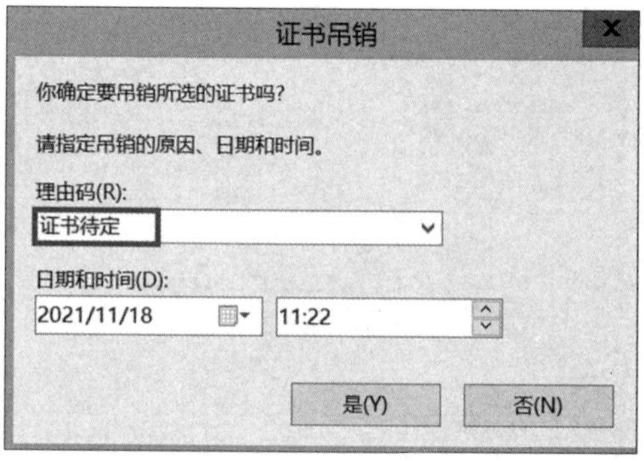

图 14.70　【证书吊销】对话框

注意：在【理由码】下拉列表中选择吊销证书的原因时，只有选择【证书待定】选项才可以恢复证书，选择其余选项都无法恢复证书。

步骤 3：在控制台的左窗格中单击【吊销的证书】节点，在右窗格中可以看到刚刚吊销的证书。由于证书被吊销之后，客户机不会马上察觉到，因此如果需要立即生效，则可以在左窗格中右击【吊销的证书】节点，在弹出的快捷菜单中选择【属性】命令，如图 14.71 所示。

步骤 4：打开【吊销的证书 属性】对话框，勾选【发布增量 CRL】复选框，设置发布间隔为 1 小时，如图 14.72 所示，单击【确定】按钮。在 1 小时之后，在客户机的浏览器上访问该 Web 站点，如果看到浏览器中显示提示信息“此网站的安全证书有问题”，则证明证书吊销已经生效。

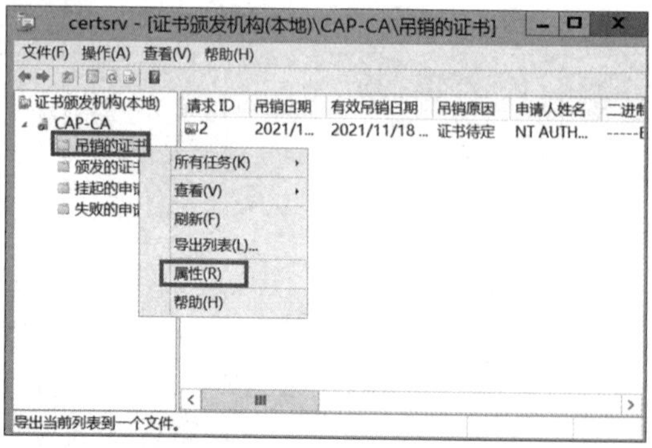

图 14.71　选择【属性】命令

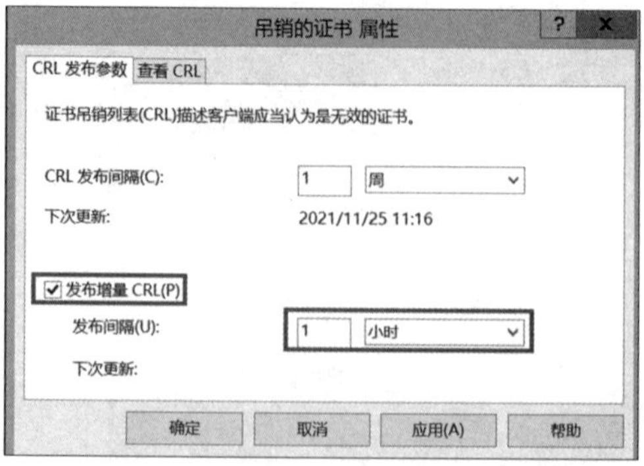

图 14.72　【吊销的证书 属性】对话框

如果用户只是暂时离开公司，则在用户回到公司后，还可以为其恢复被吊销的证书，方法是：在左窗格中单击【吊销的证书】节点，在右窗格中右击想要解除吊销的证书，在弹出的快捷菜单中选择【所有任务】→【解除吊销证书】命令。

5. 使用 Windows 控制台管理证书

在 Windows Server 2012 系统中搭建的 CA 服务器上，除可以利用【证书颁发机构（本地）】控制台对数字证书进行部分常规管理操作以外，还可以通过在统一的【控制台】窗口中添加【证书】管理单元来实现对 CA 及用户证书更全面的管理，步骤如下所述。

步骤 1：打开命令提示符窗口，输入“MMC”命令并按 Enter 键，打开【控制台】窗口，选择【文件】菜单中的【添加/删除管理单元】命令，打开【添加或删除管理单元】对话框，在左侧的【可用的管理单元】列表框中选择【证书】选项，单击【添加】按钮，在右侧的【所选管理单元】列表框中即可看到【控制台根节点】文件夹下增加的【证书】管理单元，如图 14.73 所示，单击【确定】按钮。

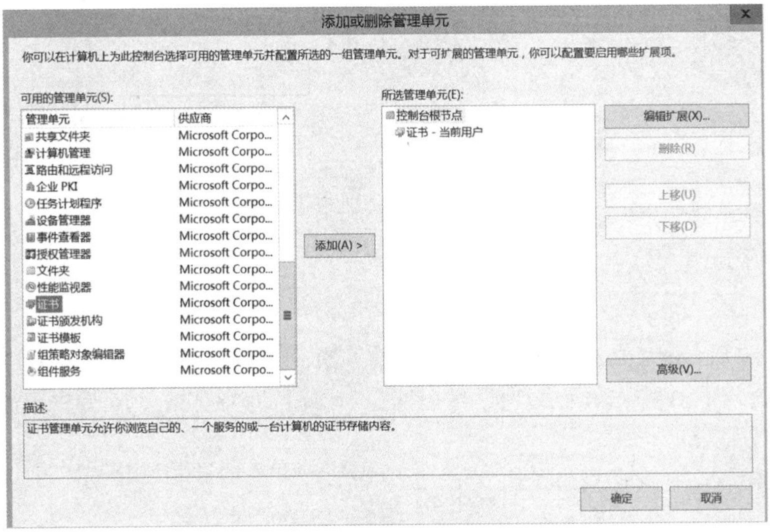

图 14.73 【添加或删除管理单元】对话框

步骤 2：回到【控制台 1】窗口，在左窗格中依次展开【控制台根节点】→【证书-当前用户】→【受信任的根证书颁发机构】节点，可以看到【证书】管理单元，如图 14.74 所示，利用该窗口可以对 CA 及证书进行管理操作，这里不再展开细述。

图 14.74 添加了【证书】管理单元的控制台

14.4 项目实训 14 配置与管理 CA 服务器

【实训目的】

搭建 CA 服务器；配置与管理 CA 服务器；测试 CA 服务器。

【实训环境】

每人 1 台 Windows 10 物理机，1 台 Windows Server 2012 虚拟机，VMware Workstation 16 及以上版本的虚拟机软件，虚拟机网卡连接至 VMnet8 虚拟交换机。

【实训拓扑】

实训拓扑图如图 14.75 所示。

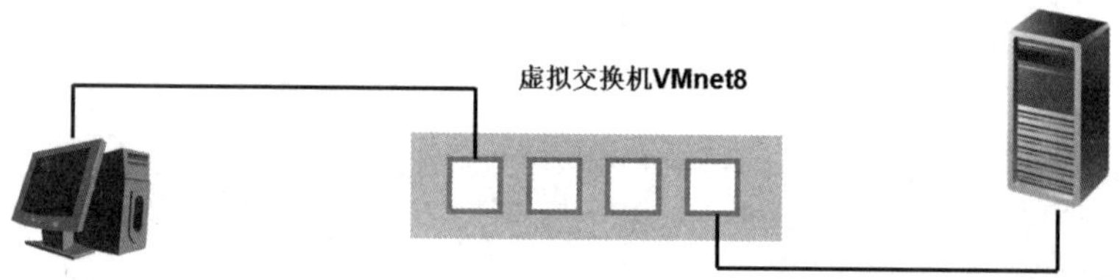

图 14.75　实训拓扑图

【实训内容】

1．安装

在 Windows Server 2012 系统中安装 CA 服务器，并设置其 IP 地址为 10.10.xx.1/8，DNS 服务器的 IP 地址为 10.10.xx.1（xx 为学号后两位），域名为 yy.com（yy 为自己姓名的首字母）。

2．配置

配置 CA 服务器，并具有相应的证书。

3．测试 CA 服务器

在 Web 站点“https://www.yy.com”上进行安全访问，不会提示证书错误。

14.5 项目习题

一、填空题

1．HTTPS 并非应用层的一种新协议，只是把 HTTP 通信接口部分用____________或 TLS 协议代替而已。

2．CA 可以分为根 CA 和____________。

3．公开密钥加密使用一对“非对称”的密钥，一把叫作私有密钥，另一把叫作________。

4．在计算机网络中，安全体系可以分为____________和非 PKI 安全体系两大类。

5．完整的 PKI 系统必须具有____________、数字证书库、密钥备份及恢复系统、证书作废系统和应用程序接口等基本构成部分。

二、单选题

1．SSL 的英文全称是（　　）。

A．Secure Socket Layer　　B．Supper Socket Layer

C．Secure Socket Laboratory　　D．Supper Socket Laboratory

2．HTTPS 协议就是身披（　　）协议这层外壳的 HTTP 协议。

A．TSL　　B．SSL　　C．FTP　　D．SMTP

3．加密和解密使用同一个密钥的加密方法称为（　　）。

A．公开密钥加密　　B．共享密钥加密

C．混合密钥加密　　D．私人密钥加密

4.（　　）是专门负责为各种认证需求提供数字证书服务的权威、公正的第三方机构，并处于客户机与服务器双方都可信赖的立场上。

A．PKI　　B．SSL　　C．TSL　　D．CA

5．以下哪个不是数字证书包括的内容？（　　）

A．证书所有人的公钥　　B．证书颁发机构名称

C．证书所有人的身份证号　　D．证书颁发机构的数字签名

三、问答题

1．纯文本 HTTP 协议的安全问题有哪些？

2．简述 CA 的业务流程。

3．数字证书具体包括哪些内容？

参 考 文 献

[1] 王宝军，王永平. 网络服务器配置与管理项目化教程（Windows Server 2012+Linux）[M]. 北京：清华大学出版社，2021.

[2] 杨云，杨定成，李谷伟. 网络服务器配置与管理项目教程（Windows & Linux）[M]. 2 版. 北京：清华大学出版社，2020.

[3] 温晓军，王小磊. Windows Server 2012 网络服务器配置与管理[M]. 北京：人民邮电出版社，2020.

[4] 褚建立，路俊维. Windows Server 2012 网络管理项目实训教程[M]. 2 版. 北京：电子工业出版社，2017.

[5] 杨云，汪辉进. Windows Server 2012 网络操作系统项目教程[M]. 4 版. 北京：人民邮电出版社，2016.

[6] 黄君羡. Windows Server 2012 活动目录项目式教程[M]. 北京：人民邮电出版社，2015.